# 计算机图形学——几何体数据结构

[美] 埃尔马·拉格迪普（Elmar Langetepe）
[美] 加布里埃尔·扎克曼（Gabriel Zachmann） 著
黄 刚 译

清华大学出版社
北 京

## 内容简介

本书详细阐述了与计算机图形学中几何体数据结构相关的基本解决方案，主要包括四叉树和八叉树、正交截窗和穿刺查询、BSP 树、包围体分层结构、距离场、Voronoi 图、几何接近图形、运动数据结构、退化和鲁棒性，以及几何数据结构的动态化等内容。此外，本书还提供了相应的示例，以帮助读者进一步理解相关方案的实现过程。

本书适合作为高等院校计算机及相关专业的教材和教学参考书，也可作为相关开发人员的自学教材和参考手册。

*Geometric Data Structures for Computer Graphics* 1st Edition/by Elmar Langetepe and Gabriel Zachmann/ ISBN:978-1-5688-1235-9



**图书在版编目（CIP）数据**

计算机图形学：几何体数据结构/（美）埃尔马·拉格迪普（Elmar Langetepe），（美）加布里埃尔·扎克曼（Gabriel Zachmann）著；黄刚译. —北京：清华大学出版社，2019(2023.3重印)

ISBN 978-7-302-52793-0

Ⅰ. ①计… Ⅱ. ①埃… ②加… ③黄… Ⅲ. ①计算机图形学 Ⅳ. ①TP391.411

中国版本图书馆 CIP 数据核字（2019）第 076990 号

**责任编辑**：贾小红
**封面设计**：刘 超
**版式设计**：魏 远
**责任校对**：马子杰
**责任印制**：杨 艳

**出版发行**：清华大学出版社

**网　　址**：http://www.tup.com.cn，http://www.wqbook.com
**地　　址**：北京清华大学学研大厦 A 座　　**邮　　编**：100084
**社 总 机**：010-83470000　　**邮　　购**：010-62786544
**投稿与读者服务**：010-62776969，c-service@tup.tsinghua.edu.cn
**质 量 反 馈**：010-62772015，zhiliang@tup.tsinghua.edu.cn

**印 装 者**：三河市铭诚印务有限公司
**经　　销**：全国新华书店
**开　　本**：185mm×230mm　　**印　　张**：20.25　　**字　　数**：405 千字
**版　　次**：2019 年 8 月第 1 版　　**印　　次**：2023 年 3 月第 4 次印刷
**定　　价**：109.00 元

---

产品编号：045526-01

*Melencolia I*，Albrecht Dürer

几何学是通向审美知识殿堂的光辉之路：它揭示了“自然艺术”之妙。

—Hartmut Böhme

# 译 者 序

1993 年 10 月 8 日，一款令当时无数玩家为之疯狂的游戏诞生了，那就是由 ID Software 公司推出的 *DOOM*（中文版名称《毁灭战士》），在那个以 MS-DOS 操作系统为主流的年代，《毁灭战士》以流畅的操作、快节奏的打击感，赢得了众多玩家的好评，成为一代人心目中令人怀念的游戏。《毁灭战士》为什么能获得如此高的评价？主要原因在于它开创性地采用了 BSP 树技术，在碰撞检测方面拥有极高的效率，从而使它在那个计算资源非常欠缺的年代，仍然以流畅的游戏体验，赢得了广大玩家的厚爱。

事实上，BSP 树只是众多计算几何方法中的一种。实践证明，要想在电子游戏、虚拟现实和动画娱乐等方面取得开创性的成绩，就必须认真学习和研究底层算法。独特而先进的算法往往是开发人员成功的关键。本书是对计算机图形艺术中几何数据结构及其算法的深度阐释，包含对四叉树、kd 树、BSP 树、Voronoi 图、接近图形、包围体分层结构以及几何数据结构的动态化等的主题讨论和算法分析。通过对各种研究成果的介绍，使读者对几何数据结构的应用有比较全面的了解，从而帮助读者结合自己的工作实际，研究和探索新颖而高效的算法。

在翻译本书的过程中，译者力争做到小心求证、准确表述。但是由于计算机图形艺术的发展日新月异，中文对大量新出现的术语的翻译缺乏标准和统一，所以，为了保证译文术语的一致性，译者对于关键术语提供了相应的英文对照，消除了读者的阅读理解障碍。除此之外，译者也鼓励读者多接受以中英文对照的形式了解专业术语，掌握更多的英文术语原文，这不但有助于对各种理论和算法的准确理解，也便于和国外同行一起学习和交流。

本书适用于三维计算机图形学（虚拟现实、计算机辅助设计/计算机辅助制造、娱乐、动画等）的从业人员和爱好者，以及计算机图形学和计算几何学专业的学生。

本书由黄刚翻译，马宏华、陈凯、黄进青、熊爱华、黄永强也参与了本书的翻译工作。由于译者水平有限，错漏之处在所难免，在此诚挚欢迎读者提出任何意见和建议。

译 者

# 前　言

近年来，来自计算几何（Computational Geometry）的方法已被计算机图形社区广泛采用，从而产生了许多精致而有效的算法。本书旨在帮助计算机图形艺术领域的开发人员深入学习计算几何的各种几何数据结构，使读者能够识别几何问题，并在开发计算机图形算法时选择最合适的数据结构。

本书将重点介绍已被证明具有通用性、高效性、基础性和易于实现的算法和数据结构。因此，开发人员和研究人员可以立即在日常工作中体会到本书的好处。

本书的目标是让计算机图形艺术的开发人员和研究人员熟悉一些非常通用和无处不在的几何数据结构，使他们能够在工作中轻松识别几何问题，有能力根据需要修改算法，并希望能激发读者对计算几何领域的探索兴趣，进一步发掘出功能更强大的宝藏。

为了以引人入胜但又比较合理的方式实现这些目标，全书将贯彻通俗易懂的指导思想，按以下方式呈现每个几何数据结构：首先，详细定义和描述数据结构；其次，突出显示数据结构的一些基本属性；然后，呈现基于数据结构的一个或多个计算几何算法；最后，详细描述来自计算机图形的许多最新的、有代表性的，以及在实践上高度相关的算法，以创造性和启发性的方式显示数据结构的应用方案。

本书不会试图对该领域所涉及的主题进行面面俱到的阐述，这远远超出了本书的范围。此外，本书也不追求为给定问题提供所谓最新和最好的算法，这样说是出于以下两个理由：首先，本书的重点是几何数据结构，我们不希望用复杂的算法来转移读者的视线；其次，我们认为，从实用主义的角度出发，掌握简单和效率之间的良好平衡非常重要。

本书的目标受众是三维计算机图形学（虚拟现实、计算机辅助设计/计算机辅助制造、娱乐、动画等）的从业人员，以及计算机图形学和计算几何学的学生。读者应熟悉计算机图形学的基本原理和该领域问题的类型。

本书已经从易到难对章节内容进行了大致的安排。分层数据结构将按灵活性的增加来排序，而非分层数据结构则可以相互构建。此外，最后 3 章还介绍了使几何数据结构变得更加活跃、健壮和动态的通用技巧。

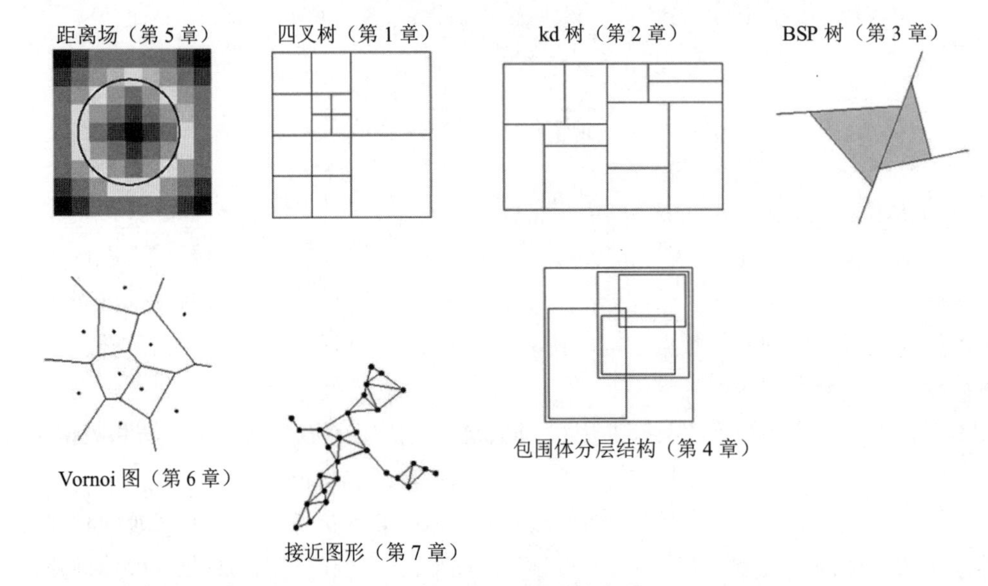


本书讨论的一些数据结构概览

上图提供了将在本书章节中讨论的一些数据结构的概览。第 1 章介绍了四叉树和八叉树，它们可以说是计算机图形学中最流行的数据结构。接下来解除了其中一个限制，使得数据结构更加灵活，这就是在第 2 章中介绍的 kd 树；而到了第 3 章，又出现了 BSP 树，这同样可以使数据结构更加灵活；从 kd 树出发，还可以推导出包围体分层结构，而这正是第 4 章的内容；从四叉树（甚至是网格）开始，可以存储有关对象的更多信息，从而引入第 5 章将要介绍的距离场概念；在某种意义上，距离场是 Voronoi 图的离散化版本，所以，在第 6 章中更详细地介绍了 Voronoi 图；在第 7 章中，讨论了几何接近图形的一般分类，其中一种是德洛内图，这已经在第 6 章中介绍过；第 8 章介绍了运动对象专用空间数据结构的一般性概念，并通过实例进行了讨论；在第 9 章中，考虑了几何计算中的退化和鲁棒性问题；最后，在第 10 章中介绍了一个简单的动态化通用方案。

## 致谢

我们要感谢 Reinhard Klein 教授和 Rolf Klein 教授在本书写作期间给予的鼓励和建议。还要感谢 AnsgarGrüne、Tom Kamphans、Adalbert Prokop、Manuel Wedemeier 和 Michael Bazanski，他们辛苦校阅了本书的部分手稿。此外，还要感谢 Jan Klein 的精彩合作。我们感谢 Alice 和 Klaus Peters 策划了本书的创作，也感谢 Kevin Jackson-Mead 管理该项目以及他的耐心。Zachmann 的部分工作由 DFG 的基金 ZA292/1 资助。

# 目　录

# 第 1 章　四叉树和八叉树

本章将介绍四叉树和八叉树结构，阐述它们的定义和复杂性、递归构造方案和标准应用。四叉树和八叉树在网格生成中有应用，如本章第 1.3～1.5 节所示。

## 1.1　定　　义

四叉树（Quadtree）是一棵包含树根（Root）的树，它的每个内部结点都有 4 个子结点。树中的每个结点都对应一个正方形。如果结点 $v$ 有子结点，则它们对应的正方形是 4 个象限，如图 1.1 所示。

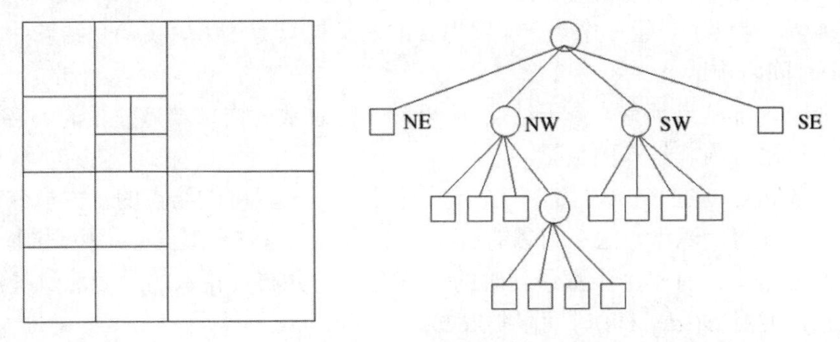


图 1.1　四叉树示例

四叉树可以存储多种数据。本节将描述存储一组点并建议递归定义的变体。继续简单的递归方块分割，直到在正方形中只有一个点。设 $P$ 是一组点。

方形 $Q=[x1_Q : x2_Q]\times[y1_Q : y2_Q]$中的一组点的四叉树的定义如下：

- 如果$|P|\leqslant 1$，则该四叉树是单叶的，其中存储的是 $Q$ 和 $P$。
- 否则，可以使用 $Q_{NE}$、$Q_{NW}$、$Q_{SW}$和 $Q_{SE}$表示 4 个象限。设 $x_{mid}:=(x1_Q+x2_Q)/2$ 和 $y_{mid}:=(y1_Q+y2_Q)/2$，并定义：

$$P_{NE}:=\{\,p\in P : p_x > x_{mid} \wedge p_y > y_{mid}\,\}$$
$$P_{NW}:=\{\,p\in P : p_x \leqslant x_{mid} \wedge p_y > y_{mid}\,\}$$
$$P_{SW}:=\{\,p\in P : p_x \leqslant x_{mid} \wedge p_y \leqslant y_{mid}\,\}$$
$$P_{SE}:=\{\,p\in P : p_x > x_{mid} \wedge p_y \leqslant y_{mid}\,\}$$

四叉树由根结点 $v$ 组成，$Q$ 存储在 $v$ 中。在下文中，可以使用 $Q(v)$表示存储在 $v$ 中的正方形。此外，$v$ 有 4 个子结点：$X$ 子结点就是四叉树集合 $P_X$ 的根。其中 $X$ 是集合{$NE$, $NW$, $SW$, $SE$}的元素。

## 1.2 复杂性与构造

递归定义意味着递归构造算法。只有起始正方形必须充分选择。如果拆分操作不能很好地执行，则四叉树是不平衡的。尽管有这种效应存在，树的深度仍与点之间的距离有关。

**定理 1.1** 平面中的一组点 $P$ 的四叉树的深度最多为 $\log(s/c)+\frac{3}{2}$，其中 $c$ 是 $P$ 中任意两个点之间的最小距离，$s$ 是初始正方形的边长。

递归构造的成本和四叉树的复杂性取决于树的深度。

**定理 1.2** 存储了一组 $n$ 个点、深度为 $d$ 的四叉树具有 $O((d+1)n)$个结点并且可以在 $O((d+1)n)$时间内构造。

由于每个内部结点都有 4 个子结点，所以叶子的总数是内部结点数量的 1 倍加 3 倍。因此，它足以限制内部结点的数量。

任何内部结点 $v$ 在 $Q(v)$内都有一个或多个点。单一深度的结点的正方形覆盖起始正方形。因此，在每个深度，最多可以有 $n$ 个内部结点，这就会对结点产生限制。

在递归方法中，有一个步骤最耗时的任务是点的分布。花费的时间总量与点的数量呈线性关系，并且 $O((d+1)n)$时间限制成立。

四叉树的 3D 等价物是八叉树（Octree）。四叉树构造可以很容易地扩展到 3D 中的八叉树。八叉树的内部结点有 8 个子结点，子结点对应于盒体（Box）而不是正方形（Square）。

利用四叉树时的常见任务是邻居发现（Neighbor Finding，也称为导航，Navigation），即给定结点 $v$ 和北、东、南或西方向，找到一个结点 $v'$，使得 $Q(v)$与 $Q(v')$相邻。一般来说，$v$ 是叶子，那么 $v'$ 也应该是叶子，但这不一定是唯一的，因为很显然，一个正方形可能有很多这样的邻居，如图 1.2 所示。

为方便起见，可以扩展邻居搜索。给定结点也可以是内部的，也就是说，$v$ 和 $v'$ 应该与给定方向相邻，并且也应该具有相同的深度。如果没有这样的结点，则需要找到其正方形相邻的最深结点。

该算法的工作原理如下。假设想要找到 $v$ 的北方邻居。如果 $v$ 恰好是其父级的 $SE$（东南方向）或 $SW$（西南方向）的子级，则其北方邻居很容易找到——分别是其父级的 $NE$（东北方向）或 $NW$（西北方向）子级。如果 $v$ 本身是其父级的 $NE$ 或 $NW$ 子结点，则按如下方式继续：递归地找到 $v$ 的父级 $\mu$ 的北方邻居。如果 $\mu$ 是内部结点，则 $v$ 的北方邻居是 $\mu$ 的子结点；如果 $\mu$ 是叶子，则要寻找的北方邻居正是 $\mu$ 本身。

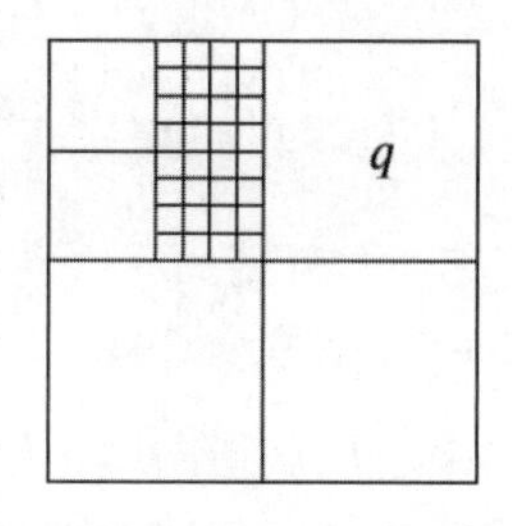


图 1.2　正方形 $q$ 在西边方向有许多个邻居

这个简单的过程可以在 $O(d+1)$时间内运行。

**定理 1.3**　设 $T$ 为深度为 $d$ 的四叉树。如上所述，$T$ 中给定结点 $v$ 在给定方向上的邻居可以在 $O(d+1)$时间内找到。

此外，还有一个简单的过程，它构造了一个给定的四叉树 $T$ 中的平衡四叉树。如果 $T$ 有 $m$ 个结点，这可以在时间 $O(d+1)m$ 和空间 $O(m)$中完成。有关详细信息，请参阅本书末尾的参考文献[de Berg et al. 00]。

类似的结果也适用于八叉树。

## 1.3　高度场可视化

三维可视化中的一个特殊区域是渲染大地形，或者用更概括性的语言来说，就是高度场的渲染。高度场（Height Field）通常被给出为一个均匀网格的正方形阵列 $h:[0, N-1]^2 \to \mathbb{R}$，$N \in \mathrm{II}$，作为其高度值，其中 $N$ 通常在 16384 到几百万的数量级。实际上，像这样的原始高度场通常以某种图像文件格式存储，如 GIF。例如，规则网格是美国地质调查局发布其数据的标准形式之一，称为数字高程模型（Digital Elevation Model，DEM）（详见参考文献[Elassal 和 Caruso 84]）。

显然，无论是从内存还是从渲染方面来看，规则网格都不是一个非常有效的数据结构。因此，高度场可以存储为三角形不规则网络（Triangular Irregular Networks，TINs）（见图 1.3）。它们可以更好地适应高度场中的细节和特征（或由此而缺少），因此它们可以按任何所需的精度水平逼近任何表面，其中多边形比任何其他表现形式更少（详见参考文献[Lindstrom et al. 96]）。然而，由于它们的结构要复杂得多，TINs 不适合交互式可视化以及更常规的表示。

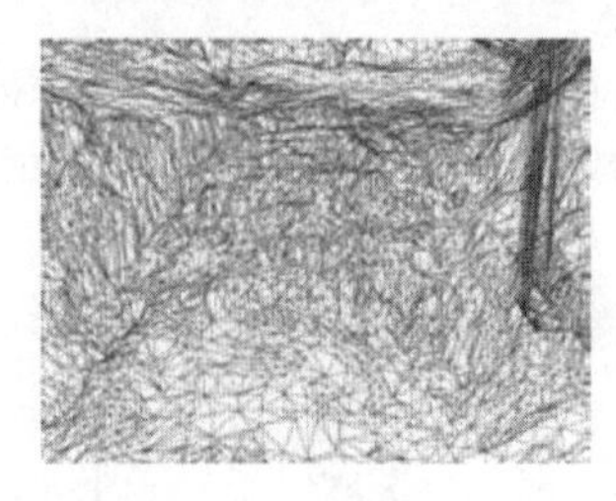
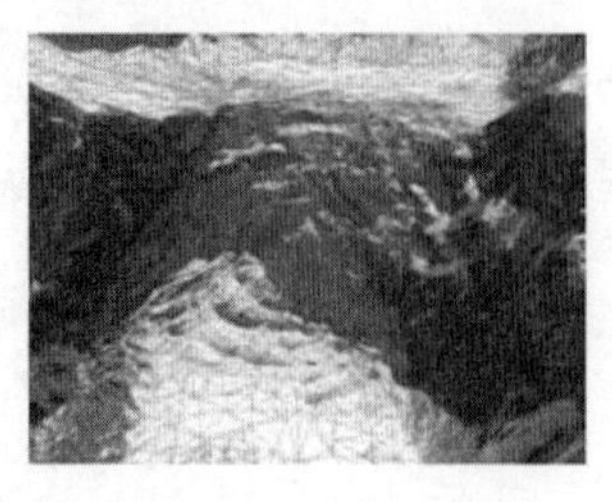

图 1.3　地形（左），高度场的 TIN（中）和叠加（右）（详见参考文献[Wahl et al. 04]）

地形可视化中的问题在于，如果用户从指向地平线的低视角来观察它，则地形的一小部分非常接近，而大部分可见地形的距离更远。地形中比较靠近的部分应该以高细节渲染，而远处部分则应该以非常小的细节渲染，以保持较高的帧速率。

为了解决这个问题，需要一种数据结构，使开发人员能够快速确定地形每个部分所需的细节水平。四叉树就是这样一种数据结构，特别是因为它们似乎是非分层网格（Non-Hierarchical Grid）的简单性和 TINs 的良好适应性之间的良好折中。一般的想法是在网格上构造一个四叉树，然后从上到下遍历这个四叉树以渲染它。在每个结点上，都可以确定通过渲染提供的细节是否足够，或者是否有必要进一步降低渲染细节。

采用四叉树（以及一般的基于四边形的数据结构）的一个问题是：结点彼此之间并不是完全独立的。假设在某些地形上构造了一个四叉树，如图 1.4 所示。如果按原样渲染，则在左上角正方形和右上角正方形内的精细细节正方形之间会有间隙（裂缝）。导致此问题的顶点称为 T 顶点（T-Vertices）。理论上，对它们进行三角形化是有帮助的，但在实践中，这会导致出现长而细的三角形，而它们本身就存在问题。解决方案是对每个结点进行三角形化。

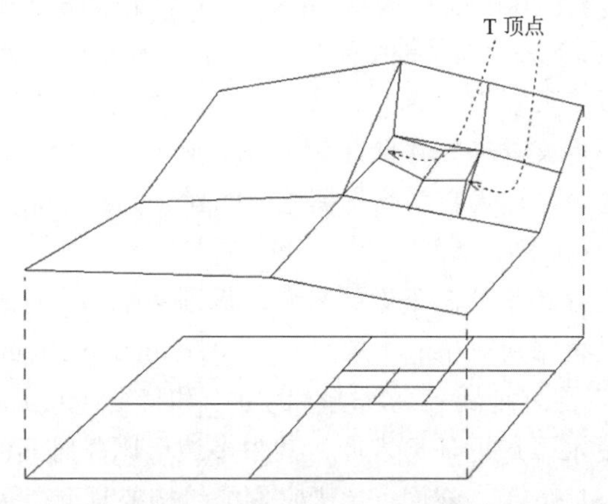


图 1.4　为了使用四叉树来定义高度场网格，它应该是平衡的

（图片由波恩大学 R. Klein 和 R. Wahl 教授提供）

因此，四叉树提供了递归细分方案来定义三角形化规则网格（Triangulated Regular Grid）（见图 1.5）：从一个正方形细分为两个直角三角形开始，对于每个递归步骤，可以细分所有三角形的最长边（斜边），每个最长边又会产生两个新的直角三角形。因此，该方案有时被称为最长边二分（Longest Edge Bisection）（详见参考文献[Lindstrom 和 Pascucci 01]）。这将产生一个网格，其中所有顶点都具有 4 度（Degree）或 8 度（边界顶点除外），这就是为什么这样的网格通常被称为 4-8 网格。

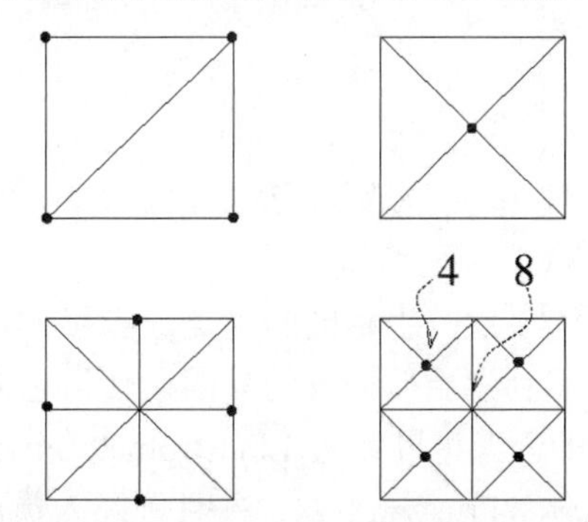


图 1.5　四叉树定义了一个递归细分方案，产生了一个 4-8 网格。这些点表示新添加的顶点。有些顶点有 4 度，有些顶点有 8 度（4-8 网格的名称即由此而来）

该细分方案在该组顶点上引入有向无环图（Directed Acyclic Graph，DAG）：如果顶点 $j$ 是由顶点 $i$ 处的直角分割创建的，则顶点 $j$ 是 $i$ 的子结点。这将由边 $(i, j)$ 表示。请注意，几乎所有顶点都创建了两次（见图 1.5），因此该图中的所有结点都有 4 个子结点和 2 个父结点（边框顶点除外）。

在渲染过程中，可以选择不同级别的细分单元。设 $M^0$ 为完全细分的网格（对应于原始网格），$M$ 为当前未完全细分的网格。$M$ 对应于 $M^0$ 的 DAG 的子集。根据与 $M^0$ 和 $M$ 相关的 DAG，可以重新制定无裂缝的条件如下：

$$
\begin{aligned}
&M\text{ 是无裂缝的} \Leftrightarrow \\
&M\text{ 没有任何 T 顶点} \Leftrightarrow \\
&\forall (i, j) \in M : (i', j) \in M,\ \text{其中父级}(j) = \{i, i'\}
\end{aligned}
\tag{1.1}
$$

换句话说，不能单独划分一个三角形，还必须细分另一侧的三角形。在渲染过程中，这意味着如果渲染某个顶点，则还必须渲染其所有祖先(请记住，一个顶点有两个父结点)。

渲染这样的网格（在概念上）将生成单个很长的顶点列表，然后将其作为单个三角形长条（Strip）馈送到图形管道（Pipeline）中。该算法的伪代码看起来应如下所示（简化版）：

```
submesh(i, j)
if error(i) < τ then
        return
end if
if B_i outside viewing frustum then
        return
end if
submesh(j, c_l)
V += p_i
submesh(j, c_r)
```

其中，error($i$)是顶点 $i$ 的一些误差测量，$B_i$ 是顶点 $i$ 周围的球体，它完全包围了所有的后代三角形。

请注意，该算法可以连续多次产生相同的顶点，当然，这很容易检查。为了生成一个长条，算法必须将旧顶点复制到当前列表的前面，使得它立刻就被轮到。再次说明一下，这很容易发现，感兴趣的读者可以参考[Lindstrom 和 Pascucci 01]。

如果 $B_i$ 完全位于平截头体（Frustum）内，并且开发人员已经注意到这一点，那么就不再需要测试子顶点，从而可以加快剔除速度。

这里仍然需要考虑存储地形细分网格的方式。最终，开发人员会希望将其存储为单个线性阵列，原因有以下两点：

- 树是完整的，所以使用指针存储它没有意义。
- 开发人员希望将保存树的文件按原样映射到内存中（例如，使用 Unix mmap 函数），因此指针根本不起作用。

但是，应该记住的是，对于当前的体系结构来说，无法通过缓存满足的每个内存访问都需要非常高的计算成本（当然，对于磁盘访问来说更是如此）。

组织地形顶点的最简单方法是矩阵布局，其缺点是在主索引上没有缓存局部性。为了改善这一点，人们经常会引入某种分块机制，使得其中的每个块都存储在矩阵中，并且所有块也按矩阵顺序排列。不幸的是，Lindstrom 和 Pascucci 报告说，至少在地形可视化方面，这比简单的矩阵布局要差 10 倍（详见参考文献[Lindstrom 和 Pascucci 01]）。

还有一种方法是输入四叉树。它们提供的优点是，同一级别的顶点可以在内存中相当紧密地存储。4-8 细分方案可以看作交错的两个四叉树（见图 1.6）：从红色四叉树的第一层开始，它只包含网格中间的一个顶点，这个顶点是由 4-8 细分方案的第一步产生的。接下来是包含 4 个顶点的蓝色四叉树的第一层，这 4 个顶点都是由 4-8 细分方案的第二步生成的。这个过程在逻辑上可以重复。请注意，蓝色四叉树与红色四叉树完全相同，只是旋转了 45°。当覆盖红色和蓝色四叉树时，开发人员即可以获得 4-8 网格。

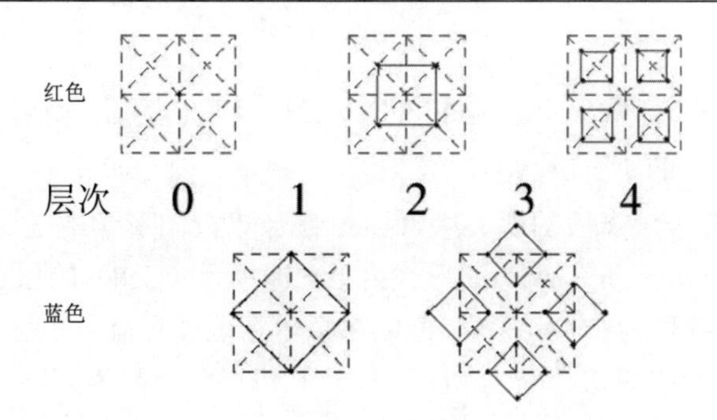


图 1.6　该 4-8 细分网格可以由两个交错的四叉树生成。实线连接共享父级的兄弟姐妹

请注意，蓝色四叉树包含地形网格之外的结点，这些结点常被称为幽灵结点（Ghost Node）。关于它们的好处是，开发人员可以存储红色四叉树来代替这些幽灵结点（见图 1.7）。这可以将最终线性阵列中未使用元素的数量减少到 33%。

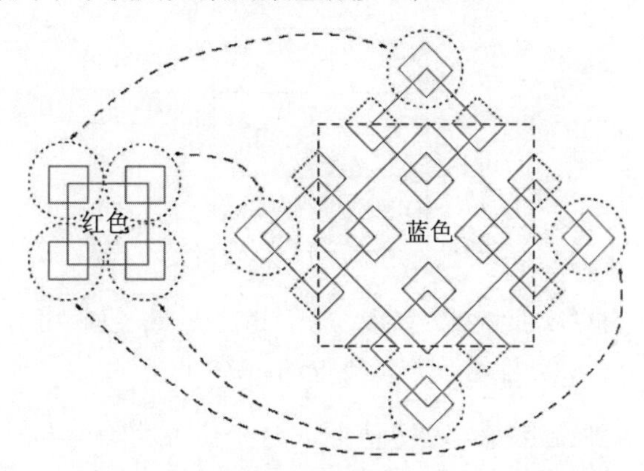


图 1.7　红色四叉树可以存储在蓝色四叉树未使用的幽灵结点中

在渲染过程中，开发人员需要在给定三角形的 3 个顶点的情况下计算子顶点的索引。事实证明，通过巧妙地选择顶层顶点的索引，该计算可以像使用矩阵布局一样有效地完成。

有兴趣的读者可以在参考文献[Lindstrom et al. 96]、[Lindstrom 和 Pascucci 01]、[Balmelli et al.01]和[Balmelli et al. 99]，以及许多其他文章中找到更多关于这个主题的信息。

## 1.4　等值面生成

可视化 3D 体积的一项技术（以及许多其他技术）是提取等值面（Isosurface）并将其渲染为规则的多边形表面。它可用于提取医学扫描（例如 MRI 和 CT）中的骨骼或器官表面。

姑且假设给定一个标量场（Scalar Field）$f:\mathbb{R}^3 \to \mathbb{R}$。然后，找到等值面的任务将“只是”找到方程 $f(\vec{x})=t$ 的所有解（即所有根）。

由于我们生活在一个离散的世界中（至少在计算机图形学中是这样定义），标量场通常以曲线网格（Curvilinear Grid）的形式给出，即单元（Cell）的顶点称为结点（Node，也叫“节点”，本书统称为“结点”），可以在每个结点处存储一个标量和一个 3D 点（见图 1.8）。这种曲线网格通常存储为 3D 阵列，其可以被设想为规则 3D 网格。在这里，单元通常被称为体素（Voxel）。

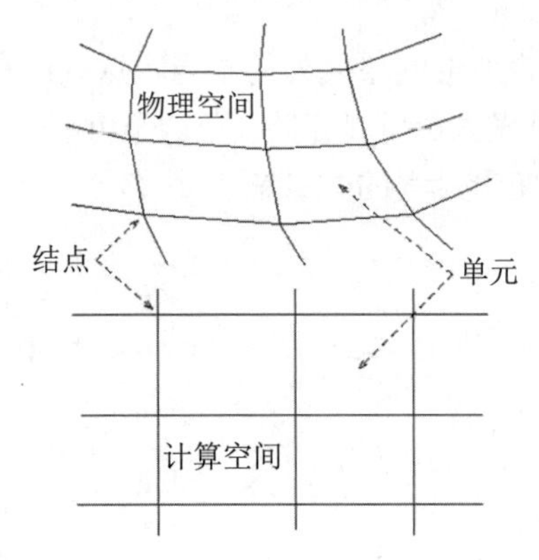


图 1.8　标量场通常以曲线网格的形式给出。通过在计算空间中进行所有计算，往往可以节省大量的计算工作量

要在曲线网格中找到给定值 $t$ 的等值面，这个任务就等于要找到所有这样的单元：其中至少一个结点（即角）具有小于 $t$ 的值，并且还有一个结点具有大于 $t$ 的值；然后根据查找表对这些单元进行三角测量（见图 1.9）。因此，一个简单的算法将按如下方式工作：计算所有结点（$\oplus \triangleq >t$，$\ominus \triangleq <t$）的符号，然后轮流考虑每个单元，使用 8 个符号作为查找表的索引，并对其进行三角测量（如果有的话）（详见参考文献[Lorensen 和 Cline 87]）。

请注意，在此算法中，只使用了 3D 数组，还没有使用关于结点的确切空间位置的信息（实际生成三角形时除外）。事实上，这里已经从一种形式的计算空间（即曲线网格）过渡到另外一种形式的计算空间（即 3D 阵列）。因此，在下文中，开发人员可以在不失一般性的情况下限制自己仅考虑规则网格，即 3D 阵列。

现在的问题是：应该如何改进穷举算法？其中一个问题是，开发人员不能错过等值面的任何一个很小的部分。因此，开发人员需要一种数据结构，允许丢弃保证不是等值面的体积的很大部分。这需要八叉树。

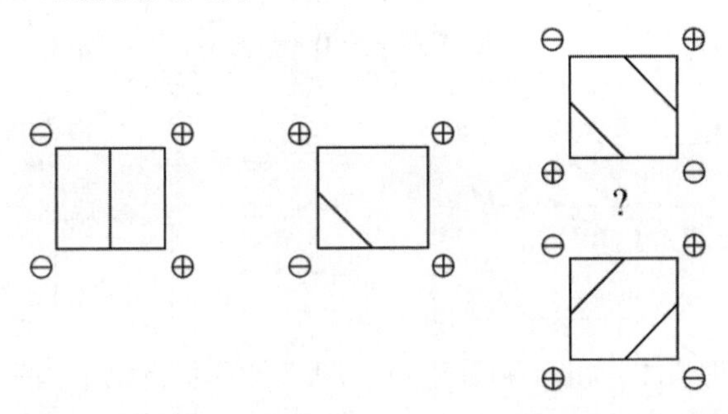


图 1.9　根据查找表对跨越等值面的单元进行三角测量。在某些情况下，会有若干种三角测量都是可能的，必须通过启发式方法来求解

开发人员的想法是在网格的单元上构建一个完整的八叉树（详见参考文献[Wilhelms 和 Gelder 90]）。为简单起见，可以假设网格的大小是 2 的幂。叶子指向其相关单元格的左下结点（见图 1.10）。每个叶子 $v$ 存储该单元的 8 个结点的最小值 $v_{min}$ 和最大值 $v_{max}$。类似地，八叉树的每个内部结点将存储其 8 个子结点的最小值/最大值。

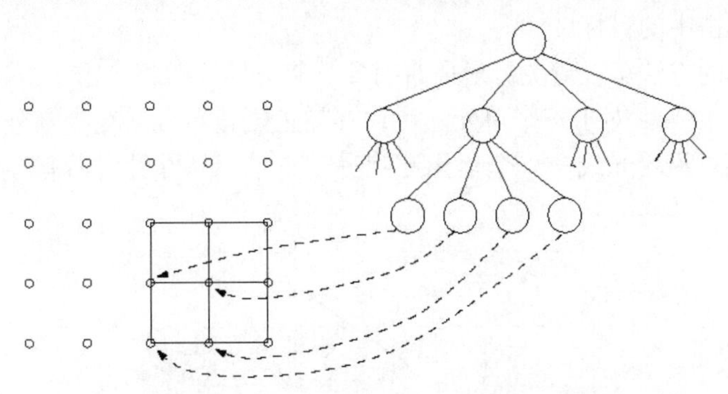

图 1.10　八叉树提供了一种有效计算等值面的简单方法

当且仅当 $v_{min} \leqslant t \leqslant v_{max}$ 时，观察等值面与结点 $v$（内部结点或叶结点）相关联的体积相交。这已经表明算法是如何工作的：从根开始并递归访问条件所在的所有子结点。在叶子上，像往常一样构造三角形。

如果等值面穿过单元的边缘，则在整个过程期间，该边缘将恰好被访问 4 次，注意到这一点，则这个过程还可以进一步加速。因此，当第一次访问边缘时，可以计算该边缘上等值面的顶点，并将边缘与顶点一起存储在哈希表中。这样，每当需要边上的顶点时，就可以首先尝试在哈希表中查找该边缘。开发人员的观察也可以使得哈希表的大小保持相当低的状态。当第 4 次访问边缘时，即可知道它再也不能被访问，所以就可以将其从哈希表中删除。

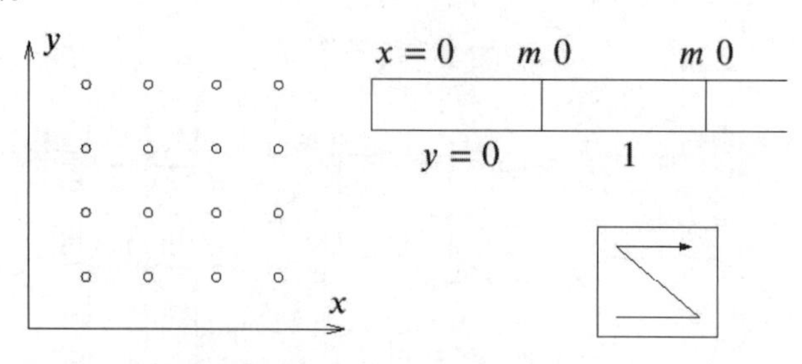


图 1.11　体积数据布局应该与八叉树的遍历顺序相匹配

## 1.5　光 线 发 射

光线发射（Ray Shooting）是一项初级任务，经常出现在光线追踪（Ray Tracing）、体积可视化（Volume Visualization）等算法以及用于碰撞检测或地形追踪的游戏中。基本上，该任务是在由多边形或其他对象组成的场景中，在跟踪通过该场景的给定光线时，找到该光线最早击中的目标。

有一种简单的方法可以避免针对所有对象检查光线，即将宇宙（Universe）划分为规则网格（见图 1.12）。对于每个单元，可以存储占据该单元（至少部分占据）的对象的列表。然后就可以沿着光线从一个单元走到另一个单元，并针对所有存储在该单元中的对象检查光线。

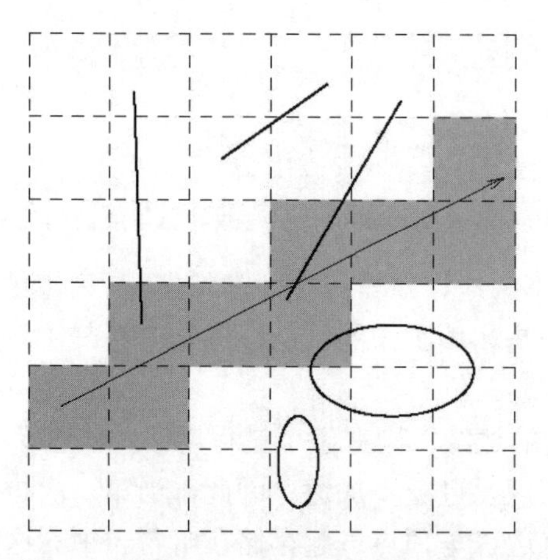

图 1.12　使用网格可以有效地实现光线发射

在这个方案（以及其他方案）中，开发人员需要一种称为邮箱（Mailbox）的技术，它可以阻止针对同一个对象检查光线两次（详见参考文献[Glassner 89]）。每条光线都有一个唯一的 ID（只要在开始使用新光线时增加一个保存该 ID 的全局变量即可）。在遍历期间，只要使用它执行过交叉测试，就会将该光线的 ID 和对象存储在一起。但是，在与对象进行交叉测试之前，开发人员可以查看其邮箱以了解当前光线的 ID 是否已经存在，如果已经存在，则表明已经在较早的单元中执行了交叉测试。

文中将介绍两种使用八叉树的方法，以进一步减少需要考虑的对象数量。

## 1.6　3D 八叉树

要改进任何基于网格的方法，有一种规范的方式是构造一个八叉树（见图 1.13）。在这里，八叉树留下了存储对象列表（或者更确切地说，是指向对象的指针）。由于现在要处理多边形和其他图形对象，因此必须稍微更改八叉树构造过程的叶结点规则：达到最大深度，或者只有一个多边形/对象占用该单元。可以尝试将该规则更改为：仅在单元中没有对象（或达到最大深度）时才停止。通过这种方法可以更好地逼近场景的几何形状。

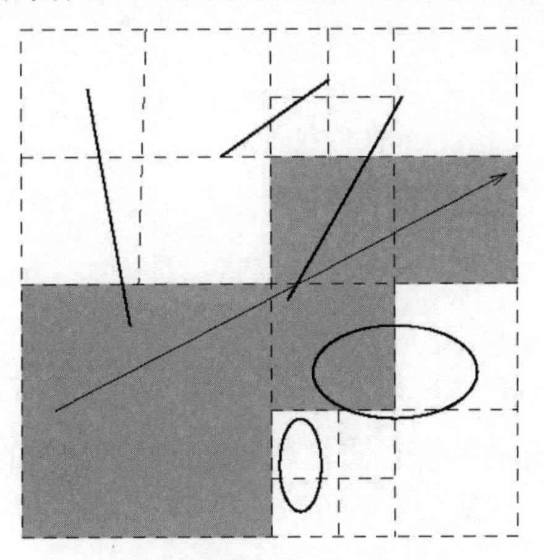

图 1.13　使用八叉树的相同场景

如何沿着给定的光线（Ray）遍历八叉树？与使用网格的情况一样，开发人员必须制作水平（Horizontal）步骤，这些步骤实际上沿着光线前进。但是，对于八叉树来说，还需要进行垂直（Vertical）步骤，这些步骤可以向上或向下遍历八叉树。

所有采用八叉树的光线发射算法都可以分为两类。

- 自下而上（Bottom-Up）：此方法从包含光线原点的八叉树中的叶子开始，它将从该位置开始试图找到被光线穿刺（Stab）的相邻单元。

- 自上而下（Top-Down）：此方法从八叉树的根开始，并尝试向下递归到被光线刺入的结点和叶子。

下文将描述一种自上而下的方法（详见参考文献[Revelles et al. 00]）。其主要思路是只使用光线参数来决定必须访问哪个结点的子结点。

假设光线由下式给出：

$$\vec{x}=\vec{p}+t\vec{d}$$

体素 $v$ 由下式给出：

$$[x_l, x_h]\times[y_l, y_h]\times[z_l, z_h]$$

下文将描述假设所有 $d_i>0$ 的算法。稍后还将证明该算法也适用于所有其他情况。

首先可以观察到，如果已经拥有光线与单元边界交点的线（Line）参数，那么计算两者之间的线区间（Line Interval）就是非常容易的事情，如式（1.2）和图 1.14 所示。

$$t_a^m=\frac{1}{2}\left(t_\alpha^l+t_\alpha^h\right),\ \ \alpha\in\{x,y,z\} \tag{1.2}$$

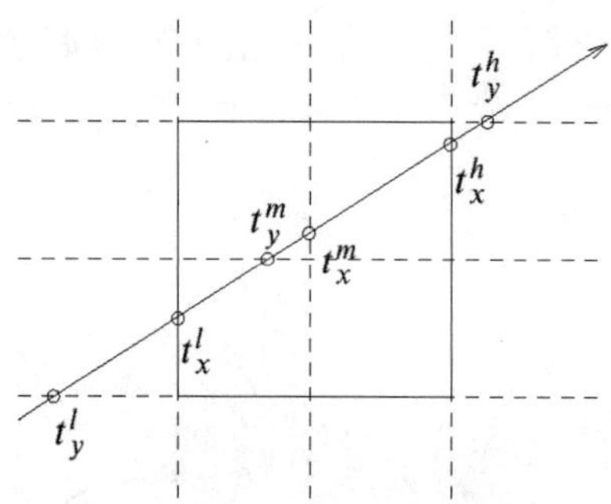


图 1.14　为结点的子结点计算线参数是非常容易的

因此，对于一个单元的 8 个子结点，只需要计算 3 个新的线参数即可。显然，当且仅当 $\max\left\{t_i^l\right\}<\min\left\{t_j^h\right\}$ 时，该线条与单元相交，该算法的伪代码可概述如下：

```
traverse( v, t^l, t^h )
compute t^m
determine order in which sub-cells are hit by the ray
for all sub-cells v_i that are hit do
        traverse( v_i, t^l|t^m, t^m|t^h )
end for
```

其中，$t^l\,|\,t^m$ 意味着可以通过从 $t^l$ 和 $t^m$ 传递适当的分量（Component）来构造相应单元的下边界。

为了确定应遍历的子单元（Sub-Cell）的顺序，首先需要确定光线先击中的是哪一个次级单元。在 2D 中，这是通过两次比较完成的（见图 1.15）。然后 $t_x^m$ 与 $t_y^m$ 的比较将告诉开发人员下一个单元是哪个。

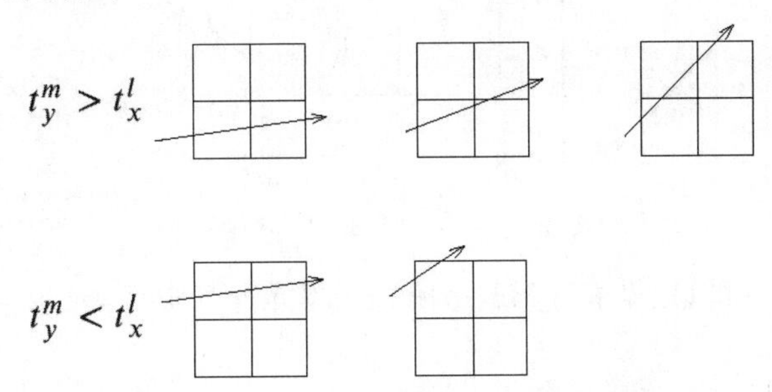


图 1.15　通过简单的比较即可找到必须先遍历的子单元。这里仅描述了 $t_x^l > t_y^l$ 的情况

在 3D 中，这需要更多的工作，但原理基本上是相同的。首先，可以通过表 1.1 确定光线在哪一侧进入当前单元。

表 1.1　确定光线在哪一侧进入当前单元

| $\max\{t_i^l\}$ | 侧 |
|---|---|
| $t_x^l$ | YZ |
| $t_y^l$ | XZ |
| $t_z^l$ | XY |

接下来，需要通过表 1.2 确定要访问的第一个子单元（编号方案见图 1.16）。第一列是在第一步中确定的进入侧。第三列将产生要访问的第一个子单元的索引：从索引为零开始。如果第二列的一个或两个条件成立，则应设置由第三列指示的索引中的相应位。

表 1.2　确定第一个子单元

| 侧 | 条　件 | 索 引 位 |
|---|---|---|
| XY | $t_z^m < t_x^l$ | 0 |
| | $t_y^m < t_x^l$ | 1 |
| XZ | $t_x^m < t_y^l$ | 0 |
| | $t_z^m < t_y^l$ | 2 |
| YZ | $t_y^m < t_x^l$ | 1 |
| | $t_z^m < t_x^l$ | 2 |

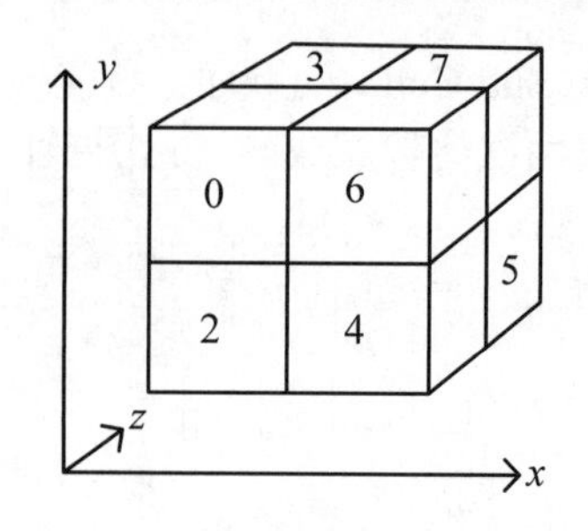


图 1.16　子单元根据此方案编号

最后，开发人员可以根据表 1.3 遍历所有子单元，其中 ex 表示当前子单元的光线的出射侧。

表 1.3　确定子单元的遍历顺序

| 当前的子单元 | 出　射　侧 | | |
|---|---|---|---|
| | YZ | XZ | XY |
| 0 | 4 | 2 | 1 |
| 1 | 5 | 3 | ex |
| 2 | 6 | ex | 3 |
| 3 | 7 | ex | ex |
| 4 | ex | 6 | 5 |
| 5 | ex | 7 | ex |
| 6 | ex | ex | 7 |
| 7 | ex | ex | ex |

如果光线方向包含负分量，那么开发人员将只需要在概念上沿着相应的轴镜像所有表格。这可以通过 XOR 操作有效地实现。

## 1.7　5D 八叉树

在之前的简单算法中，每次将光线发射到场景中时，仍然需要沿着光线行走。但是，光线本质上是静态物体，就像场景中的几何形状一样，这是以下算法背后的基本观察（详见参考文献[Arvo 和 Kirk 87][Arvo 和 Kirk 89]）。同样，它也是利用八叉树来自适应地分解问题。

该算法的基础技术是光线的离散化，是 5D 对象。假设有一个包围单位球体所有方向的立方体，可以通过该立方体上的一个点来识别任何光线的方向，因此，它被称为方向立方体（Direction Cube）（见图 1.17）。关于它的好处是，现在可以执行在平面中有效的任何分层分区方案，例如八叉树：开发人员只需要在每一侧单独应用方案即可。

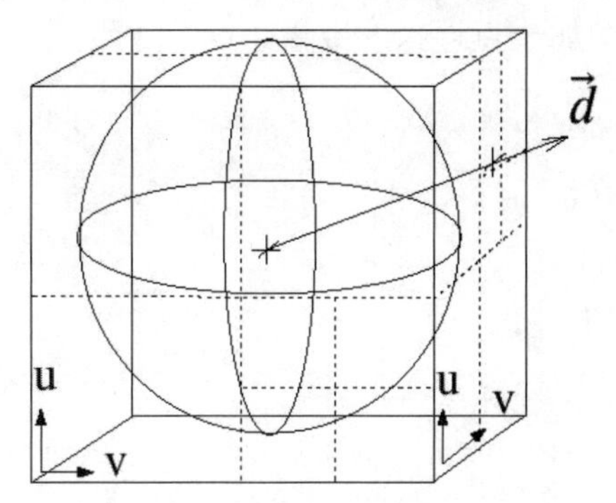


图 1.17　使用方向立方体可以离散方向，并使用任何分层分区方案对它们进行组织

使用方向立方体之后，开发人员可以在方向向量和立方体所有 6 个边上的点之间建立一对一的映射，即：

$$S^2 \leftrightarrow [-1, +1]^2 \times \{+x, -x, +y, -y, +z, -z\}$$

可以使用 $u$ 和 $v$ 来表示立方体侧面的坐标。这里，$\{+x, -x, ...\}$只是某种用于识别立方体侧面的 ID，其中有一个点$(u, v)$是活动的（其实也可以使用$\{1, ..., 6\}$来表示）。

在给定的宇宙中，$B = [0,1]^3$（假设它是一个盒子），开发人员可以通过点来表示所有可能出现的光线。这些点位于：

$$\begin{aligned} R = B \times [-1, +1]^2 \\ \times \{+x, -x, +y, -y, +z, -z\} \end{aligned} \tag{1.3}$$

可以通过 6 个 5D 盒子的副本很方便地实现这些点。

回到原来的目标，现在可以按如下方式建立 6 个 5D 八叉树。首先，可以在概念上将所有对象与根关联在一起。如果有太多对象与之关联并且结点的单元太大，则可以考虑在八叉树中对结点进行分区。如果结点已经分区，则同样必须对其对象集进行分区，并将每个子集分配给其中的一个子结点。

观察 5D 八叉树中的每个结点定义 3 空间（3-Space）中的光束（Beam）：单元的前 3 个坐标的 $xyz$ 区间在 3 空间中定义了一个盒子，其余两个 $uv$ 区间在 3 空间中定义了一个锥形。它们一起定义了一个三维空间的光束，更确切地说，是取其闵可夫斯基和（Minkowski Sum），也就是点集的和。该定义从单元的盒子开始，沿锥体的大致方向延伸（见图 1.18）。

由于现在已经定义了八叉树的 5D 单元所代表的内容，因此定义如何将对象分配给子单元就变得非常简单了：只要将每个对象的边界体积与子单元的 3D 光束进行比较即可。

请注意，可以将对象分配给若干个子单元（就像规则 3D 八叉树一样）。通过用锥体封闭一个光束，然后检查对象相对于该锥体的边界球，可以进一步简化对象是否与光束相交的测试。当然，这可能会增加一点误报的数量。

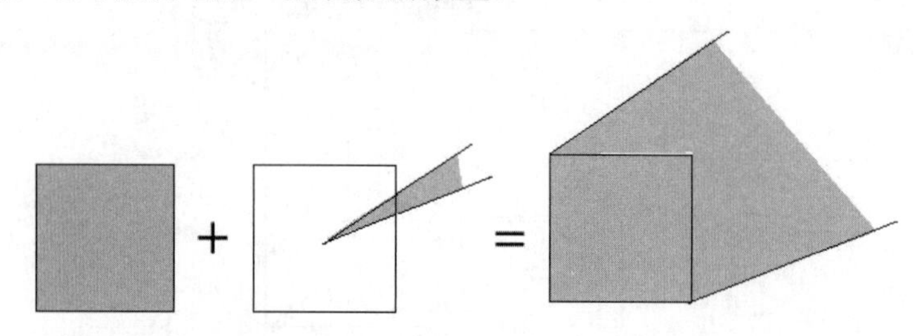

图 1.18　方向立方体上的 *uv* 区间加上 3 空间的 *xyz* 区间产生了一个光束

在为给定场景计算了 6 个 5D 八叉树之后，通过该八叉树进行光线追踪就是顺理成章的事情了：通过方向立方体即可将光线映射到 5D 点上。从与映射光线的方向立方体一侧相关联的八叉树的根开始，在该八叉树中找到包含 5D 点（即光线）的叶子，并检查与该叶子相关的所有对象的光线。

通过在 6 个 5D 八叉树的其一中定位叶子，即可丢弃所有不在光线大致方向上的对象。但是该算法还可以进一步优化。

首先，可以沿着光束的主轴将与叶子关联的所有对象按其最小值排序（见图 1.19）。如果沿着主导轴的对象的最小坐标大于当前交叉点，则可以停止，因为所有其他可能的交叉点都更远。

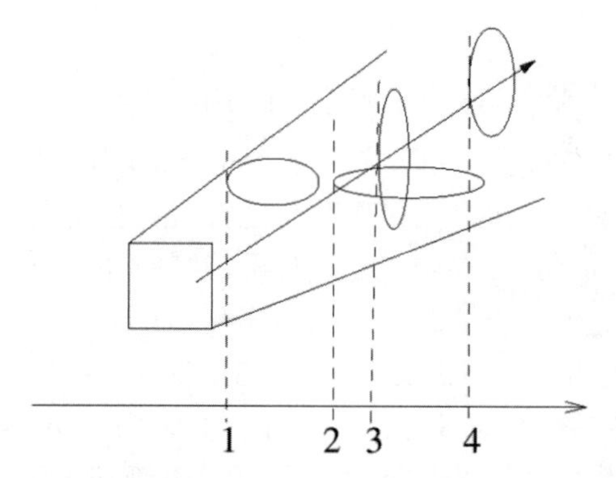


图 1.19　通过对每个 5D 叶片内的对象进行排序，往往可以更早停止光线交叉检查

其次，可以按如下方式使用光线相干性。开发人员可以为光线树中的每个层级维护一个缓存，用于存储上次访问过的 5D 八叉树的叶子。在关注新光线时，可以先查看缓存中的八叉树叶片，看它是否包含在其中，如果不在，再从根目录中开始搜索它。

另一个技巧（也适用于其他光线加速方案）是利用这样一个事实：开发人员不需要知道表面上的点和光源之间的第一个遮挡物。任何遮挡物都足以判断该点在阴影中。因此，可以为每个光源保留一个缓存，存储最近一次作为遮挡物的对象（或一个很小的集合）。

最后，因为 5D 八叉树需要占用大量内存，所以这里有必要提一下 5D 八叉树的内存优化技术。该技术基于一个观察结果，即在由八叉树的叶子定义的光束内，背面的对象（几乎）永远不会与从该单元发出的光线相交（见图 1.20）。因此，只有当对象在一定距离内时才存储具有单元的对象。如果光线未击中任何对象，则开始一个新的交叉点查询，其中另一条光线具有相同的方向，并且起点位于该最大距离的后面。显然，开发人员必须在空间和速度之间进行权衡，但是如果选择得当，切断的距离应该不会降低太多性能，同时仍然可以节省大量内存。

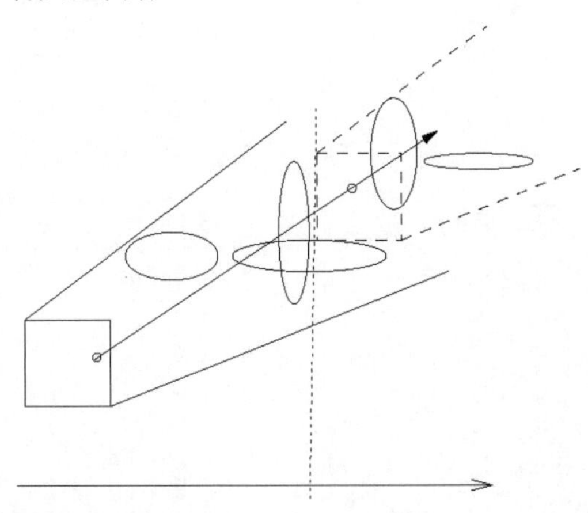

图 1.20　通过切断光束（或者更确切地说，是对象列表），开发人员可以节省大量的 5D 八叉树的内存使用量，同时对性能的影响微乎其微

# 第 2 章　正交截窗和穿刺查询

本章将介绍一些基于树的几何数据结构，用于回答截窗和穿刺查询。此类查询在许多计算机图形算法中都很有用。

穿刺查询（Stabbing Query）将报告被单个对象穿刺的所有对象。对于线段集 $S$，典型的穿刺查询将报告由单个查询线 $l$ 穿刺的所有线段。另一方面，截窗查询（Windowing Query）将报告位于窗口内的所有对象。对于点集 $S$，典型的截窗查询将报告查询框（Query Box）$B$ 内的 $S$ 的所有点。

开发人员可以从一些简单的查询和数据结构开始，然后推进到更复杂的查询。此外，本章还提出了构造和查询的时间和空间界限。

所有数据结构都被认为是静态的，也就是说，开发人员可以假设对象集不会随着时间的推移而发生改变，不必考虑插入和删除操作。像插入和删除这样的操作可能会非常复杂，计算成本也相当高。例如，如果要插入新元素或删除旧元素，则本章第 2.4 节中的平衡 kd 树的层次结构就需要大量重建工作。

如果要对静态数据结构进行动态化（Dynamization）处理，则可以使用本书第 10 章中介绍的简单而有效的通用动态化技术。开发人员可以考虑对所有数据结构进行简单的 WeakDelete 弱删除操作，以便充分应用动态化方法。WeakDelete 操作会将对象标记为已删除，但是该对象并不会从内存中删除。在一组有效的 WeakDelete 操作之后，有必要重建完整的结构。有关详细信息，请参阅本书第 10 章。相应的运行时间可以在第 10.5 节中找到。

本章所提供的伪代码算法利用了一些简单且通过字面意思即可理解其含义的操作。例如，在算法 2.2 中，操作 $L$. ListInsert($s$)表示元素 $s$ 被插入列表 $L$ 中。

对于每个数据结构，本章将先考虑如何对其进行查询操作，然后给出构造和查询操作的概要（Sketch）。此外，相应的算法将采用伪代码表示。本章还提供了构造和查询操作复杂性的简短证明。查询可以由以下项目表示：

- 空间的维度。
- 相应对象的元组（对象/查询对象）。
- 查询操作的类型。

例如，在第 2.1 节中，相应的查询表示为一维（区间/点）穿刺查询。

# 2.1　区　间　树

区间树（Interval Tree）可用于有效地回答以下一维（区间/点）穿刺查询。

输入：在线条（Line）上的闭合区间集 $S$。

查询：单个值 $x_q \in \mathbb{R}$ 。

输出：所有区间 $I \in S$ ，其中 $x_q \in I$ 。

例如，在图 2.1 中，有 7 个区间 $s_1, s_2, ..., s_7$ 和一个查询值 $x_q$。为方便起见，该区间由二维中的水平线段 $s_i$ 表示，查询值表示为水平线 $x_q$。这个（区间/点）穿刺查询应报告线段 $s_2$、$s_5$ 和 $s_6$。可以假设线段 $s_i$ 分别由其左端点 $l_i$ 和右端点 $r_i$ 的 $x$ 坐标表示。

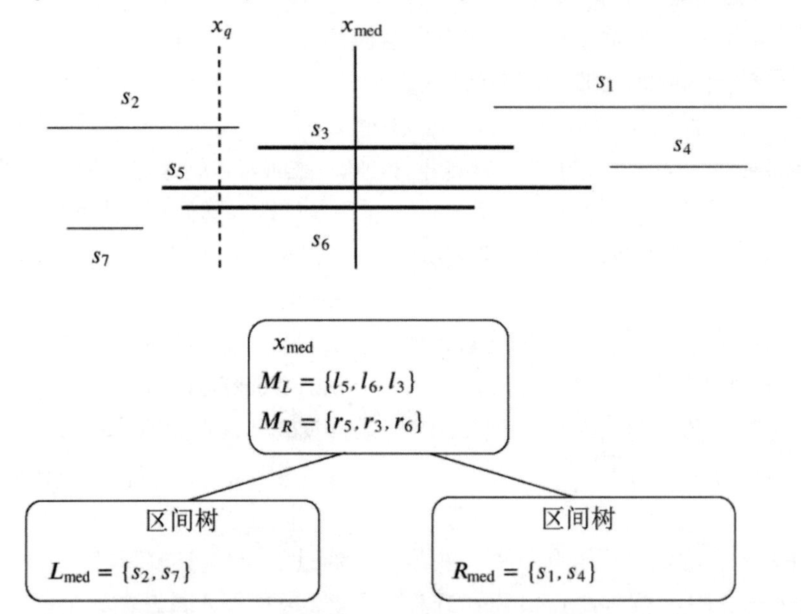


图 2.1　区间树中结点信息的示例。为方便起见，区间由二维线段表示。由中值（Median）$x_{med}$ 命中的线段 $s_i$ 的左端点 $l_i$ 和右端点 $r_i$ 分别在分类列表 $M_L$ 和 $M_{R'}$ 中表示

在此可以构造一个有效回答上述查询的数据结构。区间的信息存储在二叉树中。设 $S$ 表示一组 $n$ 个区间$[l_i, r_i]$，其中 $i = 1, ... , n$。二叉区间树是递归构造的，如下面的构造概要所示。树的结点专用于所有线段的端点的中值。对于包含此值的所有线段，有两个列表可用于检查这些区间是否还包含要查询的值。有关结点信息的示例，请参见图 2.1。本章后面将提供查询操作的详细说明。

以下是区间树构造算法概要（另请参见算法 2.1）。

- ❑ 输入：给定一个由$[l_i, r_i]$表示的区间集合 $S$，其中 $i = 1, \dots, n$。
- ❑ 如果 $S$ 为空，则区间树为空叶。否则，分配一个带有两个子结点的结点 $v$。
- ❑ 对于结点 $v$，计算$\{l_1, \dots, l_n, r_1, \dots, r_n\}$的中值 $x_{med}$。这意味着一半的区间端点位于 $x_{med}$ 的左侧，一半的区间端点位于 $x_{med}$ 的右侧。注意，中值通常并不等于值 $l_i$ 或 $r_i$。
- ❑ 令 $L_{med}$ 表示 $x_{med}$ 左边的区间集合，令 $S_{med}$ 表示包含 $x_{med}$ 的区间集合，令 $R_{med}$ 表示 $x_{med}$ 右边的区间集合。
- ❑ 在根 $v$ 处，存储 $x_{med}$ 并为 $S_{med}$ 所有左边的端点构建排序列表 $M_L$，为 $S_{med}$ 所有右边的端点建立排序列表 $M_R$。
- ❑ 递归地为 $v$ 的子结点构建 $L_{med}$ 和 $R_{med}$ 的区间树。

**算法 2.1**：递归地计算一个区间集合的区间树

IntervalTree($S$)（$S$ 是区间$\{[l_1,r_1], \cdots, [l_n,r_n]\}$以及$\{l_i\}$、$\{r_i\}$和$\{l_i\} \cup \{r_i\}$的排序列表的集合）

```
if S = Ø then
    return Nil
else
    v := new node
    v.x_med := Median(S)
    v.S_med := HitSegments(v.x_med, S)
    R_med := RightSegments(v.x_med, S)
    L_med := LeftSegments(v.x_med, S)
    v.M_L := SortLeftEndPoints(v.S_med)
    v.M_R := SortRightEndPoints(v.S_med)
    v.LeftChild := IntervalTree(L_med)
    v.RightChild := IntervalTree(R_med)
    return v
end if
```

算法 2.1 可以有效地计算区间树，如引理 2.1 所示。

**引理 2.1**　对于包含 $n$ 个区间的集合 $S$ 的区间树来说，其具有的大小为 $O(n)$，并且可以在 $O(n \log n)$时间内构造。

**证明**：在最初的步骤中，可以按照 $l_i$ 顺序、$r_i$ 顺序和总计（$l_i$ 和 $r_i$）顺序对区间端点进行排序。显然，这样构造的树的深度为 $O(\log n)$。令 $n_v$ 表示结点 $v$ 处的区间数，使用区间端点的总计顺序计算中值需要 $O(n_v)$时间。对于在 $v$ 处的区间集合 $S_{med}$，设 $m_v = |S_{med}|$，从 $l_i$ 和 $r_i$ 顺序计算 $M_L$ 和 $M_R$ 最多需要 $O(m_v)$时间。由于所有出现的集合 $S_{med}$ 都是不同的，

因此总共可以给出 $O(n)$。维持递归步骤的 $l_i$ 顺序、$r_i$ 顺序和总计（$l_i$ 和 $r_i$）顺序需要 $O(n_v)$ 时间。总而言之，通过递归步骤，开发人员可以得到递归成本函数 $T(n_v) \leqslant 2T\left(\frac{n_v}{2}\right) + O(n_v)$。结合树的深度 $O(\log n)$，即可得出给定的结果。

接下来，需要考虑对值 $x_q \in \mathbb{R}$ 和区间树的根 $v$ 的递归穿刺查询操作。结点 $v$ 的中值 $x_{\text{med}}$ 用于二叉分支。该结点的信息可用于回答包含该中值的区间的穿刺查询。

**算法 2.2**：递归地回答区间树 $v$ 和值 $x_q$ 的穿刺查询

IntervalStabbing($v$, $x_q$)（$v$ 是区间树的根，$x_q \in \mathbb{R}$）

```
D := new list
if v.x_med < x_q then
    L := v.M_L
    f := L.First
    while f ≠ Nil and f < x_q do
        D.ListInsert(Seg(f))
        f := L.Next
    end while
    D1 := IntervalStabbing(v.LeftChild, x_q)
else if v.x_med ≥ x_q then
    R := M_R(v)
    l := R.Last
    while l ≠ Nil and l > x_q do
        D.ListInsert(Seg(l))
        l := R.Prev
    end while
    D1 := IntervalStabbing(v.RightChild, x_q)
end if
D := D. ListAdd(D1)
return D
```

以下是穿刺查询操作概要。

- 输入：给定区间树的根 $v$ 和查询点 $x_q \in \mathbb{R}$。
- 如果 $x_q < x_{\text{med}}$，那么
  - 按递增顺序扫描左边端点的排序列表 $M_L$ 并报告所有被穿刺的线段。如果 $x_q$ 小于当前左边的端点，则停止。
  - 继续使用 $L_{\text{med}}$ 的区间树递归。

- 如果 $x_q > x_{med}$，那么
  - 按递减顺序扫描右边端点的排序列表 $M_R$ 并报告所有被穿刺的线段。如果 $x_q$ 大于当前右边的端点，则停止。
  - 继续使用 $R_{med}$ 的区间树递归。

例如，假设在结点 $v$ 处存在穿刺查询，如图 2.1 所示。从左边开始用 $M_L$，报告线段 $s_5$ 和 $s_6$，因为 $x_q$ 位于 $l_5$ 和 $l_6$ 的右边。然后用 $L_{med}$ 递归地继续穿刺查询并找到 $s_2$。

**引理 2.2**　对于具有 $n$ 个区间的集合 $S$ 的区间树和值 $x_q \in \mathbb{R}$ 的（区间/点）穿刺查询，可以报告在 $O(k + \log n)$时间中具有 $x_q \in I$ 的 $S$ 的所有 $k$ 个区间 $I$。

**证明：**在结点 $v$ 处通过 $M_R$ 或 $M_L$ 扫描所花费的时间与报告的穿刺区间的数量成正比，因为一旦找到不包含点 $x_q$ 的区间，则扫描就会停止。所有 $v$ 的集合 $S_{med}$ 是不同的，它给出了所有扫描的 $O(k)$。这里所考虑的子树的大小在每个级别至少除以 2，这给出了路径长度的扫描时间 $O(\log n)$。总的来说，给定的约束成立。

在参考文献[Edelsbrunner 80]和[McCreight 80]中包含了对区间树的更多研究。请注意，区间树没有直接推广到更高维度，但是它可以支持组合查询，详见第 2.6 节。

线段 $s$ 的 WeakDelete 操作（参见本书第 10 章）可以在 $O(\log n)$时间内完成。开发人员可以找到 $s \in S_{med}$ 的相应结点，并在排序列表 $M_L$ 和 $M_R$ 中将端点标记为已删除。

**引理 2.3**　对于包含 $n$ 个区间的区间树中的线段 $s$ 来说，WeakDelete 操作可以在 $O(\log n)$ 时间内执行。

## 2.2　线　段　树

可以构造线段树（Segment Tree）以有效地回答以下二维（线段/线）穿刺查询。

- 输入：平面中的一组 $S$ 线段。
- 查询：垂直[①] 线段 $l$。
- 输出：所有线段 $s \in S$ 和 $l$ 相交。

令 $S = \{s_1, s_2, \ldots, s_n\}$为线段的集合，并且令 $E$ 为端点的 $x$ 坐标的有序集合。现在可以假设一般定位，也就是说，$E = \{e_1, e_2, \ldots, e_{2n}\}$，其中 $e_i < e_j$ 表示 $i < j$（详见第 9.5 节）。对于树的构造，可以将 $E$ 分成 $2n + 1$ 个原子区间

$$[-\infty, e_1],[e_1, e_2], \ldots , [e_{2n-1}, e_{2n}], [e_{2n}, \infty]$$

它代表线段树的叶子。

---

① 可以通过应用变换矩阵来处理任意查询的线段 $l$，详见第 9.5.3 节。

线段树是平衡的二叉树。每个内部结点 $v$ 表示基本区间 $I$，其被分成用于 $v$ 的两个子结点的区间 $I_l$ 和 $I_r$。区间相对于线段的端点被分割，如图 2.2 所示。首先，线段树是用于分线段端点的 $x$ 坐标的一维搜索树。一维搜索树包含每个结点中的搜索关键字，数据点在树的叶子中表示。每个结点 $v$ 另外表示区间 $I_v$，使得由根结点 $v$ 表示的（子）树中的所有点都在 $I_v$ 中。在第 2.5 节中，将一维搜索树推广到任意维度 $d$。图 2.7 给出了一维搜索树的一个示例。

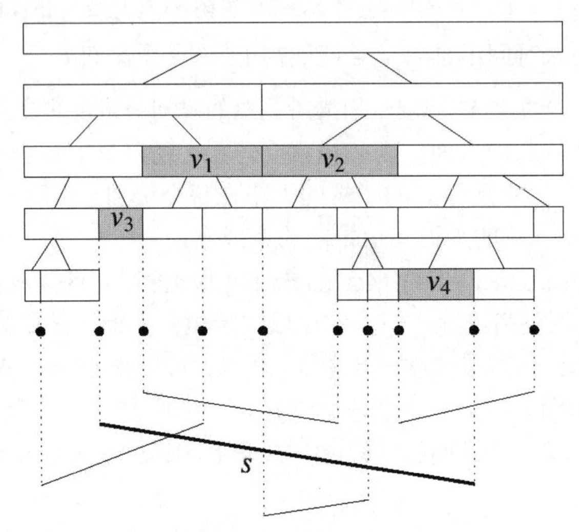


图 2.2　一组线段的线段树。线段 $s$ 在最低限度上由结点 $v_1$、$v_2$、$v_3$ 和 $v_4$ 覆盖

以下是一维搜索树的概要（另请参见算法 2.3）。

- 输入：给定 $n$ 个元素 $x_1, x_2, \ldots, x_n$ 的排序列表 $S$。
- 输出：$S$ 的一维搜索树的根结点。
- 如果 $|S| = 0$，然后设置 $v := \text{Nil}$ 并返回 $v$。
- 否则，如果 $|S| \geqslant 1$，然后
  - 为树的根分配一个带有两个子结点的结点 $v$。
  - 选择 $S$ 的元素 $x_m$，其中 $m := \left\lceil \frac{n}{2} \right\rceil$，并在 $v$ 处插入分支键 $x_m$。在 $v$ 处插入区间 $I = [x_1, x_n]$。如果有必要，$I$ 还可以包含区间的数据点。
  - 计算 $x_1, \ldots, x_m$ 的一维搜索树 $v_1$，并计算 $x_{m+1}, \ldots, x_n$ 的一维搜索树 $v_r$。
  - 将 $v_r$ 作为 $v$ 和 $v_l$ 的右边子项插入 $v$ 的左边子项。
  - 最后，返回结点 $v$。

**算法 2.3**：构造简单平衡的一维搜索树

```
SearchTree(S)（S 是一个有序列表{x1, … , xn}）
    if S = Ø then
        v := Nil
    else
        v := new node
        n := |S|
        m := ⌈n/2⌉
        (L, R) := S. Split(m)
        v. Key := S. Get(m)
        v.I := [S. First, S. Last])
        /* Alternatively: v.I := [x1, ⋯, xn]*/
        v. LeftChild := SearchTree(L)
        v. RightChild := SearchTree(R)
    end if
    return v
```

显然，相应的一维树具有高度 $O(\log n)$。开发人员可以找到对数时间中的元素 $x_i$，方法是使用结点中的键从根开始朝 $x_i$ 方向分支。有关这个简单查询过程的概要和伪代码从略。

到目前为止，本节已经构造了一个树，表示分线段的端点信息加上虚结点$\infty$和$-\infty$。显然，这还不足以回答穿刺查询。此外，还必须将线段的信息合并到树中。因此，可以考虑由其端点的 $x$ 坐标$(e_j , e_k)$表示的单个线段 $s$。线段 $s$ 可以由一组连续的基本区间表示。可以在一维搜索树中选择一组最小的基本区间（或相应的结点），以便完全覆盖 $s$。由于算法 2.3 的关系，每个结点可表示基本区间 $v.I$ 及其数据点（如果有必要）。最小（Minimal）意味着选择尽可能接近树根的结点，如图 2.2 所示。开发人员可以将 $s$ 存储在每个相关结点中，更确切地说，是可以令 $v$.pred 成为区间树中 $v$ 的前驱（Predecessor）。由端点的 $x$ 坐标表示的线段 $s = (e_j , e_k)$存储在列表 $v$ 中，当且仅当 $v.I \subseteq [e_j, e_k]$和$(v.\text{pred}).I \not\subseteq [e_j, e_k]$时，$L$ 在 $v$ 处。因此，每个结点表示一个基本区间 $v.I$ 和分线段列表 $v.L$。有关示例，请参见图 2.3。

如先前所示，具有区间 $v.I$ 的一维搜索树可以在 $O(n \log n)$时间内建立。但是，开发人员需要显示如何将线段的分区（Partition）插入树中。这是通过以下递归插入过程完成的，该过程必须针对每个线段 $s = (e_j , e_k)$运行。

以下是在一维搜索树中插入线段的概要。

- ❑ 输入：给定一个线段 $s = (e_j , e_k)$和该线段树的根 $v$。
- ❑ 如果区间 $v.I$ 已经是区间$[e_j, e_k]$的子集，则将 $s$ 插入分线段集 $v.L$ 中并停止。

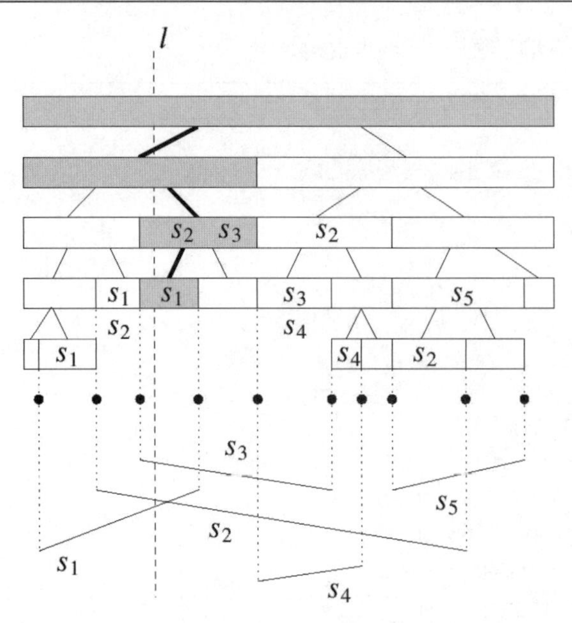


图 2.3　线段树和查询线条 $l$ 的查询过程。阴影区间表示从根到叶的查询路径。存储在相应结点的所有线段都将被报告

- 否则，令 $v$.LeftChild 和 $v$.RightChild 成为 $v$ 的子结点。这意味着区间 $v.I$ 等于 ($v$.LeftChild).$I$ ∪ ($v$.RightChild).$I$。
  - 如果区间$[e_j, e_k]$和($v$.LeftChild).$I$ 集合重叠，则用 $s$ 和线段树 $v$.LeftChild 递归地运行插入过程。
  - 如果区间$[e_j, e_k]$和($v$.RightChild).$I$ 集合重叠，则用 $s$ 和线段树 $v$.RightChild 递归地运行插入过程。

通过将每个线段插入线段的端点的一维搜索树中，最终可以获得线段树。总之，算法 2.4 通过使用算法 2.5 作为子例程来构造线段树。请注意，$S_x$ 延展线段通过虚元素（Dummy Element）∞和-∞扩展了 $S_x$。

**引理 2.4**　包含 $n$ 个线段的线段树可以在 $O(n \log n)$内构建，并使用 $O(n \log n)$空间。

**证明：**二叉树具有深度 $O(\log n)$和 $O(n)$结点。在线段树 $T$ 的每个层，线段 $s = (e_j, e_k)$ 最多存储两次。为了证明这一事实，可以假设 $T$ 中相同级别的 3 个结点 $u_l$、$u_m$ 和 $u_r$，它们都包含线段 $s$，但是它们父级的区间不重叠。这是因为只有当一对 $u_l$、$u_m$ 和 $u_r$ 具有共同的前驱时它们才能重叠。在这种情况下，必须为前驱插入线段。如果 $u_l$、$u_m$ 和 $u_r$ 的父结点的区间不重叠，则 $u_l$、$u_m$ 和 $u_r$ 的中间结点必须有一个父结点，其区间完全包含$[e_j, e_k]$。因此，$s$ 没有插入 $u_m$，这就是矛盾的地方。汇总所有线段和层，线段树具有空间 $O(n \log n)$。

**算法 2.4：构建线段树**

SegmentTree($S$)（$S$ 是由端点给定的线段集合）

```
Sx := S. SortX
Sx := Sx. Extend
v := SearchTree(Sx )
while s ≠ Ø do
        s := S. First
        SegmentInsertion(v, s)
        S. DeleteFirst
end while
```

通过类似的论证，可以证明，在插入操作期间，每个层上只能访问 4 个结点。因此，在 $O(\log n)$时间内可以插入单个线段，这给出了总时间限制。

对于使用垂直线 $l$ 的穿刺查询，将按如下方式进行。开发人员可以从垂直线 $l$ 的 $x$ 坐标 $l_x$ 和线段树的根结点 $v$ 开始。

**算法 2.5：在线段树中插入线段 $s$**

SegmentInsertion($v$, $s$)（$v$ 是线段集合 $S$ 的端点的 $x$ 坐标的一维搜索树，$s \in S$ ）

```
ej := s. LeftXCoord
ek := s. RightXCoord
if v.I ⊂ [ej, ek] then
        (v.L). ListAdd(s)
else
        if (v. LeftChild).I ∩ [ej, ek] ≠ Ø then
                SegmentInsertion(v. LeftChild, s)
        end if
        if (v. RightChild).I ∩ [ej, ek] ≠ Ø then
                SegmentInsertion(v. RightChild, s)
        end if
end if
```

**算法 2.6：线段树的穿刺查询**

StabbingQuery($v$, $q$)（$v$ 是一个线段树的根结点，而 $l$ 则是一个垂直线段）

```
L := Nil
if v ≠ Nil and lx ∈ v.I then
        L := v.L
        Ll := StabbingQuery(v. LeftChild, l)
        Lr := StabbingQuery(v. RightChild, l)
```

```
        L. ListAdd(L_r)
        L. ListAdd(L_l)
    end if
    return L
```

以下是使用线段树的穿刺查询的概要。

- 输入：给定垂直线 $l$ 的 $x$ 坐标 $l_x$ 和线段树的根结点 $v$。
- 如果 $l_x$ 在 $v.I$ 区间内，则报告 $v.L$ 中的所有线段。
- 如果 $v$ 不是叶子，那么对于 $v$ 的子结点 $v$.LeftChild 和 $v$.RightChild，可以知道，区间 $v.I$ 等于($v$.LeftChild).$I \cup$ ($v$.RightChild).$I$ 并且将按如下方式处理。
  - 如果 $l_x$ 位于($v$.LeftChild).$I$ 中，则从线段树 $v$.LeftChild 和 $l_x$ 开始查询。
  - 否则，将有 $l_x \in$ ($v$.RightChild).$I$，并且可从线段树 $v$.RightChild 和 $l_x$ 开始查询。

图 2.3 显示了线段查询的示例。阴影区间表示从根到叶的查询路径。

**引理 2.5** 在平面中 $n$ 线段的垂直线穿刺查询可以通过线段树来回答，其时间为 $O(k + \log n)$，其中 $k$ 代表报告的线段数。

**证明**：显然，该树以 $O(\log n)$步骤进行遍历。运行时间 $O(k + \log n)$源于相应集合 $v.L$ 的基数 $k$。

在参考文献[Bentley 77]中首次考虑了线段树，并由几位作者将它扩展到更高维度。有关示例，详见参考文献[Edelsbrunner 和 Maurer 81]和[Vaishnavi 和 Wood 82]。

WeakDelete 操作可以在 $O(\log n)$时间内执行（详见第 10 章）。开发人员必须在每个列表 $v.L$ 中用 $s \in v.L$ 标记一个线段 $s$。在构造线段树时，线段 $s$ 在线段树的每个层中最多存储两次，并且最多发生 $O(\log n)$次。删除过程就好像要插入线段 $s$ 一样，它可以在 $O(\log n)$时间内完成。另请参见引理 2.4 的证明。

**引理 2.6** 对于平面中包含 $n$ 个分线段的线段树，WeakDelete 操作可以在时间 $O(\log n)$中执行。

## 2.3 多层线段树

在前面的小节中，已经讨论了二维对象的线段树。现在可以将这种方法推而广之，即考虑以下多维穿刺问题，并且使用一组按归纳方式定义的线段树。多层线段树（Multi-Level Segment Tree）支持（轴平行框/点）穿刺查询，其概要如下所示。

- 输入：$\mathbb{R}^d$ 中的 $n$ 个轴平行框的集合 $S$。
- 查询：$\mathbb{R}^d$ 中的查询点 $q$。
- 输出：所有框 $B \in S$，其中 $q \in B$。

这种穿刺查询在计算机图形学中有许多应用。例如，球体中的物体可以通过它们的轴平行包围盒（Axis-Parallel Bounding Box）来近似。对于每个点 $q$，其（包围盒/点）穿刺查询将报告 $q$ 附近的所有对象。图 2.4 显示了二维中的一个简单示例。

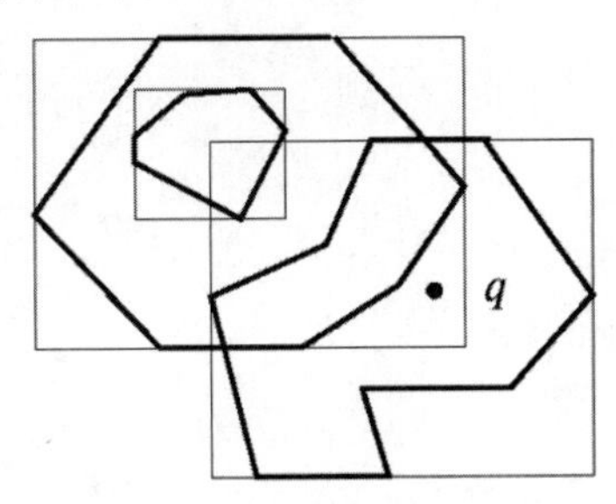


图 2.4　对一组包围盒的穿刺查询可以报告 $q$ 附近的所有多边形对象

单个 $d$ 维包围盒 $B_i$ 可以由一组 $d$ 轴平行线段 $\left\{S_{i_1}, S_{i_2}, \ldots, S_{i_d}\right\}$ 定义，从一个独特的角落 $C_i = (C_{i_1}, C_{i_2}, \ldots, C_{i_d})$ 开始。有关二维示例，请参见图 2.5。关于 $(x_1, x_2, \ldots, x_d)$ 的多层线段树 $T^d$ 是按归纳的方式定义，其中 $x_i$ 表示第 $i$ 个坐标。

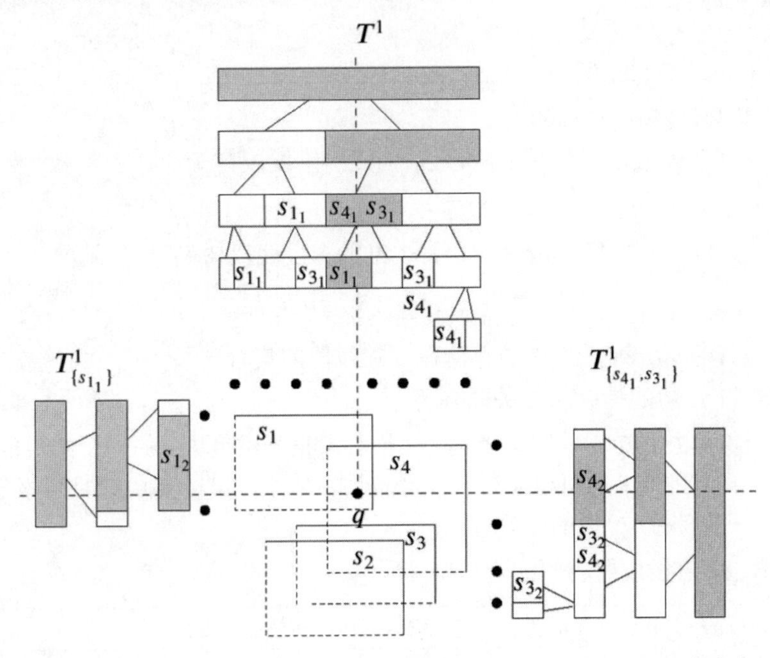


图 2.5　在二维中 4 个包围盒的多层线段树的某些部分。它显示了用于查询点 $q$ 的线段树 $T^1$ 及结点 $u_1$ 和 $u_2$ 的相关树，其中 $L_{u_1} = \left\{s_{1_1}\right\}$，$L_{u_2} = \left\{s_{3_1}, s_{4_1}\right\}$

**算法 2.7：多层线段树的归纳构造算法**

MLSegmentTree(*B*, *d*)（*B* 是维度 *d* 中的方框的集合；每个方框由线条框集合表示）

```
S := B. FirstSegmentsExtract
T := SegmentTree(S)
T. Dim := d
if d > 1 then
    N := T.GetAllNodes
    while N ≠ ∅ do
        u := N. First N. DeleteFirst
        L := u.L
        B := new list
        while L = ∅ do
            s := L. First L. DeleteFirst
            B := B. ListAdd( s. Box(d −1))
        end while
        u. Pointer := MLSegmentTree(B, d −1)
        B. Deallocate
    end while
end if
return T
```

以下是多层线段树的构造概要。

- 为所有具有相关 $x_1$ 坐标的线段 $S_{i_1}$ 构建一维线段树 $T^1$。
- 对于 $T^1$ 的每个结点 $u$ 执行以下操作。
  - 为以下方框集合构建一个 $d$−1 维的多层线段树 $T_u^{d-1}$。

    $$\left\{(S_{j_2},\dots,S_{j_d}):S_{j_1}\in u.L\right\},$$

    其中 $u.L$ 表示在 $T^1$ 中存储在 $u$ 的线段的集合。
  - 将 $T^1$ 中的指针从 $u$ 关联到 $T_u^{d-1}$。

可以按简单的方式递归地回答查询。如果必须报告维度 $j$ 中的一个线段的集合，则可以递归地检查具有维度 $j$−1 的相应树。仅当查询在每个维度中都成功时才报告相应的框。这意味着最终可以获得 $T_u^1$ 树的回答。

**算法 2.8：多层线段树的归纳查询操作**

MLSegmentTreeQuery(*T*, *q*, *d*)（$q\in\mathbb{R}^d$，*T* 是 *d* 维多层线段树的根结点）

```
if d = 1 then
    L := StabbingQuery(T, q)
    A := L. GetBoxes
```

```
else
        A := new list
        L := SearchTreeQuery(T, q.First)
        while L ≠ do
                t := (L. First). Pointer
                B := MLSegmentTreeQuery(t, q. Rest, d −1)
                A. ListAdd(B)
                L. DeleteFirst
        end while
        return A
end if
```

更确切地说，对于查询点 $q = (q_1, q_2, \dots, q_d)$的查询和对于线段的集合 $S_1, \dots, S_n$ 的多层线段树 $T^d$ 在下面的概要中已经给出。

以下是多层线段树查询概要。

- 如果 $d = 1$，则可以使用相应的线段树 $T^1$ 回答问题，请参阅算法 2.6 并返回与报告和这些线段相关联的框。
- 否则，遍历 $T^1$ 并找到结点 $u_1, \dots, u_l$，使得 $q_1$ 位于 $T^1$ 的结点 $u_i$ 的区间$(u_i).I$ 中，其中，$i = 1 \sim l$。
- 对于 $1 \leqslant i \leqslant l$，可以递归地回答分别存储在 $u_i$ 的分线段集$(u_i).L$ 的树 $T_{u_i}^{d-1}$ 的查询$(q_2, \dots, q_d)$。

以下时间和空间限制成立。

**定理 2.7**　对于维度 $d$ 中的一组 $n$ 个轴平行框的多层线段树可以在 $O(n \log^d n)$时间内建立并且需要 $O(n \log^d n)$空间。可以在 $O(k + \log^d n)$时间内回答（轴平行框/点）穿刺查询。

**证明：**首先，可以对关于每个维度的线段端点进行排序。第一个线段树 $T^1$ 在 $O(n \log n)$时间内建立，占用空间 $O(n \log n)$，并且具有 $O(n)$个结点。接下来，可以为 $T^1$ 中的每个结点 $v$ 的集合 $v.L$ 构造 $d$−1 维线段树。通过归纳，可以假设结点 $v \in T^1$ 的 $d$−1 维线段树具有$|v.L|$线段，并且以$O\left(|v.L| \log^{(d-1)} |v.L|\right)$计算。另外，如前面已经证明的，每个线段 $s_i$ 出现在 $O(\log n)$列表 $v.L$ 中，即在 $O(\log n)(d-1)$维的线段树中。这意味着$\sum_{v \in T^1} |v.L|$是在 $O(n \log n)$中，整体的运行时间可由下式给出：

$$\sum_{v \in T^1} |v.L| \log^{(d-1)} |v.L| \leqslant D\, n \log^d n$$

所需空间可以按如下方式测量。整个结构 $T^d$ 仅由一维线段树 $T^1$ 组成。在 $B_i$ 方框的一部分会出现多少棵树？在第一个树 $T^1$ 中，方框 $B_i$ 的线段 $s_{i_1}$ 出现在 $O(\log n)$个结点中。因此，它出现在 $O(\log n)$树 $T_v^{(d-1)}$ 中。在每一个这样的树中，来自框 $B_i$ 的线段 $s_{i_2}$ 再次出现在 $O(\log n)$结点中。总而言之，$B_i$ 的线段出现在以下结点中：

$$\sum_{i=1}^{d} \log^i \in O(\log^d n)$$

对所有 $n$ 个线段进行求和可以得到 $O(n \log^d n)$个条目。通过相同的论证可知，树的数量也由 $O(\log^d n)$限制，因此空结点的数量在 $O(n \log^d n)$中。

类似地，查询将沿着 $O(\log^d n)$结点遍历。对于第一个树 $T^1$，查询遍历 $O(\log n)$个结点，因此必须考虑 $O(\log n)$个新查询。通过递归方式，可以遍历 $O(\log n)$个新树中的 $O(\log n)$个结点。在最终的线段树中，也可以报告 $k$ 个框。总而言之，将访问以下结点：

$$\sum_{i=1}^{d} \log^i \in O(\log^d n)$$

查询的运行时间为 $O(k + \log^d n)$。

多层线段树中的线段 $s$ 的 WeakDelete 操作（详见第 10 章）可以在 $O(\log^d n)$时间内执行，这归因于两个因素：$s$ 出现的地方的结点数量和访问所有这些结点的时间。从技术上讲，开发人员可以按递归方式将线段 $s$ 重新插入多层线段树中。

**引理 2.8**　可以在时间 $O(\log^d n)$中执行针对一组 $n$ 个轴平行框的 $d$ 维多层线段树的 WeakDelete 操作。

接下来，本章将转向正交截窗查询的主题。

## 2.4　kd 树

一般来说，截窗查询会考虑一组对象和多维窗口，例如方框。所有与窗口相交的对象都应该报告。因此，开发人员可以很容易地决定哪些对象位于特定区域内，这是计算机图形中出现的经典问题之一。

kd 树（kd Tree）是在 2.3 节中讨论的一维搜索树的自然归纳。它也可以看作是四叉树的一般化。在 kd 树的帮助下，开发人员可以有效地回答（点/轴平行框）截窗查询，其概要如下所示。

- 输入：在 $\mathbb{R}^d$ 中的点集 $S$。
- 查询：轴平行的 $d$ 维框 $B$。
- 输出：所有点 $p \in S$，其中 $p \in B$。

设 $D$ 是 $\mathbb{R}^k$ 中的 $n$ 个点的集合。为方便起见，可以暂时假设 $k = 2$，并且所有 $x$ 坐标和 $y$ 坐标都不同。如果不是这种情况，则会出现所谓的退化（Degenerate）情况，可以应用本书第 9.5 节中介绍的技术。现在可以进一步假设已经决定沿着 $x$ 轴分割 $D$，并且已经确定了 $x$ 坐标的分割值（Split Value）$s$。然后可以通过分割线（Split Line）$x = s$ 将 $D$ 分割成子集：

$$D_{<s} = \{(x, y) \in D \mid x < s\}$$
$$D_{>s} = \{(x, y) \in D \mid x > s\}$$

可以用构造的子集递归地重复该过程。对于每个分割操作，必须确定分割轴（Split Axis）和分割值。最简单的策略是以循环方式（即 $x$-、$y$-、$z$-等）选择轴，这称为循环（Cyclic）kd 树。更确切地说，维度 $d$ 的 kd 树可以按如下方式构造。

以下是 kd 树的归纳构造概要。

- 输入：给定维度 $d$ 中的点集 $D$ 和分割坐标 $x_i$。
- 如果 $D$ 为空，则返回空结点 $v$。
- 否则，为具有两个子结点 $v$.LeftChild 和 $v$.RightChild 的 kd 树的根分配结点 $v$。选择相对于所选坐标 $x_i$ 的分割值 $s_i$。将集合 $D$ 分割为子集。

$$D_{<s_i} = \{(x_1, \dots, x_i, \dots, x_n) \in D \mid x_i < s\}$$
$$D_{>s_i} = \{(x_1, \dots, x_i, \dots, x_n) \in D \mid x_i > s\}$$

- 采用递归方式，分别为集合 $D_{<s}$ 和 $D_{>s}$ 构建 kd 树 $v$.LeftChild 和 $v$.RightChild。它针对的是下一个坐标 $x_j$，其中 $j = (i \bmod d) + 1$，最后返回结点 $v$。

**算法 2.9：kd 树的递归构造**

KdTreeConstr($D$, $i$)（$D$ 是在 $\mathbb{R}^d$ 中的一组点，$i \in \{1, \dots, d\}$）

```
if D = ∅ then
    v := Nil
else
    v := new node
    if |D| = 1 then
        v.Element := D.Element
        v. LeftChild := Nil v. RightChild := Nil
    else
        s := D. SplitValue(i)
        v. Split := s v.Dim := i
        D<s := D. Left(i, s)
        D>s := D. Right(i, s)
        j := (i mod d) + 1
        v. LeftChild := KdTreeConstr(D<s, j)
        v. RightChild := KdTreeConstr(D>s, j)
    end if
end if
return v
```

该树将通过 KdTreeConstr($D$, 1)构建。因此，开发人员只需要获得二叉树即可。该树的平衡取决于过程 SplitValue 中分割值的选择。在 $d=2$ 的情况下，可以获得点集 $D$ 的二维 kd 树[①]，如图 2.6 所示。树的每个内部结点对应于分割线。对于 kd 树的每个结点 $v$，可以定义矩形 $R(v)$，即 $v$ 的区域，它是对应于从根到 $v$ 的路径的半平面的交集。对于根 $r$ 来说，$R(r)$就是平面本身。$r$ 的子项，如 $\lambda$ 和 $\rho$，对应于两个半平面 $R(\lambda)$和 $R(\rho)$，依此类推。矩形集合$\{R(l)|\ l$ 是叶子$\}$给出平面的非重叠分区为矩形。每个 $R(l)$内部恰好有一个 $D$ 点。这里不必明确存储矩形，它们可以通过从根到相应结点的路径给出，如图 2.6 所示。

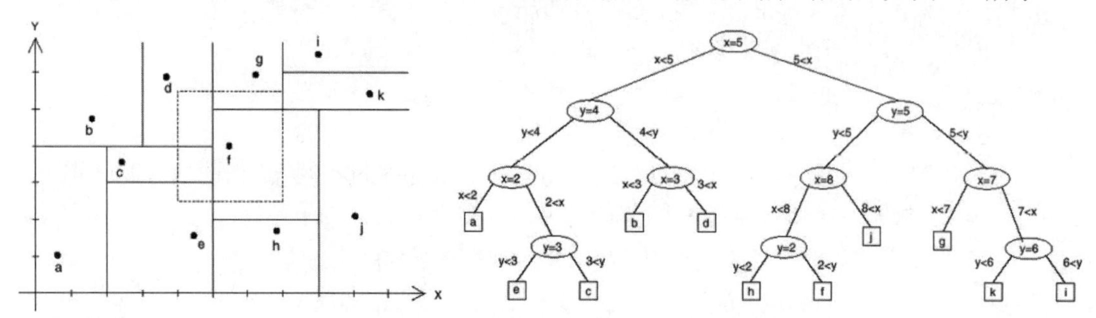


图 2.6　二维 kd 树和矩形范围查询。每个结点对应一条分割线。另外，每个结点根据从根到结点的路径表示唯一的矩形范围 $R(v)$

为简单起见，可以再次考虑二维的情况。二维中的 kd 树可以有效地支持轴平行矩形的范围查询。如果 $Q$ 是一个轴平行矩形，则可以按如下方式计算位置 $v\in D$ 并且 $v\in Q$ 的集合。这里必须使用下式计算所有结点 $v$：

$$R(v)\cap Q\neq\varnothing$$

如果该条件适用于结点 $v$，那么它也将适用于在 kd 树中的 $v$ 的前身 $u$，因为 $R(v)\subset R(u)$。因此，可以从根到叶开始搜索。最后，如果到达具有给定属性的树的叶子，则仍然必须检查叶子的数据点是否在 $Q$ 内。

对于一般维度 $d$，每个结点 $v$ 隐含地表示维度 $d$ 中的正交框。类似地，该框可以通过从根到 $v$ 的路径给出。对于查询操作，则可以在查询过程中显式地存储当前正交框。

以下是 $d$ 维轴平行查询概要。

- 输入：维度 $d$ 中的 kd 树的根 $r$ 和 $d$ 维正交范围 $R$。$d$ 维正交框 $Q(v)$定义与结点 $v$ 相关联的范围。开始时，$Q(r)$表示根 $r$ 的完整 $d$ 维空间。

---

① 根据参考文献[de Berg et al. 00]中的说明，术语 $k$-$d$ 树（$k$-$d$ Tree）被认为是一个专门的模板，其中的 $k$ 就是指维数，可以被替换，例如二维树（2-$d$ Tree）、三维树（3-$d$ Tree）等。现在人们已经习惯性地将 $k$ 固定下来，成为专有名词 kd 树（kd Tree），例如二维 kd 树（2D kd-tree）。

- 设 $v$ 为当前结点。
- 如果 $v$ 是叶子，则检查 $v$ 中存储的元素 $v$.Element 是否位于 $R$ 中，如果是，则报告该元素并且停止该过程。
- 否则，通过使用分割线 $v$.Split，将给定的 $Q(v)$分割成和 $v$ 的左子区域和右子区域相对应的 $Q(v$.LeftChild$)$和 $Q(v$.RightChild$)$。
- 如果 $Q(v$.LeftChild$)$或 $Q(v$.RightChild$)$分别完全包含在 $R$ 中，则分别报告 $v$.LeftChild 或 $v$.RightChild 中的所有点。
- 如果 $Q(v$.LeftChild$)$或 $Q(v$.RightChild$)$分别与 $R$ 相交，则分别用 $v$.LeftChild 和 $Q(v$.LeftChild$)$或 $v$.RightChild 和 $Q(v$.RightChild$)$重新运行该过程。

**算法 2.10**：*d* 维 kd 树的查询过程

KdTreeQuery($v, Q, R$)（$v$ 是 kd 的结点，$Q$ 是其关联的 $d$ 维范围，而 $R$ 则是 $d$ 维正交查询范围）

```
if v is a leaf and v. Element∈R then
        return v. Element
else
        vl := LeftChild(v) vr := RightChild(v)
        Ql := Q. LeftPart(v. Split)
        Qr := Q. RightPart(v. Split)
        if Ql ⊂ R then
                (v. LeftChild). Report
        else if Ql ∩ R ≠ Ø then
                KdTreeQuery(v. LeftChild, Ql ,R)
        end if
        if Qr ⊂R then
               (v. RightChild). Report
        else if Qr ∩ R ≠ Ø then
               KdTreeQuery(v. RightChild, Qr, R)
        end if
end if
```

为方便起见，可以仅讨论二维情形下的时间和空间复杂性。可以证明，在二维中，满足 $R(v) \cap Q \neq \varnothing$ 的结点的数量被限制为 $O(2^{\frac{h}{2}} + k)$，其中 $h$ 表示树的深度，$k$ 表示 $Q$ 中的点数，即答案的大小（详见参考文献[Klein 05]或[de Berg et al. 00]）。总而言之，kd 树相对于范围查询的效率取决于树的深度。在此可以容易地构建平衡的 kd 树。此外，还可以根据 $x$ 坐标和 $y$ 坐标对点进行排序。使用此顺序，可以在时间 $O(\log n)$中递归地将集合分割为大小相等的子集。该构造将在时间 $O(n \log n)$中运行，并且树的深度为 $O(\log n)$。

总而言之，可以证明以下定理。

**定理 2.9** 平面中 $n$ 个点的平衡 kd 树可以用 $O(n \log n)$构造，并且需要 $O(n)$空间。具有轴平行矩形的范围查询可以在时间 $O(\sqrt{n}+a)$ 中回答，其中 $a$ 表示答案的大小。

如前所述，二维 kd 树可以很容易地推广到任意维度 $d$，以平衡的方式相对于给定轴连续地分割点。幸运的是，平衡树的深度仍以 $O(\log n)$为界，并且树可以在时间 $O(n \log n)$和空间 $O(n)$中建立，用于固定维 $d$。因此，kd 树在空间上是最佳的。矩形范围查询可以在时间 $O(n^{(1-\frac{1}{d})}+k)$ 内回答。

**定理 2.10** 在 $\mathbb{R}^d$ 中 $n$ 个点的平衡 $d$ 维 kd 树可以在 $O(n \log n)$中构建，并且需要 $O(n)$空间。在 $\mathbb{R}^d$ 中采用轴平行框的范围查询可以在时间 $O(n^{(1-\frac{1}{d})}+k)$ 内回答，其中 $k$ 表示答案的大小。

$d$ 维 kd 树的主要优点在于它很小。在 2.5 节中，开发人员将看到，在范围树的帮助下可以更有效地回答矩形范围查询。kd 树中的 WeakDelete 操作可以在 $O(\log\ n)$中完成。这里只需将树遍历到相应的结点，并将结点标记为已删除。

**引理 2.11** 可以在 $O(\log n)$时间内执行针对 $\mathbb{R}^d$ 中 $n$ 个点的平衡 $d$ 维 kd 树的 WeakDelete 操作。

## 2.5 范 围 树

范围树（Range Tree）是为任意维度 $d$ 定义的，并且支持与 kd 树完全相同的截窗查询。范围树可以更有效地回答相应的查询，但范围树需要比 kd 树更多的空间。

在 $d$ 维范围树的帮助下，可以有效地回答（点/轴平行框）截窗查询，其概要如下所示。

- ❑ 输入：在 $\mathbb{R}^d$ 中的点集 $S$。
- ❑ 查询：轴平行的 $d$ 维框 $B$。
- ❑ 输出：所有点 $p \in S$，并且 $p \in B$。

范围树的定义类似于多层线段树（详见第 2.3 节）。其主要区别在于，开发人员不需要在树中表示线段。可以先考虑一个简单的平衡一维搜索树，用于 $x$ 轴上的点集 $S$。如前所述，每个结点 $v$ 表示唯一确定的 $S$ 中的点的区间 $v.I$。反过来，对于查询区间 $I$，$I$ 内的 $S$ 的点由最小的一组区间 $v.I$ 覆盖（见图 2.7）。第 2.2 节已经讨论了一维搜索树的构造。

为了对 $d$ 维范围树进行归纳性构造，可以令 $x_i$ 表示第 $i$ 个坐标。点 $x_i \in S$ 由 $\left\{x_{i_1}, x_{i_2}, \ldots, x_{i_d}\right\}$ 给出。有关二维示例，请参见图 2.8。关于$(X_1, X_2, \ldots, X_d)$的 $d$ 维范围树，可以按如下方式

进行归纳性定义。

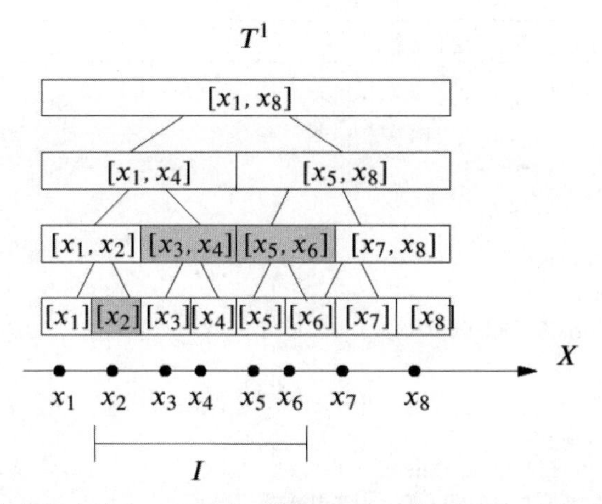


图 2.7　一维搜索树中的每个结点 $v$ 代表唯一的区间 $v.I$。查询区间 $I$ 由最小区间集 $v.I$ 唯一覆盖

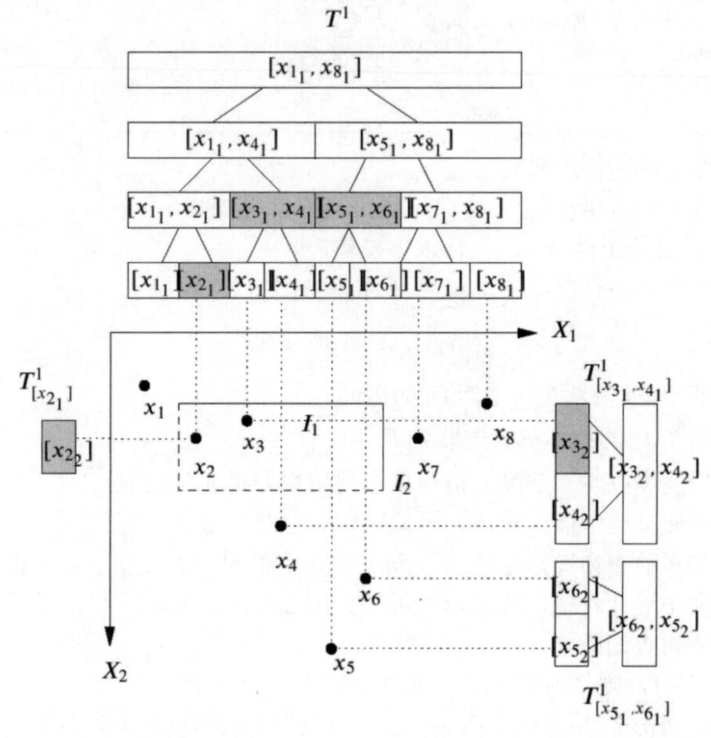


图 2.8　在二维中 8 个点的二维范围树的某些部分。对于结点 $u_1$、$u_2$ 和 $u_3$ 的范围树 $T^1$ 和相关的树 $T^1_{u_i}$ 来说，$I_{u_1}=[x_{2_1}]$，$I_{u_2}=[x_{3_1}, x_{4_1}]$，$I_{u_3}=[x_{5_1}, x_{6_1}]$，对于查询范围 $R=I_1 \times I_2$ 来说，区间 $I_1 \subset X$，$I_2 \subset Y$

**算法 2.11：*d* 维范围树的归纳构造算法**

```
RangeTreeConstr(D, d)（S 是在 ℝ^d 中的点集）
    S_f := S.FirstCoordElements
    S_f.Sort
    T := S_f.SearchTree
    T. Dim := d
    if d > 1 then
        N := T.GetAllNodes
        while N ≠ ∅ do
            u := N. First N. DeleteFirst
            L := u.I
            S := new list
            while L ≠ ∅ do
                x := L. First L. DeleteFirst
                S := S. ListAdd(x. Point(d −1))
            end while
            Pointer(u):= RangeTreeConstr(S, d −1)
        end while
    end if
    return T
```

以下是 $d$ 维范围树构造概要。

- 为和 $X_1$ 相关的所有点 $x_i$ 构建一维平衡搜索树 $T^1$。
- 对于 $T^1$ 的每个结点 $u$，执行以下操作。
  - 构建一个针对以下点集的 $d-1$ 维范围树 $T_u^{d-1}$：

$$\left\{(x_{j_2},\ldots,x_{j_d}):x_{j_1}\in u.I\right\}$$

    其中 $u.I$ 表示 $T_1$ 中结点 $u$ 的区间。
  - 将 $T^1$ 中的指针从 $u$ 关联到 $T_u^{d-1}$。

范围树的时间和空间复杂度分析与多层线段树分析非常相似（详见定理 2.7 的证明）。由于开发人员不必在树中插入线段，因此可以忽略对数因子。

轴平行查询框的查询操作 $q=I_1\times I_2\times\ldots\times I_d\subset\mathbb{R}^d$ 和一组点 $p_1,\ldots,p_n$ 的 $d$ 维范围树 $T^d$ 将在下面的概要中进行解释。有关示例可参见图 2.8。

以下是范围树查询概要。

- 如果 $d=1$，则使用相应的一维搜索树 $T^1$ 回答问题。
- 否则，遍历 $T^1$ 并找到结点 $u_1,\ldots,u_l$，以便结点区间 $(u_i).I$ 最小覆盖 $I_1$。
- 对于 $1\leqslant i\leqslant l$，使用 $(u_i).I$ 的数据点集（Data Point Set）的树 $T_{u_i}^{(d-1)}$ 可以按递归的方式回答查询 $I_2\times\cdots\times I_d\subset\mathbb{R}^{(d-1)}$。

**算法 2.12**：$d$ 维范围树的归纳查询操作

RangeTreeQuery($T$, $B$, $d$)（$T$ 是 $d$ 维范围树的根，$B$ 是 $d$ 维的框）

```
if d = 1 then
    L := SearchTreeQuery(T, B)
    A := L. GetPoints
else
    A := new list
    L := MinimalCoveringIntervals(T, B. First)
    while L ≠ do
        t := (L. First). Pointer
        D := RangeTreeQuery(t, B. Rest, d −1)
        A. ListAdd(D)
        L. DeleteFirst
    end while
    return A
end if
```

**定理 2.12**　维度 $d$ 中的一组 $n$ 个点的 $d$ 维范围树可以在 $O(n\log^{(d-1)} n)$ 时间内建立，并且需要 $O(n\log^{(d-1)} n)$ 个空间。可以在 $O(k+\log^{d} n)$ 时间内回答轴平行框截窗查询。

**证明**：首先，可以根据每个维度对线段的端点进行排序。第一个范围树 $T^1$ 可以在 $O(n)$ 时间内构建，其空间为 $O(n \log n)$，并且具有 $O(n)$个结点。接下来，可以为 $T^1$ 中每个结点 $v$ 的区间 $v.I$ 中的点集构造 $d$ - 1 维线段树。设 $|v.T|$ 表示 $v.I$ 中的数据点数。通过归纳，可以假设结点 $v\in T^1$ 的 $d$ - 1 维线段树在 $v.I$ 中的所有点都是在 $O\left(|v.I|\log^{(d-2)}|v.I|\right)$ 中计算的。另外，每个数据点 $p$ 出现在 $O(\log n)$区间 $v.I$ 中，即，仅在 $O(\log n)(d$ - 1)维的线段树中。因此，整体运行时间由下式给出

$$\sum_{v\in T^1}|v.I|\log^{(d-2)}|v.I|\leqslant D\,n\log^{(d-2)} n$$

所需空间可以按如下方式测量。结构 $T^d$ 仅由一维范围树 $T^1$ 组成。在数据点 $p_i$ 中会出现多少棵树？由于 $p$ 位于 $T^1$ 的 $O(\log n)$区间内，因此点 $p$ 出现在 $O(\log n)$树 $T_u^{(d-1)}$ 中。在每一个这样的树中，数据点 $p$ 再次位于 $O(\log n)$区间内，并且将是相应树中的数据点。总而言之，数据点 $p$ 出现在以下结点中：

$$\sum_{i=1}^{(d-1)}\log^{i} n\in O(\log^{(d-1)} n)$$

对所有 $n$ 个数据点求和得到 $O(n\log^{(d-1)} n)$ 个条目。通过相同的论证，树的数量也在 $O(\log^{(d-1)} n)$ 中，因此空结点的数量将由 $O(n\log^{(d-1)} n)$ 限定。

另一方面，查询将遍历 $O(\log^d n)$个结点。对于第一个树 $T^1$，查询将遍历 $O(\log n)$个结点，并且必须考虑 $O(\log n)$个新查询。可以按递归方式遍历 $O(\log n)$个新树的 $O(\log n)$个结点。在最终的范围树中，还可以报告 $k$ 个框。总而言之，将访问以下结点：

$$\sum_{i=1}^{d} \log^i n \in O(\log^d n)$$

并且查询的运行时间为 $O(k + \log^d n)$。

对于 $d$ 维范围树中的点 $p$ 的 WeakDelete 操作（详见第 10 章）可以在 $O(\log^d n)$时间内执行，因为必须遍历一定的结点数量才能找到属于 $p$ 的所有条目。

**引理 2.13** 可以在 $O(\log^d n)$时间内执行针对 $\mathbb{R}^d$ 中 $n$ 个点的平衡 $d$ 维范围树的弱删除（WeakDelete）操作。

最后，在给定结果的帮助下，开发人员将可以回答更普遍的截窗查询。

## 2.6 （轴平行框/轴平行框）截窗问题

现在来考虑回答以下轴平行框/轴平行框（Axis-Parallel Box/Axis-Parallel Box）截窗查询的问题。对于一组矩形框，开发人员希望找到与查询框 $B$ 相交的所有框。其概要如下。

- 输入：在二维中的矩形框集合 $S$。
- 查询：在二维中的矩形框 $B$。
- 输出：与 $B$ 相交的所有框 $S$。

可以假设给出了 $n$ 个矩形框 $B_1, B_2, ..., B_n$ 的集合 $S$。在以下 3 种情况下，矩形框 $B_i$ 在 $B$ 内有点（见图 2.9）：

- 查询 $B$ 完全包含在 $B_i$ 中。
- $B_i$ 的端点位于 $B$ 内。
- $B_i$ 的一个线段与 $B$ 交叉，$B_i$ 没有端点在 $B$ 内。

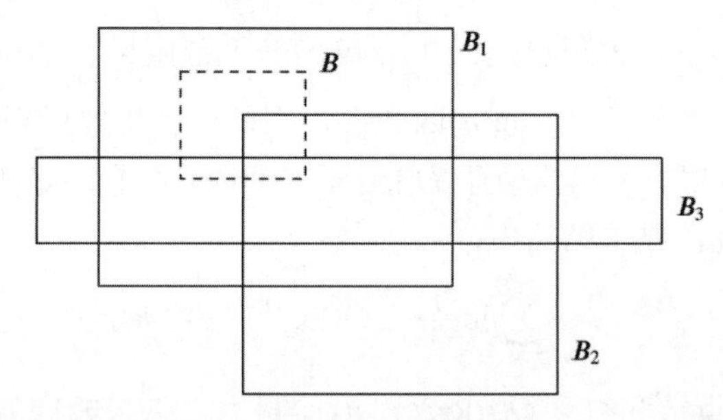


图 2.9 框 $B_i$ 可以通过（轴平行框/轴平行框）截窗查询报告，$B_i$ 有 3 种情况，$i = 1$ 表示包含 $B$，$i = 2$ 表示有一个顶点在 $B$ 内，$i = 3$ 表示有一线段相交

对于第 1 种情况，可以使用 $S$ 框的二维线段树（详见第 2.3 节）。开发人员需要回答（轴平行框/点）$B$ 框的 4 个端点的穿刺查询。这些操作需要 $O(k_1 + \log^2 n)$时间和 $O(n + \log^2 n)$空间，其中 $k_1$ 表示 $S$ 中完全包含 $B$ 的方框数量。

在第 2 种情况下，可以在二维中使用范围树，并且对于关于 $B$ 的 $B_i s$ 的端点，回答矩形（点/轴平行框）截窗查询（详见第 2.5 节）。这可以在 $O(k_2 + \log^2 n)$时间和 $O(n \log n)$空间中执行，其中 $k_2$ 表示具有 $B$ 框中端点的编号框 $B_i$。

第 3 种情况不能用前一种方法直接求解。开发人员必须回答以下（水平线段/垂直线段）对框 $B$ 的垂直线段和所有框 $B_i$（其中 $i = 1, ..., n$）的水平线段的穿刺查询。

- 输入：二维中的水平线段集 $S$。
- 查询：二维中的垂直线段 $s$。
- 输出：与 $s$ 相交的 $S$ 的所有线段。

当然，开发人员还要回答一个（垂直线段/水平线段）穿刺查询。这是通过 90° 的简单旋转完成的。

$S$ 的水平线段的子集被穿过垂直线段 $s$ 的线穿刺。显然，在这些线段中，必须报告所有线段，其左端点位于以 $s$ 为基础的矩形范围内并且达到∞，详见图 2.10。如果 $s$ 由$(x, y_l)$和$(x, y_u)$给出，则相应的框由$[-\infty, x] \times [y_l, y_u]$表示。

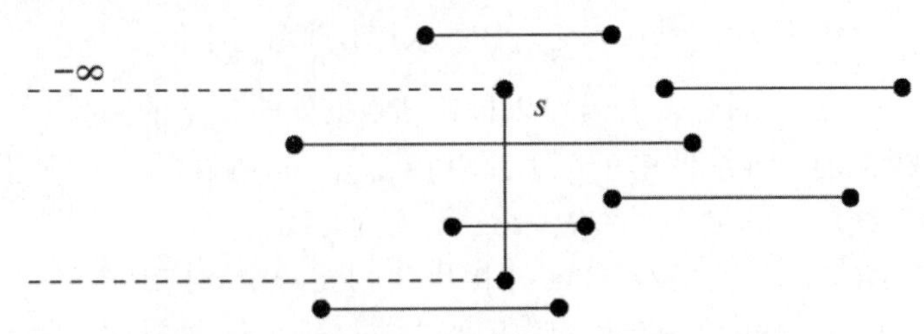


图 2.10　以 $s$ 为基础的无限框的矩形范围查询将回答第 3 种情况下的截窗查询

现在已经有了一个穿刺查询和一个范围查询，可以相应地对区间树做出调整。$S$ 的水平线段存储在用于线段的 $x$ 坐标的区间树中。开发人员必须报告由 $s$ 的 $x$ 坐标 $x$ 穿刺的水平线段。对于这样的片线段 $h$ 的左端点，必须注意 $h$ 的 $y$ 坐标也位于区间$[y_l, y_u]$中。常规区间树的结点 $v$ 包含由 $x_{\text{med}}$ 命中的线段的列表 $S_{\text{med}}$（详见第 2.1 节）。可以使用两个范围树替换 $S_{\text{med}}$ 的左端点和右端点的排序列表 $M_L$ 和 $M_R$。二维范围树 $M_L$ 对应于 $S_{\text{med}}$ 中的线段的左端点，二维范围树 $M_R$ 对应于 $S_{\text{med}}$ 中的线段的右端点。

在算法 2.1 中，可以简单地使用下式：

$$v.\ M_L := \text{RangeTreeConstr}((v.\ S_{\text{med}}).\text{LeftPoints}, 2)$$
$$v.\ M_R := \text{RangeTreeConstr}((v.\ S_{\text{med}}).\text{RightPoints}, 2)$$

替换下式：

$$v.M_L := \mathrm{SortLeft}(v.S_{\mathrm{med}}) \quad v.M_R := \mathrm{SortRight}(v.S_{\mathrm{med}})$$

这为结构的空间提供了额外的对数因子。对于区间查询和结点 $v$，检查相应的二维范围树就足够了。请注意，$S_{\mathrm{med}}$ 中的所有线段都与线 $X = x_{\mathrm{med}}$ 交叉。例如，如果 $x < x_{\mathrm{med}}$，则可以使用 $S_{\mathrm{med}}$ 左端点的范围树 $M_L$（见图 2.11），这样就可以回答$[y_l, y_u]\times[-\infty, x]$的范围查询，它也可以被认为是算法 2.2 的直接扩展。

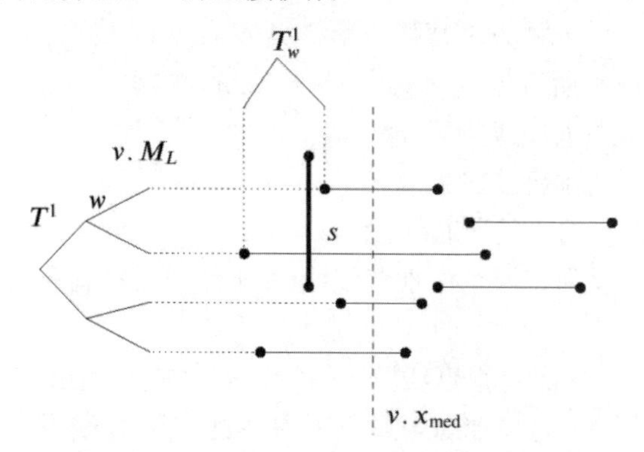


图 2.11　在区间树中，结点 $v$ 具有中值 $v.x_{\mathrm{med}}$，还有一个二维范围树 $v.M_L$ 在 $v.S_{\mathrm{med}}$ 中的线段的左端点。$v.M_L$ 可以回答线段 $s = [(x, y_l), (x, y_u)]$的查询$[y_l, y_u]\times[-\infty, x]$。

在时间 $O(\log n + k_v)$中，开发人员可以报告结点 $v$ 处的 $S_{\mathrm{med}}$ 的 $k_v$ 线段，它命中（Hit）了 $s$ 并且在区间树查询中继续使用了左子结点和 $L_{\mathrm{med}}$。总而言之，可以遍历 $\log n$ 结点并报告所有 $k$ 个相交线段，这给出了 $O(k + \log^2 n)$查询时间。

利用 2.5 节的结果，可以在 $O(n \log n)$中用 $O(n \log n)$空间构造扩展的区间树。

**定理 2.14**　可以在 $O(\log^2 + k)$时间内回答二维（轴平行框/轴平行框）截窗查询，其中 $k$ 表示已报告的框的数量。相应的数据结构需要 $O(n \log n)$空间，并且可以在 $O(n \log n)$时间内完成构建。

作为一个附带结果，本节已经展示了如何报告通过单个垂直线段交叉的所有水平线段。

**定理 2.15**　可以在 $O(\log^2 + k)$时间内回答（水平线段/垂直线段）穿刺查询，其中 $k$ 表示已报告的线段的数量。相应的数据结构需要 $O(n \log n)$空间，并且可以在 $O(n \log n)$时间内完成构建。

已组合的区间范围树的 WeakDelete 操作可以在 $O(\log^2 n)$时间内完成，因为开发人员还必须在二维范围树中进行 WeakDelete 操作。

**引理 2.16**　可以在 $O(\log^2 n)$时间内执行二维中 $n$ 个框的已组合区间范围树的 WeakDelete 操作。

## 2.7 纹理合成

纹理是渲染几何体的视觉细节。纹理在过去几年变得非常重要，因为纹理渲染的计算成本与没有纹理的成本相同。事实上，所有真实世界的物体都具有纹理，因此在合成世界中渲染它们也是非常重要的。

纹理合成（Texture Synthesis）通常试图从给定图像、数学描述或物理模型合成新纹理。数学描述可以像大量正弦波产生水波纹一样简单。物理模型试图描述导致某些纹理（如器物上的铜锈或动物的毛皮等）的物理或生物效应和现象。对于所有这些“基于模型”的方法来说，关于纹理的知识都体现在模型和算法中。另一类方法则从一幅或多幅图像开始，试图找到一些统计或随机描述（显式或隐式），最后从统计中生成新的纹理。

基本上，纹理是具有以下属性的图像。

- 固定：如果在图像周围移动一个具有恰当大小的窗口，则在窗口中显示的内容始终是相同的。
- 局部：图像中每个像素的颜色仅取决于相对较小的邻域。

当然，不满足这些标准的图像也可以用作纹理（例如外墙），但是如果要合成这样的图像，则统计或随机方法可能是不可行的。

下文将描述一种非常简单和有效的随机算法，并且效果非常好（详见参考文献[Wei 和 Levoy 00]）。给定一幅样本图像，与大多数其他方法一样，它不会尝试明确计算随机模型，相反，它会使用示例图像本身，这将隐含地包含该模型。

接下来将使用以下术语：

$I$ = 原始（样本）图像
$T$ = 新的纹理图像
$p_i$ = 来自 $I$ 的像素
$p$ = 从 $T$ 到接下来要生成的像素
$N(p)$ = $p$ 的邻域（见图 2.12）

最初，$T$ 被清除为黑色。该算法首先在左侧和顶部添加一个适当大小的边框，填充随机像素（这将在最后再次丢弃）。然后它按扫描行顺序执行以下简单循环（见图 2.12）。

1: **for all** $p \in T$ **do**
2: 　　find the $p_i \in I$ that minimizes $|N(p) - N(p_i)|^2$
3: 　　$p := p_i$
4: **end for**

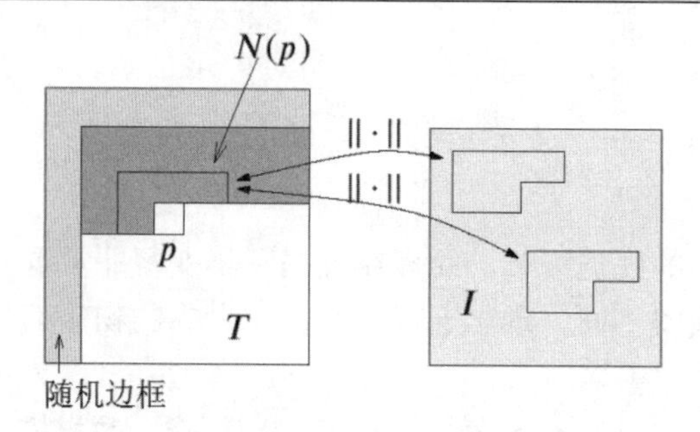


图 2.12　纹理合成算法以扫描行顺序通过纹理进行，并且仅考虑当前像素周围的邻域

第 2 行中的搜索恰好是最近邻搜索（Nearest Neighbor Search）。这可以使用本书第 6.4.1 节中介绍的算法有效地执行：如果 $N(p)$包含 $k$ 个像素，则这些点只是 RGB 值的 $3k$ 维向量，并且其距离只是欧几里得距离（Euclidean Distance）。

显然，一旦填充了随机边界，则新纹理的所有像素都会获得确定性定义。邻域 $N(p)$的形状可以任意选择。必须选择邻域，以使得除了当前像素之外的所有像素都已被计算。同样地，纹理的其他“扫描”方式也是可能并且合理的（如螺旋扫描顺序），它们必须与 $N(p)$的形状相匹配。

纹理的质量取决于邻域 $N(p)$的大小。但是，最佳尺寸本身取决于样本图像中的粒度（Granularity）。为了使算法独立，可以合成图像金字塔（见图 2.13）。首先，可以为样本图像 $I^0$ 生成金字塔 $I^0,I^1,\ldots,I^d$，然后使用上述算法，从最粗糙的水平开始，逐级合成纹理金字塔 $I^0,I^1,\ldots,I^d$。唯一的区别是将像素 $p$ 的邻域 $N(p)$扩展到 $k$ 级，如图 2.13 所示。因此，开发人员必须为每个级别构建最近邻搜索结构，因为当算法在纹理金字塔中向下进行时，邻域的大小会增加。

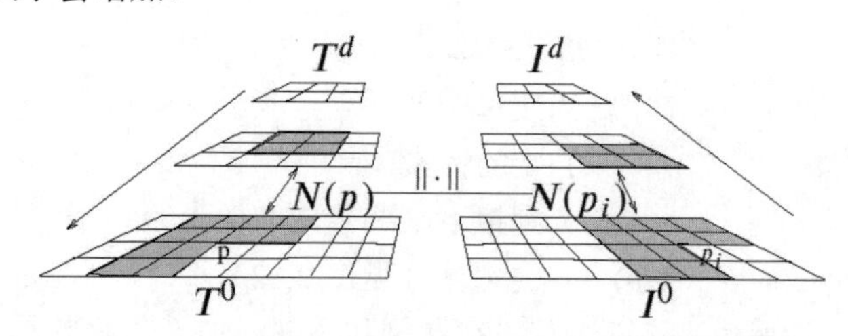


图 2.13　使用图像金字塔，纹理合成过程对样本图像中的不同细节比例变得相当稳健

当然，现在已经可以通过每个级别的最佳大小的参数和邻域要考虑的最佳级别数来替换邻域的最佳大小的参数。但是，正如 Wei 和 Levoy 所报告的那样，在几乎所有情况下，两个级别的 9×9（最高级别）邻域似乎已经足够（详见参考文献[Wei 和 Levoy 00]）。

图 2.14 显示了使用此方法可以实现的结果的两个示例。

图 2.14　纹理合成算法（详见参考文献[Wei 和 Levoy 00]）的一些结果。在每一对图像中，左边的图像是原始图像，右边的图像是（部分）合成的图像（图片由 L.-Y. Wei 和 M. Levoy 以及国际计算机学会提供）

## 2.8　形 状 匹 配

随着互联网和数据库中 3D 模型的可用性的增加，搜索这些模型成为一个有趣的问题。例如，在医学图像数据库或 CAD 数据库中就需要这样的功能。其中一个问题是如何指定查询。一般来说，大多数研究人员都追求“按内容查询”的方法，其中的查询是通过提供（可能是原始的）形状来指定的，数据库将返回最佳匹配①。这里的基本步骤是形状的匹配，即相似性（Similarity）度量的计算。

几乎所有方法都将执行以下步骤。

（1）定义一个转换函数（Transformation Function），该函数采用一个形状并在一些高维空间中计算所谓的特征向量（Feature Vector），它（希望）捕获其本质形状。自然而然，那些在旋转、平移或镶嵌过程中仍保持不变的转换函数是优先选择的。

（2）在特征向量上定义相似性度量 $d$，使得如果 $d(f_1, f_2)$很大，则相关联的形状 $s_1$、$s_2$ 看起来不相似。显然，这（有一部分）是人为因素问题。在几乎所有的算法中，$d$ 只是欧几里得距离。

① 这个想法似乎起源于图像数据库检索，它被称为通过图像内容进行查询（Query By Image Content，QBIC）。

（3）计算数据库中每个形状的特征向量，并将向量存储在允许快速最近邻搜索的数据结构中。

（4）给定查询（形状），计算其特征向量并从数据库中检索最近的邻域。通常来说，系统还将检索所有 $k$ 个最近邻域。开发人员一般对精确的 $k$ 个最近邻域不感兴趣，但仅对近似（Approximate）最近邻域感兴趣（因为特征向量无论如何都是形状的近似值）。

所以，大多数形状匹配算法的主要区别在于从形状到特征向量的转换。

有鉴于此，快速形状检索基本上需要快速（近似）最近邻搜索。这里本应停止讨论形状匹配的问题，但为了完整起见，还是要描述一个非常简单的算法（来自众多其他算法）来计算特征向量（详见参考文献[Osada et al. 01]）。

一般的想法是定义一些形状函数（Shape Function）$f(P_1, ..., P_n) \to \mathbb{R}$，它计算了大量点的一些几何属性，然后根据形状表面上的大量随机点评估（Evaluate）这个函数形状。得到的 $f$ 分布称为形状分布（Shape Distribution）。

对于形状函数，有太多的可能性（受限制的只是开发人员的想象力）。以下是一些形状函数的示例。

- ❑ $f(P_1,P_2)=|P_1-P_2|$。
- ❑ $f(P_1)=|P_1-P_0|$，其中 $P_0$ 是一个固定点，如边界框中心，
- ❑ $f(P_1,P_2,P_3)=\angle(\overline{P_1P_2},\overline{P_1P_3})$。
- ❑ $f(P_1,P_2,P_3,P_4)=4$ 个点之间的四面体的体积。

图 2.15 显示了几个简单对象的形状分布，两点之间的距离为形状函数。

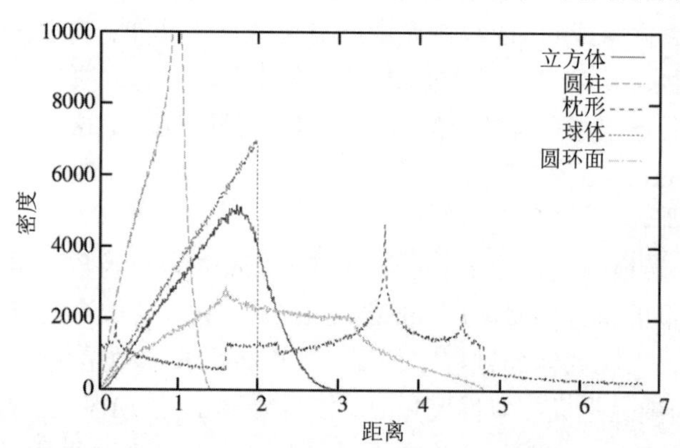


图 2.15　许多不同简单对象的形状分布

# 第 3 章　BSP 树

二叉空间分区树（Binary Space Partitioning Tree，BSP Tree）也叫二叉空间分割树，简称为 BSP 树，它可以被视为 kd 树的推广应用。与 kd 树一样，BSP 树是二叉树，但是现在可以任意选择分割平面的方向和位置。为了让读者对 BSP 树有一个直观的认识，图 3.1 显示了一组对象的示例。

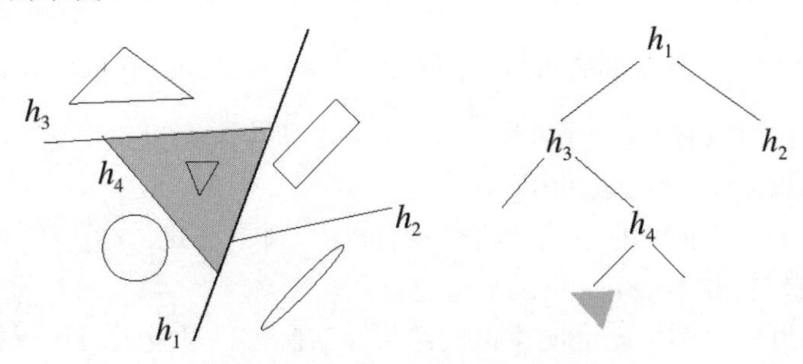


图 3.1　一组对象的 BSP 树示例

BSP（BSP 树的简称）的定义相当简单。以下将提出一个递归定义。设 $h$ 表示 $\mathbb{R}^d$ 中的平面，$h^+$表示正半空间（Positive Half-Space），而 $h^-$则表示负半空间（Negative Half-Space）。

**定义 3.1**　（**BSP 树**）设 $S$ 是一个对象（点、多边形、多边形组或其他空间对象）的集合，并且让 $S(v)$表示与结点 $v$ 相关联的对象集。然后，BSP $T(S)$可以按以下方式定义。

（1）如果$|S|\leqslant 1$，那么 $T$ 是叶子 $v$，它存储 $S(v) := S$。

（2）如果$|S|>1$，则 $T$ 的根是结点 $v$，$v$ 存储平面 $h_v$ 和集合 $S(v) := \{x \in S \mid x \subseteq h_v\}$（这是完全位于 $h_v$ 内的对象集合。在 3D 中，这些可以只是多边形、边或点）。$v$ 还有两个子结点 $T^-$ 和 $T^+$，$T^-$ 是对象集合 $S^- := \{x \cap h_v^- \mid x \in S\}$ 的 BSP，而 $T^+$则是对象集合 $S^+ := \{x \cap h_v^+ \mid x \in S\}$ 的 BSP。

这可以很容易地变成用于构造 BSP 的通用算法。请注意，分割步骤（即内部结点的构造）要求将每个对象分成两个不相交的片段（Fragment），使得它跨越该结点的分割平面。在某些应用中（如光线发射），这并不是真正必需的；相反，我们只要将这些对象放入两个子集中即可。

请注意，凸单元（Convex Cell）可能是无边界的，它与 BSP 的每个结点相关联。与根相关联的单元（Cell）是整个空间，它是凸起的。将凸区域分割成两部分将产生两个凸区域。在图 3.1 中，其中一个叶子的凸区域已作为一个示例突出显示。

使用 BSP 可以比 kd 树更自由地放置分割平面。当然，这也使得这个决定更加困难，这和生活中几乎是一样的。如果输入是一组多边形，那么有一种常见的方法就是从输入集合中选择一个多边形并将其用作分割平面，这称为自动分区（Auto-Partition）（见图 3.2）。

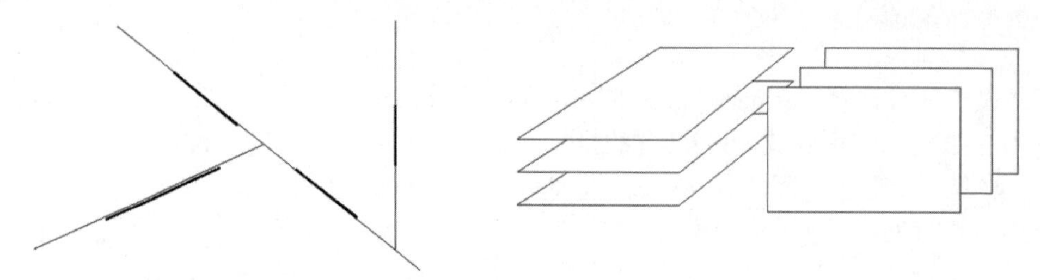

图 3.2　左：自动分区。右：必须具有二次大小的任意自动分区配置示例

虽然自动分区可以有 $\Omega(n^2)$个片段，但可以在二维中证明以下内容（详见参考文献[de Berg et al. 00]和[Paterson 和 Yao 90]）。

**引理 3.2**　给定平面中的 $n$ 个线段的集合 $S$，自动分区 $T(S)$中的预期片段数量为 $O(n \log n)$。它可以在时间 $O(n^2 \log n)$中构建。

在更高的维度中，不可能证明类似的结果。实际上，开发人员可以构造多个多边形集合，使得任何 BSP（不仅仅是自动分区）必须具有 $\Omega(n^2)$个片段。对于自动分区的“糟糕”示例，可参见图 3.2。

但是，所有这些产生二次（Quadratic）BSP 的例子都违反了局部性原则（Principle of Locality）：多边形与整个集合的范围相比较小。在实践中，没有观察到表现出最坏情况二次行为的 BSP（详见参考文献[Naylor 96]）。

## 3.1　没有 Z 缓冲区的渲染

BSP 树被引入计算机图形学的过程详见参考文献[Fuchs et al. 80]。当时，隐藏面消除（Hidden-Surface Removal）问题仍然是交互式计算机图形的主要障碍，因为 Z 缓冲区（Z-Buffer）在内存方面的成本太高。

本节将描述如何解决这个问题，这不是因为该应用本身和当前所讨论的主题相关，而是因为它很好地展示了 BSP 树的一个基本特性：它们能够从任何方向中的任意点以可见性顺序（Visibility Order）高效枚举所有多边形[①]。

---

① 实际上，游戏 *Doom*（中文版名称《毁灭战士》）的第一个版本正是凭借这种算法才实现了其在 PC 机上的梦幻帧速率（以当时的水平而言），它甚至无须使用任何图形加速卡。

在不使用 Z 缓冲区的情况下，按正确的隐藏面消除方式渲染一组多边形的简单算法是画家算法（Painter's Algorithm），即从当前视点出发，从后向前渲染场景。前面的多边形将只会覆盖帧缓冲区（Frame Buffer）的内容，从而有效地隐藏在后面的多边形。在有些多边形配置中，这种排序并不总是可行的，但下文会对此进行处理。

如何才能有效地获得所有多边形的可见性顺序呢？使用 BSP 树就可以很轻松地解决这个问题：从根开始，首先遍历不包含视点的分支，然后渲染与该结点一起存储的多边形，再遍历包含视点的另一个分支（见图 3.3）。

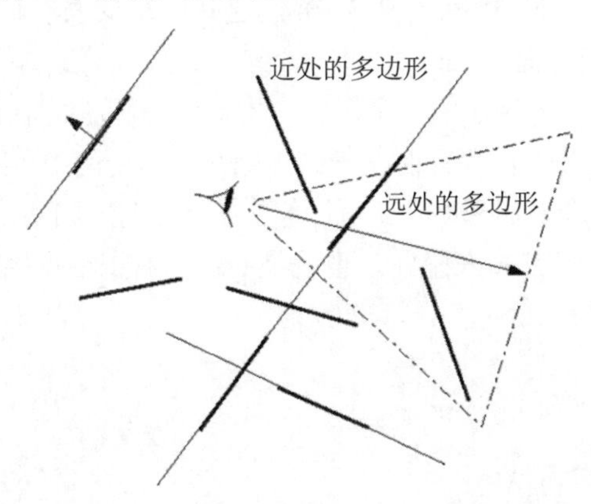


图 3.3 BSP 树是一种高效的数据结构，可用于对一组多边形的可见性顺序进行编码

为了完整起见，不妨提及一些优化该算法的策略。首先，开发人员应该利用观察方向，跳过完全位于视点后面的 BSP 分支。

此外，还可以像往常一样进行背面的剔除（这不会产生任何额外成本）。开发人员还可以通过对照 BSP 结点的平面来测试平截头体（Frustum）的所有顶点，从而执行视锥体剔除（View-Frustum Culling）。

上述简单算法的另一个问题是，虽然像素只有最后一次写入会保留下来，但是它可能会多次被覆盖，这正是所谓的像素复杂度（Pixel Complexity）。为了解决这个问题，必须从前到后遍历 BSP。但是为了实际节省工作，开发人员还需要为屏幕维护一个二维 BSP，这样就可以快速丢弃落在已经被占用的屏幕区域上的多边形部分。在二维屏幕 BSP 中，可以将所有单元标记为空闲（Free）或已占用（Occupied）。

刚开始的时候，每个 BSP 仅由“空闲”的根结点组成。当要渲染新的多边形时，首先将其穿过屏幕 BSP，并且将它分割成越来越小的凸起部分，直到它到达树叶。如果某个部分到达已被占用的叶子，则没有任何反应，如果它到达的是空闲的叶子，则将其插入该叶子的下方，并在屏幕上绘制该部分。

## 3.2　使用 BSP 表示对象

BSP 提供了表示有体积的多边形对象（即封闭的对象）的好方法。换句话说，它们的边界由多边形表示，它们有一个“内部”和一个“外部”。对象的这种 BSP 表示就像多边形集合的普通 BSP（例如，可以构建一个自动分区）。除此之外，开发人员将只在集合为空时才停止构造过程（参见定义 3.1）。这些叶子代表空间分割的均匀凸单元，它们是完全分里面（in）和外面（out）的。

图 3.4 显示了这种 BSP 表示的一个示例。本节将遵循法线指向“外部”的约定，并且 BSP 结点的右子结点在正半空间中，而左子结点则在负半空间中。因此，在遵循这些约定的实际实现中，当只剩下一个多边形时，就可以停止构造过程，因为此时已经知道这样一个伪叶（Pseudo-Leaf）的左子结点将在里面，也就是 in，而右子结点将在外面，也就是 out。

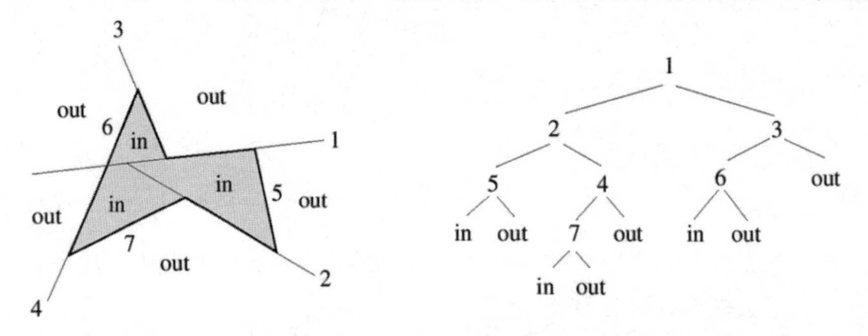


图 3.4　在对象的 BSP 表示中，每个叶子单元将完全在里面或完全在外面

这样的表示方法非常简单而高效。例如，当需要确定某个给定的点是在对象里面还是在对象外面时，开发人员只要通过 BSP 向下筛选该点，直到到达叶子即可。

在 3.3 节中，将描述一种算法以解决稍微困难一些的问题。

## 3.3　布 尔 运 算

在实体建模中，有一项非常频繁的任务就是计算两个对象的交集或并集。更通俗地说，就是给定两个对象 $A$ 和 $B$，想要计算 $C := A \text{ op } B$，其中 $\text{op} \in \{\cup, \cap, \setminus, \ominus\}$（见图 3.5）。这可以使用对象的 BSP 表示来更高效地计算（详见参考文献[Naylor et al. 90]和[Naylor 96]）。此外，该算法对于这些运算几乎相同，只有处理 BSP 两个叶子的基本步骤是不同的。

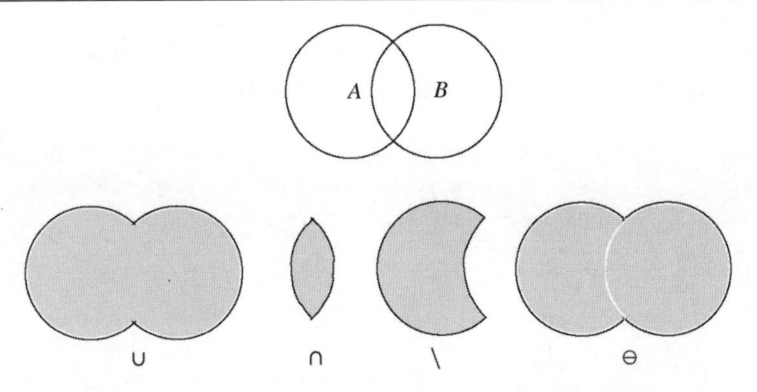


图 3.5　使用 BSP 可以高效计算实体上的这些布尔运算

可以通过 3 个步骤自下而上地呈现布尔运算（Boolean Operation）的算法。第一步是用于计算以下简单运算的子过程：给定一个 BSP 树 $T$ 和一个平面 $H$，可以构造一个新的 BSP 树 $\hat{T}$，它的根就是 $H$，使得 $\hat{T}^- \triangleq T \cap H^-$，$\hat{T}^+ \triangleq H^+$（见图 3.6）。这基本上可以按平面分割 BSP 树，然后将该平面放在两个分割之后获得的半树的根部。由于这里并不需要明确地获取新的树 $\hat{T}$，所以只要描述分割过程即可。当然，这已经算是主要工作了。

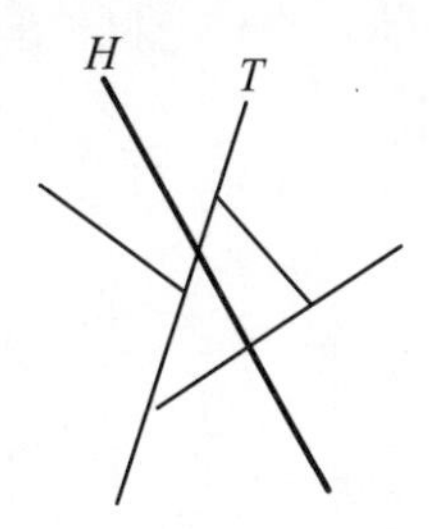


图 3.6　构造的基本步骤就是这个简单的操作，它合并了 BSP 树和一个平面

首先需要定义一些术语。

- ❑ $T^-,T^+$：分别表示 $T$ 的左子结点和右子结点。
- ❑ $R(T)$：表示结点 $T$ 的凸单元的区域。
- ❑ $T^{\oplus},T^{\ominus}$：分别表示在 $H$ 的正面（Positive Side）和负面（Negative Side）上的 $T$ 的部分。

最后，还需要通过元组 $(H_T,p_T,T^-,T^+)$ 定义结点 $T$，其中 $H$ 是起分割作用的平面，$p$ 是与 $T$ 相关的多边形，其中 $p \subset H$。

算法 3.1 显示了第一步的伪代码。它分为 8 种情况，其中 4 种如图 3.7 所示。第一眼看上去它非常复杂，但实际上它非常简单。如果 $T$ 是一个树叶，那么一切都变得很容易。另外，如果出现了 $T$ 的分割平面 $H_T$ 和 $H$ 重合的情况(即平面相同并且方向相同或相反)，那显然也很简单。所以，真正需要做一些处理的其实只有一种情况，那就是出现了混合（Mixed）的情形，在这种情形下，$H\cap R(T)$与 $H_T\cap R(T)$相交。

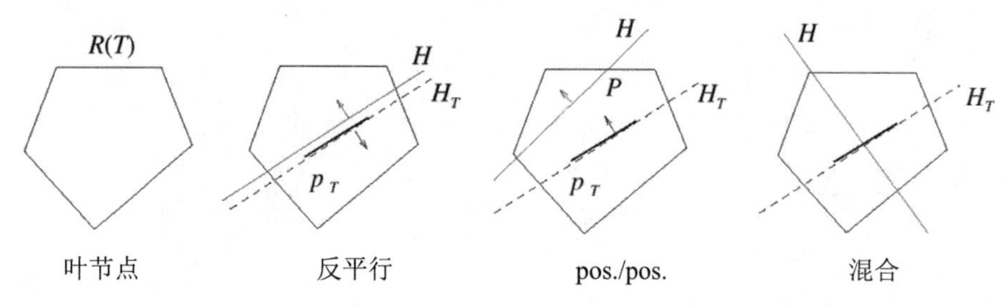


图 3.7　算法的主要构建块包括的 4 种情况（加上类似的情况）

仅需要多边形 $P$ 来找到在每次递归时应用的情况。虽然计算 $P\cap R(T^{+})$的成本看起来会非常高，但是，通过计算 $P\cap H_T^{+}$ 可以非常有效地计算它，这基本上相当于找到与 $H_T$ 相交的两条边。有关如何检测正确情形的详细信息，请参见参考文献[Chin 92]。

**算法 3.1：**布尔运算算法的第一个构建块是分割 BSP 树的过程

---

**split-tree**$(T, H, P) \rightarrow (T^{\ominus}, T^{\oplus})$

$\{P = H\cap R(T)\}$

**case** $T$ is a leaf :

　　**return** $(T^{\ominus}, T^{\oplus}) \leftarrow (T, T)$

**case** "anti-parallel" and "on" :

　　**return** $(T^{\ominus}, T^{\oplus}) \leftarrow (T^{+}, T^{-})$

**case** "pos./pos." :

　　$(T^{+\ominus}, T^{+\oplus}) \leftarrow$ split-tree$(T^{+}, H)$

　　$T^{\ominus} \leftarrow (H_T, p_T, T^{-}, T^{+\ominus})$

　　$T^{\oplus} \leftarrow T^{+\oplus}$

**case** "mixed" :

　　$(T^{+\ominus}, T^{+\oplus}) \leftarrow$ split-tree$(T^{+}, H, P\cap R(T^{+}))$

　　$(T^{-\ominus}, T^{-\oplus}) \leftarrow$ split-tree$(T^{-}, H, P\cap R(T^{-}))$

　　$T^{\ominus} \leftarrow (H_T, p_T\cap H^{-}, T^{-\ominus}, T^{+\ominus})$

　　$T^{\oplus} \leftarrow (H_T, p_T\cap H^{+}, T^{-\oplus}, T^{+\oplus})$

　　**return** $(T^{\ominus}, T^{\oplus})$

**end case**

---

令人惊讶的是，乍看上去算法 3.1 几乎没有做什么事情，它只是遍历 BSP 树，对每次递归时发现的情形进行分类，并计算 $p\cap H^{+}$和 $p\cap H^{-}$。

先前的算法已经是整个布尔运算算法的主要构建块。下一步是在两个 BSP 树 $T_1$ 和

$T_2$ 上执行所谓的合并（Merge）运算的算法。假设 $C_i$ 表示 BSP 的基本单元集合，即树 $T_i$ 的所有区域 $R(L_j)$，其中 $L_j$ 是所有的叶子。然后合并 $T_1$ 和 $T_2$ 产生一个新的 BSP 树 $T_3$，使得 $C_3 = \{ c_1 \cap c_2 | c_1 \in C_1, c_2 \in C_2, c_1 \cap c_2 \neq \varnothing \}$（见图 3.8）。

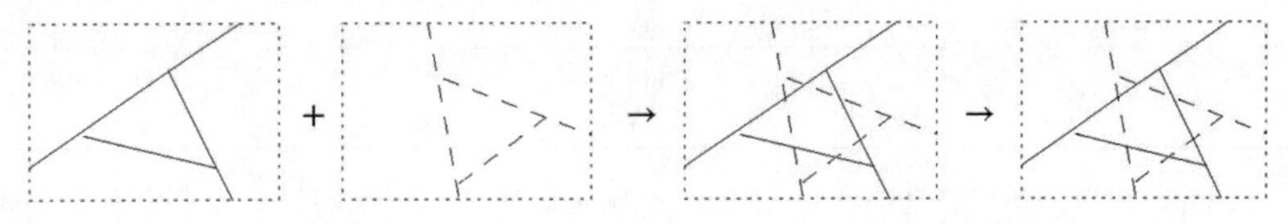

图 3.8　布尔运算的计算基于一般的合并运算

合并运算包括两种情形。当两个操作数中的一个是叶子时，即发生了第一种也是最简单的一种情形：两个区域中至少有一个是同质的，即完全在内部或完全在外部。而另一种情形则是，两个树在同一个空间区域上不是同质的。那么，只要使用分割平面将两个树中的一个与另一个树从树根分开，即可得到两对 BSP，它们会比原来小，但是仍然覆盖空间中的相同区域。这两对树可以通过递归方式合并（见图 3.9）。算法 3.2 中的伪代码更正式地描述了这种递归过程。

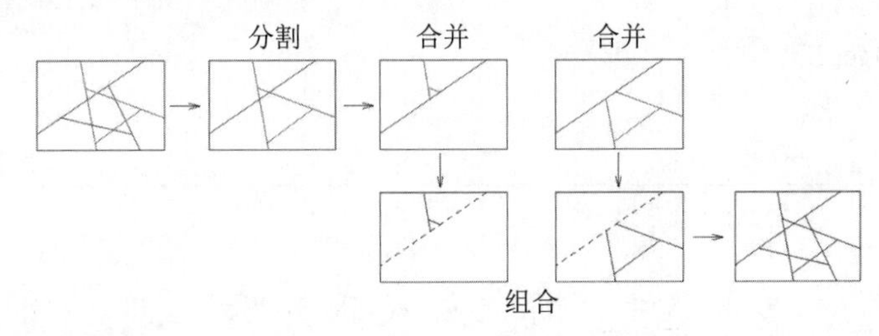


图 3.9　由 BSP 树表示的对象在布尔运算算法中的合并步骤。这是对该步骤的图形描述

第三步（也是最后一步）是子过程 cell-op，它在算法 3.2 中的递归基础上调用。这是定义一般合并运算语义（Semantic）的唯一地方，即它是否应该执行并集、交集或任何其他运算。当到达这一步骤时，开发人员已经知道两个单元中的一个是同质的，因此可以根据布尔运算使用经过适当修改的其他结点的子树来替换它。表 3.1 列出了此函数的详细信息（假设 $T_1$ 是叶子）。

**表 3.1　BSP 树的布尔运算类型及其结果**

| 运　算 | $T_1$ | 结　果 |
|---|---|---|
| $\cup$ | in | $T_1$ |
| | out | $T_2$ |
| $\cap$ | in | $T_2$ |
| | out | $T_1$ |

续表

| 运　算 | T1 | 结　果 |
|---|---|---|
| \ | in | $T_2^c$ |
|  | out | $T_1$ |
| ⊖ | in | $T_2^c$ |
|  | out | $T_2$ |

此外，还应该指出的是：合并（Merge）算法是对称的。无论是用 $H_1$ 来分割 $T_2$ 还是换个方式用 $H_2$ 来分割 $T_1$，结果都是相同的。

**算法 3.2**：布尔运算的第二个构建块将合并两个 BSP

```
merge(T1, T2)→T3
if T1 or T2 is a leaf then
    perform the cell-op as required by the Boolean operation to be constructed(see below)
else
    (T2⊖, T2⊕)←Split-tree(T2, H1, …)
    T3− ←merge(T1− ,T2⊖)
    T3+ ←merge(T1+ ,T2⊕)
    T3 ← (H1,T3−,T3+)
end if
```

## 3.4　构造启发式算法

可以证明，一般来说，自动分区具有与其他分区方式相同的复杂性（详见参考文献[Paterson 和 Yao 90]和[de Berg et al. 00]）。此外，已经证明比较“肥胖”的物体（即具有限定纵横比的物体）和比较“整洁”的场景允许具有线性大小的 BSP（详见参考文献[de Berg 95]和[de Berg 00]）。

但是，对于实际应用来说，“隐藏”的常数很重要。因此，构造策略应该产生“良好”的 BSP。当然，根据应用程序本身的差异，对于“良好”BSP 树的定义可能完全不同。总的来说，有以下两种应用类型。

- 分类（Classification）：在此类应用中，BSP 将被用于确定点的内部/外部状态，或者线条是否与对象相交。在这种情况下，可以尝试优化 BSP 的平衡。
- 可见性（Visibility）：在此类应用中，BSP 将被用于以“可见性顺序”对多边形进行排序，这样就可以实现在没有 Z 缓冲区的情形下的渲染。因此，可以尽量减少分割的数量，即 BSP 的大小。

## 3.4.1　凸面对象

现在可以考虑以一个凸面对象作为示例。在这种情况下，自动分区的大小为 $O(n)$，构造需要的时间为 $O(n^2)$，并且是一个线性树。这似乎不是一个非常“聪明”的 BSP（虽然它非常适合可见性排序）。

如果允许使用任意分割平面，则可以更好地平衡 BSP 树。其构造时间可以按下式计算。

$$T(n) = n + 2T(\frac{n}{2} + \alpha n) \in O(n^{1+\delta}),\ 0 < \alpha < \frac{n}{2}$$

其中 $\alpha$ 是在每个结点处分割的多边形的分数。表 3.2 显示了部分 $\alpha$ 值的实际复杂性。

**表 3.2　部分 α 值的实际复杂性**

| $\alpha$ | 0.05 | 0.2 | 0.4 |
|---|---|---|---|
| 实际复杂性 | n1.15 | n2 | n7 |

正如前面所提到的，现在的问题是如何选择分割的平面。可以提出以下简单的启发式算法[①]：为每个多边形（重心、边界框中心等）计算代表性顶点。确定一个平面，使其两侧大约有相同数量的点，并且所有点都远离该平面。显然，这是一种优化的结果，这种优化可以通过主要分量分析（Principal Component Analysis）之类的方式来实现。

## 3.4.2　成本驱动的启发式算法

为了推导出构造标准，开发人员需要定义 BSP 的质量（Quality）。对于 BSP 树质量指标的抽象度量是 BSP 树 $T$ 的成本（Cost），其计算方式如下。

$$C(T) = 1 + P(T^-)C(T^-) + P(T^+)C(T^+) \tag{3.1}$$

其中，$P(T^-)$ 是在树 $T$ 已经被访问的条件下左子树 $T^-$ 将被访问的概率，相应地，$P(T^+)$ 就是在树 $T$ 已经被访问的条件下右子树 $T^+$ 将被访问的概率。该概率值取决于 BSP 在应用中的应用类型（分类/可见性）。例如，如果是应用于内部/外部查询，则在这种情况下左子树 $T^-$ 将被访问的概率可计算如下。

$$P(T^-) = \frac{\text{Vol}(T^-)}{\text{Vol}(T)}$$

---

① 对于凸面对象的情况，在参考文献[Torres 90]中已经提出了启发式算法。但是，一般认为这种启发式算法存在一些缺陷。

显然，尝试在全局范围内优化式（3.1）的成本会非常高。因此，必须采用局部启发式算法来指导分割过程。在参考文献[Naylor 96]中提出了一个如下所示的简单启发式算法：通过多边形的数量估计子树的成本，并为当前结点分割的多边形添加惩罚，以使得 BSP 树的成本可按下式计算。

$$C(T)=1+|S^{-}|^{\alpha}+|S^{+}|^{\alpha}+\beta s \tag{3.2}$$

其中，$S$ 是与结点关联的多边形集合，$s$ 是由结点分割的多边形集合，$\alpha$ 和 $\beta$ 是可用于使 BSP 更平衡或更小的两个参数。根据参考文献[Naylor 96]的报告，$\alpha+0.8,\ldots,0.95$ 和 $\beta=1/4,\ldots,3/4$ 通常是很好的起始值。再重申一遍，这同样是一个优化过程，只不过现在只是一个局部优化过程。

如果 BSP 是一个自动分区，那么局部最优的非常快速的近似将会产生非常好的结果：只需根据它们的大小对多边形进行排序，并为前面的 $k$ 个多边形评估式（3.2）。然后选择能以最低成本产生 BSP（子树）的区域。这样做的基本原理是：多边形将被分割的概率与其大小成正比，因此应该尽早去掉一些多边形。

在参考文献[Fuchs et al. 80]中提出了一种更简单的启发式算法，即从 $S$ 中随机选择 $k$ 个多边形，然后选择一个能产生最少分割数的多边形。文献作者的结论是：当 $k=5$ 时将产生接近最佳的 BSP（用于可见性排序）。

### 3.4.3 非均匀查询

在 3.4.2 节中，假设所有查询均匀分布在某个域上。如果对分布一无所知，那么这将是一个有效的假设。但是，如果现在对分布有更多的了解，则应该利用这个已知条件构建 BSP，以便按最快速度应答频繁的查询[①]。

实际上，开发人员经常对查询有更多了解。例如，在光线追踪算法中，起点通常不是均匀分布在空间中的，举例来说，它们通常不会从物体内部散发出来。此外，物体的突出多边形往往比在腔内或完全在内部的多边形更频繁地被击中。

根据参考文献[Ar et al. 00]，开发人员可以通过下式来估算查询的成本。

$$\begin{aligned} C(\text{query}) &= \#\ \text{已访问的结点} \\ &\leqslant \text{depth(BSP)}\ \cdot\ \#\ \text{已穿刺的叶单元} \end{aligned}$$

因此，根据这一点，应该在多边形被命中的情况发生之前最小化刺入的叶单元的数量。至少有以下两个因素影响光线击中多边形的概率。

- 如果光线和多边形之间的角度很大，则击中的概率很大。

---

[①] 霍夫曼编码方案（Huffman Encoding Scheme）也基于与此相同的原理。

- 如果多边形很大（相对于物体/宇宙的总大小），则概率很大。

设 $\omega(l)$表示某个域 $D$ 上所有光线 $l$ 的密度。这可以通过测量获得，也可以从几何中推导出。设 $S$ 是要构建 BSP 的多边形集合，可以为每个多边形指定分数 $p$，其计算公式如下。

$$\text{score}(p)=\int_D w(S,p,l)\omega(l)dl$$

其中，权重 $w$ 定义为

$$w(S,p,l)=\sin^2(\mathbf{n}_p,\mathbf{r}_l)\frac{\text{Area}(p)}{\text{Area}(S)}$$

其中 $\mathbf{n}_p$ 是 $p$ 的法线，$\mathbf{r}_l$ 是 $l$ 的方向。

因此，构建适合于给定分布的 BSP 的算法将采用以下随机贪婪策略（Randomized Greedy Strategy）：根据 score($p$)对所有多边形进行排序，然后从前面的 $k$ 个多边形中随机选择一个并分割集合 $S$。因此，对于那些具有较高（被光线击中的）概率的多边形来说，它们在树中的位置也可能很高。

在参考文献[Ar et al. 00]中，以这种方式构建的 BSP 被命名为自定义（Customized）BSP。作者报告称，其他版本的多边形数量通常是自定义 BSP 的两倍，但查询需要访问的多边形数量仅为其一半到十分之一。

### 3.4.4 推迟的自组织性 BSP

现在，如果开发人员不知道查询的分布情况，并且通过试验测量它的成本又过高，那该怎么办呢？答案是推迟 BSP 的完整构建。换句话说，开发人员可以只构建绝对必要的 BSP。此外，还可以（以某种形式）保留迄今为止曾经出现过的所有查询的历史，这样，每当需要构建 BSP 的新部分时，就可以根据该历史记录（使用它作为对概率的最佳猜测依据）构建所有查询的分布（详见参考文献[Ar et al. 02]）。

作为一个示例，不妨来考虑一下 3D 线段和多边形集合之间的交叉点检测的问题[①]。

由于现在的 BSP 在使用之前不再完全构建，因此结点必须存储其他信息。

- 定义分割平面的多边形 $P$，或者，如果它是初步的叶子。
- 与之相关的多边形列表 $\mathcal{L}\subseteq S$，其子树尚未构建。

**算法 3.3：**使用推迟的 BSP 测试光线场景交叉点

```
testray(R,v)
if v is a leaf then
```

① 有时候，这也称为碰撞检测（Collision Detection），特别是在游戏编程行业中，因为开发人员只对“是否已经碰撞”的答案感兴趣。在光线追踪算法中，开发人员想要确定最早的（Earliest）交叉点。

```
        for all P ∈ ℒ_v do
            if R intersects P then
                return hit
            end if
        end for
else
        v1 ← child of v that contains startpoint of R
        v2 ← other child
        testray(R,v1)
        if no hit in v1 then
            testray(R,v2)
        end if
end if
```

现在，使用光线 $R$ 应答查询的算法也触发了 BSP 的构造（参见算法 3.3）。最初的 BSP 树只是一个结点（根），其中 $\mathcal{L}=S$，即对象或场景的所有多边形。由于线段是有限的（特别是，如果它很短），所以这个算法通常可以更早地停止，只不过这里省略了细节。

接下来，开发人员将填写那些未确定的问题，例如：

- 什么时候分割初步的叶子？（要分割哪一个叶子？）
- 如何进行分割？

对于“什么时候分割”的问题：可以为每个结点保留一个访问计数器，每次在查询期间遍历到该结点时，该计数器都会递增。每当其中一个计数器超过某个阈值时，就可以分割该结点（叶子）。这个阈值可以是绝对值，也可以相对于所有计数器的总和。

对于“如何进行分割”的问题：可以为每个多边形 $P\in\mathcal{L}_v$ 保持一个计数器，每当找到与 $P$ 的交点时该计数器就会递增。可以根据这个计数器对 $\mathcal{L}_v$ 进行排序，只要其中一个计数器发生变化，该操作就可以逐步完成。如果要对 $v$ 执行分割，则可以使用来自 $\mathcal{L}_v$ 的第一个多边形作为分割平面。

事实证明，有大量的多边形永远不会被线段击中。因此，使用此算法，BSP 子树将永远不会“浪费”在这些多边形上，并且它们将存储在叶子列表的末尾。

还有其他方法可以在叶子上组织多边形列表：将当前被击中的多边形移动到列表的前面，或者将其与前面的多边形交换。当然，根据参考文献[Ar et al. 02]的说法，对列表进行排序的策略似乎效果最好。

据同一作者说，在他们的实验中，性能可提升 2～20 倍。

# 第 4 章　包围体分层结构

在本书第 3 章中，从 kd 树开始解除了一个限制，以获得新的数据结构（BSP），也就是说，分割平面总是垂直于其中一个坐标轴。本章再次从 kd 树开始，将它们视为一种按分层方式组合对象（点、多边形等）的方法，而不是对空间进行分割的方法。在简单的 kd 树中，同一层级分割空间上的所有结点及其范围由来自根的路径隐式给出。由于现在放弃了这个属性，所以也可以显式地存储包含（与结点相关的）所有对象的最小包围盒（Bounding Box），该包围盒通常小于该结点的 kd 树单元的范围。由此，开发人员已经得到了一种特定类型的包围体（Bounding Volume，BV）分层结构。

一般来说，包围体分层结构（Bounding Volume Hierarchies，BVH）被描述为与空间分割方案（例如四叉树或 BSP 树）相反：与分割空间不同，包围体分层结构的主要思路是按递归的方式分割对象集，直到满足某些叶子的标准。当然，现在已经很清楚，可以将 BVH 视为整个分层数据结构系列中的几何数据结构中的一类。

与先前的分层数据结构一样，BVH 主要用于防止详尽无遗地对所有对象执行操作。几乎所有可以使用其他空间分割方案实现的查询也可以使用 BVH 来应答。查询和操作的示例包括光线追踪、视锥体剔除、遮挡剔除、点位置、最近邻居和碰撞检测等。本章后面将详细讨论碰撞检测主题。

**定义 4.1**　（**BVH**）设 $O = \{o_1, \dots, o_n\}$是一个基本对象的集合。$O$ 的包围体分层结构记为 BVH($O$)，它可以按以下方式定义。

（1）如果$|O| = e$，则 BVH($O$) := 存储 $O$ 和 $O$ 的包围体的叶结点。

（2）如果$|O| > e$，则 BVH($O$) := 一个具有 $n(v)$个子结点 $v_1, \dots, v_n$ 的结点 $v$，其中每一个子结点 $v_i$ 就是一个 BVH，BVH($O_i$)基于子集 $O_i \subset O$，使得$\cup O_i = O$。此外，$v$ 将存储 $O$ 的包围体。

该定义提到了两个参数。阈值 $e$ 通常被设置为 1，但是根据不同的应用，最佳的 $e$ 值可以更大。就像在排序中一样，当对象的集合很小时，对所有对象执行迭代操作的成本通常会更低，因为递归算法总是会产生一些开销。

定义中的另一个参数是数量（Arity）。大多数情况下，BVH 构建为二叉树，但同样地，其最佳值可以更大。而且，正如定义所暗示的那样，BVH 中结点的外度（Out-Degree）不一定必须是常数，尽管这通常会大大简化实现。

实际上，$e$ 和 $n(v)$这两个参数控制了线性搜索/操作（指全面操作）和最大程度的递归算法之间的平衡。

根据该定义，可以有更多的设计选择。对于内部结点来说，它只需要$\cup O_i = O$。这意味着同一个对象 $o \in O$ 可以与若干个子结点相关联。根据不同的应用、包围体的类型和构造过程，这可能并不总是可以避免的。但是如果可能，应该将对象集合分割为不相交的子集。

最后，至少还有一个设计选择，那就是每个结点使用的包围体类型。当然，这并不一定意味着每个结点使用相同类型的包围体。图 4.1 显示了许多常用的包围体，其中包括轴对齐包围盒（Axis-Aligned Bounding Box，AABB）、球体（Sphere）、离散定向多面体（Discrete Orientation Polytopes，DOP）、定向包围盒（Oriented Bounding Box，OBB）、球壳（Spherical Shell）、凸包（Convex Hull）、棱镜（Prism）、圆柱体（Cylinder）以及其他包围体的交集等。OBB（详见参考文献[Arvo 和 Kirk 89]）和 AABB 之间的区别在于：OBB 可以任意定向，这也是它的名称（定向包围盒）的由来。DOP（详见参考文献[Zachmann 98]、[Klosowski et al. 98]和[Kay 和 Kajiya 86]）是 AABB 的推广应用，基本上，它们是 $k$ 块的交集。在参考文献[Barequet et al. 96]和[Weghorst et al. 84]中提出了棱镜和圆柱体类型，但它们在计算上的成本似乎太高。球壳是壳体和锥体的交集（锥体的顶点与球体的中心重合），壳体是两个同心球体之间的空间。最后，开发人员可以始终采用两种或两种以上不同类型的包围体的交集（详见参考文献[Katayama 和 Satoh 97]）。

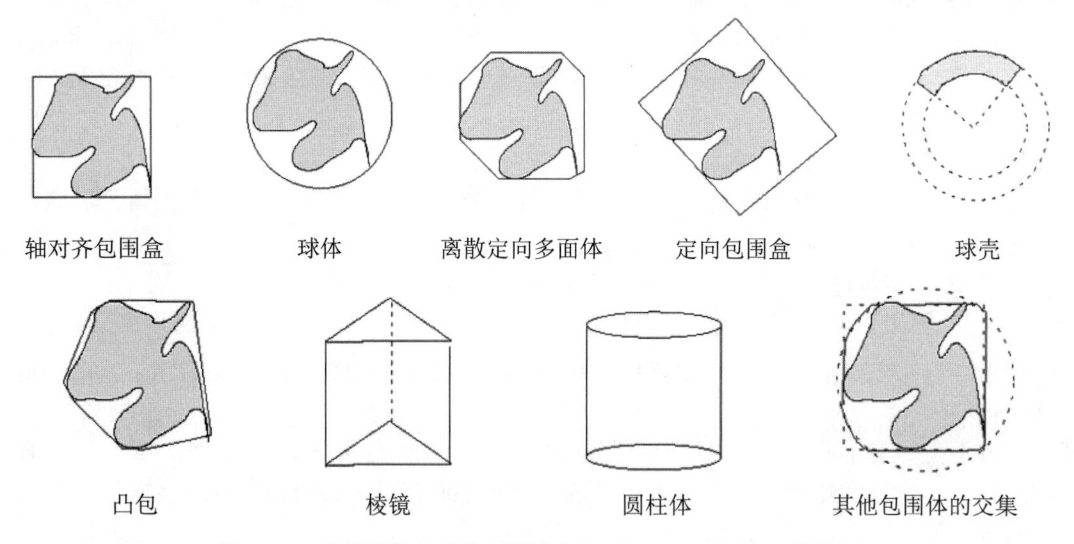


图 4.1　一些常用的包围体（图片由 Blackwell Publishing 提供）

包围体具有 3 个特征属性：紧密度（Tightness）、内存使用率以及测试针对包围体的查询对象所需要的操作数量。

通常而言，开发人员必须在这些属性之间进行权衡，因为一般来说，提供更好紧密度的包围体类型其每个查询将需要更多的操作和更多内存。

关于紧密度，开发人员可以建立定向包围盒的理论优势，但是首先需要对紧密度进行定义（详见参考文献[Gottschalk et al. 96]）。

**定义 4.2**　（**基于豪斯多夫距离定义的紧密度**）设 $B$ 是一个包围体，$G$ 是被 $B$ 包围的几何体，即 $g \subset B$。设下式是有向的豪斯多夫距离（Directed Hausdorff Distance）：

$$h(B,G) = \max_{b \in B} \min_{g \in G} d(b,g)$$

这意味着它是包围体 $B$ 与几何体 $G$ 中最近点的最大距离。在这里，$d$ 可以是任何度量，通常只是欧几里得距离。设下式为 $G$ 的直径：

$$\operatorname{diam}(G) = \max_{g,f \in G} d(g,f)$$

然后就可以将紧密度定义为

$$\tau := \frac{h(B,G)}{\operatorname{diam}(G)}$$

有关说明请参见图 4.2。

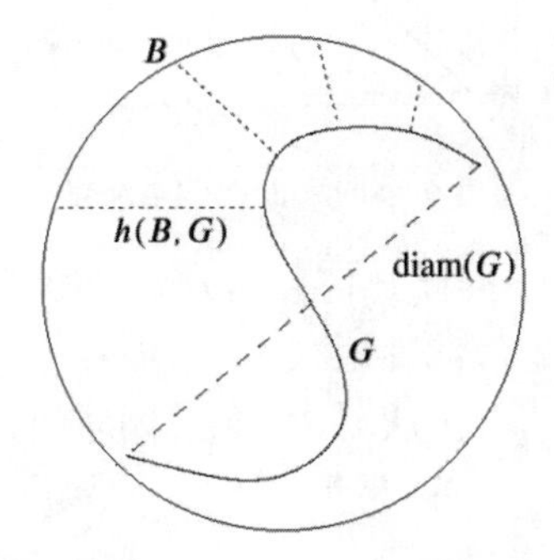


图 4.2　定义紧密度的方法之一是通过有向的豪斯多夫距离

由于豪斯多夫距离对异常值非常敏感，因此人们也可以考虑其他的定义方法，例如定义 4.3。

**定义 4.3**　（**基于体积定义的紧密度**）设 $C(v)$是包围体分层结构的结点 $v$ 的子集，又设 $\text{Vol}(v)$是用 $v$ 存储的包围体的体积。

然后可以将紧密度定义为

$$\tau := \frac{\text{Vol}(v)}{\sum_{v' \in C(v)} \text{Vol}(v')}$$

或者，也可以将其定义为

$$\tau := \frac{\text{Vol}(v)}{\sum_{v' \in L(v)} \text{Vol}(v')}$$

其中，$L(v)$是 $v$ 下面的叶子的集合。

回到基于豪斯多夫距离的紧密度定义，可以观察到 AABB 和 OBB 之间的根本区别如下（详见参考文献[Gottschalk et al. 96]）。

- AABB 的紧密度取决于封闭几何体的方向。更糟糕的是，包围小曲率（Curvature）表面的 AABB 的子结点的紧密度几乎与父级结点的紧密度相同。

  最糟糕的情况如图 4.3 所示。父级结点的紧密度是 $\tau = h/d$，而子结点的紧张度则是 $\tau' = \dfrac{h'}{d/2} = \dfrac{h/2}{d/2} = \tau$ 。

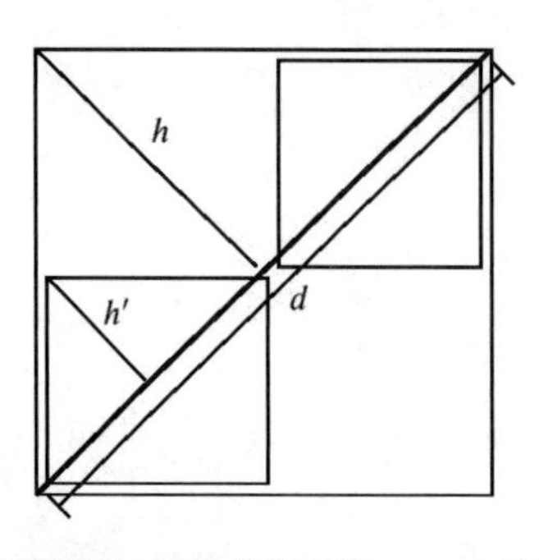


图 4.3　AABB 的紧密度在小曲率曲面的 AABB 分层结构中保持不变

- OBB 的紧密度不依赖于封闭几何体的方向。相反，它取决于其曲率，并且会随着分层结构中的深度近似线性地减小。

  图 4.4 描述了球体的情况。从 OBB 到封闭球面弧的豪斯多夫距离是 $h = r(1 - \cos\Phi)$，而弧的直径是 $d = 2r\sin\Phi$。因此，包围度数为$\Phi$的球形弧的 OBB 的紧密度是 $\tau = \dfrac{1-\cos\Phi}{2\sin\Phi}$，它在$\Phi \to 0$ 的过程中将按线性方式接近 0。

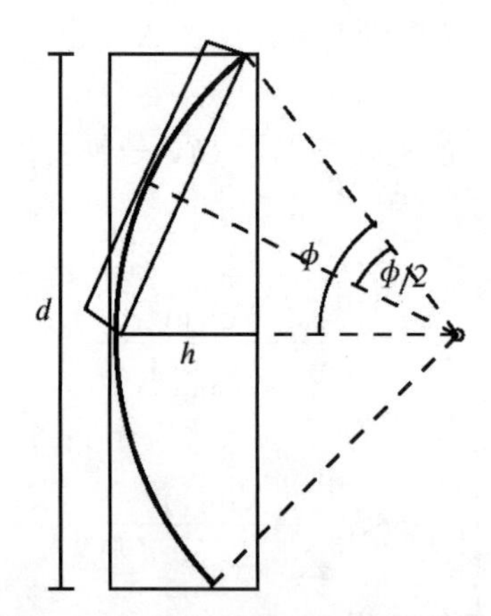


图 4.4　对于小曲率曲面，OBB 分层结构中更深层次的 OBB 的紧密度会降低

这使得 OBB 看起来比 AABB 更具吸引力。大大提高的紧密度的代价是，当使用查询遍历 OBB 树时，每个结点的大多数查询所需的计算量更大。

## 4.1　BVH 的构造

从本质上讲，构建包围体分层结构（BVH）有 3 种策略：自下而上（Bottom-UP）、自上而下（Top-Down）和插入（Insertion）。

从理论的角度来看，开发人员可以追求一种简单的自上而下的策略，它只是将对象集合分成两个大小相等的部分，其中对象被随机分配给任意一个子集。虽然这通常会逐渐获得与任何其他策略相同的查询时间，但是，在实践中，由这样的包围体分层结构提供的查询时间在很大程度上更糟。

在包围体分层结构的构造期间，不妨忘掉图形对象或基元（Primitive），转而处理它们的包围体并将其视为原子。还有一种简化方式是通过其中心（重心或包围盒的中心）近似每个对象，然后在构造期间仅处理点的集合。当然，当最终为结点计算包围体时，必须考虑基元或对象的真实范围。

接下来将描述每一种构造策略的算法。

### 1. 自下而上

在本类中，将实际介绍两种算法。

设 $B$ 是到目前为止所构建的包围体分层结构最顶层的包围体的集合（详见参考文献[Roussopoulos 和 Leifker 85]）。对于每个 $b_i \in B$，找到最近的邻居 $b_i' \in B$，设 $d_i$ 为 $b_i$ 和 $b_i'$ 之间的距离。按 $d_i$ 对 $B$ 进行排序，然后将 $B$ 中的前 $k$ 个结点组合在一个共同的父结点下，对 $B$ 中的下一组 $k$ 个元素执行同样的操作，这将会产生一个新的集合 $B'$，并重复该过程。

请注意，此策略不一定会产生具有很小死区（Dead Space）的包围体。在图 4.5 中，该策略将选择组合左面的对（距离= 0），而选择右面的对将导致更小的死区。

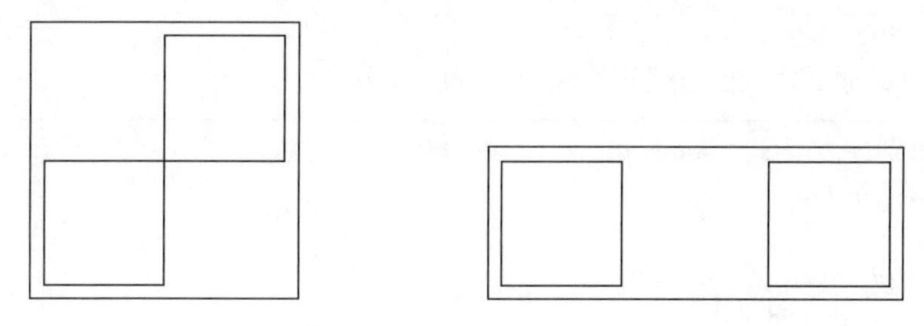

图 4.5　一个简单的贪婪策略可能会产生更大的死区

第二种策略则不那么“贪婪”，因为它将计算每个层级的平铺（Tiling）。开发人员将首先在二维中描述它（详见参考文献[Leutenegger et al. 97]），然后再次假设 $B$ 是到目前为止所构建的最顶层的包围体的集合，其中 $|B| = n$。该算法将首先计算每个 $b^i \in B$ 的中心 $c^i$。然后，它将沿着 $x$ 轴相对于 $c_x^i$ 对 $B$ 进行排序，现在，集合 $B$ 被分割到 $\sqrt{n/k}$ 垂直切片（Slice）中，并且再次相对于 $c_x^i$。接下来，每个切片都根据 $c_y^i$ 进行排序，然后分割到 $\sqrt{n/k}$ 横向切片中，这样最终可以得到 $k$ 个平铺块（Tile）（见图 4.6）。最后，平铺块中的所有结点在一个共同父结点下组合，其包围体被组合，并且该过程将以新的集合 $B'$重复。

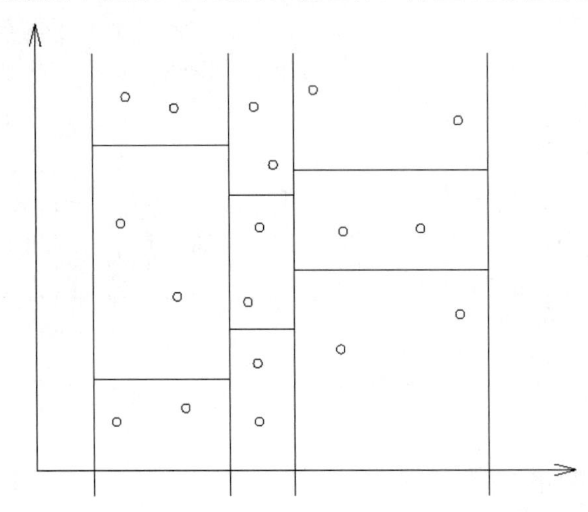

图 4.6　一种不那么“贪婪”的策略将通过计算平铺来组合包围体

在 $\mathbb{R}^d$ 中，它的工作原理非常相似：开发人员只要沿着所有坐标轴通过 $\sqrt[d]{n/k}$ 重复分割每个切片即可。

### 2. 插入

这一类构造方案以空的树开始。设 $B$ 是基本包围体的集合。算法 4.1 描述了该方案的一般过程。

**算法 4.1：** 通过插入的方式构建包围体分层结构

```
1: while |B| > 0 do
2:     choose next b ∈ B
3:     v := root
4:     while v ≠ leaf do
5:         choose child v',
               so that insertion of b into v' causes minimal increase in the costs of the total tree
```

```
6:            v := v′
7:      end while
8: end while
```

所有的插入算法仅在步骤 2 和/或步骤 5 中有所不同。步骤 2 很重要，因为开头的“糟糕”选择可能导致后面永远也做不对。步骤 5 取决于要在包围体分层结构上执行的查询类型。有关其中的一些标准，请参阅 4.1.1 节。

一般来说，这一类中的算法具有复杂度 $O(n \log n)$。

**3．自顶向下**

这个方案是最受欢迎的方案。它似乎产生了非常好的分层结构，同时仍然非常高效，并且通常它可以很容易地实现。

一般的想法是从完整的基本包围体（它将变成叶子）开始，将该集合分割成 $k$ 个部分，并递归地为每个部分创建包围体分层结构。分割应该由一些能产生良好分层结构的启发式算法或标准来指导。

### 4.1.1　构造标准

在文献中，有大量的标准用于指导包围体分层结构在构造期间的分割、插入或合并（常有一些作者喜欢给按照他们的方式构造的 BVH 赋予一个新的名称，即使他们所使用的包围体已经是众所周知的）。显然，这里所说的标准取决于使用 BVH 的应用。下文将介绍其中的一些标准。

对于光线追踪应用来说，如果可以估计光线在击中父级盒子（Parent Box）时遇到子盒子（Child Box）的概率，那么就可以知道在访问父结点时也需要访问子结点的可能性。假设所有光线都来自同一个原点（见图 4.7），然后可以观察到，光线 $s$ 在击中父级盒子 $v$ 的条件下击中子盒子 $v'$ 的概率是

$$P(s \text{ hits } v' \mid s \text{ hits } v) = \frac{\theta_{v'}}{\theta_v} \approx \frac{\text{Area}(v')}{\text{Area}(v)} \tag{4.1}$$

其中 Area 表示包围体的表面积，$\theta$ 表示包围体所对应的立体角。这是因为，对于凸起的物体来说，当从远处观察时，它所对的立体角大致与其表面积成正比例（详见参考文献[Goldsmith 和 Salmon 87]）。因此，一个简单的策略就是最小化由于分割而产生的子盒子的包围体的表面积[①]。

---

① 对于插入方案来说，该策略就是选择面积增加最少的子结点（详见参考文献[Goldsmith 和 Salmon 87]）。

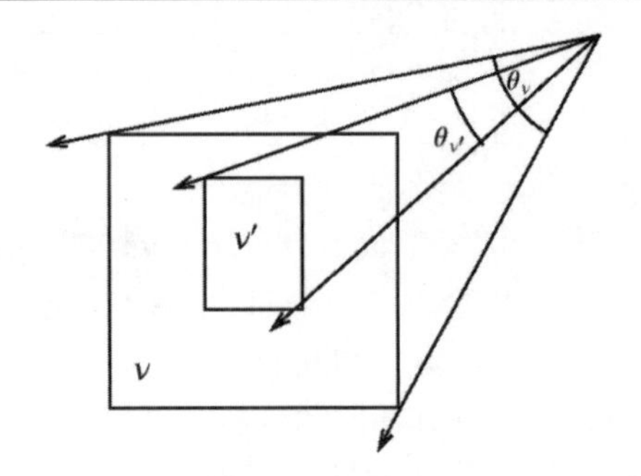


图 4.7　光线击中子盒子的概率可以通过表面积估算

更精细的标准则试图为分割建立一个成本函数并将其最小化。对于光线追踪应用来说，此成本函数可以近似为

$$C(v_1,v_2)=\frac{\text{Area}(v_1)}{\text{Area}(v)}C(v_1)+\frac{\text{Area}(v_2)}{\text{Area}(v)}C(v_2) \tag{4.2}$$

其中 $v_1$、$v_2$ 是 $v$ 的子结点。最优分割 $B=B_1\cup B_2$ 可以最小化此成本函数：

$$C(B_1,B_2)=\min_{B'\in P(B)} C(B',B\setminus B')$$

其中 $B_1$、$B_2$ 是分配给子结点的基本包围体（或对象）的子集。在这里，开发人员假设了一个二叉树，但这可以类似地扩展到其他数量。

当然，这种最小化在实践中的成本太高，特别是因为在该成本函数中包含了递归定义。所以，在参考文献[Fussell 和 Subramanian 88]、[Müller et al. 00]和[Beckmann et al. 90]中提出了以下近似算法：

**for** $\alpha = x, y, z$ **do**

　　sort $\boldsymbol{B}$ along axis $\alpha$ with respect to the bounding volume centers

　　find

$$k^{\alpha}=\min_{j=0\ldots n}\left\{\frac{\text{Area}(b_1,\ldots,b_j)}{\text{Area}(B)}j+\frac{\text{Area}(b_{j+1},\ldots,b_n)}{\text{Area}(B)}(n-j)\right\}$$

**end for**

choose the best $k^{\alpha}$

其中 $\text{Area}(b_1,\ldots,b_j)$ 表示包围 $b_1,\ldots,b_j$ 的包围体的表面积。

如果该查询是点位置查询（例如，是对象内部或外部的给定点），则应使用体积而不是表面积。这是因为在包含在父级包围体中的情况下，一个点包含在子包围体中的概率与这两个体积的比例成正比。

对于碰撞检测应用来说，体积似乎也是一个很好的概率估计值，4.1.2 节将对此进行详细介绍。

### 4.1.2　用于碰撞检测的标准

下文将提供一个通用标准的说明，该标准可用于指导自上而下 BVH 构造算法的分割过程，使得算法所产生的分层结构对于快速碰撞检测来说很有意义（详见参考文献 [Zachmann 02]）。有关碰撞检测的更多内容，可参见本章第 4.3 节。

假设 $C(A, B)$是在碰撞检测期间已经确定需要进一步向下遍历分层结构的条件下结点对（Node Pair）$(A, B)$的预期成本。假设重叠测试的二叉树和单位成本，可以表示为

$$C(A,B) = 4 + \sum_{i,j=1,2} P(A_i,B_j) \cdot C(A_i,B_j) \tag{4.3}$$

其中 $A_i,B_j$ 分别是 $A$ 和 $B$ 的子结点，而 $P(A_i,B_j)$ 则是（在已经访问结点对$(A, B)$的条件下）必须访问该对的概率。

最优构造算法需要将等式（4.3）向下扩展到叶子：

$$\begin{aligned} C(A, B) = {} & P(A_1, B_1) + P(A_1, B_1)P(A_{11}, B_{11}) \\ & + P(A_1, B_1)P(A_{12}, B_{11}) + \ldots + \\ & P(A_1, B_2) + P(A_1, B_2)P(A_{11}, B_{21}) \\ & + \ldots \end{aligned} \tag{4.4}$$

然后找到最小值。由于我们有兴趣找到一个局部标准，所以，可以通过丢弃与分层结构中较低层级相对应的术语来估算成本函数，这给出了

$$C(A, B) \approx 4(1 + P(A_1, B_1) + \ldots + P(A_2, B_2)) \tag{4.5}$$

现在可以推导出概率 $P(A_1, B_1)$的估计值。为简单起见，下文将假设 AABB 用作包围体。但是，类似的论点应适用于所有其他类型的凸包围体。

盒子 A 和盒子 B 的相交事件等同于 B 的锚点（Anchor Point）包含在闵可夫斯基和（Minkowski Sum）$A \oplus B$ 中的情况。这种情况如图 4.8 所示[①]。因为 $B_1$ 是 $B$ 的子结点，所以可知 $B_1$ 的锚点必须位于闵可夫斯基和 $A \oplus B \oplus \mathbf{d}$ 中的某个位置。其中 $\mathbf{d}$ = 锚点（$B_1$）−锚点（$B$）。由于 $A_1$ 在 $A$ 的内部，$B_1$ 在 $B$ 的内部，因此可以知道 $A_1 \oplus B_1 \subset A \oplus B \oplus \mathbf{d}$。所以，对于任意凸包围体，重叠的概率如下。

$$P(A_1,B_1) = \frac{\mathrm{Vol}(A_1 \oplus B_1)}{\mathrm{Vol}(A \oplus B \oplus \mathbf{d})} = \frac{\mathrm{Vol}(A_1 \oplus B_1)}{\mathrm{Vol}(A \oplus B)} \tag{4.6}$$

① 在图 4.8 中，选择了 $B$ 的左下角作为其锚点，但这是任意的，因为闵可夫斯基和在转化时是不变的。

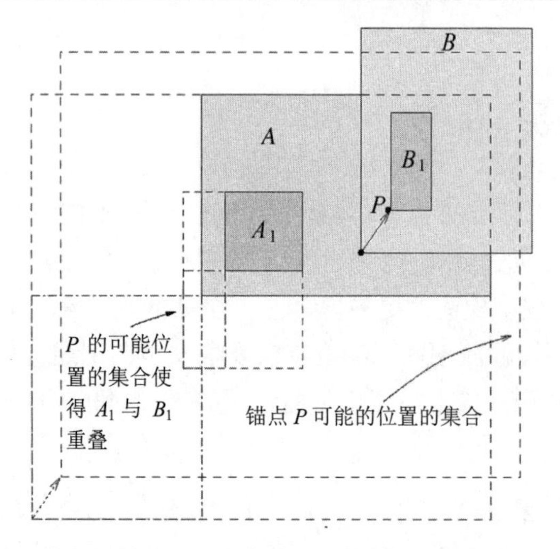


图 4.8　通过估计两个包围体的闵可夫斯基和的体积，可以推导出与结点相关的一组多边形的分割成本的估计值

在采用 AABB 包围体类型的情况下，可以安全地假设所有包围体的纵横比限定在 $\alpha$ 以内。因此，可以按以下方式限制闵可夫斯基和的体积：

$$\begin{aligned}\mathrm{Vol}(A)+\mathrm{Vol}(B)+\frac{2}{\alpha}\sqrt{\mathrm{Vol}(A)\mathrm{Vol}(B)} \\ \leqslant \mathrm{Vol}(A\oplus B) \\ \leqslant \mathrm{Vol}(A)+\mathrm{Vol}(B)+2\alpha\sqrt{\mathrm{Vol}(A)\mathrm{Vol}(B)}\end{aligned} \tag{4.7}$$

因此，可以通过下式估算两个盒子的闵可夫斯基和的体积：

$$\mathrm{Vol}(A\oplus B)\approx 2(\mathrm{Vol}(A)+\mathrm{Vol}(B))$$

得到结果为：

$$P(A_1,B_1)\approx\frac{\mathrm{Vol}(A_1)+\mathrm{Vol}(B_1)}{\mathrm{Vol}(A)+\mathrm{Vol}(B)} \tag{4.8}$$

由于 $\mathrm{Vol}(A)+\mathrm{Vol}(B)$已经通过递归构造中的前期步骤提出过，因此仅通过最小化 $\mathrm{Vol}(A_1)+\mathrm{Vol}(B_1)$即可最小化式（4.5），这就是构建受限制的包围盒树的标准。

## 4.1.3　构造算法

根据 4.1.2 节推导出的标准，自顶向下构造算法中的每个递归步骤应该尝试分割多边形集合，以使成本函数——式（4.5）——最小化。如前所述，找到最佳值的成本非常高，但是开发人员可以通过如图 4.9 所示的扫描（Sweep）平面的方法获得相当好的解决方案。

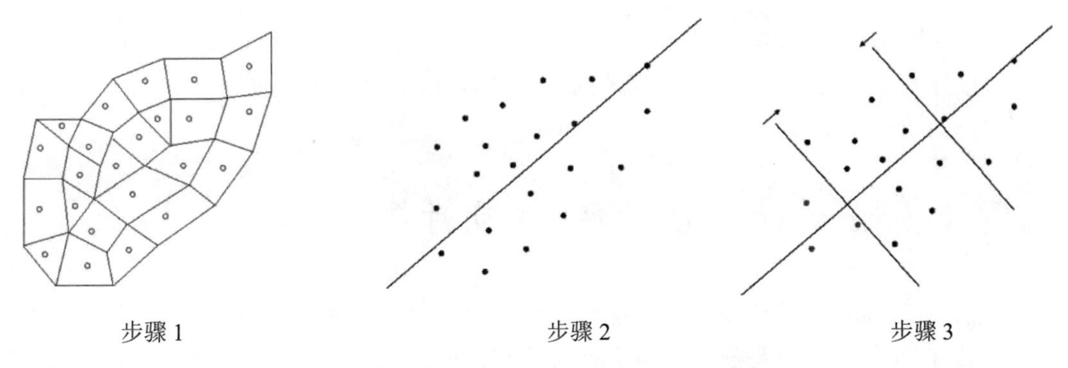


图 4.9　将分割标准应用于 BVH 构造的算法

首先，可以通过一组点来表示多边形的集合，例如，通过用其重心或包围盒中心替换每个多边形，或者使用顶点的集合。

其次，可以计算扫描平面（Sweep Plane）的方向，我们只取点集的最大主成分（Principal Component），即具有最大特征值的协方差矩阵的特征向量（Eigenvector）。这是表示该点集的最大方差的轴。如果 3 个特征向量（或其中 2 个）在幅度上非常相似，则意味着该点集没有明确的最大方差方向，即它或多或少是球形的。在这种情况下，可以对所有 3 个主轴执行下面的步骤。

在这一点上，参考文献[Gottschalk et al. 96]中使用了一种非常简单的启发式方法：它通过一个与轴正交并穿过所有点的重心的分割平面将该点集分成两部分。或者，也可以沿着轴对所有点进行排序，并按中位数对该点集进行分割。这将会产生更平衡的树木，但是其效果却不一定更好。

如果想要做得更好，第三步是考虑每个多边形，并将其放在两个子 BV 之一中（见图 4.9，步骤 3）。两个子 BV 中的每一个分别由来自轴的左端（Left End）和右端（Right End）的“种子”多边形初始化。然后可以交替考虑轴上左侧（Left Side）或右侧（Right Side）的一个多边形，并暂时将其放在两个子 BV 中的每一个中。最后，可以将多边形放入导致体积增加最少的子 BV 中[①]。

在此提出的算法和标准也可以应用于利用其他类型的包围体构建的 BVH，如 OBB、DOP，甚至是凸包类型。我们怀疑将 AABB 的体积作为其他各类型的包围体的体积的估计值时也能非常有效。

事实证明，该算法具有几何上的鲁棒性，因为没有误差传播。因此，用于所有比较

---

[①] 左侧和右侧的多边形交替在某种程度上是为了防止出现爬行贪婪（Creeping Greediness）的现象，例如，当多边形序列碰巧沿轴排序时，每个多边形将只会给一个子 BV 增加一点点的体积，这样的话其他包围体将永远得不到多边形。

的简单 Epsilon ($\varepsilon$) 防护已经足够了。

可以证明，在某些假设下，该算法的复杂度期望为在 $O(n)$的时间内得到[①]。其中，$n$ 是多边形的数量（详见参考文献[Zachmann 02]）。

## 4.2 更新渐变对象

当 BVH 下面的几何体变形时，原始 BVH 不再有效。这种情况下一般有两种选择：重新构建 BVH（可能只是部分）或重新整修（Refitting）。在后一种情况下，树结构本身保持不变，并且仅更新包围体的范围。重新整修的速度要快得多，但包围体通常不那么紧密，同级子结点之间的重叠更大。

在动画系统中发生变形的一个重要情形是，其中的对象会通过渐变（Morphing）或混合（Blending）而产生变化，例如，通过在两个或多个变形目标之间进行插值来构造中间对象。这通常要求目标模型具有相同数量的顶点和相同的拓扑。

在参考文献[Larsson 和 Akenine-Möller 03]中提出的想法是，（对渐变目标之一）构造一个 BVH，并将其拟合到其他渐变目标，使得相应的结点包含完全相同的顶点。对于 BVH 的每个结点，可以保存所有相应的包围体（每个渐变目标一个，见图 4.10）。在运行期间，可以仅通过获取原始 BVH 并对包围体进行插值来为渐变对象构造 BVH。

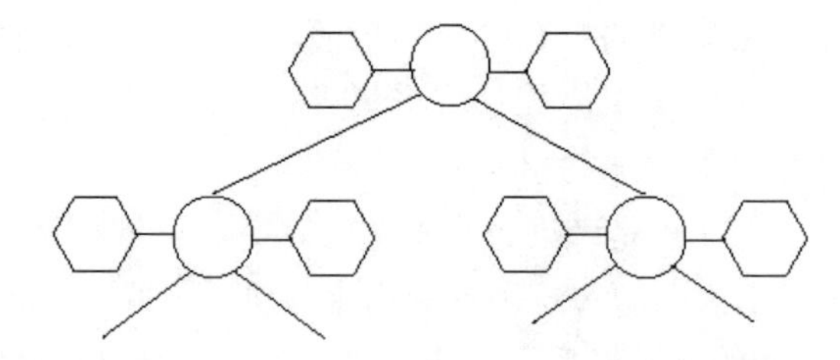

图 4.10　如果对象的变形过程是预定义的渐变，则可以通过渐变包围体来构建中间对象的 BVH（图片由 Blackwell Publishing 提供）

假设已经给定 $n$ 个渐变目标，$O^i$，每个对象具有顶点 $v_j^i$，$n$ 个权重向量 $w^i=(w_1^i,\ldots,w_m^i)$。然后，渐变对象的每个顶点 $\overline{v}_j$ 是一个仿射（Affine）组合：

$$\overline{v}_j=\sum_{i=1}^{n} w_j^i v_j^i,\text{ 其中}\sum_{i=1}^{n} w_j^i=1 \tag{4.9}$$

设 $D^i$ 是 $O^i$ 的 BVH 中的相应结点的 $n$ 个包围体（即所有 $D^i$ 包含相同的顶点，尽管在

① 这些假设在本书迄今为止遇到的所有实际案例中都是有效的。

不同的位置）。可以用 $D^i=(S_1^i,\ldots,S_k^i)$ 来表示 DOP，其中，$S_j^i=(s_j,e_j)$，$s_j \leqslant e_j$，是 DOP 的一个区间。设 $b^l$，$l=1\ldots k$，表示定义所有 DOP 的方向的集合。

可以从 $n$ 个 DOP 中通过下式插入一个新的 DOP $\bar{D}=(\bar{S}_1,\ldots,\bar{S}_k),\bar{S}_j=(\bar{s}_j,\bar{e}_j)$。

$$\bar{s}_j=\sum_{i=1}^{n} w_i s_j^i,\quad \bar{e}_j=\sum_{i=1}^{n} w_i e_j^i \tag{4.10}$$

该内插 DOP $\bar{D}$ 将包围其结点下的所有内插顶点，即

$$\forall i: v_j^i \in D^i \Rightarrow \bar{v}_j \in \bar{D}. \tag{4.11}$$

**证明**：对于所有 $\bar{v}_l \in \bar{D}$，可以有

$$\bar{s}_j=\sum_{i=1}^{n} w_i s_j^i \leqslant \sum_{i=1}^{n} w_i (v_l^i \cdot b^j)=\bar{v}_l \cdot b^j \tag{4.12}$$

同样地，可以通过 $\bar{e}_j$ 来绑定上面的 $\bar{v}\cdot b^j$。

这对于 AABB 来说也是如此，因为 AABB 是 DOP 的特例。

它也适用于球体树。设 $B^i=(c^i,r_i)$ 表示来自渐变目标 $O^i$ 的球体树的球体，然后就可以通过下式得到相应的包围球 $\bar{B}=(\bar{c},\bar{r})$。

$$\bar{c}=\sum_{i=1}^{n} w_i c^i,\quad \bar{r}=\sum_{i=1}^{n} w_i r_i \tag{4.13}$$

**证明**：对于所有 $\bar{v}_l \in \bar{B}$，可以使用三角不等式获得下式。

$$\left\|\bar{v}_l-\bar{c}\right\|=\left\|\sum_i w_i v_l^i-\sum_i w_i c^i\right\|=\left\|\sum_i w_i (v_l^i-c^i)\right\| \leqslant \sum_i w_i \left\|v_l^i-c^i\right\|=\sum_i w_i r_i \tag{4.14}$$

总的来说，开发人员可以使用现有的自上而下的 BVH 遍历算法进行碰撞检测。必须完成的唯一额外工作是插值，即在检查重叠之前，实现 BV 的渐变。由包围体包围的渐变顶点的精确位置在这里并不需要。

这种可变形的碰撞检测算法在实际情况下看起来更快，并且其性能对多边形数量上的依赖程度要比参考文献[Larsson 和 Akenine-Möller 01]中提供的更一般的方法要小得多。

当然，该方法也确实存在以下缺点。

- 由于它不会重新构建 BVH，因此开发人员必须以某种方式构建 BVH，这会导致它为所有中间模型提供良好的性能，在一定程度上增加了不必要的成本。
- 如上所述，它仅适用于每个渐变目标仅允许一个权重的渐变方案。开发人员可以将该技术扩展到更一般的渐变方案，其中每个目标都有一个权重向量 $w^i=(w_1^i,\ldots,w_m^i)$（$m$ =顶点数）。然后，必须通过下式对 DOP 进行渐变：

$$\overline{s}_j = \sum_i \overline{w}^i s_j^i, \quad \overline{w}^i = \min\left\{ w_l^i \mid v_l^i \in D^i \right\} \tag{4.15}$$

这意味着开发人员需要预先计算并存储 BVH 中每个 DOP $\bar{D}$ 的 $\overline{w}^i$。这在实践中可能可行，也可能不可行。

- 如上所述，它仅适用于某些类型的变形。

## 4.3 碰撞检测

经历刚性运动的多边形物体的快速和精确碰撞检测是计算机图形学中许多模拟算法的核心。特别是，各种高度交互的应用程序，如虚拟原型，需要以交互的速度进行精确的碰撞检测，以获得非常复杂的、任意的“多边形集合”。这是刚体动态模拟、与物体的自然相互作用模拟，以及触觉渲染的基本问题。

BVH 似乎是一种非常有效的数据结构，可以解决刚体碰撞检测的问题。图 4.11 就显示了一个 BVH 的碰撞检测示例。过去开发人员已经探索过各种不同类型的包围体，例如球体（详见参考文献[Hubbard 95]和[Palmer 和 Grimsdale 95]）、OBB（详见参考文献[Gottschalk et al. 96]）、DOP（详见参考文献[Klosowski et al. 98]和[Zachmann 98]）、AABB（详见参考文献[Zachmann 97]、[van den Bergen 97]和[Larsson 和 Akenine-Möller 01]）以及凸包（详见参考文献[Ehmann 和 Lin 01]）等。以上仅仅列举了数例，实际上还有更多。

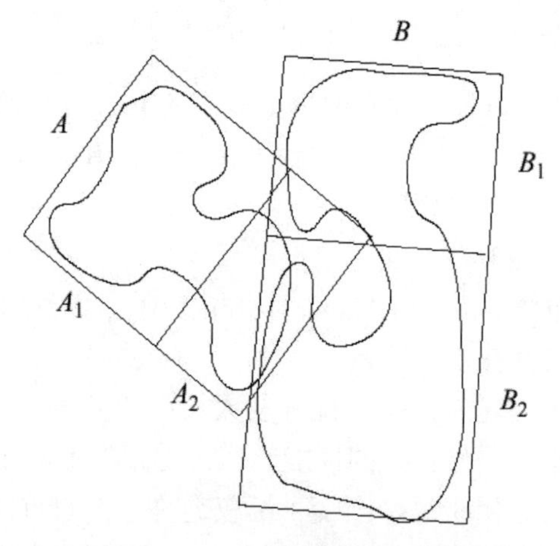


图 4.11　分层结构碰撞检测可以通过一个包围体检查丢弃多对多边形。在本示例中，可以丢弃来自 $A_1$ 和 $B_2$ 的所有多边形对

给定两个对象 *A* 和 *B* 的两个分层包围体数据结构，几乎所有分层冲突检测算法都实现算法 4.2 中所显示的一般方案。该算法本质上是同时遍历两个分层结构，它引入了所谓的包围体测试树（Bounding Volume Test Tree，BVTT）（见图 4.12）。该树中的每个结点表示一个包围体重叠测试。BVTT 中的叶子表示被包围的基元（多边形）的交集测试，是否在叶子上进行包围体测试取决于它与基元的交集测试相比成本有多高。

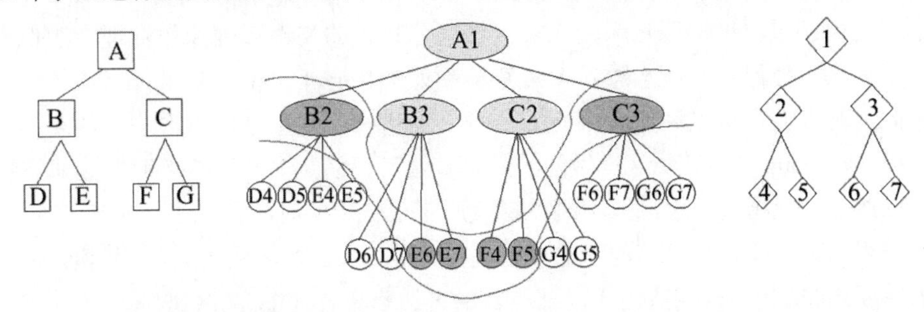


图 4.12　通过同时遍历两个包围体分层结构来引入包围体测试树。图片由 2003 年视觉、建模和可视化（Vision,Modeling and Visualization 2003）会议录的编辑提供

**算法 4.2：分层碰撞检测的一般方案**

```
traverse(A,B)
if A and B do not overlap then
        return
end if
if A and B are leaves then
        return intersection of primitives
                enclosed by A and B
else
        for all children A[i] and B[j] do
                traverse(A[i],B[j])
        end for
end if
```

不同的分层结构碰撞检测算法的特征在于所使用的包围体的类型、一对结点的重叠测试，以及用于构建包围体分层结构的算法。

在碰撞检测期间，同时遍历将在 BVTT 中的某些结点处停止，允许开发人员调用一个结点的集合（其中一些子结点不被访问，因为它们的包围体不重叠）以及通过 BVTT 的底部切片（Bottom Slice）（参见图 4.12 中的曲线）。

有一种思路是为给定的两个对象保存这个集合（详见参考文献[Li 和 Chen 98]）。当下次要检查这两个对象时，就可以从这个集合开始，向上或向下检查。如果对象相对于彼此仅移动了一点，则需要从底部切片添加或移除的结点数量应该很小。该方案称为增量分层结构冲突（Incremental Hierarchical Collision）检测。

人们经常会发现，虚拟环境（实际上是大多数交互式 3D 应用程序）的感知（Perceived）质量严重依赖于对碰撞的实时响应（详见参考文献[Uno 和 Slater 97]），它对于模拟正确性的依赖反而相对较小，这是因为人类无法区分物体的物理正确和在物理上貌似真实的表现（至少在某种程度上是这样）（详见参考文献[Barzel et al. 96]）[①]。

因此，开发人员可以利用它来开发一种“不精确”的碰撞检测方法（详见参考文献[Klein 和 Zachmann 03]）。这样做的好处是算法可以满足非常严格的时间要求，即应用程序可以通过预先指定用于碰撞检测的期望质量或特定的时间预算来控制运行时间。

这个思路是一个相当简单的考虑平均情况（Average-Case）的方法：从概念上讲，新算法的主要思想是考虑利用 BVH 内部结点的多边形集合（Sets of Polygons）。然后，在遍历期间，对于给定的一对 BVH 结点，不仅要检查重叠的包围体，还将尝试估计两个多边形集合相交的概率。

由于 BVTT 中的结点被访问的确切顺序（见图 4.12）并不重要，所以，开发人员可以更改上述遍历方案，引导访问并首先遍历更可能发生冲突的子树。因此，要让两个 BVH 的遍历方案满足严格的时间要求，就需要采用类似算法 4.3 的方案，其中 $P[A_i, B_j]$表示由 $A_i$和 $B_j$包围的多边形之间存在交集的概率，并且 $q$ 是优先级队列，其被初始化为使用根包围体对（Root Bounding Volume Pair）。

**算法 4.3**：可以满足严格的时间要求的遍历方案。递归过程现在由队列替换

```
traverse(A, B)
while q is not empty do
    A, B ← q.pop
    for all children A_i and B_j do
        p ← P [A_i, B_j]
        if P [A_i, B_j] is large enough then
            return "collision"
        else if P[A_i, B_j] > 0 then
            q.insert(A_i, B_j, P[A_i, B_j])
        end if
```

① 和渲染类似，许多人为因素将决定人们是否会注意到模拟的“不正确性”。这些包括观察者的心理负荷、场景的混乱、遮挡、物体的速度和视点、注意力的焦点等。

```
        end for
    end while
```

接下来可以看到，开发人员如何在不检查任何多边形（直到已经到达叶子）并且不在内部结点处存储任何多边形的情况下，估计两个包围体之间的交叉概率。

现在不妨首先从一个简单的思维实验（Thought Experiment）开始。这个思维实验是一个理想实验（Gedanken Experiment），考虑一个空间中的简单单元，例如一个立方体（见图 4.13 的左图），假设已经知道该单元包含来自对象 $A$ 的多边形，其具有最大表面积，使得它完全适合单元内部。进一步假设在单元内也有一个类似的来自对象 $B$ 的最大多边形。然后无须进一步计算即可知道，对象 $A$ 和 $B$ 之间必定存在交集。

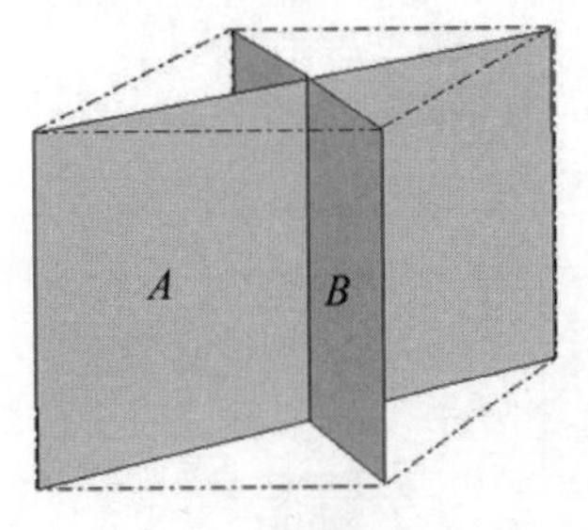


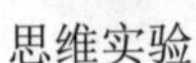


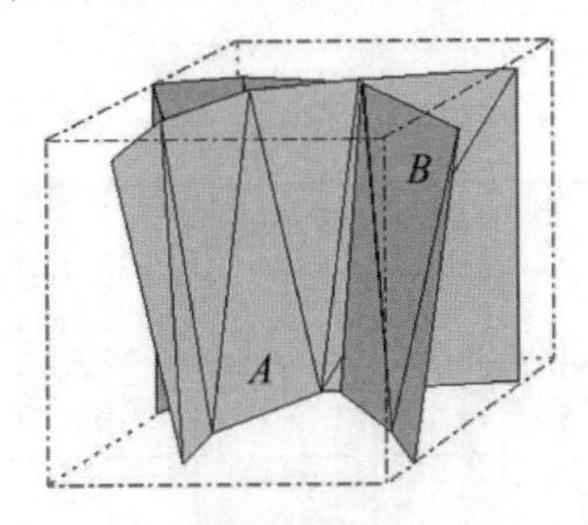


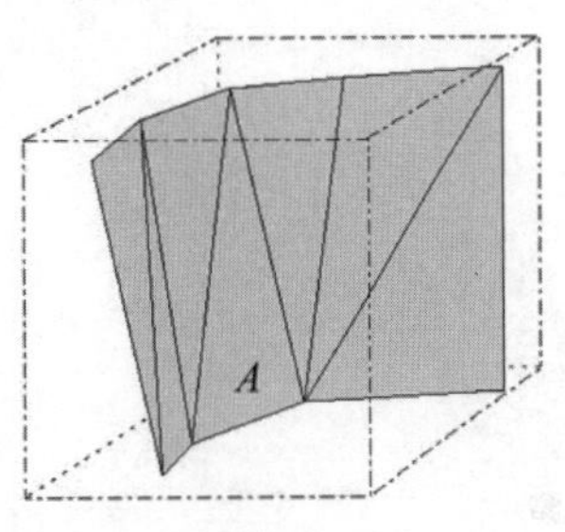


图 4.13　左图：这是一个思维实验，它演示了在遍历期间估计包含一对包围体的表面之间出现交集的概率的方法。中间图像：实际案例，定义为碰撞单元（Collision Cell）。右图：填满的单元（Well-Filled Cell）的定义

当然，在实践中，还从来没有过这样的最大多边形。但是现在确实已经发生的事情是，$A$ 的表面（Surface）的一部分位于单元内部，与思维实验中的最大多边形具有相同的面积，并且也是 $B$ 的类似部分（见图 4.13 的中图）。在这种情况下，碰撞至少是非常可能的。可以将该情况定义为碰撞单元（Collision Cell）。

从概念上讲，给定一对包围体$(A, B)$（为了演示，这里使用 AABB 类型），可以按如下方式确定交集的概率（见图 4.14）。

（1）将 $A \cap B$ 划分为规则网格。

（2）确定由来自 $A$ 的多边形填满的单元（见图 4.13 的右图）。

（3）确定由来自 $B$ 的多边形填满的单元。

（4）计算碰撞单元的数量 $c(A \cap B)$，即由 $A$ 和 $B$ 填满的单元。

众所周知，这种方法太慢了。因此，开发人员其实不必真正统计数字 $c$，而是按如下方式估计它，如图 4.15 所示。

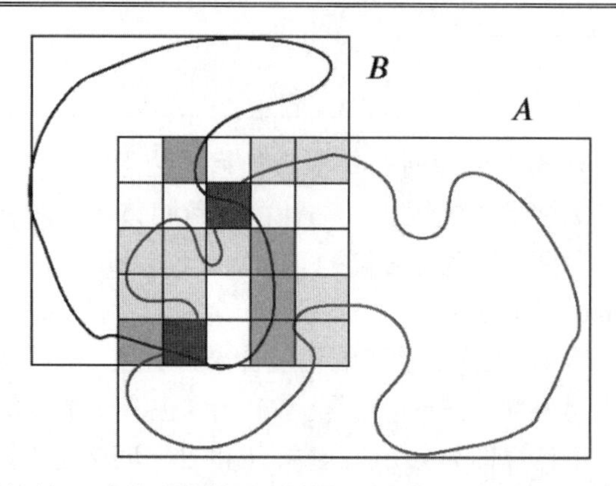


图 4.14　满足严格的时间要求的碰撞检测方法的（概念性）思想是：计算由来自 $A$ 和 $B$ 的多边形填满的单元的数量（图片由 Blackwell Publishing 提供）

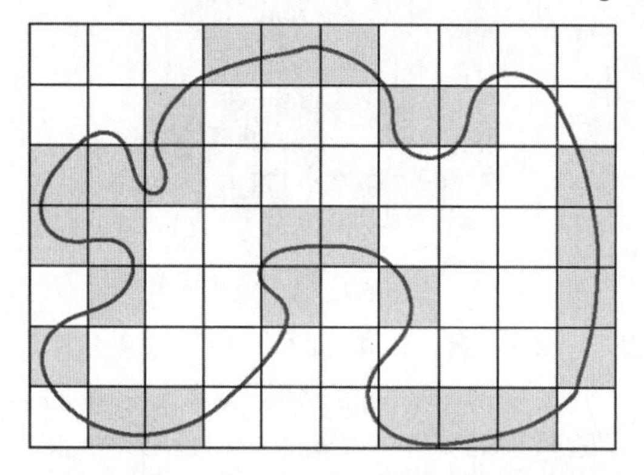

图 4.15　在 BVH 构造过程中，可以确定已经填满的包围体 $A$ 内的单元的总数

在 BVH 构造期间（它是预处理），可以通过网格划分每个包围体并统计填满的单元的数量 $s_A$。该数量与 BVH 中的结点一起存储。在运行时，可以估计体积 $A \cap B$ 中填满的单元的数量如下。

$$s'_A = s_A \frac{\text{Vol}(A)}{\text{Vol}(A \cap B)}$$

按同样的方式，也可以估计 $s'_B$。

现在可以简化 $P[A, B]$（即存在交集的概率）的估计，通过组合论证，改为估计至少有 $x$ 个碰撞单元的概率，即 $P[c(A \cap B) \geqslant x]$。

这个概率可以很容易地通过所谓的球入盒模型（Balls-Into-Bins Model）来计算：给定一些盒子 $s$ 和一些光球 $s_A$、黑球 $s_B$，将这些球随机扔进盒子里，附加约束条件是每个盒子最多可包含一个光球和一个黑球（见图 4.16）。

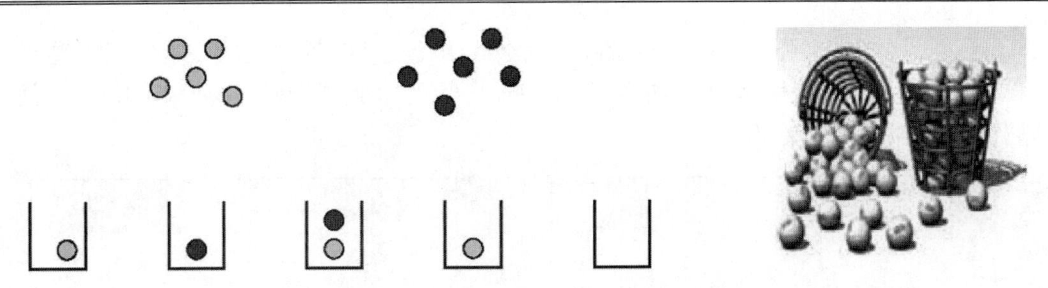

图 4.16　球入盒模型（右图由 Animation Factory 提供）

使用该模型，存在 $c \geqslant x$ 个碰撞单元（$x < s_A, s_B$）的概率为

$$P[c(A \cap B) \geqslant x] = 1 - \sum_{t=0}^{x-1} \frac{\binom{s_A}{t}\binom{s-s_A}{s_B-t}}{\binom{s}{s_B}} \tag{4.16}$$

请注意，这里已经假设每个包围体中填满的单元是均匀分布的。

**证明：**假设 $s_A$ 光球已被扔进盒子中，没有一般性的损失。可以假设前 $s_A$ 个盒子中每一个都被一个光球占据。将 $s_B$ 黑球分配到 $s$ 盒子中的概率的总数是 $\binom{s}{s_B}$。但是，$s_B$ 黑球准确地落入光盒子中的 $t$ 的概率的数字是 $\binom{s_A}{t}\binom{s-s_A}{s_B-t}$，因为有 $\binom{s_A}{t}$ 概率准确选择 $t$ 光盒子和 $\binom{s-s_A}{s_B-t}$ 概率来准确选择 $s_B - t$ 个未被占用的盒子。应用规则“有利数量除以总体概率的数量”，很容易看出确切的 $t$ 盒子得到黑球和光球的概率是：

$$\frac{\binom{s_A}{t}\binom{s-s_A}{s_B-t}}{\binom{s}{s_B}}$$

显然，随着 $x$ 的增加，$P$ 会减小并且产生交集的概率将会增加。

现在的好处是，开发人员可以预先计算 $P$ 的查找表。举例来说，可以通过 $8^3$ 个网格单元对 BVH 中的每个包围体进行分割，这样 $s, s_A, s_B \in [0,512]$。利用对称性和 $P$ 的单调性，这样的查找表可以使用 10～30MB 的量级。有关详细信息，详见参考文献[Klein 和 Zachmann 03]。

请注意，此方法是一种通用框架，可应用于具有不同类型包围体的许多 BVH。BVH

必须通过一个数字来强化，这个数字就是每个结点中包含“许多”多边形的单元的数量[①]。

图 4.17 显示了使用 AABB 树实现的示例，演示了如何通过概率阈值影响运行时间，以及相应的误差变化方式。

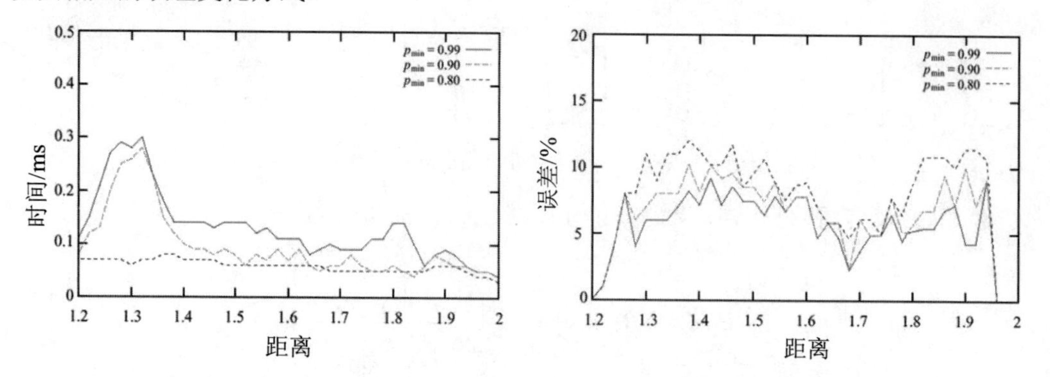


图 4.17　满足严格的时间要求的碰撞检测的实现示例。左图是该示例的运行时间，右图是该示例的误差（对象：两个车身的副本，每个副本包含 60000 个多边形）

[①] 如果不想进行精确的碰撞检测，开发人员甚至可以完全丢弃多边形。在这种情况下，如果在一对叶子处计算的概率高于阈值，则可以认为存在碰撞。

# 第5章　距　离　场

可以将距离场（Distance Field，DF）视为表示表面（和实体）的方式。它们是一种非常强大的数据结构，因为它们包含大量信息（与表面本身相比），这也是它们通常需要花费相当长的时间来计算的原因。所以，该计算通常仅可以作为预处理步骤来执行。也正因为如此，它们很难适应可变形的几何形状。

**定义 5.1**　（**距离场**）设 $S$ 是 $\mathbb{R}^3$ 中的一个表面，表面 $S$ 的距离场是一个标量函数 $D_S{:}\mathbb{R}^3 \in \mathbb{R}$，使得对于所有 $p \in \mathbb{R}^3$，

$$D_S(p) = \mathrm{sgn}(p) \cdot \min\{d(p, q) | q \in S\} \tag{5.1}$$

其中，

$$\mathrm{sgn}(p) = \begin{cases} -1, & \text{如果 } p \text{ 在内部} \\ +1, & \text{如果 } p \text{ 在外部} \end{cases}$$

换句话说，$D_S$ 指示的是任何点 $p$ 到表面 $S$ 上最近点的距离。

开发人员可以进一步增强距离场以获得一个向量距离场（Vector Distance Field）$V_S$，方法是将向量存储到每个点 $x$ 的最近点 $p \in S$ 来获得（详见参考文献[Jones 和 Satherley 01]）。所以，$D_S(x) = |V_S(x)|$。这是一个向量场。经常在距离场的上下文中使用的另一个向量场是距离场的梯度（Gradient of the Distance Field），或者仅称为梯度场（Gradient Field）。

图 5.1 显示了平面中简单多边形的距离场。点与表面的距离采用颜色编码（多边形内部点的距离未显示）。图 5.2 显示了与图 5.1 中表面相同的多边形的向量距离场。

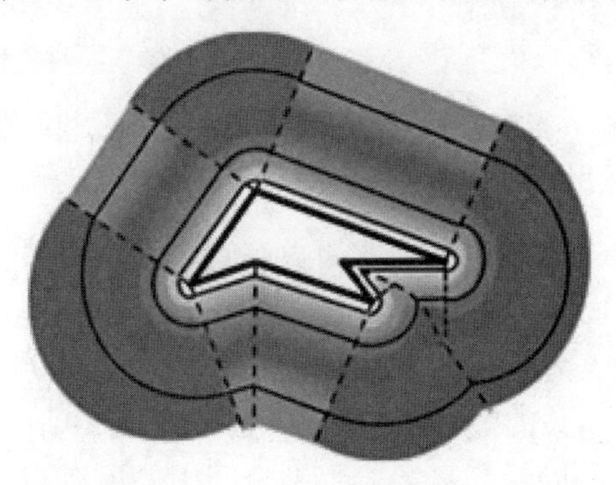

图 5.1　简单多边形（粗黑线）平面中距离场的示例。多边形内的距离场未显示。虚线显示了相同多边形的 Voronoi 图。细线显示了各种等值的等值面

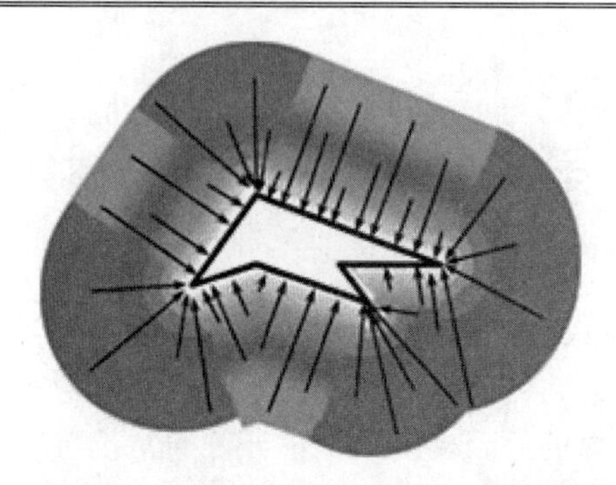

图 5.2　与图 5.1 中显示的表面相同的多边形的向量距离场。虽然（理论上）该场的每个点都有一个向量，但实际上只显示了有限的几个向量

显然，在许多不同的领域都已经“发明”出了距离场，如计算物理学（详见参考文献[Sethian 82]和[Sethian 99]）、机器人技术（详见参考文献[Kimmel et al. 98]）、GIS（示例见图 5.3）和图像处理（详见参考文献[Paglieroni 92]）。也因为如此，距离场（毫不奇怪地）拥有了许多其他名称，如距离图（Distance Map）和势场（Potential Field）等。计算距离场的过程或算法有时称为距离变换（Distance Transform）[①]。

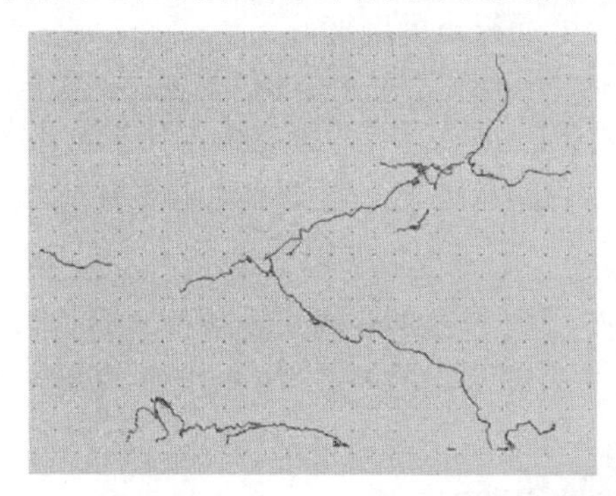

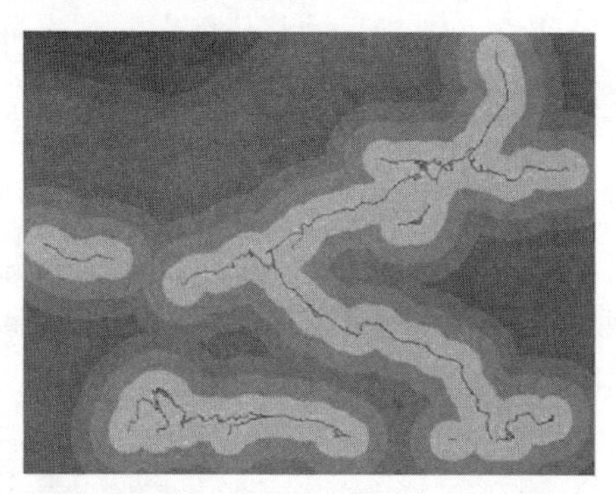

图 5.3　通过一组边（左图）和这些道路的距离图在平面中描述的道路网络。平面中每个点与道路的距离采用颜色编码。例如，它可用于确定可以建造新房的区域

距离场与等值面（Isosurface）和隐式函数有着密切的关系。当被视为隐式函数时，等值为 0 的距离场的等值面恰好是原始表面（见图 5.1）。但是，反过来的情况通常不正确，即由隐式函数定义的表面的距离场不一定与原始隐式函数相同。

还有另一种与距离场相关的数据结构，即 Voronoi 图（见第 6 章）。给定一组点、边和多边形（不一定连接）的向量距离场，那么空间中的所有点，其向量指向相同的特征

[①] 该术语有时也会产生不准确的距离场的含义。

（点、边或多边形）都在同一个 Voronoi 单元中（见图 5.1 和图 5.2）。也可以将距离场的向量视为相应 Voronoi 单元的一种 ID。

## 5.1 距离场的计算和表示

对于特殊表面 $S$，可以通过分析计算其 $D_S$。但是，一般来说，开发人员必须在空间上离散 $D_S$，即将信息存储在 3D 体素网格、八叉树或其他分割空间的数据结构中。体素网格和八叉树是用于存储距离场的最常用数据结构，本章将在后面的小节中详细描述它们的算法。更复杂的表示方法将尝试在每个体素上存储更多信息，以便能够快速从该场中提取距离（详见参考文献[Huang et al. 01]）。

由于离散距离场中的每个单元仅为一个“代表”存储一个有符号距离到表面，因此必须从这些值内插其他点的距离。一种简单的方法是存储结点的精确距离（即体素的角），并通过三线性插值（Trilinear Interpolation）生成体素内部的所有其他距离。也可以使用其他插值方法。

距离场的最简单离散表示是 3D 体素网格。但是，对于大多数应用来说，这个成本太高，它不但体现在内存利用方面，而且也体现在计算工作量方面。因此，通常使用八叉树表示距离场（见图 5.4），因为它们不但构造简单，能提供相当好的自适应性，而且还允许简单的算法（详见参考文献[Frisken et al. 00]）。该表示方法称为自适应采样距离场（Adaptively Sampled Distance Field，ADF）。实际上，这种分层空间分割是算法的设计参数，例如，BSP（参见第 3 章）就可能以更复杂的插值为代价提供更高效的存储。

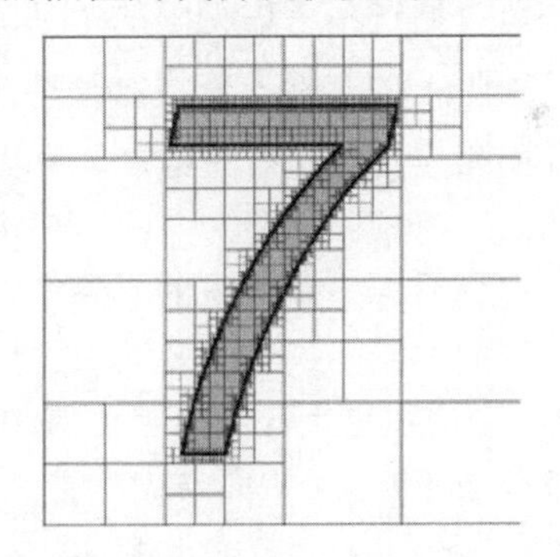

图 5.4 使用八叉树表示的距离场（左图：数字 7 的二维场，262144 个距离样本。右图：四叉树单元被细分为沿二维形状边界的最高分辨率，产生了 6681 个单元）具有内存和计算方面的优势。图片由塔夫茨大学（Tufts University）的 Sarah Frisken 和三菱电机研究实验室（Mitsubishi Electric Research Laboratories）的 Ronald Perry 提供

构造 ADF 的工作方式与为表面构造常规八叉树的工作方式非常相似。除此之外，如果该距离场不能通过插值函数实现很好的近似，则还可以继续细分单元。到目前为止，插值函数仍然是由单元角定义的。

以下两种用于计算距离场的算法仅产生平面表示（即网格），但是如果得到的单元仍然能够很好地描述该距离场，则可以通过自下而上的方式合并单元将它们转换为 ADF[①]。

## 5.1.1 传播方法

传播方法（Propagation Method）与区域生长（Region Growing）和洪水填充（Flood Filling）算法有一些相似之处，也称为倒角法（Chamfer Method）。它只能产生精确距离场的近似值。

该方法的思路是从二叉距离场（Binary DF）开始，其中与表面相交的所有体素被指定为距离 0，而所有其他体素被指定为距离∞，然后利用我们已经知道相邻体素之间距离的事实，以某种方式将这些已知值“传播”到相邻的体素[②]。请注意，无论当前的“传播前沿”在哪里，这些距离仅取决于局部邻域。

更正式地说，由于这里只想计算空间中一组离散点的距离场，因此可以重新按如下方式计算式（5.1）：

$$\tilde{D}_S(x,y,z)=\min_{i,j,k\in\mathbb{Z}^3}\{D(x+i,y+j,z+k)+d_M(i,j,k)\}' \tag{5.2}$$

其中 $d_M$ 是结点 $(i,j,k)$ 距中心结点 $(0,0,0)$ 的距离。实际上，这已经是精确距离场的略微近似。

现在可以通过不考虑无限的“邻域” $(i,j,k)\in\mathbb{Z}^3$ 来进一步近似，但是只有本地的一个 $\mathbb{I}\subset\mathbb{Z}$。由于 $\tilde{D}_S$ 的实际计算将以某种扫描顺序计算每个结点，因此可以选择 $\mathbb{I}$，使得它仅包含已经由相应扫描计算的结点。所以，$d_M$ 可以预先计算并方便地存储在 3D 矩阵中（见图 5.5）。

这个过程看起来与传统的卷积非常相似，只不过这里是在多个总和上执行最小化运算，而传统的卷积则是对许多乘积进行求和。

显然，无论扫描执行的顺序如何，单次扫描都无法为所有结点分配有意义的距离值。因此，至少需要两次扫描。例如，第一次按从上到下的 3D 扫描线顺序（“正向”），第二次则按从下到上的“反向”顺序。在每次扫描过程中，只需要考虑 3D 矩阵 $d_M$ 的一半（见图 5.5）。当然，在倒角矩阵的相应部分中仍可能存在距离为∞的结点。

---

① 但是，一般来说自上而下计算 ADF 的速度更快。

② 早在 1984 年就提出了这个思路（详见参考文献[Borgefors 84]），甚至可能更早。

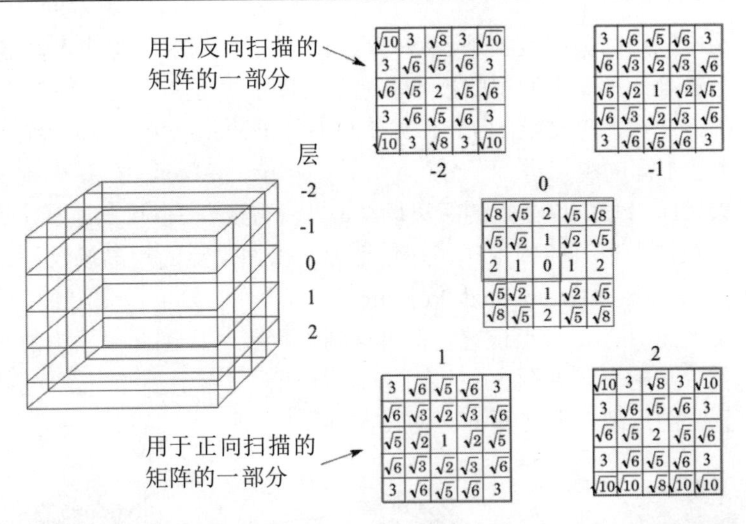


图 5.5　通过使用最初的二叉距离场（0 或∞）卷积（Convoluting）“距离矩阵”，开发人员可以获得近似距离场。该图显示了这种矩阵的 5×5×5 示例

该方法的时间复杂度为 $O(m)$，其中 $m$ 为体素的数量。但是，结果只是距离场的近似值。事实上，该距离值的准确度可能相当低[①]。

为了进一步提高准确性，开发人员可以多执行几次扫描，不仅可以从上到下，也可以从左到右，另一种选择则是增加 $d_M$ 的大小。

类似地，可以计算近似向量距离场（详见参考文献[Jones 和 Satherly 01]）。在这种情况下，矩阵 $d_M$ 包含向量而不是标量。为了提高准确性，可以分两步进行：首先，对于表面附近的每个体素（通常只是 $3^3$ 个邻域），计算向量到表面上最精确的最近点，然后用向量值矩阵 $d_M$ 通过若干次扫描来传播这个壳（Shell）。计算精确距离壳的时间可以优化，方法是利用八叉树或 BVH 进行最近点计算，并且可以使用到邻域体素的最近点的距离（和向量）初始化每个搜索。

## 5.1.2　距离函数的投影

5.1.1 节中描述的传播方法可以应用于所有类型的表面 $S$。但是，它只能产生非常粗略的近似值。本节将介绍一种可以产生更好的近似值的方法。但是，它只能应用于多边形表面 $S$。

① 更进一步说，该距离值甚至有可能超出了实际距离的上限。

在这种方法中应用的关键技术是，将问题嵌入更多维度中（比输入/输出本身固有的维度还要多）。这是一种非常通用的技术，通常有助于更好、更简单地看待复杂问题。

这里描述的方法在参考文献[Hoff III et al. 99]和[Haeberli 90]中均提出过，在参考文献[Sethian 96]中也从不同的视点进行了分析。

现在可以来考虑二维中单个点的距离场。如果将它视为 3D 中的表面，那么开发人员将获得一个以该点作为顶点的圆锥体。换句话说，平面中点的距离场仅是合适的锥体在平面 $z = 0$ 上的正交投影（Orthogonal Projection）。

现在，如果平面中有 $n$ 个点位置，即可得到 $n$ 个锥体，因此平面中的每个点将被投影的 $n$ 个距离值“击中”（见图 5.6 的左图）。显然，只有最小的一个获胜并被“存储”到该点——这正是图形硬件的 Z 缓冲区的设计目标。

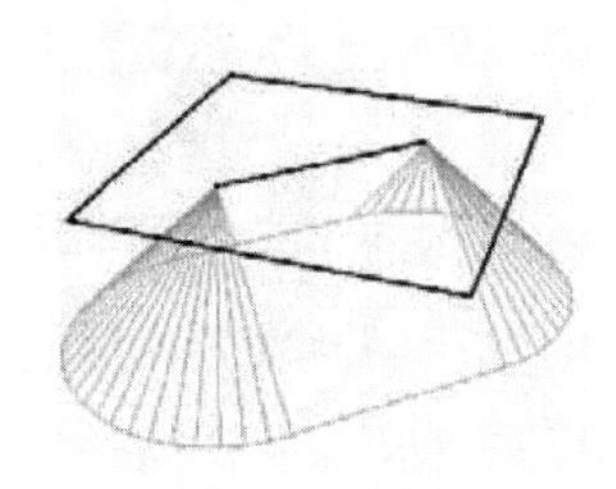
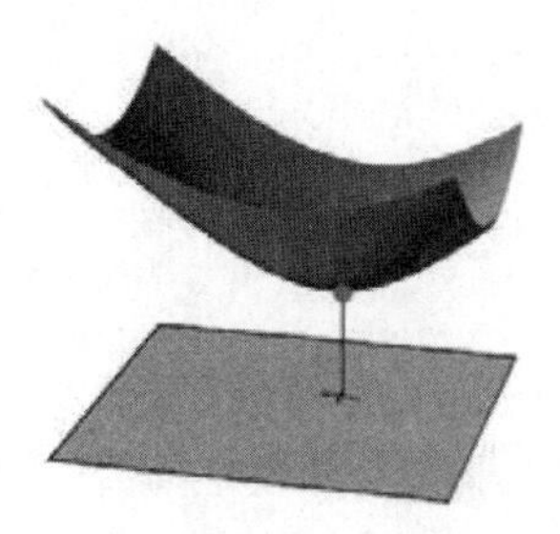

图 5.6　左图：平面中点的位置的距离函数是圆锥。中图：更复杂的位置具有更复杂的距离函数。右图：三维中位置的距离函数对于体积的不同切片是不一样的（详见参考文献[Hoff III et al. 99]

这些锥体称为点的距离函数（Distance Function）。其他特征（线段、多边形和曲线）的距离函数要稍微复杂一些（见图 5.6 的中图）。

因此，要为平面中的一组位置计算离散距离场，可以通过渲染所有相关的距离函数（表示为多边形网格），并读出 Z 缓冲区（如果还需要位置 ID，即离散的 Voronoi 区域，则可以读取帧缓冲区）来完成。如果开发人员想要计算 3D 距离场，则可以按逐个切片的方式进行。不过，值得注意的是，位置的距离函数将随着切片的不同而产生变化。例如，不在当前切片中的点的距离函数是双曲面（Hyperboloid），其点的位置与双曲面的顶点是一致的（见图 5.6 的右图）。

## 5.2　距离场的应用

由于具有很高的信息密度，所以距离场被大量应用。其中包括机器人运动计划（详见参考文献[Kimmel et al. 98]和[Latombe 91]）、碰撞检测和形状匹配（详见参考文献

[Novotni 和 Klein 01]）、渐变变形（详见参考文献[Cohen-Or et al. 98b]）、体积建模（详见参考文献[Frisken et al. 00]、[Bremer et al. 02]和[Youngblut et al. 02]）、在虚拟环境中导航（详见参考文献[Wan et al. 01]）、重建（详见参考文献[Klein et al. 99]）、偏移表面构造（详见参考文献[Payne 和 Toga 92]）以及动态细节水平等。以上仅仅列举了数例，实际上还有更多。下文将重点介绍距离场的两个简单应用。

## 5.2.1 渐变变形

距离场的一个有趣的应用是渐变（Morphing）变形，即找到从形状 $S \subset \mathbb{R}^d$ 过渡到形状 $T \subset \mathbb{R}^d$ 的“平滑”过渡方式，这需要找到形状变换方式 $M(t, \mathbb{R}^d)$, $t \in [0, 1]$，使得 $M(0, S) = S$，$M(1, S) = T$。

技术的发展和领域的差异有时也会让人们对术语产生一点混淆。例如，Morphing 这个词有时指的是任何平滑过渡，而在其他时候，它仅指那些双射（Bijective）、连续且具有连续反转（Continuous Inverse）的过渡。在后一种情况下，术语 Morphing 等同于拓扑领域中同胚（Homeomorphism）的概念，而术语变形（Metamorphosis）则用于指代更广泛的定义。同胚和变形之间的区别在于，同胚不允许在过渡期间切割或粘合形状，因为这会改变拓扑。

下文将介绍一种简单的方法，用于给定体积模型的两种形状的变形（Metamorphosis），该方法是在参考文献[Cohen-Or et al. 98]中提出的。采用体积表示形式的好处是，它可以自然地处理属（Genus）的变化（即 $S$ 和 $T$ 中的“空洞”的数量是不同的）。

在最简单的形式中，开发人员可以在 $S$ 和 $T$ 的两个距离场之间以线性方式进行插值，产生一个新的距离场：

$$M(t, S) = J(t, S, T) = tD_S + (1-t)\,D_T \tag{5.3}$$

为了获得多边形表示，可以计算值 0 的等值面。

如果 $S$ 和 $T$（在直观上）彼此“对齐”，那么这种方法非常有效。但是，当让两根彼此垂直的木棍产生渐变时，那么它们中间的模型几乎会消失。

因此，除了距离场插值之外，开发人员通常希望将渐变分成两个步骤（对于每个 $t$）：首先，$S$ 被某个函数 $W(t, x)$ 扭曲成 $S'$，然后 $D_S$ 和 $D_T$ 被插值，即 $M(t, S) = tD_{W(t,S)} + (1-t)\,D_T$。

扭曲的思路是按照用户的认知经验进行编码，用户通常希望将许多突出特征点从 $S$ 转移为 $T$ 上的其他特征点。例如，用户想要两个不同角色的相应的鼻子、手指和脚的提示，并且实现互相过渡。

因此，开发人员必须指定少量的对应关系$(p_{0,i}, p_{1,i})$，其中$p_{0,i} \in S$，$p_{1,i} \in T$（见图 5.7），然后确定扭曲函数 $W(t, x)$，使得 $W(1, p_{0,i}) = p_{1,i}$。

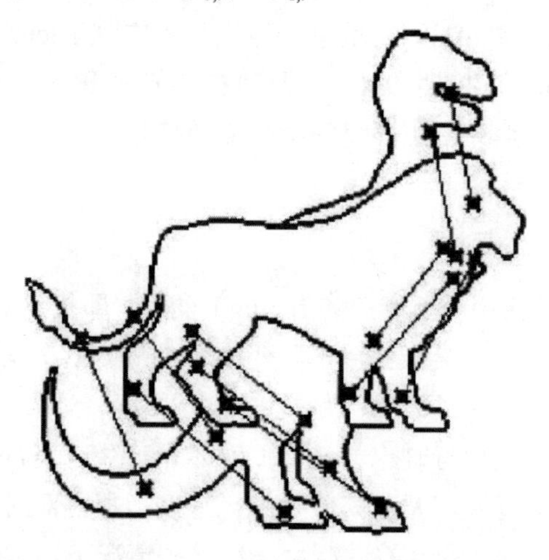

图 5.7　通过指定对应关系，用户可以识别在变形期间应该相互转换的特征点
（图片由 Daniel Cohen-Or 提供）

由于扭曲函数应该尽可能少地扭曲 $S$（只是“对齐”它们），所以可按以下顺序组合：先旋转，然后平移，最后处理不是线性变换的灵活部分。

$$W(t, \mathbf{x}) = ((1-t)I + tE)(R(\mathbf{a}, t\theta)\mathbf{x} + t\mathbf{c}) \tag{5.4}$$

其中 $E$ 是弹性变换，$R(\mathbf{a}, \theta)$是围绕轴 $\mathbf{a}$ 和角度 $\theta$ 的旋转，$\mathbf{c}$ 是平移。

扭曲函数的旋转和平移可以通过最小二乘拟合（Least Square Fitting）来确定，而弹性变换可以被公式化为散乱数据插值（Scattered Data Interpolation）问题。已经证明有一种非常稳健的方法可以求解该问题，那就是使用径向基函数（Radial Basis Function）。有兴趣的读者可以在参考文献[Wendland 95]中找到详细信息。

### 5.2.2　造型

CAD 中经常使用的建模范例是体积建模（Volumetric Modeling），这意味着在概念上，定义对象的方法是：指定每个点是否是对象的成员。这种定义方式的优点是，在这样的表示方式上定义布尔运算非常简单，如并集（Union）、求差（Difference）和交集（Intersection）。体积建模的示例是构造实体几何（Constructive Solid Geometry，CSG）和基于体素的建模（Voxel-Based Modeling）。使用距离场进行体积建模的优势在于它们比 CSG 更容易实现，而且可以提供比基于体素的简单方法要好得多的质量。

计算两个距离场上的布尔运算基本上等于评估两个场上的相应运算符。表 5.1 给出了场 $D_O$（对于对象）和场 $D_T$（对于工具）的这些运算符。

表 5.1　距离场上的布尔运算

| 布 尔 运 算 | 距离场的运算符 |
|---|---|
| 并集 | $D_{O\cup T} = \min(D_O, D_T)$ |
| 交集 | $D_{O\cap T} = \max(D_O, D_T)$ |
| 求差 | $D_{O-T} = \max(D_O, -D_T)$ |

图 5.8 显示了求差（Difference）运算的示例。

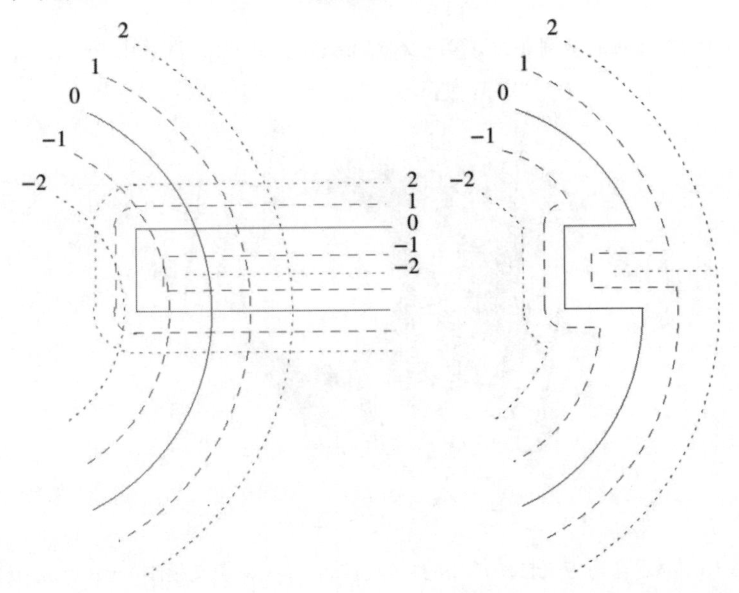


图 5.8　两个距离场的求差运算示例。在左侧，工具和对象的两个距离场叠加显示；而在右侧显示的则是运算结果

如果 ADF 用于距离场的表示，则必须将递归过程应用于对象的 ADF，以计算结果 ADF。它类似于 ADF 的生成（参见第 5.1 节），除此之外，细分受新对象 ADF 与工具 ADF 的符合性（Compliance）的控制：如果单元包含来自工具 ADF 的更小的单元，则单元将进一步细分；如果单元内的三线性插值不能很好地逼近工具 ADF，则单元也将进一步细分。图 5.9 显示了 3D 求差运算的示例，图 5.10 显示了自适应采样距离场的特写视图。

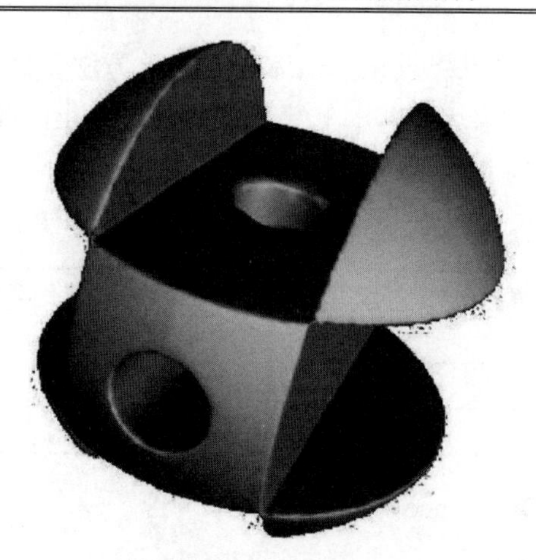

图 5.9　有关 3D 求差运算的示例（详见参考文献[Bremer et al. 02]。图片由 Bremer 教授等人提供）

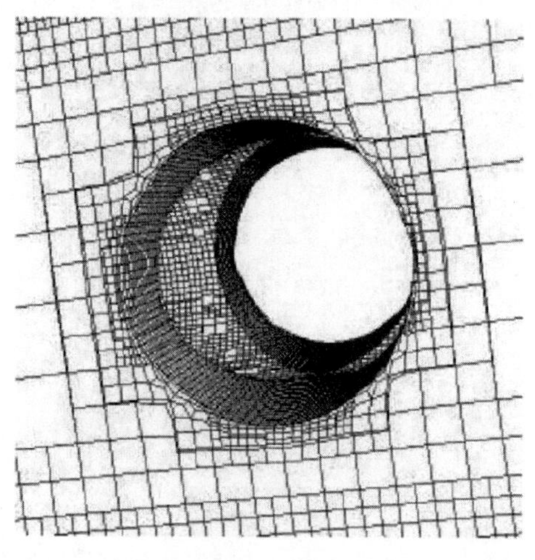

图 5.10　显示自适应采样距离场的特写视图（详见参考文献[Bremer et al. 02]。图片由 Bremer 教授等人提供）

# 第 6 章　Voronoi 图

对于区域内的一组给定位置，Voronoi 图（Voronoi Diagram）是该区域到同一邻近区域的分区。Voronoi 图可用于求解许多科学领域中的大量问题。在二维欧几里得平面中，Voronoi 图由平面图表示，该平面图可将平面划分为单元。

本书将专注于 2D 和 3D 几何问题的应用。在参考文献[Aurenhammer 91]、[Bernal 92]、[Fortune 92b]、[Aurenhammer 和 Klein 00]和[Okabe et al. 92]的调查中提出了 Voronoi 图及其理论上的偶图（Dual）、德洛内三角剖分（Delaunay Triangulation）或德洛内拼合（Delaunay Tesselation）的概述。此外，还可以考虑参考文献[Preparata 和 Shamos 90]的第 5 章和第 6 章，以及参考文献[Edelsbrunner 87]的第 13 章。

本章第 6.1 节介绍使用 Voronoi 图的简单情况和欧几里得距离下平面中 $n$ 个点的德洛内三角剖分。此外，本节将提到定义背后的一些基本结构属性。

在第 6.2 节中，提到了用于计算结构的不同算法方案。我们提出了一种简单的增量构造（Incremental Construction）方法，可以很容易地推广到 3D，详见第 6.3.1 节。

在第 6.3 节中，给出了 Voronoi 图和德洛内三角剖分的推广。在 6.3.1 节中，给出了到三维的变换，在 6.3.2 节中，引入了受约束的 Voronoi 图（Constrained Voronoi Diagram）的概念，第 6.3.3 节介绍了其他一些有趣的推广应用的集合。

在第 6.4 节中，显示了 Voronoi 图和德洛内三角剖分在 2D 和 3D 中的应用。首先，在第 6.4.1 节中讨论了著名的邮局问题，并基于 Voronoi 图讨论了最近邻搜索的数据结构。最后，在第 6.4.2 节中，显示了一组应用程序。

本章所呈现的伪代码算法非常简单明了，按字面意思即可理解其操作。例如，用于列表和数组的操作可以从其上下文中清楚地看出来。

## 6.1　定义和属性

### 6.1.1　二维中的 Voronoi 图

现在可以先来讨论平面中的简单 Voronoi 图。设 $S$ 是一个 $n \geqslant 3$ 的点的集合 $p_1, p_2, ..., p_n$，这个点的集合在平面中并且 $p_i=(p_{i_x}, p_{i_y})$。下文假设这些点处于一般性位置（General Position），也就是说，在同一个圆圈上不能有 4 个点，在同一条直线上不能有 3 个点。

有关几何计算中的退化情况处理，请参见本书第 9.5 节。

二维中的 Voronoi 图由图形（Graph）表示。该图形的每个面都专用于唯一的点 $p_i$。请注意，这些点有时表示为基点（Site）。$p_i$ 的面表示二维中比所有其他点 $p_j$ 更接近 $p_i$ 的所有点。图形的表示可以通过双向链接边表（Double-Connected Edge List，DCEL）给出，详见本书第 9.1 节。二维中的 Voronoi 图的示例如图 6.1 所示。

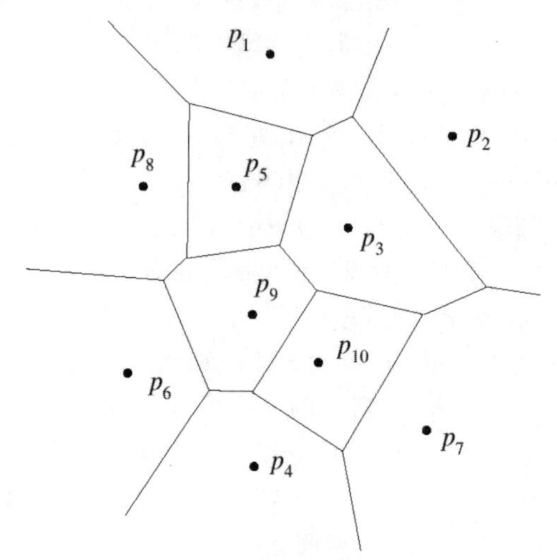


图 6.1　欧几里得平面中一组基点的 Voronoi 图

按照参考文献[Okabe et al. 92]或[Aurenhammer 和 Klein 00]中的介绍，可以更正式地定义 Voronoi 图，以便可以很容易地推广这个概念。对于两个点 $p_i=(p_{i_x},p_{i_y})$ 和 $p_j=(p_{j_x},p_{j_y})$，设 $d(p_i,p_j)$ 表示它们的欧几里得距离。通过 $\bar{B}$，可以表示集合 $B$ 的封闭。$B$ 的封闭还包含给定区域边界上的点。例如，开放区间 $(a,b)\in\mathbb{R}$ 的封闭可以通过 $[a,b]$ 给定。

**定义 6.1**　（**Voronoi 图**）对于 $p_i, p_j\in S$，设

$$\text{Bis}(p_i, p_j) = \{ x \mid d(p_i, x) = d(p_j, x)\}$$

表示 $p_i$ 和 $p_j$ 的平分线（Bisector）。$\text{Bis}(p_i, p_j)$表示穿过线段 $p_ip_j$ 的中点的垂直线。平分线可以将平面分成两个开放的半平面：

$$\text{H}(p_i, p_j) = \{x \mid d(p_i, x) < d(p_j, x)\}$$

$$\text{H}(p_j, p_i) = \{x \mid d(p_j, x) < d(p_i, x)\}$$

其中 $\text{H}(p_i, p_j)$包含 $p_i$，$\text{H}(p_j, p_i)$包含 $p_j$。

相对于 $S$ 的 $p_i$ 的 Voronoi 区域（Voronoi Region）由 $n-1$ 个半平面的交点定义如下：

$$\text{VoR}(p_i,S)=\bigcap_{p_j\in S,p_j\neq p_i}\text{H}(p_i,p_j)$$

$S$ 本身的 Voronoi 图 VD($S$)可以按下式定义：

$$\mathrm{VoR}(S) := \bigcup_{p_i, p_j \in S, p_i \neq p_j} \overline{\mathrm{VoR}(p_i, S)} \cap \overline{\mathrm{VoR}(p_j, S)}$$

根据定义，Voronoi 图以图形方式表示。图 6.1 给出了 Voronoi 图的图示，它显示了平面如何被 VD($S$)分解为开放的 Voronoi 区域。现在来更精确地讨论图形结构。在 Voronoi 图中，两个 Voronoi 区域共享的边界称为 Voronoi 边（Voronoi Edge）。对于邻接 $p_i$ 和 $p_j$ 区域的 Voronoi 边 $e$，可以很容易得出 $e \subset \mathrm{Bis}(p_i, p_j)$，即每个 Voronoi 边都是相应的平分线的一部分。Voronoi 边的端点称为 Voronoi 顶点（Voronoi Vertex）。Voronoi 顶点必须属于 3 个 Voronoi 区域的公共边界。

对于平面中的每个点 $p$，可以唯一地确定其在一组基点 $S$ 的 Voronoi 图中的作用。可以通过连续增加 $r$ 来扩展具有中心 $p$ 和半径 $r$ 的圆圈 Circle($p$, $r$)。以下事件之一将唯一确定点 $p$ 在 Voronoi 图中的作用。

- 如果 Circle($w$, $r$)首先准确地击中 $n$ 个基点中的一个，如 $p_i$，那么 $w \in \mathrm{VoR}(p_i, S)$。
- 如果 Circle($w$, $r$)首先准确地同时击中两个基点 $p_i$ 和 $p_j$，则 $w$ 属于 $p_i$ 和 $p_j$ 的 Voronoi 边（Edge）。
- 如果 Circle($w$, $r$)首先准确地同时击中 3 个基点 $p_i$、$p_j$ 和 $p_k$，则 $w$ 是 $p_i$、$p_j$ 和 $p_k$ 的 Voronoi 顶点（Vertex）。

通过 Voronoi 图的定义可以很容易地证明扩展圆（Expanding Circle）表征。此外，还可以列举 Voronoi 图的以下 3 个基本属性。

- 每个 Voronoi 区域 VoR($p_i$, $S$)是包含基点 $p$ 的最多 $n$−1 个开放半平面的交点。每个 VoR($p_i$, $S$)都是开放式的，并且是凸的。不同的 Voronoi 区域是不相交的。
- 当且仅当 $S$ 的 Voronoi 区域 VoR($p_i$, $S$)是无边界的，$S$ 的点 $p_i$ 位于 $S$ 的凸包上。
- Voronoi 图 VD($S$)具有 $O(n)$个边和顶点。Voronoi 区域边界的平均边数小于 6。

除了最后一个事实需要应用平面图形的欧拉公式（详见参考文献[Gibbons 85]），其他结构属性都可以很容易地从 Voronoi 图和凸包的定义推导出来。Voronoi 图是一个简单的线性结构，它可以将平面划分为相同邻居的单元。本节省略了证明过程，并引用了本章开头提到的参考资料，例如参考文献[Aurenhammer 和 Klein 00]。

### 6.1.2 二维中的德洛内三角剖分

现在来考虑 Voronoi 图的偶图，即所谓的德洛内三角剖分。几何图形 $G$ 的偶图 dual($G$)可以按如下方式定义：$G$ 的每个面 $F$ 表示 dual($G$)中的顶点。在 $G$ 中共享共同边的两个面构成了 dual($G$)中的边。如果 $G'$是 $G$ 的偶图，则 $G$ 被称为 $G'$的原始图（Primal Graph），简而言之，就是 primal($G'$) = $G$。图 6.2 显示了一个图形及其偶图的示例。如果图形 $G$ 由

DCEL 表示（参见本书第 9.1.1 节和第 9.1.2 节），则开发人员可以使用原始 DCEL 轻松地在时间 $O(|G|)$ 中为 dual($G$)图形建立 DCEL。请注意，Voronoi 图的偶图是由一组顶点和边通过逻辑的方式给出的。下文将考虑使用基点作为顶点的几何解释（Geometric Interpretation）。

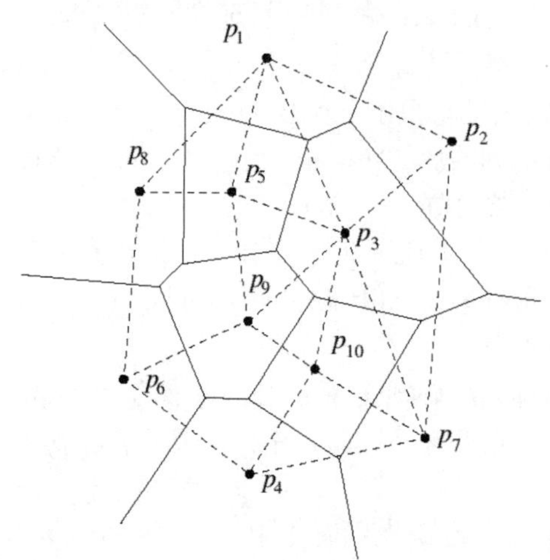


图 6.2　欧几里得平面中一组基点的 Voronoi 图和德洛内三角剖分

一般来说，平面中的点集 $S$ 的三角剖分（Triangulation）可以被定义为具有来自 $S$ 的顶点并且具有最大边数的平面图，它使得所有闭合面都是三角形。如果外表面的补充是凸的，则该三角剖分也是凸的。与图的外表面相邻的边表示该点集的凸包。由于三角剖分 $T$ 是图形，因此可以用 DCEL 表示。点集 $S$ 的三角剖分不超过 $O(|S|)$ 三角形，可以通过归纳法（Induction）从三角形开始轻松显示。这里很容易发现，点集可能会有很多三角剖分。通过从单个三角形开始的简单归纳，开发人员可以证明：对于固定点集 $S$，其每个三角剖分均具有相同数量的三角形和边。

**定义 6.2　（德洛内三角剖分）**对于一组基点 $S$ 和 Voronoi 图 VD($S$)，设每个面都由其基点表示。德洛内三角剖分 DT($S$)是该 Voronoi 图的偶图。DT($S$)的边称为德洛内边（Delaunay Edge）。

开发人员可以证明，如果基点（顶点）的集合处于一般性位置，则德洛内三角剖分 DT($S$)实际上就是三角剖分。图 6.2 就显示了这样一个示例。在此可以提出德洛内三角剖分的两个等价定义，它们既可以应用于 Voronoi 图的计算，也可以用于归纳。此外，它们也适用于非一般化的情况。

（1）当且仅当存在通过 $p_i$ 和 $p_j$ 的圆 $C$ 并且在其内部或边界中不包含 $S$ 的任何其他基点，$S$ 的两个点 $p_i$，$p_j$ 构成德洛内边。

（2）$S$ 的 3 个点 $p_i$、$p_j$ 和 $p_k$ 构成一个德洛内三角形，当且仅当它们的外接圆（在其内部或边界中）不包含 $S$ 的点。

稍后将集中讨论德洛内三角剖分的最后一个特征。它可以很容易地推广，并且强烈建议用于构造方案，因为开发人员可以使用简单的内切圆测试并应用精确几何计算的范例。有关详细信息，可参考本书第 9 章。在此必须先证明以下引理。

**引理 6.3**　设 $S$ 是一组基点。$S$ 的 3 个点 $p_i$、$p_j$ 和 $p_k$ 构成一个 DT($S$)中的三角形，当且仅当通过该三角形的端点的圆（在其内部或边界中）不包含 $S$ 的另一个点。

$S$ 的两个点 $p_i$、$p_j$ 构成 DT($S$)中的边，当且仅当存在通过 $p_i$ 和 $p_j$ 的圆 $C$ 并且（在其内部或边界中）不包含 $S$ 的任何其他基点。

当且仅当没有 4 个点位于一个共同的圆上，德洛内三角剖分是一个凸三角剖分，如图 6.2 所示。

**证明：**引理 6.3 的第二部分可以证明如下。如果存在这样的圆，则外接圆的中心 $c$ 属于 $p_i$ 和 $p_j$ 的区域的边界，并且 $S$ 中没有更接近 $c$ 的其他基点。因此，平分线（包括 $c$）的一部分属于 VD($S$)。相反，如果 $p_i$ 和 $p_j$ 构建了共同边，该边是 $p_i$ 和 $p_j$ 的平分线的一部分，则平分线上的点 $c$ 更接近 $p_i$ 和 $p_j$ 而不是任何其他基点。然后 $c$ 就是相应圆的外接圆的中心。

引理 6.3 的第一部分证明如下。如果 3 个德洛内边为点 $p_i$、$p_j$ 和 $p_k$ 构建三角形，则相应的 Voronoi 边将共享共同的顶点 $v$，并且恰好 3 个 Voronoi 边从顶点 $v$ 发出。否则，在 Voronoi 图的偶图中，$p_i$、$p_j$ 和 $p_k$ 之间将不存在三角形。顶点 $v$ 与 $p_i$、$p_j$ 和 $p_k$ 具有相同的距离，并且是三角形 $\Delta(p_i, p_j, p_k)$的外接圆的中心。如果 $\Delta(p_i, p_j, p_k)$的外接圆的中心在边界内或边界上包含另一个点 $p_l$，那么 $v$ 将属于 VoR($p_l$, $S$)，并且顶点 $v$ 不能是 $p_i$、$p_j$ 和 $p_k$ 的唯一 Voronoi 顶点，这就出现了一个矛盾。因此，德洛内三角剖分满足给定的属性。换句话说，三角形 $\Delta(p_i, p_j, p_k)$的外接圆的中心 $v$ 在 VD($S$)中精确地构建了 Voronoi 顶点，因为 $S$ 的其他点没有比 $p_i$、$p_j$ 和 $p_k$ 更接近 $v$。垂直于三角形边的线代表相应点的 3 个平分线，并且没有其他平分线从 $v$ 发出。从 $v$ 开始，每个平分线的一部分必须属于 VD($S$)，因为 $v$ 属于 VD($S$)。因此，$\Delta(p_i, p_j, p_k)$的边对应于 VD($S$)中的原始边。总而言之，该三角形是 DT($S$)中的三角形，是 VD($S$)的对偶。

现在，引理的最后一部分可以立即得到证明。Voronoi 图的每个顶点恰好代表偶图中的一个三角形，它仅由三角形组成。

德洛内三角剖分还有一些有趣的属性，对于计算机图形应用程序很有帮助。

例如，三角剖分通常用于表面重建。所选择的三角剖分不应该具有小角度，因为这将变得更难以处理。可以看出，在 $S$ 的所有三角剖分中，德洛内三角剖分具有最佳角度序列。更确切地说，对于三角剖分 $T(S)$，可以通过增加阶数将三角形的所有内角插入向量 $T(S)_a$

中。可以证明 $T(S)_a < \mathrm{DT}(S)_a$ 适用于所有三角剖分 $T(S) \neq \mathrm{DT}(S)$。DT($S$)中的最小内角大于每个其他三角剖分的最小内角。换句话说，德洛内三角剖分可以使最小内角最大化。

另一方面，德洛内三角剖分具有一些良好的图形属性。德洛内三角剖分将导致很小的图形理论膨胀（Graph-Theoretical Dilation）图，也就是说，对于 $S$ 中的两个顶点 $p_i$ 和 $p_j$，最短图形距离与 $p_i$ 和 $p_j$ 的最短欧氏距离的比率受限于：

$$\frac{2\pi}{3\cos\left(\frac{\pi}{6}\right)}$$

这在参考文献[Keil 和 Gutwin 89]中已经有证明。因此，德洛内三角剖分可产生已知质量（Known Quality）的网络。请注意，具有最低膨胀的图形或三角剖分可能与 DT($S$)不同，这同样可以很轻松地证明。

此外，还可以证明图形 DT($S$)包含给定点集 $S$ 的最小生成树（Minimum Spanning Tree）。最小生成树是关于连接所有基点 $p_i$ 的边长的最短树（详见本书第 7.1.3 节）。

## 6.2 计　　算

Voronoi 图的构造具有时间复杂度 $\Theta(n \log n)$。其下限 $\Omega(n \log n)$可以通过以下简化方式之一来实现：

- 在参考文献[Shamos 78]中给出了凸包问题的简化。
- 在参考文献[Djidjev 和 Lingas 91]和[Zhu 和 Mirzaian 91]中给出了 $\epsilon$-接近问题的简化。

现在来讨论一下简单的凸包简化问题。对于在$\mathbb{R}$中的值 $x_1, x_2, ..., x_n$ 的序列，可以在二维中的抛物线 $y = x^2$ 上选择 $n$ 个点 $p_i = (x_i, x_i^2)$。在 $p_1, p_2, ..., p_n$ 的 Voronoi 图中，无边界区域（Unbounded Region）的顺序将表示值 $x_i$ 的顺序。可以通过充分遍历 VD($\{p_1, p_2, ..., p_n\}$)的 DCEL 来找到点 $p_1, p_2, ..., p_n$ 的 $x$ 阶。DCEL 的线性大小为 $n$。如果可以比 $\Omega(n \log n)$更快地计算 VD($S$)，则可以比 $\Omega(n \log n)$更快地对一系列值进行排序，这就出现了矛盾。

计算范式增量构造（Incremental Construction）、分治法（Divide-and-Conquer）和扫描（Sweep）都非常有名，且可以方便地用于 Voronoi 图的构造。它们还可以推广到除点之外的其他度量和位置，例如线段和多边形链（Polygon Chain）。如前所述，算法的输出存储在线性大小的图形中。给定的方法在确定性时间 $O(n \log n)$中运行。Voronoi 图的增量构造和分而治之的方法在参考文献[Okabe et al. 92]中有详细解释。有关扫描线（Sweepline）算法的详细描述可以在参考文献[de Berg et al. 00]中找到。此外也可以参见参考文献[Aurenhammer 和 Klein 00]。

接下来将集中讨论一种简单的随机增量构造（Randomized Incremental Construction）技术，该技术可在 $O(n \log n)$预期时间内运行并计算德洛内三角剖分，详见参考文献[Guibas et al. 92b]。可以利用在参考文献[Lawson 77]中引入的边翻转技术（该技术在参考文献[Guibas 和 Stolfi 85]中也有使用）。幸运的是，Voronoi 图的偶图的增量构造技术可以很容易地推广到 3D 情形，这在第 6.3.1 节中也有介绍，但是存在一些差异。2D 中的任意三角剖分可以通过一系列边翻转转换为德洛内三角剖分。而在参考文献[Joe 91a]中已经证明，在 3D 中这样是不行的。幸运的是，翻转序列是成功的，详见参考文献[Rajan 91]。

现在假设已经计算了$\{p_1, ..., p_{i-1}, p_i\}$的德洛内三角剖分。设 $DT_i := DT(\{p_1, ..., p_{i-1}, p_i\})$，开发人员需要将基点 $p_i$ 插入 $DT_{i-1}$ 以获得 $DT_i$。

可以在 $DT_{i-1}$ 中执行边翻转（Edge Flip），直到最终构造 $DT_i$。$DT_{i-1}$ 的三角形 $T$，其外接圆包含新的基点 $p_i$，与 $p_i$ 相冲突。根据引理 6.3，与 $p_i$ 相冲突的 $DT_{i-1}$ 的每个三角形将不再是 $DT_i$ 中的德洛内三角形。接下来需要考虑关于 $DT_{i-1}$ 的 $p_i$ 基点的两种情况。

### 1．情况 1：$p_i$ 位于三角形 $T = \Delta(p_j, p_k, p_l)$内

这意味着 $p_i$ 与 $T$ 冲突。令人惊讶的是，边 $p_ip_j$、$p_ip_k$ 和 $p_i p_l$ 将是 $DT_i$ 中的德洛内边。这可以证明如下：边 $p_ip_j$ 将是德洛内边，因为 Circle$(p_j, p_k, p_l)$中包含的圆圈在其边界上仅包含 $p_i$ 和 $p_j$。为了构造这样的圆，可以缩小与 $p_j$ 保持充分接触的外接圆 Circle$(p_j, p_k, p_l)$。最后，Circle$(p_j, p_k, p_l)$内部有一个圆，其边界上只有 $p_j$ 和 $p_i$，如图 6.3 所示。同样的论证适用于 $p_i$ 和 $p_k$ 以及 $p_i$ 和 $p_l$。因此，可以首先插入德洛内边 $p_ip_j$、$p_ip_k$ 和 $p_i p_l$。

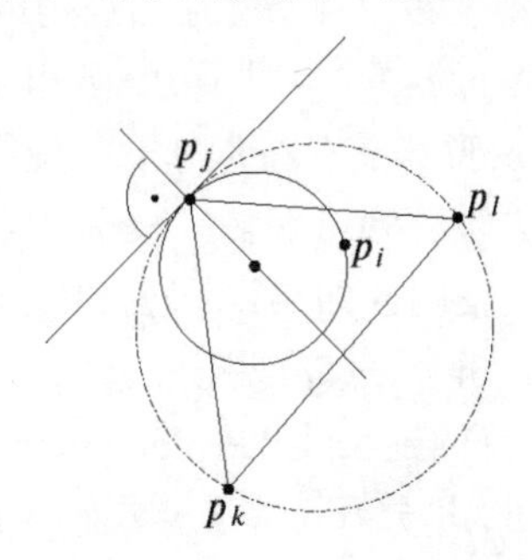


图 6.3　充分收缩外接圆 Circle $(p_j, p_k, p_l)$并保持与 $p_j$ 的接触表明 Circle$(p_j, p_k, p_l)$内有一个圆，其边界上只有 $p_j$ 和 $p_i$

接下来，可以专注于与 $\Delta(p_j, p_k, p_l)$和 $p_i$ 相对的边相邻的三角形。例如，设 $p_l p_k$ 为三角形 $T = \Delta(q, p_k, p_l)$的边，如图 6.4 所示。如果 $p_i$ 与 $T$ 冲突，可以按 $p_iq$ 翻转 $p_lp_k$。也就是是

说，$p_l p_k$被 $p_i q$ 取代。开发人员可以证明这种边翻转是正确的。由于 $q$ 相对于 $p_l p_k$与 $p_i$ 相反并且 $p_i$与 $T$冲突，因此 $q$ 也与 $\Delta(p_i, p_l, p_k)$冲突。这是正确的，因为通过 $p_k$和 $p_l$的每个圆都包含 $p_i$或 $q$（或两者），如图 6.5 所示。因此，$p_l p_k$将再也不会成为德洛内边。

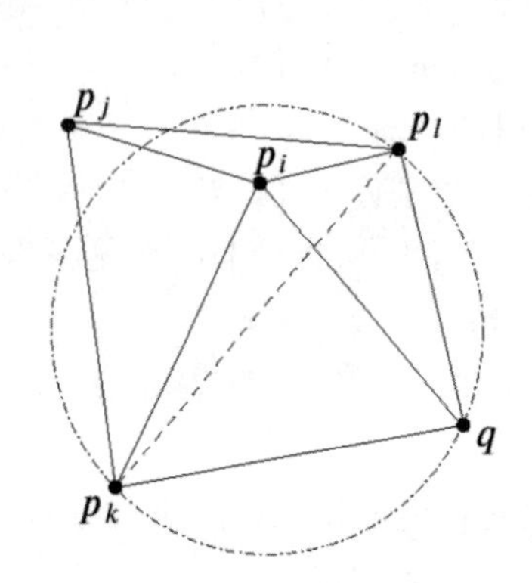


图 6.4　$p_i q$ 和 $p_l p_k$之间的边翻转

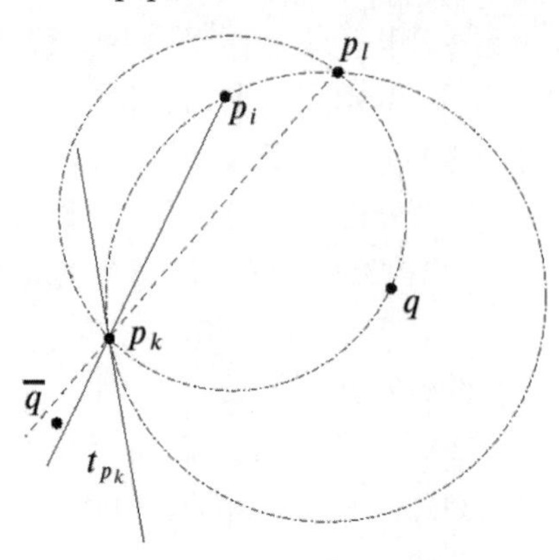


图 6.5　通过 $p_k$和 $p_l$的每个圆都包含 $p_i$或 $q$。如果 $\overline{q}$、$p_i$、$p_l$和 $p_k$处于非凸位置，则 Circle($p_i, p_l, p_k$)不能包含 $\overline{q}$，因为切线 $t_{pk}$将阻塞 $\overline{q}$

为了看到边 $p_i q$ 是德洛内边，可以应用收缩圆的证据。只需要简单地缩小与 $q$ 保持联系的 Circle($q, p_k, p_l$)。Circle($q, p_k, p_l$)内部仅具有 $p_i$，因为 $\Delta(q, p_k, p_l)$是插入 $p_i$之前的德洛内三角形。最后，将有一个圆穿过 $p_i$和 $q$，它在内部或边界上没有 $S$ 的其他点。

总而言之，可以按如下方式进行。开发人员先后扩展了 $p_i$ 的星形$\star(p_i)$，这是一组来自 $p_i$的新德洛内边。作为一个不变量，$\star(p_i)$的外部点构成一个多边形 $P(\star(p_i))$，如图 6.6 所示。在开始时，$P(\star(p_i))$等于 $\Delta(p_j, p_k, p_l)$。对于 $P(\star(p_i))$的每个边 $e$，可以用 $e \in T$和相反的 $p_i$测试 $DT_{i-1}$的三角形 $T$。相反意味着存在点 $q \neq p_i$，使得 $q$ 和 $e$ 构建 $T$。如果 $q$ 和 $p_i$以及 $e$ 的端点处于凸起位置，则 $T$ 被称为可翻转（Flippable）。如果 $T$ 不可翻转，则 $T$ 不会与 $p_i$冲突。这可以按如下方式证明。如果 $q$ 和 $p_i$以及 $e$ 的端点 $p_l$和 $p_k$处于非凸位置，则圆 Circle($p_i, p_l, p_k$)不能包含 $q$。链 $p_i, p_l, q$ 或链 $p_i, p_k, q$ 是凹的。然后 $q$ 位于 Circle($p_i, p_k, p_l$) 处的割线（Secant）$p_i p_k$或 $p_i p_l$的延长线（Prolongation）之外。$p_l$或 $p_k$处的圆 Circle($p_i, p_l, p_k$)的正切将 $q$ 与圆 Circle($p_i, p_l, p_k$)分开。有关点$\overline{q}$而不是 $q$ 的问题，请参见图 6.5。

如果 $T$ 是可翻转的，则可以测试 $T$ 是否与 $p_i$冲突。如果 $T$ 与 $p_i$冲突，则可以使用边 $p_i q$ 执行 $e$ 的边翻转，$\star(p_i)$和 $P(\star(p_i))$将得到充分更新。如果 $P(\star(p_i))$的相邻外三角不再与 $p_i$冲突，则该过程停止，如图 6.6 所示。

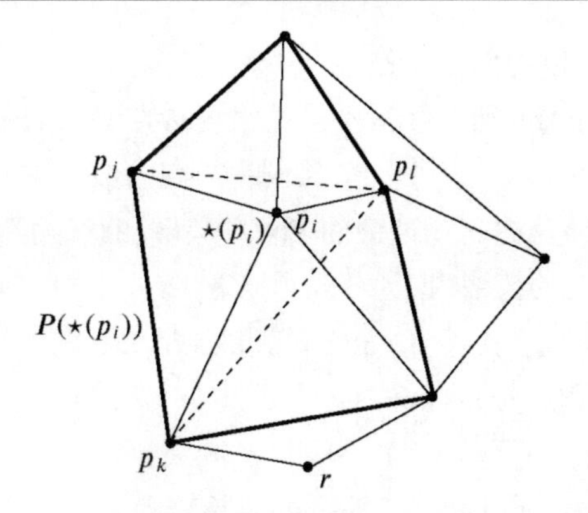


图 6.6　连续检查 $P(\star(p_i))$的外三角形与 $p_i$ 的冲突。点 $r$ 是引起边翻转的最后一点

### 2. 情况 2：$p_i$ 位于 $DT_{i-1}$ 的凸包外侧

在这种情况下，从 $p_i$ 可见的 $DT_{i-1}$ 边界上的所有点 $q$ 构成 $DT_i$ 中的边 $pq$，如图 6.7 所示。这可以很容易地看出，从 $p_i$ 可见的 $DT_{i-1}$ 边界的一部分构建了凸链。可见（Visible）意味着段 $p_iq$ 不会被来自 $DT_{i-1}$ 的段穿过。对于每个 $q$，存在切线 $t_q$，使得 $DT_{i-1}$ 完全位于一侧而 $p_i$ 位于另一侧。首先，可以利用在 $q$ 处的 $DT_{i-1}$ 的相邻外边之一的延长获得 $t_q$。然后，可以扩展在 $q$ 处的圆，使之具有正切 $t_q$ 并与 $p_i$ 相遇，如图 6.7 所示。通过引理 6.3，可以得出结论，$qp_i$ 是德洛内边。如果为所有边界基点 $q$ 计算$\star(p_i)$，则按照情况 1 的证明继续，执行一些边翻转，直到程序最终停止。

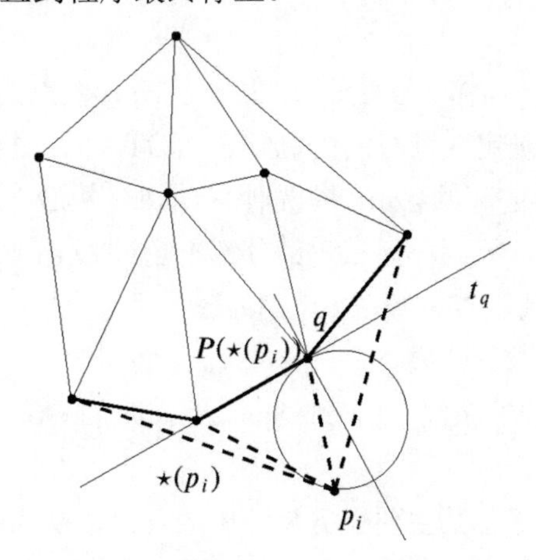


图 6.7　如果 $p_i$ 在 $DT_{i-1}$ 的凸包外侧，则起始$\star(p_i)$由凸包上的可见点给出。$P(\star(p_i))$是与 $p_i$ 相对的凸链

对于这两种情况，可以得到以下结果。

**引理 6.4** 如果 $P(\star(p_i))$的所有线段都是德洛内边，则 $DT_i$ 的构造完成。

**证明：**$P(\star(p_i))$周围的所有三角形的外接圆都不包含 $p_i$，并且 $P(\star(p_i))$的所有线段都是德洛内边。设 $T=\Delta(p, q, r)$为与 $p_i$ 相冲突的 $P(\star(p_i))$以外的三角形，即外接圆 Circle$(p, q, r)$包含 $p_i$。三角形 $T$ 是 $DT_{i-1}$ 的德洛内三角形，圆 Circle$(p, q, r)$仅包含 $p_i$。通过与情况 1 中相同的缩小圆形论证，可以知道 $p_ip$、$p_iq$ 和 $p_ir$ 都必须是 $DT_i$ 的德洛内边。由于 $T$ 在 $P(\star(p_i))$之外，并且 $P(\star(p_i))$的所有边都是德洛内边，因此边 $p_ip$、$p_iq$ 和 $p_ir$ 将穿过 $P(\star(p_i))$，这与德洛内三角剖分的定义出现了矛盾。$T$ 不能与 $p_i$ 冲突。

如果有效地计算$\star(p_i)$，则可以有效地执行边翻转。总而言之，必须考虑 3 项任务。以下是边翻转算法的概要。

（1）找到具有 $p_i \in T$ 的 $DT_{i-1}$ 的三角形 $T = T(p_j, p_k, p_l)$，并通过 $p_ip_j$、$p_ip_k$ 和 $p_ip_l$ 计算初始$\star(p_i)$，然后计算 $P(\star(p_i))$。

（2）否则，如果 $p_i$ 不在 $DT_{i-1}$ 内，则计算所有线段 $p_iq$ 的初始$\star(p_i)$，其中 $q$ 从 $p_i$ 可见，然后计算 $P(\star(p_i))$。

（3）由于冲突而导致执行 $P(\star(p_i))$的所有边翻转，连续地将新边插入$\star(p_i)$中，并更新 $P(\star(p_i))$。如果 $P(\star(p_i))$的边界上没有三角形与 $p_i$ 冲突则停止。

显然，第 3 项任务受到新的三角剖分 $DT_i$ 中 $p_i$ 的度（Degree）的限制。在第 3 项任务中所需的结构性工作（即从 $DT_{i-1}$ 计算 $DT_i$）与 $DT_i$ 中的 $p_i$ 的度 $d$ 成正比。因此，应该尽量让这个度保持较低。

开发人员将得到一个 $O(n^2)$时间的算法，用于构造 $n$ 个点的德洛内三角剖分。可以通过检查所有现有候选者来确定线性时间内包含 $p_i$ 的 $DT_{i-1}$ 的三角形。如果 $p_i$ 不在 $DT_{i-1}$ 内，则可以计算 $O(k + \log n)$中的起始$\star(p_i)$，首先计算外切线并沿 $k$ 边移动初始$\star(p_i)$的 $k$ 个段。$p_i$ 的度由 $O(n)$简单地限制，因为任何三角剖分都不超过 $O(n)$个边。

算法 6.1 将连续插入新基点，算法 6.2 将处理边翻转。

总而言之，可以得到以下结果。

**定理 6.5** 可以使用线性空间（Linear Space）在时间 $O(n^2)$中递增地构建平面中的一组 $n$ 个点的德洛内三角剖分。

这里甚至可以做得更好。其主要任务是随机插入点，从而避免 $DT_i$ 中 $p_i$ 的度出现最坏情况。在 $DT_i$ 中可以有单个顶点，它们具有较高的度数，但它们的平均度数不能超过 6。在参考文献[Guibas et al. 92b]中已经证明，在随机化增量插入期间出现的预期的三角形总数将受 $O(n)$限制。

**算法 6.1**：Voronoi 图的增量构造

Delaunay(*S*)（*S* 表示二维中的基点的集合）

```
T := new DCEL
while S ≠ ∅ do
        p := S.First
        S.DeleteFirst
        T.InsertSite(p)
end while
```

**算法 6.2**：在德洛内三角剖分中插入一个新基点

*T*.InsertSite(*p*)（*T* 表示当前德洛内三角剖分的 DCEL，*p* 是新基点）

```
t := T.FindTriangle(p)
if t = Nil then
        ⋆(p) := T.OuterTriangle(p)
else
        ⋆(p) := T.Edges(t, p)
end if
T.DCELInsert(⋆(p), T)
P(⋆(p)) := T.Polygon(⋆(p))
while P(⋆(p)) ≠ do
        e := P (⋆(p)).First
        P((p)).DeleteFirst
        q := p.Flippable(e)
        if q ≠ Nil then
                (r, s) := e.EndPoints
                if InCircleTest(r, s, p, q) then
                        T.Flip(e, p, q)
                        P (⋆(p)). Extend(q)
                end if
        end if
end while
```

此外，使用有向无环图（Directed Acyclic Graph，DAG）的特殊实现，在参考文献[Boissonnat 和 Teillaud 93]中也表示为德洛内树（Delaunay Tree），开发人员可以在 $O(\log i)$ 预计时间内检测到与 $p_i$ 冲突的 $DT_{i-1}$ 三角形。由于整体三角形的预期数量，DAG 在 $i$ 插入后的预期大小为 $O(i)$。

现在可以来简要介绍一下 DAG 的思路。DAG 包含曾经构建的每个德洛内三角形的一个条目。为方便起见，可以从包含 $S$ 中所有点的外三角形 $\Delta(p_{-1}, p_{-2}, p_{-3})$开始。DAG 的根表示该三角形。$S$ 的所有点都与根相冲突。本节将举例说明 DAG 的构建。如果插入了一个点 $p$，则可以遍历 DAG 并使用 $p \in T$ 找到三角形 $T$。

以下是 DAG 构造概要。

（1）插入第一个点 $p_{i_1}$， $p_{i_1}$ 与根有冲突。在德洛内三角剖分和 DAG 中插入 3 个新三角形 $\Delta_1$、$\Delta_2$ 和 $\Delta_3$，如图 6.8（a）所示。

（2）插入点 $p_{i_2}$ 。从根开始，进行 $p_{i_1} \in \Delta_1$ 检查。现在可以按递归的方式开始翻转过程并从最初的$\star(p_{i_1})$开始。这意味着创建了 3 个新三角形 $\Delta_4$、$\Delta_5$ 和 $\Delta_6$。它们变成了 $\Delta_1$ 的孩子。因为 $P(\star(p_i))$没有更多的冲突，即告已经完成，如图 6.8 所示。

（3）插入点 $p_{i_3}$ 。从根开始，进行 $p_{i_2} \in \Delta_2$ 检查。现在翻转过程从最初的$\star(p_{i_2})$开始，另外 3 个三角形 $\Delta_7$、$\Delta_8$ 和 $\Delta_9$ 成为 $\Delta_2$ 的孩子。$P(\star(p_{i_2}))$存在冲突，它会将 $\Delta_6$ 和 $\Delta_9$ 改变为 $\Delta_{10}$ 和 $\Delta_{11}$。因此，从 $\Delta_6$ 和 $\Delta_9$ 结点将留下两个新的叶子和指向叶子的指针，如图 6.8（c）所示。

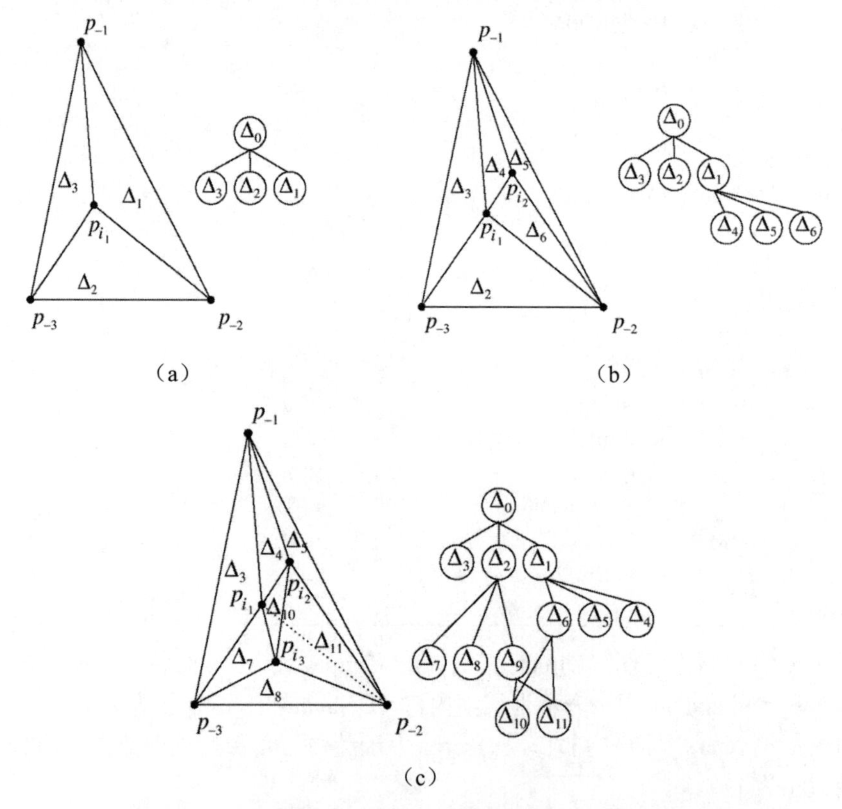


图 6.8　德洛内 DAG 将存储所有曾经构造的三角形的历史

**算法 6.3**：在包含 $p$ 的德洛内图中搜索三角形

```
DAG. FindTriangle(p)（DAG 代表德洛内 DAG 的起始结点）
if p ∉ DAG.Δ then
        D := Nil
else if DAG is a leaf then
        D := DAG.Δ
else
        d := DAG.BranchToChild(p)
        D := d.FindTriangle(p)
end if
return D
```

显然，DAG 的叶子代表当前的德洛内三角剖分。另外，开发人员希望将叶子存储在 DCEL 中，在下文用 $T$(DAG)表示。$T$(DAG)是必需的，因为这里需要找到边的相邻三角形以重建 DAG，即用于翻转操作。

为了合并 DAG 及其 DCEL，开发人员必须在算法 6.2 中充分实现用于 DAG 而不是 $T$ 的 DAG.FindTriangle($p$)、DAG.Edges($t$, $p$)和 DAG.Flip($e$, $p$, $q$)。另外，还必须在算法 6.1 中初始化 DAG。程序 DAG.FindTriangle($p$)将使用 DAG 查找起始三角形，递归分支到包含 $p$ 的子结点。程序 DAG.Edges($t$, $p$)可以将 3 个新三角形插入 DAG，并插入 $T$(DAG)，见算法 6.5。如果创建了 DAG 的两个新三角形，则设 $T$(DAG).FlipDCEL($D_1$, $D_2$, $e$)表示 DCEL 上的翻转操作，其中 $D_1$ 和 $D_2$ 表示 DAG 的新三角形和结点，$e$ 是必须消除的边。因此，开发人员总是可以在 DAG 中的三角形和 $T$(DAG)中的 DCEL 之间创建一些交叉引用，见算法 6.4。对于 $T$(DAG)中的三角形，需要在 DAG 中使用其对应的结点。在 Delaunay($S$)中，DAG 将通过 DAG:= $S$.Init 初始化，这意味着将计算具有顶点 $p_{-1}$、$p_{-2}$ 和 $p_{-3}$ 的三角形的起始结点。请注意，这里没有外三角形，所以也不需要对 DAG 实现 OuterTriangle。

**算法 6.4**：DAG 及其 DCEL 通过翻转操作更新，DAG 和 $T$(DAG)中三角形之间的交叉引用由 FlipDCEL 创建

```
DAG.Flip(e, p, q)（DAG 代表德洛内 DAG 的起始结点，而 T(DAG)则代表 DCEL 中的当前三角剖分）
(t1, t2) := T(DAG). AdjacentTriangles(e)
D_t1 := DAG.Node(t1)
D_t2 := DAG.Node(t2)
D1 := new node
D2 := new node
r := D_t1 .OppositeVertex(e)
s := D_t2 .OppositeVertex(e)
```

$D_1$.Triangle($p, q, r$)
$D_2$.Triangle($p, q, s$)
$D_{t_1}$.ChildrenInsert($D_1, D_2$)
$D_{t_2}$.ChildrenInsert($D_1, D_2$)
$T$(DAG).FlipDCEL($D_1, D_2, e$)

**算法 6.5**：通过将 $p$ 插入三角形 $t$ 来更新 DAG 及其 DCEL

DAG.Edges($t, p$)（DAG 代表德洛内 DAG 的起始结点，而 $T$(DAG)则代表 DCEL 中的当前三角剖分，$p$ 位于三角形 $t$ 中）

($v_1, v_2, v_3$) := $T$(DAG). GetVertices($t$)
Update($\{p, v_1, v_2, v_3\}$, $T$(DAG), DAG)
**return** ***T***(DAG). Boundary($t$)

一般来说，如果将 $p_{i_j}$ 插入 $DT_{i-1}$ 的 DAG 中，则可以遍历一组三角形（从根到三角形 $T$，其中 $p_{i_j} \in T$）。所有这些三角形都与 $p_{i_j}$ 相冲突。由于从 $DT_{i-1}$ 到 $DT_i$ 的预期边翻转（或新三角形）的数量是一个常数，并且 $p_{i_j}$ 是随机选择的，因此 $DT_{i-1}$ 的 DAG 中与 $p_{i_j}$ 冲突的预期三角形数量仅位于 $O(\log j)$中。

总而言之，可以得到定理 6.6。

**定理 6.6**　可以使用预期的线性空间在预期时间 $O(n \log n)$中递增地构建平面中的一组 $n$ 个点的德洛内三角剖分。平均值取自插入 $n$ 个基点的不同顺序。

# 6.3　Voronoi 图的推广应用

## 6.3.1　在 3D 中的 Voronoi 图和德洛内三角剖分

用于一组点 $S$ 的 3D 中的 Voronoi 图可以将 3D 空间细分为相同邻居的单元，并且可以用 3D 中的图形来表示。为方便起见，可以假设这些点处于一般性位置，例如，在共同的球体上不能有 5 个点。相应的数据结构由 3D 中的 DCEL 给出。开发人员将会发现，增量构造方法是 3D 情况中简单而有效的构造方案。

### 1. 正式说明

在形式上，我们扩展了 2D 情况下的符号。集合 $S$ 表示 3D 中 $n$ 个点的集合$\{p_1, p_2, ..., p_n\}$。两个点 $p_i, p_j \in S$ 的 3D 平分线 Bis($p_i, p_j$)被定义为垂直于线段 $p_i p_j$ 并穿过线段 $p_i p_j$ 的中点的平面。对于所有 $j \neq i$，由平分线 Bis($p_i, p_j$)限定的半空间的交点给出了 Voronoi 区域 VoR($p_i, S$)。

作为半空间的交集，$VoR(p_i, S)$的边界由面、边和顶点组成，并且表示 3D 凸多面体。

## 2．复杂度

其复杂度如下。

（1）显然，$VoR(p_i, S)$的面数最多为 $n-1$。由 $Bis(p_i, p_j)$定义的每个半空间最多只能贡献一个面。

（2）应用欧拉公式，$VoR(p_i, S)$的边和顶点的数量在 $O(n)$中。

（3）计算所有区域的复杂度，3D 中该图 VD($S$)的分量（Component）的总数为 $O(n^2)$。

（4）不幸的是，存在具有 $\Omega(n^2)$分量的 $S$ 的配置，详见参考文献[Dewdney 和 Vranch 77]。

（5）幸运的是，在实际情况中，较高维度的 VD($S$)的复杂度是线性的。例如，如果在单位球中随机均匀地绘制 $S$ 的点，则该图的预期大小为 $O(n)$，详见参考文献[Dwyer 91]。

总而言之，可以假设，在实际情况中，VD($S$)是线性尺寸的 3D 中的几何图形。

## 3．在 3D 中的德洛内三角剖分 DT(S)

和 2D 情况类似，3D 中的德洛内三角剖分 DT($S$)被定义为具有来自 $S$ 的顶点的 VD($S$)的几何对偶。

（1）对于在 VD($S$)中共享公共面的两个点 $p_i$ 和 $p_j$，在 DT($S$)中存在边 $p_i p_j$。

（2）VD($S$)的每个边细分为 3 个面。因此，对于 VD($S$)中的每个边，在德洛内三角剖分 DT($S$)中存在三角形。

（3）在 VD($S$)的顶点 $v$ 处，$S$ 的 4 个点与 $v$ 具有相同的距离，并且 4 个点彼此共享 4 个边。因此，顶点 $v$ 存在四面体（Tetrahedron）。

请注意，这里已经假定了一般性位置。总而言之，DT($S$)是由四面体组成的 3D 中的图形。

等效地，可以定义 DT($S$)来扩展空圆属性。如果 $S$ 的 4 个点的圆周在边界内或边界上不包含 $S$ 的另一个点，则 4 个点的相应四面体是德洛内四面体。这些空球体的外心只是 VD($S$)的顶点。和 2D 中的三角剖分类似，德洛内三角剖分 DT($S$)是 $S$ 的凸包进入四面体的划分，条件是 $S$ 在一般性位置。

对于空球属性（Empty Sphere Property）有一些很鲁棒的实现（详见本书第 9 章），并且可以很容易地实现 3D 中测试的一般性位置条件（参见第 9.5 节）。因此，强烈建议将 6.2 节的增量构造方案扩展为 3D。

## 4．在 3D 中的简单增量构造

可以考虑对偶 DT($S$)的增量构造。另外还存在一些用于 3D 中 VD($S$)增量构造的算法，详见参考文献[Watson 81]、[Field 86]、[Tanemura et al. 83]或[Inagaki et al. 92]等。

在对偶环境中，类似于 2D 情况，开发人员必须执行边翻转以移除与 $p_i$ 冲突的所有 $DT_{i-1}$ 的四面体。也就是说，4 个点 $p_j, p_k, p_l$ 和 $p_m$ 的四面体 $\Delta(p_j, p_k, p_l, p_m)$ 的外接球包含 $p_i$。与 2D 情况类似，只有当 $p_j, p_k, p_l, p_m$ 和 $p_i$ 处于凸起基点时才会发生这种情况。

与 2D 情况类似，开发人员可以利用 3D 四面体 DAG 找到包含 $p_i$ 的 $DT_{i-1}$ 的四面体，例如 $\Delta(p_j, p_k, p_l, p_m)$。使用类似的论证，可以首先插入边 $p_i p_j$、$p_i p_k$、$p_i p_l$ 和 $p_i p_m$，从而获得 3 个新的四面体，如图 6.9 所示。

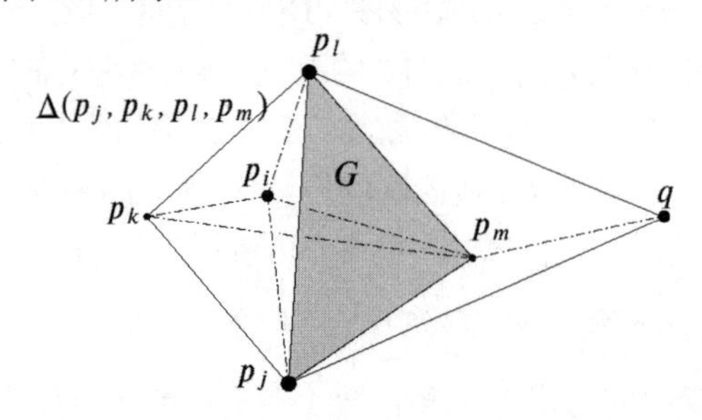


图 6.9　四面体 $\Delta(p_j, p_k, p_l, p_m)$ 包含 $p_i$ 和插入的 4 个边 $p_i p_j$、$p_i p_k$、$p_i p_l$ 和 $p_i p_m$。对于 $P(\star(p_i))$ 的每个面，可以检查外部的四面体。在这种情况下，$\Delta(p_j, p_l, p_m, q)$ 具有相对的 $p_i$

现在可以得到 $P(\star(p_i))$，即与 $p_i$ 相对的 $\Delta(p_j, p_k, p_l, p_m)$ 的外三角形的集合。在 2D 情况下，$P(\star(p_i))$ 是与 $p_i$ 相对的一组边。与 2D 情况类似，开发人员将继续使用 $p_i$ 和 $P(\star(p_i))$。在 2D 情况下，$P(\star(p_i))$ 的每个边可以细分为两个三角形。类似地，$P(\star(p_i))$ 的每个三角形可以按如下方式细分为两个四面体。$P(\star(p_i))$ 的每个三角形可以是四面体的地面（Ground Face）$G$，其中点 $q$ 在 $P(\star(p_i))$ 之外且与 $p_i$ 相反，并且 $G$ 用 $p_i$ 构建四面体。与 $p_i$ 一起，开发人员必须检查外四面体的 4 个点和 $p_i$ 是否冲突。也就是说，$G$ 和 $q$ 的外接圆的中心是否包含 $p_i$？如果 5 个点不在凸起基点，则不会发生这种情况，因为在这种情况下，$p_i$ 位于 $G$ 和 $q$ 的四面体之外。这个事实可以像 2D 情况一样证明，如图 6.5 所示。如果 5 个点处于凸起基点，则三角形 $G$ 称为可翻转（Flippable）。

如果 $G$ 是可翻转的，则可以应用外接圆测试。如果 $G$ 不再是德洛内三角形，即外接圆测试返回 true，则可以移除边或者可以插入边。请注意，在 2D 情况下，是将一个边替换为另一个边，因此这里存在着 2D 和 3D 之间的主要区别之一。3D 边翻转（Edge Flip）的性质取决于具体情况，如图 6.10 所示。在第一种情况下，可以在四面体分解中用 3 个四面体代替 2 个四面体；在第二种情况下，可以用 2 个四面体代替 3 个四面体。第一种情况称为 2→3 边翻转，第二种情况用 3→2 边翻转表示。可以通过+1 或−1 来修改这 5 个点的四面体数量。显然，其他边的翻转是不可能的。

如图 6.10 所示，可能发生 $T$ 与 $p_i$ 冲突的情况，并且与 $p_i$ 相对的对应顶点 $q$ 属于另一个三角形 $P(\star(p_i))$的地面 $G$。这是 2D 和 3D 之间的另一个显著差异。在这种情况下，有一个外部四面体，其中有两个由 $P(\star(p_i))$组成的三角形必须消失。请注意，$P(\star(p_i))$可以是非凸的。

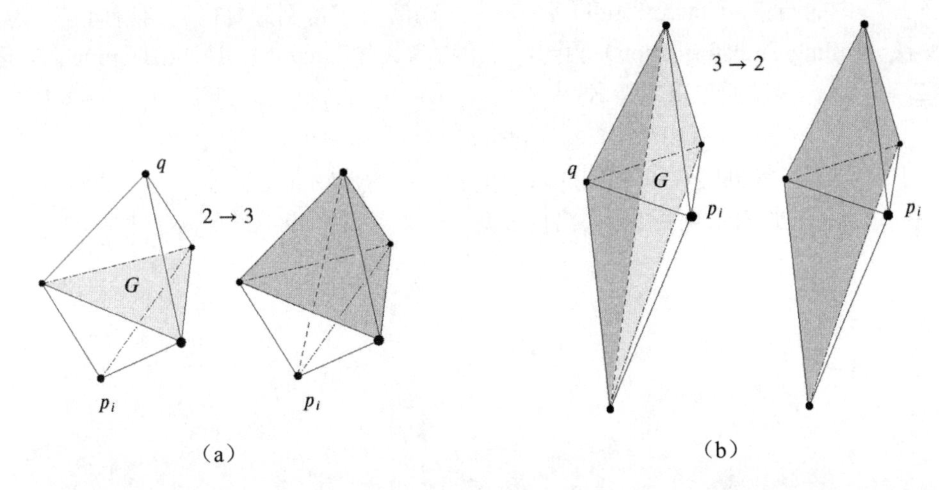


图 6.10 图（a）显示了 2→3 边翻转，而图（b）显示了 3→2 边翻转。由于 $G$, $p_i$ 和 $q$ 的端点处于凸起基点，因此地面 $G$ 是可翻转的。在翻转之后发现与 $p_i$ 相对的 $P(\star(p_i))$的新三角形（阴影）

如果执行边翻转，则 $P(\star(p_i))$中的新地面（三角形）可能变得可用。$P(\star(p_i))$中的三角形 $T$ 唯一地由以下事实确定：$p_i$ 是当前三角剖分中四面体的顶点，并且 $T$ 是与 $p_i$ 相对的，如图 6.9 所示。

原则上，这里所提出的算法可以类似于 2D 情况实现。可以将四面体细分的历史存储在 DAG 中。现在，DAG 结点有 4 个子结点用于相应四面体的三角形，三角形 $t$ 唯一地分隔两个四面体 $T_1$ 和 $T_2$，依此类推。如果在与 $p_i$ 相对的当前 $P(\star(p_i))$的三角形之外没有更多可翻转的四面体，则该过程停止并且构造 $DT_i$。

不幸的是，在单个插入步骤中并非每个边翻转顺序都可能最终成功。幸运的是，参考文献[Rajan 91]中证明，如果翻转以适当的顺序完成，翻转过程将始终导致当前的德洛内三角剖分①。该结果可用于 $O(n^2)$实现（详见参考文献[Joe 91b]）。

在参考文献[Guibas et al. 92b]中已经证明，在 3D 中的德洛内三角剖分的增量构造期间出现的四面体的预期数量由 $O(n^2)$限制。其缺点是最终四面体的数量可能是 $O(n)$，而边翻转的预期数量仍然是 $O(n^2)$。在参考文献[Edelsbrunner 和 Shah 96]中收集了上述结果，并将随机增量构造扩展到常规三角剖分。

① 新位置 $p_i$ 可能与沿 $P(\star(p_i))$边界的许多四面体发生冲突。

现在还需要证明，在初始化 $P(\star(p_i))$之后如何计算翻转顺序。在 $P(\star(p_i))$中具有地面的相对 $p_i$ 的所有可翻转的四面体中，则可以通过以下思路计算候选的顺序。可以轻松计算该顺序并将其合并到 DAG 算法中。

在 $\mathbb{R}^{d+1}$ 中的凸包（Convex Hull）和 $\mathbb{R}^d$ 中的德洛内三角剖分是由空圆谓词定义的，与提升变换（Lifting Transformation）相同，详见参考文献[Brown 79]或[Edelsbrunner 87]。如第 9.4.2 节所述，可以通过下式将 $\mathbb{R}^d$ 中的点 $p=(p_1, p_2, ..., p_d)$投影到 $\mathbb{R}^{d+1}$ 中的抛物面 $P$ 上。

$$\lambda(p)=(p_1,p_2,\dots,p_d,p_1^2+p_2^2+\cdots+p_d^2)\in P$$

对于 $d=2$，可参见图 6.11 和图 9.19。在 $\mathbb{R}^{d+1}$ 中的抛物面上变换点的下凸包可以投射回 $\mathbb{R}^d$ 中，然后通过空圆属性得到德洛内三角剖分，详见第 9.4.2 节中的定理 9.30。

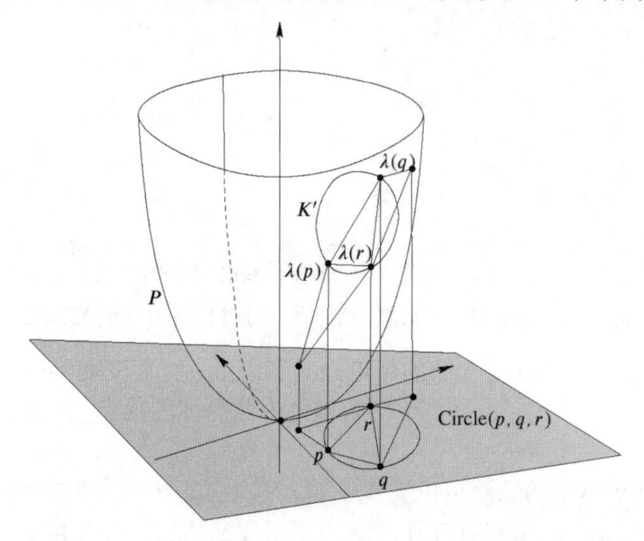


图 6.11　来自 2D 中的点投射到三维抛物面上。抛物面上的下凸包可以投射回 2D 并代表 2D 中的德洛内三角剖分。一般来说，在 $\mathbb{R}^d$ 中的德洛内三角剖分等同于 $\mathbb{R}^{d+1}$ 中的凸包

现在假设已经插入了在 $\mathbb{R}^d$ 中的新点 $p_i$，不妨来考虑凸包的情况。可以使用运动性（Kinetic）解释。在凸包上，可以假设新点来自表面内部并向下移动到抛物面上的最终基点。在此运动过程中，抛物面上的下凸包的一系列三角形从运动点变得可见；也就是说，移动点位于穿过相应三角形的超平面（Hyperplane）的下方。这些三角形不再属于下凸包，它们必须先后消失。它们将按固定顺序消失，这正是我们希望的翻转插入过程的顺序。现在来计算这个顺序。

下凸包上的每个三角形都位于一个独特的超平面上，另见第 9.4.2 节。如果移动点在维度 $d+1$ 中遇到三角形的超平面与 $p_i$ 的投影线的交点，则凸包上的三角形变得可见。

详细地说，在 3D 中，对于四面体 $t$ 中的新的点 $p_i=(p_{i_x},p_{i_y},p_{i_z})$，4D 中的点沿着平行于第 4 个轴的投影线 $l=\{(p_{i_x},p_{i_y},p_{i_z},w)\,|\,w\in\mathbb{R}\}$ 移动。该点从 3D 超平面中的点移动：

$$(p_{i_x},p_{i_y},p_{i_z},R_t^2-((p_{i_x}-C_{t_x})^2+(p_{i_y}-C_{t_y})^2+(p_{i_z}-C_{t_z})^2)+p_{i_x}^2+p_{i_y}^2+p_{i_z}^2)$$

从顶点 $t$ 的投影出发，移动到抛物面上的点：

$$(p_{i_x},p_{i_y},p_{i_z},p_{i_x}^2+R_{i_y}^2+R_{i_z}^2)$$

在这里，$C_t=(C_{t_x},C_{t_y},C_{t_z})$ 是四面体 $t$ 的外接圆的中心，$R_t$ 表示 3D 中的外接球的半径。设 $W$ 表示第 4 个坐标。对于 3D 中 $P(\star(p_i))$的邻近四面体，可以考虑在 4D 中抛物面上的下凸包上相应的投影四面体。投影四面体 $t$ 的超平面具有交点$(p_{i_x},p_{i_y},p_{i_z},w_t)$ 和线 $l$。

可以为 $P(\star(p_i))$中每个相邻四面体计算所有交点 $w_t$ 和线 $l$，并按降序排序。这给出了翻转顺序。如果 $w_t<p_{i_x}^2+R_{i_y}^2+R_{i_z}^2$，则可以忽略四面体 $t$。计算的细节可以在参考文献[Rajan 91]中找到。对于 $P(\star(p_i))$边界上的四面体 $t$，外接圆中心 $C_t=(C_{t_x},C_{t_y},C_{t_z})$ 和外接圆半径 $R_t$，可以证明：

$$w_t=R_t^2-((p_{i_x}-C_{t_x})^2+(p_{i_y}-C_{t_y})^2+(p_{i_z}-C_{t_z})^2)+p_{i_x}^2+p_{i_y}^2+p_{i_z}^2$$

我们可以计算围绕 $P(\star(p_i))$附近每个四面体的值 $w_t$，对该值进行排序可以得到适当的翻转顺序。总而言之，可以得到以下结果。

**定理 6.7** 可以使用预期的二次空间在预期时间 $O(n^2)$中递增地构造 3D 中的一组 $n$ 个点的德洛内三角剖分。其平均值取自插入 $n$ 个基点的不同顺序。

## 6.3.2 受约束的 Voronoi 图

对于许多应用来说，仅考虑没有任何约束的邻居关系是不够的。例如，如果存在阻碍彼此视线的（自然形成的或人为建造的）障碍，则两个城市之间的小距离可能并不重要。为了克服这些问题，参考文献[Lee 和 Lin 86]引入了受约束的 Voronoi 图（Constrained Voronoi Diagram）的概念。

现在来讨论具有额外线段障碍的平面中的点的 Voronoi 图的情况。在形式上，可以设 $S$ 是平面中的 $n$ 个点的集合，并且设 $L$ 是由 $S$ 跨越的一组非交叉线段。通过归纳，很容易证明 $L$ 包含最多 $3n-6$ 条线段。$L$ 中的线段可以被视为障碍物。

两点 $x$ 和 $y$ 之间的约束距离（Constrained Distance）考虑了相对于 $L$ 的线段的点之间的可见性信息。约束距离由下式定义：

$$b(x,y)=\begin{cases}d(x,y), & \text{如果 } \overline{xy}\cap L=\varnothing\\ \infty, & \text{否则}\end{cases}$$

其中 $d(x,y)$ 表示 $x$ 和 $y$ 之间的欧几里得距离。距离函数产生 $S$ 和 $L$ 的受约束的 Voronoi 图，简写为 ConstrVD($S$, $L$)。这些基点的区域彼此接近，但它们被 $L$ 中的线段分隔，相互之间是不可见的，如图 6.12 所示就是这样一个示例。

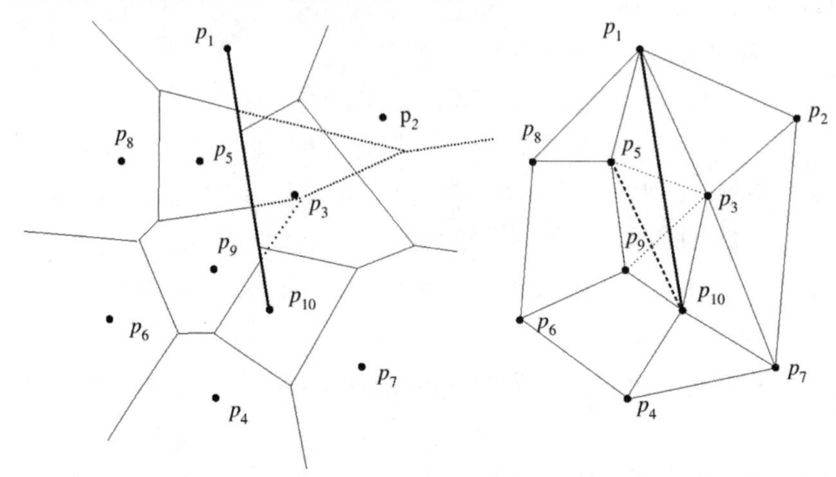


图 6.12　受约束的 Voronoi 图 ConstrVD($S$, $L$)及其偶图

VD($S$, $L$)的精确偶图可能不再是 $S$ 的完全三角剖分（即使包括 $S$）。例如，如图 6.12 所示，在包括 $L$ 的 VD($S$, $L$)的偶图中，由 $p_1, p_{10}, p_9$ 和 $p_5$ 给出的面不是三角形。DT($V$)的边 $p_5p_3$ 和 $p_9p_3$ 不是 ConstrVD($S$, $L$)的偶图的一部分。

幸运的是，可以通过修改 ConstrVD($S$, $L$)以将其二元化（Dualize）为靠近德洛内（Near to Delaunay）三角剖分 DT($S$, $L$)，其中包括 $L$。

对于每个线段 $l$，可以按如下方式进行。所有属于剪切区域的基点位于线段 $l$ 左侧，它们可以在 $l$ 的右侧构建 Voronoi 图，反之亦然。有关示例，请参见图 6.12。这些新图中的邻居将导致额外的边，这些边被插入 ConstrVD($S$, $L$)的偶图中。例如，在图 6.12 中，在扩展到线段 $l$ 右侧的 $p_1, p_5, p_9$ 和 $p_{10}$ 的图中，基点 $p_5$ 和 $p_{10}$ 最终成为邻居，并且 ConstrVD($S$, $L$)偶图中的对应边可以对相应的图形进行三角剖分。通过构造，给定线段 $l$ 的端点在新图中始终是邻居，因此，线段本身将被插入。

有若干个作者提出了计算受约束的 Voronoi 图 VD($S$, $L$)和受约束的德洛内三角剖分 *DT*($S$, $L$)的算法：Lee 和 Lin（详见参考文献[Lee 和 Lin 86]）、Wang 和 Schubert（详见参考文献[Wang 和 Schubert 87]）、Chew（详见参考文献[Chew 89]和 Wang [Wang 93]）。在参考文献[Seidel 88]和[Kao 和 Mount 92]中可以找到很好的实施方案。在参考文献[Chew 93]中可以找到 *DT*($S$, $L$)在质量网格生成中的应用。

### 6.3.3　一般化的类型

本节将列出一些著名的一般化（Generalization）应用方案，并展示一些直观的示例。

首先，可以在使用不同距离函数（Distance Function）的其他空间中考虑 Voronoi 图。对于 $L_1$ 和 $L_2$ 度量，可以使用类似的构造方案。两个基点的平分线不再是线段（例如图 6.13 中所示），但它们最多由 3 条线段组成，并将平面划分为不同的半空间。这意味着，以蛮力的方式可以简单地计算半空间的交点，以计算单个基点的 Voronoi 区域。这将导致简单的 $O(n^3)$构造算法。有一些作者考虑了 $L_p$ 规范的最优 $O(n \log n)$构造方案，详见参考文献[Hwang79]、[Lee 80]和[Lee 和 Wang 80]。$L_1$ 和 $L_2$ 的 Voronoi 图示例如图 6.14 所示。

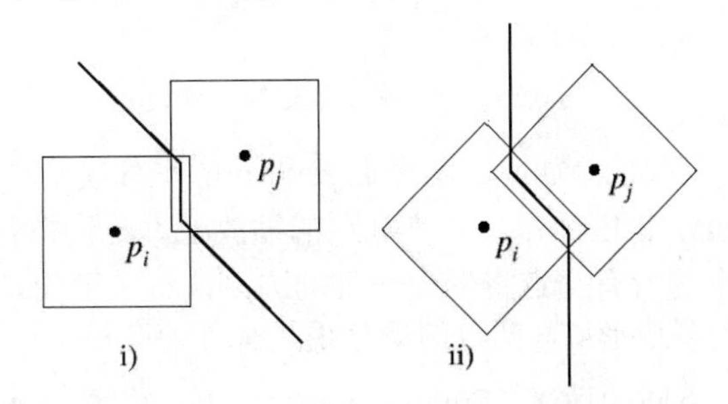


图 6.13　$L_1$ 和 $L_2$ 距离函数下的平分线。开发人员可以通过单位圆的缩放副本的交集来构建平分线

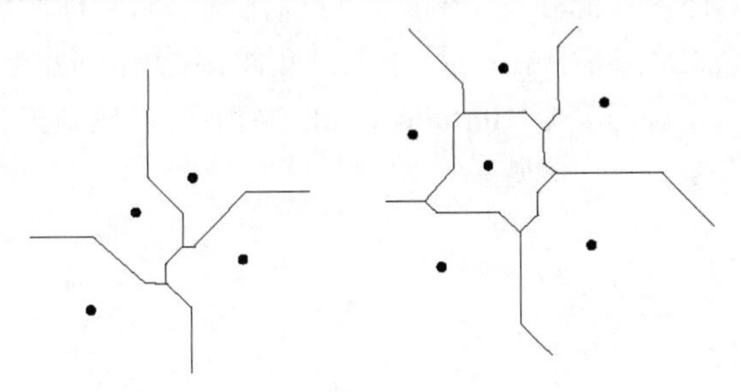

图 6.14　$L_1$ 和 $L_2$ 距离函数下的 Voronoi 图

从更一般化的角度出发，还可以考虑凸距离函数（Convex Distance Function）。凸距离函数由具有固定基点 $O$ 的凸集 $C$ 定义。两个点 $p$ 和 $q$ 之间的距离由以下变换给出（见图 6.15）。将 $C$ 转换为 $p$ 并从 $p$ 开始考虑穿过 $q$ 的射线。光线在唯一的点 $q'$中击中 $C$，并且相对于凸集 $C$ 的距离可由下式定义：

$$d_C(p,q) := \frac{d(p,q)}{d(p,q')}$$

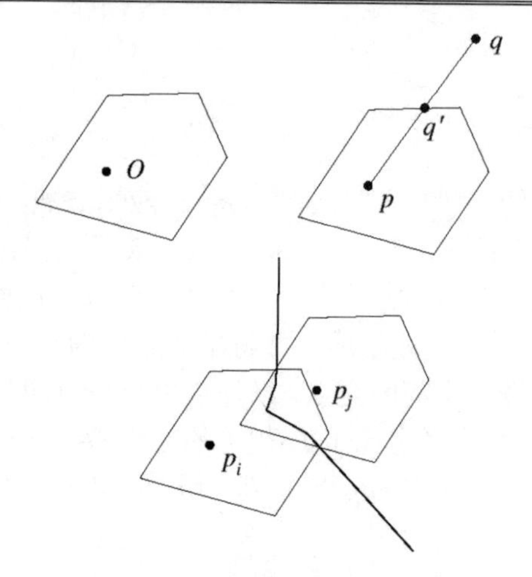


图 6.15　凸距离函数下的平分线

对于 $L_1$ 和 $L_2$ 的单位圆也是如此。两个点 $p_i$ 和 $p_j$ 的平分线是与 $p_i$ 和 $p_j$ 具有相同距离的所有点的轨迹（Locus）。因此，可以使用 $C$ 的缩放副本转换成 $p_i$ 和 $p_j$。对于所有比例因子来说，其缩放副本的所有交点将形成一条轨迹，该轨迹可代表平分线。因此，可以很容易地证明，对于凸多边形 $C$，两点的平分线具有复杂度 $O(|C|)$。

此外，还可以考虑不同的环境（Environment）。如前所述，Voronoi 图可以推广应用到 3D 空间。可以使用许多其他环境。例如，可以在图形 $G = (V, D)$上考虑一个基点的集合。图形上两个任意点之间的距离由图形中的最短距离给出。图 6.16 为图形上的基点集合的 Voronoi 图示例。在参考文献[Hurtado et al. 04]中可以找到树和图形上各种 Voronoi 图的构造和复杂度结果。

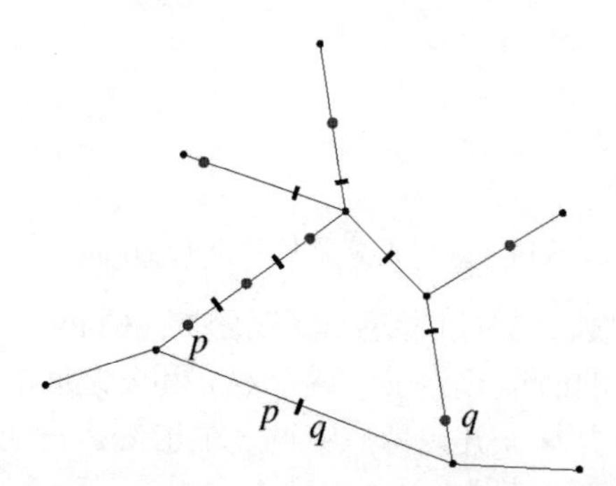


图 6.16　图形上一个基点集合的 Voronoi 图

除了指标和环境之外，开发人员可以根据基点属性（Property of the site）推广应用 Voronoi 图的概念。

开发人员可能会直接考虑更一般的基点，如线段或多边形链。图 6.17 给出了一个线段集合的 Voronoi 图的示例。在参考文献[Yap 87a]、[Fortune 87]和[Klein et al. 93]中提出了许多 $O(n \log n)$构造方案。在参考文献[Alt 和 Schwarzkopf 95]中给出了一个预期运行时间为 $O(n \log n)$的简单随机增量构造方案。该方案将先计算线段端点的 Voronoi 图，然后连续插入线段平分线。给定的方法也适用于具有类似于线段属性的弯曲对象。

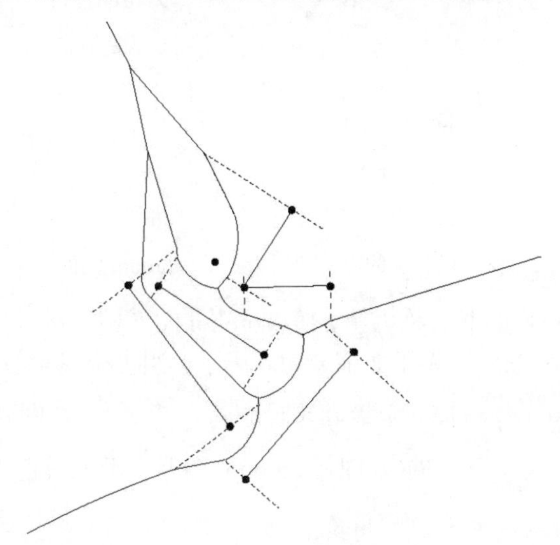

图 6.17　一组非交叉多边形对象的 Voronoi 图

此外，每个基点可能具有影响距离函数的一定加权。也就是说，对于具有实值权重 $w(p_i)$和 $w(p_j)$的两个点 $p_i$ 和 $p_j$，加权平分线被定义为点 $q$ 的轨迹。如果以相乘的方式应用加权，则可以获得下式：

$$w(p_i)d(p_i, q) = w(p_j)d(p_j, q)$$

或者，如果以相加的方式应用加权，则可以获得下式：

$$w(p_i) + d(p_i, q) = w(p_j) + d(p_j, q)$$

图 6.18 给出了以相加的方式应用权重的 Voronoi 图的示例。对于以相加的方式应用的权重，平分线由双曲线的弧给出，因为距离 $d(p_i, q) - d(p_j, q)$的差值是常数 $w(p_j) - w(p_i)$。显然，较大的权重会产生较小的区域。

Voronoi 图的一般化应用也可以考虑单元细分的意图（Intention of the Cell Subdivision）。正常（Normal）的 Voronoi 图将平面细分为相同的最近邻居的单元。但是开发人员也可以要求进行最远邻居的细分。也就是说，单元表示的所有点属于比任何其他基点更远的基点。这种细分方式称为最远点 Voronoi 图（Farthest Point Voronoi Diagram）。

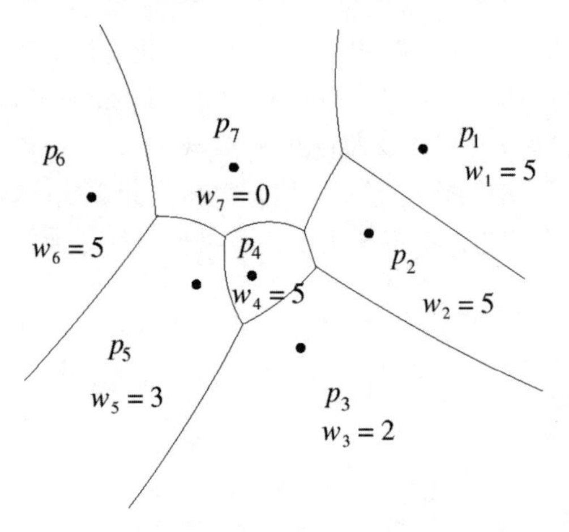


图 6.18　以相加的方式应用权重的 Voronoi 图的示例

邻居细分的更一般化的概念称为第 $k$ 阶 Voronoi 图（$k$th Order Voronoi Diagram）。2D 中的第 $k$ 阶 Voronoi 图可以将平面细分为专用于一组 $k$ 个基点 $p_{i_1}, p_{i_2}, \ldots, p_{i_k}$ 的区域 $R$，使得对于区域 $R$ 的每个点 $p$，前 $k$ 个最近邻居是 $p_{i_1}, p_{i_2}, \ldots, p_{i_k}$。图 6.19 显示了一个 $k = 3$ 的示例。在此设置中，$n$ 个基点的$(n-1)$阶 Voronoi 图即表示为最远点 Voronoi 图。

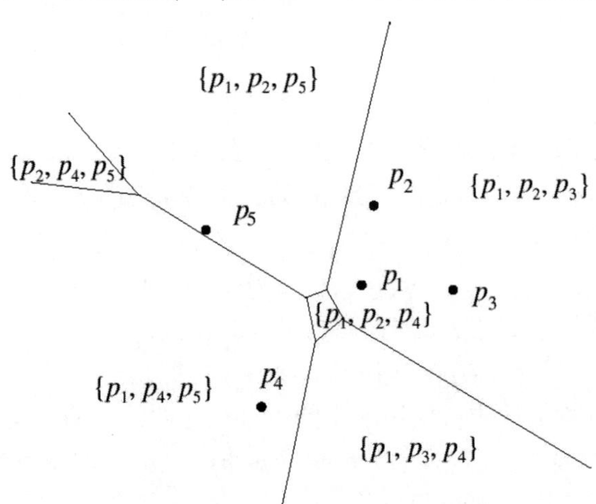


图 6.19　以 3 阶形式呈现的最远点 Voronoi 图

此外，开发人员还可以利用颜色将点集 $P$ 分割成点 $P_1, P_2, \ldots, P_k$ 的集合。每一个集合 $P_i$ 都有自己的颜色，并且 $\cup_{i=1}^{k} P_i = P$ 同样适用。彩色 Voronoi 图（Color Voronoi Diagram）可以将平面细分为相对于集合 $P_i$ 的最近邻居区域。$P_i$ 的区域包含所有点 $q$，而所有点 $q$

都具有源自 $P_i$ 的最近邻居。

最后，开发人员还可以将上述概念结合起来。例如，最远的彩色 Voronoi 图（Farthest Color Voronoi Diagram）表示将平面细分为相对于点 $P_1, P_2, ..., P_k$ 的集合的区域，使得 $P_i$ 的区域包含所有点 $q$，而所有点 $q$ 都具有距离 $P_i$ 最远的邻居。图 6.20 给出了最远的彩色 Voronoi 图的一个示例，它有 3 种颜色。请注意，这些区域不再连接，并且集合可能有空的区域。该图具有复杂度 $O(nk)$，并且可以使用 Davenport-Schinzel 序列（Davenport-Schinzel Sequence）方法（详见参考文献[Sharir 和 Agarwal 95]）在 $O(nk \log n)$ 中计算。有关最远的彩色 Voronoi 图的更多内容，详见参考文献[Abellanas et al. 01a]和[Abellanas et al. 01b]。

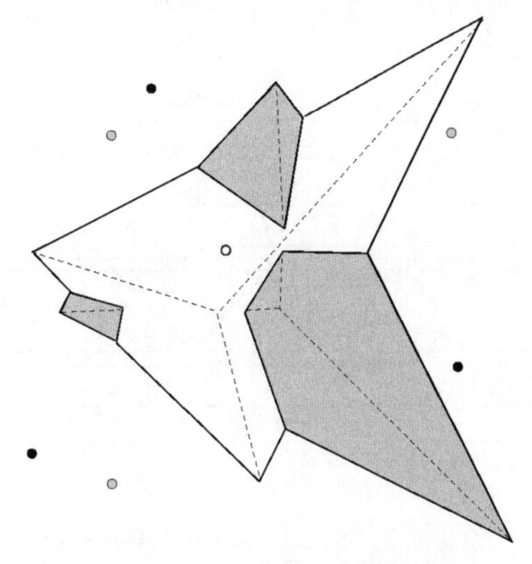

图 6.20　最远的彩色 Voronoi 图

## 6.4　Voronoi 图的应用

### 6.4.1　最近邻或邮局问题

现在可以来考虑著名的邮局问题（Post Office Problem）。对于球体中基点的一个集合 $S$ 和任意查询点 $q$，开发人员希望高效地计算最接近 $q$ 的 $S$ 的点。

在计算几何领域中，存在用于解决此类查询问题的一般技术。开发人员可以尝试将查询集分解为类（Class），以便每个类都有相同的答案。然后，对于单个答案，只需要确定它的类。这种技术称为轨迹方法（Locus Approach）。

Voronoi 图可用于表示邮局问题的轨迹方法。这些类对应于基点的区域。对于查询点

$q$，开发人员要确定其类/区域并返回其所有者。

本节为区域查询提供了一些简单的思路，它们在 2D 和 3D 中都是有效的。

### 1. 通过条带分解 Voronoi 图

为了解决给定的任务，可以应用以下简单的条带（Slab）方法。在参考文献[Dobkin 和 Lipton 76]中首先提到了这种条带法。它将单元细分为条带 $S_i$，并且每个条带又依次被一个线段集合 $s_i$ 细分，如图 6.21 所示。

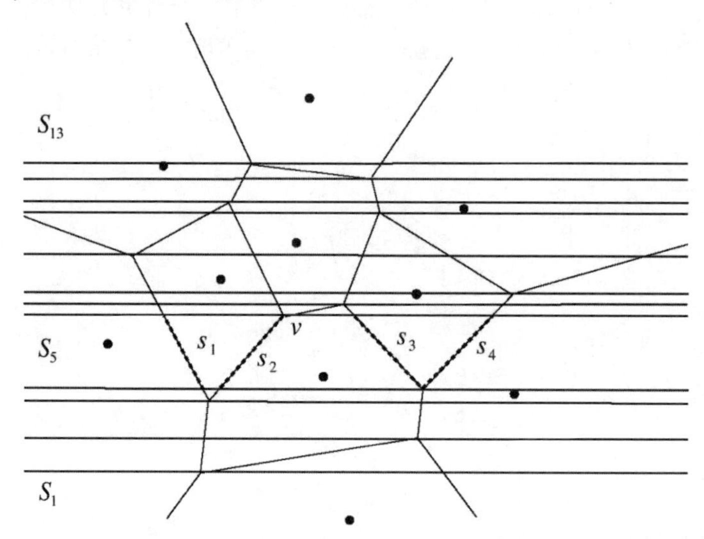


图 6.21　在构建一个条带的有序列表和每个条带中的线段的有序列表之后，可以通过二叉搜索快速定位查询点 $q$

以下是条带方法的概要。

- ❑ 绘制一条水平线穿过 Voronoi 图的每个顶点，并在 $O(n \log n)$时间内对这些线段进行排序（见图 6.21）。这些线段可将 Voronoi 图分解为条带。
- ❑ 对于每个条带，可以对 Voronoi 图的交叉边的集合进行排序。开发人员必须跟踪 Voronoi 图的 DCEL，并在线性时间内找到一个排序的交叉段。

**算法 6.6：** 在构造条带搜索结构之后，区域查询将返回 2D 数组 $S$。对于每条垂直线，该数组将包含一个交叉线段的有序数组

SlabStructureConstr($T$)（$T$ 表示 Voronoi 图的 DCEL）

```
V := T. GetVertices
L := V. sortByY
S := new array (|L|,|2|)
```

```
i := 0
while L ≠ ∅ do
        S[i][1] := L. First
        L. DeleteFirst
        E_L := T. TraceLeft(S[i][1])
        E_R := T. TraceRight(S[i][1])
        EdgeArray := Concat(E_R, E_L)
        S[i][2] := EdgeArray
        i := i + 1
end while
return S
```

相应的算法必须返回支持二叉搜索的数据结构。例如，可以将条带插入二叉树中。反过来，每个树结点也可以通过代表线段的二叉树来表示条带的线段细分。

或者，开发人员也可以使用垂直线段的排序数组，其中每条线的入口都来自顶点 $v$。相应的条带位于相对于线的 $y$ 顺序的 $v$ 的下方。例如，在图 6.21 中，从下面数的第 5 个顶点 $v$ 表示条带 $S_5$。对于最高的条带，可以引入人工顶点在+∞处。另外，对于排序数组中的每个线段，可以存储与相应的条带相交的线段的排序数组，这可以通过图 6.21 与算法 6.6 的比较看出来。完整结构可以用$(n \times n)$维 2D 数组 $S$ 表示，其中 $S[i][1]$表示 Voronoi 顶点，$S[i][2]$包含排序线段的数组。例如，在图 6.21 中，条带 $S_5$ 由 $S[5][]$给出，其中 $S[5][1]=v$ 并且 $S[5][2] = [s_1, s_2, s_3, s_4]$。

**算法 6.7**：使用条带分解和二叉搜索可以高效地应答区域查询

SlabQuery(*S, V, q*)（*S* 表示通过算法 6.6 计算的二维查询数组，*V* 表示相应 Voronoi 图的 DCEL，*q* 是一个查询点）

```
j := S.BinSearchAbove(q_y)
e := S BinSearchLeft(q_x)
p := V ReportRightRegion(e)
return p
```

在算法 6.6 中，跟踪通过 DCEL 的方法如 TraceLeft 和 TraceRight 所示，它们可以计算当前条带的线段的数组。跟踪可以按如下方式在线性时间内完成：在平面 DCEL 中，可以连续检查当前顶点的相应面的边并测试交点。因此，开发人员将找到第一个交点。然后使用 DCEL 中的相应指针递归地继续下一个面，详见本书第 9.1.1 节，也可以参见算法 6.8。总而言之，开发人员需要 $O(n)$时间来计算单个条带的线段的排序数组，计算所有条带则需要 $O(n^2)$时间。

开发人员可以通过以下思路来加快构造速度。从一个条带到下一个条带，只需要考虑一个顶点及其输出边，因为线段的排序数组只能做局部方式的更改。如果构造了条带 $i$

的线段排序数组 $S[i][2]$，则可以从 $S[i][2]$计算顶点的下一个排序数组 $S[i+1][1]$，以及输出边的排序数组 $S[i+1][1]$。因此，线段的下一个数组的构造时间与相应结点的度数成正比，这个度数在 Voronoi 图中等于 3。

总而言之，条带的增量构造需要 $O(n)$时间，但是需要 $O(n^2)$空间。在相应的算法中，运算 $T$.TraceLeft($S[i][1]$)和 TraceRight($S[i][2]$)将使用 $S[i-1][2]$的信息。只有第一个条带必须从头开始构造。请注意，顶点的预排序（Presorting）和 Voronoi 图的构造总共可导致 $O(n \log n)$的构造时间。

查询可以按如下方式高效完成。对于查询点 $q$，可以在 $O(\log n)$时间内找到它的条带，然后在 $O(\log n)$时间内找到它的区域，它们都是通过二叉搜索完成的。

为了报告查询的区域，只需找到在 $p$ 的下方或 $q$ 的左侧的线或边即可，而不需要找到条带或区域本身。在算法 6.7 中的 BinSearchAbove、BinSearchLeft 和 ReportRightRegion 函数已经对此有所体现。例如，如果 $q$ 位于条带 $S[j][]$和 $S[j+1][]$之间，并且假设条带已经通过增加顶点的 $y$ 坐标来排序，则 $S$.BinSearchAbove($q_y$)将返回索引 $j$。

**定理 6.8** 给定平面中 $n$ 个点基点（Point Site）的集合 $S$，开发人员可以在 $O(n \log n)$时间和 $O(n^2)$存储内构建支持最近邻居查询的数据结构。对于任意查询点 $q$，可以在时间 $O(\log n)$中找到其在 $S$ 中的最近邻居。

在参考文献[Cole 86]中已经证明，开发人员不需要为每个条带考虑唯一的数据结构，因为只有一个线段从一个条带变为另一个条带。这个重要思想在参考文献[Sarnak 和 Tarjan 86]中被用于持久搜索树（Persistent Search Tree）模型。在这个模型中，开发人员从一个空的搜索树开始，连续插入交叉段。这样将产生线性大小的树数据结构，它将存储随着时间出现的变化，并且可在恒定时间内访问每个结构，详见参考文献[Edelsbrunner 87]。

这个思路可以扩展到 3D 环境中。开发人员可以类似地通过顶点处的水平平面将 3D 图细分为条带，但给定的条带将仍然包含凸面 3D 对象（有关条带的简单示例，请参见图 6.22）。因此，需要一个数据结构来处理 3D 条带细分中的查询。6.4.2 节将对此主题展开讨论，并且 6.4.2 节的方法也可以应用于 2D Voronoi 图和完整的 3D Voronoi 图。

#### 2. 在凸单元分解中分离 2D 和 3D 点位置的表面

假设有一个带凸单元的单元分解，如图 6.22 所示。单元可以按如下方式排序：移动垂直于 $x$ 轴的超平面，并沿 $x$ 轴平行于 $y$ 轴。设 $H_x$ 表示位置 $x$ 处给定 3D 条带的相应交点。$H_x$ 表示相邻单元的偏序（Partial Order）如下。

如果 $C$ 和 $D$ 共享一个边界面，并且 $C$ 位于相对于相应的超平面 $H_x$ 的 $D$ 的下面，然后假设 $C \ll D$。关系 $\ll$ 是非循环的，因为单元是凸的。接下来可以轻松地将偏序扩展到所有单元的全序（Total Order）。这意味着可以通过 $C_1, C_2, ..., C_k$ 枚举单元，使得 $C_i \ll C_j$

意味着 $i<j$。

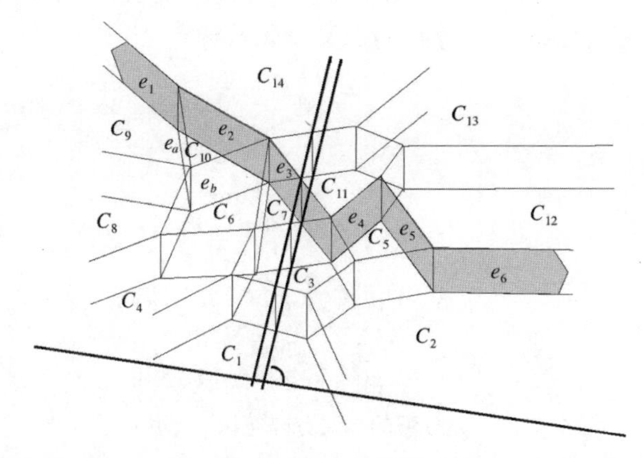


图 6.22　凸起单元的 3D 条带细分的分离面。分隔符$\sigma_{10}$可以将单元 $C_1, C_2, ..., C_{10}$ 与 $C_{11}, C_{12}, ..., C_{14}$ 分开

对于每个 $i$，存在一系列表面，它们可以将 $C_1, C_2, ..., C_i$ 与 $C_{i+1}, C_{i+2}, ..., C_k$ 分开。有关 $i=10$ 的示例，请参见图 6.22。设 $\sigma_i$ 表示此分隔符（Separator），另见参考文献[Tamassia 和 Vitter 96]和[Edelsbrunner et al. 84]。分隔符 $\sigma_i$ 和 $\sigma_{i+1}$ 在属于 $C_i$ 的表面上不同，可以根据它们的编号为分隔符构建二叉树。

这里的目的是通过二叉搜索找到想要的分隔符$\sigma_i$和$\sigma_{i+1}$，以便查询点位于它们之间的唯一单元中。反过来，对于每个分隔符，开发人员应该能够确定查询点是位于分隔符之下还是之上。这与条带方法非常相似。幸运的是，开发人员可以使用 Voronoi 图的属性。Voronoi 单元由超平面的交点构建。因此，它们是凸的，并且每个分隔符都是通过构造获得的 $x$-单调链（$x$-Monotone Chain）。这意味着开发人员也可以通过二叉搜索来应答上面/下面的分隔符查询。对于 $x$ 单调分隔符，可以构建其边的二叉树。有关图 6.22 中的分隔符 $\sigma_{10}$，请参见图 6.23。

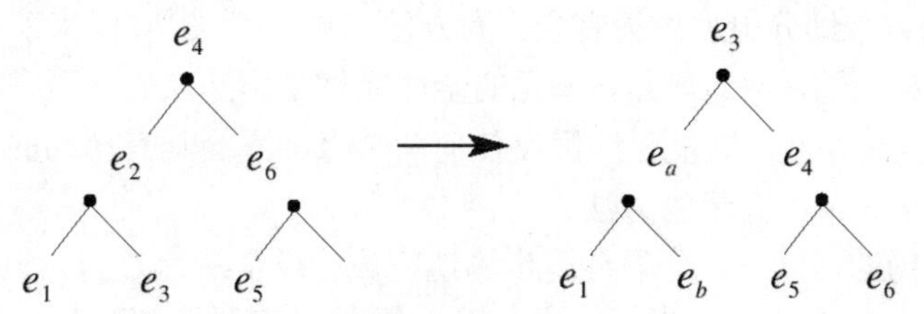


图 6.23　图 6.22 的分隔符 $\sigma_{10}$ 是其边的二叉树。从 $\sigma_{10}$ 到 $\sigma_9$，进行本地更新

总而言之，开发人员必须构造分隔符的二叉树，并为每个分隔符构造其表面的二叉树。分隔符的二叉树在树的每个叶子处包含单个单元。从树的根到叶子的路径显示了这

个单元被分隔符包围的方式。如果给出了分隔符的顺序，则可以轻松地构建二叉树。例如，图 6.24 显示了图 6.25 的单元分解的二叉分隔符树。

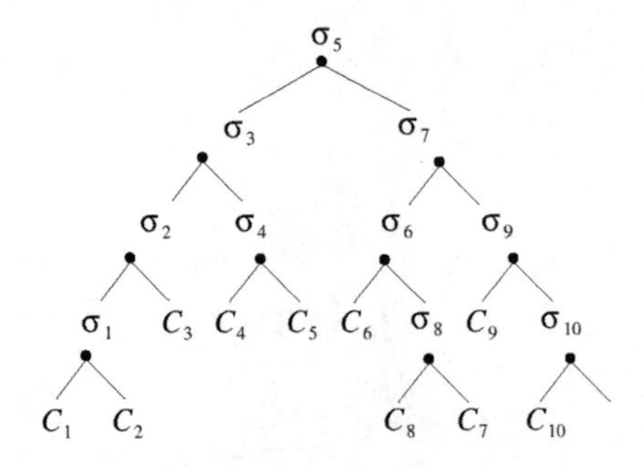


图 6.24　图 6.25 的单元分解的二叉分隔符树。每片叶子代表一个单元

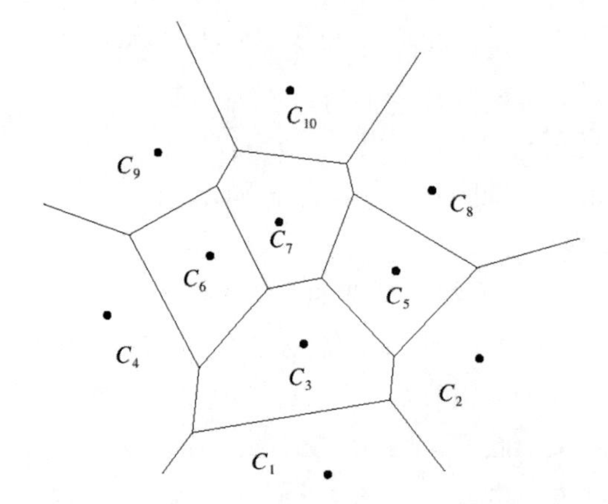


图 6.25　在 Voronoi 基点的 $y$ 顺序给出了 2D 和 3D 中单元分解的全序

最后，还需要考虑分隔符的构造。这里所提出的想法也适用于 2D 中的 Voronoi 图，并且作为简单的条带细分更加游刃有余。为方便起见，可以用 2D 来演示其构造，也就是说，表面将被替换为边。幸运的是，单元的全序显然是由基点的 $y$ 顺序给出的，如图 6.25 所示。在 3D 中也是如此。这里已经假设任何两个点都不会具有相同的 $y$ 坐标，否则，则需要应用本书第 9.5 节中介绍的方法。

在 Voronoi 图的帮助下，分隔符逐步构造完成。设全序为 $C_1, C_2, ..., C_k$，使得 $C_i \ll C_j$ 意味着 $i<j$ 通过增加基点的 $y$ 坐标给出。对于每个 $C_i$ 来说，相应的基点 $p_{j_i}$ 是已知的。

以下是分隔符构造概要。

- ❑ $C_k$ 的第一个 $\sigma_k$ 分隔符和 $C_1, C_2, ..., C_{k-1}$ 由 $C_k$ 的边界给出。边以 $x$-单调顺序给出。构建边的二叉树，并为每个边保持对 VD($S$)的 DCEL 的引用。

- 假设已经为 $C_{i-1}, C_i, ..., C_k$ 和 $C_1, C_2, ..., C_{i-2}$ 构造了分隔符 $\sigma_{i-1}$，并且已经给出了边的二叉树。
  - 对于 $C_i$，删除已经在 $\sigma_{i-1}$ 树中的 $p_{j_i}$ 边的子链。
  - 插入不在 $\sigma_{i-1}$ 树中的 $p_{j_i}$ 边的子链。必须保持整个链的顺序和树的平衡。

例如，在图 6.22 中，3D 中从分隔符 $\sigma_{10}$ 到 $\sigma_9$ 的增量重建步骤将删除边 $e_2$ 并插入链 $e_a$ 和 $e_b$，相应的树可参见图 6.23。

分隔符构造的运行时间取决于单元分解的复杂度。如果单元分解具有 $O(m)$个面，则由于 $O(m)$边的插入和删除，树在 $O(m \log m)$时间内完成构建。所有分隔符中的边数明显为 $m$ 中的二次方。通过在 $O(\log m)$时间内的二叉搜索应答点 $p$ 的点位置查询。

以下是点位置查询概要。

- 考虑分隔符二叉树的根结点 $v$ 和相应的分隔符$\sigma$。
- 如果 $v$ 是叶子，则报告相应的单元。
- 否则，检查 $p$ 是否位于$\sigma$之下或之上，如下所示。
  - 考虑$\sigma$边的二叉树的根 $w$ 和相应的边 $e$。
  - 检查 $p$ 是否位于通过 $e$ 的左右端点的两条垂直线所跨越的通道中。如果是这样，则检查 $p$ 是否位于 $e$ 之上或之下并返回该值。
  - 否则，如果 $p$ 不在 $e$ 的左右端点的通道中，则分支到与 $e$ 的通道位于 $p$ 的同一侧的线段树的 $w$ 的子结点。使用此子结点及其相关边（新 $w$ 和 $e$）重复此过程。
- 如果 $p$ 位于$\sigma$以下，则分支到包含$\sigma$下方分隔符的 $v$ 的子结点。否则，分支到包含$\sigma$上方的分隔符的 $v$ 的子结点。用这个子结点（新的 $v$）重复该过程。

上面所提出的方法在 3D 中可以按相同的方式起作用，并且在完整的 3D Voronoi 图中也是有效的。也就是说，开发人员可以忽略 3D 的条带结构。在点位置查询中，边可以由表面代替，而通道检查则可以改为对由 3 个半空间（Halfspace）分隔的区域执行。总而言之，定理 6.9 成立。

**定理 6.9** 对于具有 $O(m)$面的 3D 中的 Voronoi 图单元分解，存在基于分隔符的数据点位置结构。分隔符可以在 $O(m \log m)$时间和 $O(m^2)$空间中建立。点位置查询可以在 $O(\log m)$时间内回答。

最后，可以为最近邻居查询提供一种非常简单的方法。

### 3. 跟踪图中的线条

对于轨迹方法和最近邻居问题，另一种非常简单的方法是跟踪从指定顶点到查询点的线条。这种简单的方法适用于任意维度，并且无须预处理。这里可以假设 Voronoi 图的

DCEL $V$ 和查询点 $q$ 已经给定。

以下是线条跟踪的概要。

- 在 Voronoi 图 $V$ 的面 $f$ 上选择任意点 $p_f$。考虑从 $p_f$ 穿过到 $q$ 的线条 $l$，该线条首先通过凸多面体 $P$。
- 使用 DCEL 在 $P$ 周围移动，直到为 $P$ 的面 $f$ 上的 $P$ 找到 $l$ 的出口点 $p_f$。
- 如果没有这样的出口点，则报告 $P$ 的基点。
- 否则，继续传递从 $p_f$ 到 $q$ 的线条。

在算法 6.8 中，仍然需要描述 TraceExit 操作。开发人员可以简单地跟踪 $V$ 的多面体 $P$ 的边界，光线从 $p_f$ 到 $q$ 首先穿过 $V$。面 $f$ 用作起始面。开发人员将搜索出口边或面及其相应的交点。在平面 DCEL 中，可以连续检查相应多面体的边并测试交点。在 3D 中，还可以使用 DCEL，并连续检查所有面及测试与跟踪线条的交点。

**算法 6.8**：通过跟踪穿过 DCEL 的线条来应答区域查询

TraceLine($V$, $p_f$, $f$, $q$)（$V$ 表示 Voronoi 图的 DCEL，$q$ 是查询点，$p_f$ 是 $V$ 的 $f$ 面上的任意点）

```
P := V. polyhedron(p_f, q)
(p_f, f):= V. TraceExit(P, p_f, q)
if p_f = Nil then
    return ReportSite(P)
else
    TraceLine(V, p_f, f, q)
end if
```

简单跟踪技术的运行时间取决于 Voronoi 图的复杂度和选择的起点。如前所述，在实际情况中，3D 中的 Voronoi 图的复杂度通常位于 $n$ 个基点的 $O(n)$内。另一方面，如果 DCEL 具有线性大小，则跟踪算法中的预期步数由 $O(\log n)$给出，详见参考文献[Dwyer 91]、[Devroye et al. 98]和[Devroye et al. 04]。在最坏的情况下，以上所提出的算法需要 $O(n^2)$ 时间。跟踪方法不需要搜索查询数据结构。

**定理 6.10** 跟踪穿过复杂度 $O(m)$的 Voronoi 图的线条在最坏的情况下具有时间复杂度 $O(m)$，但是预期时间是 $O(\log m)$。

## 6.4.2 Voronoi 图在 2D 和 3D 中的其他应用

借助于 Voronoi 图，开发人员可以有效地应答基点之间的最近邻居查询。对于点 $p_i \in S$，来自 $S$ 的最近邻居位于 VD($S$)中的 $p_i$ 的相邻区域内。通过以下一般性论证可以很容易地看出这一点，并且该论证在 2D 和 3D 中都是适用的。

现在可以将 $S$ 分成两个集合 $S_1$ 和 $S_2$。$S_1$ 和 $S_2$ 的最近邻居，也就是 $p_1$ 和 $p_2$ 这两个点，$p_1 \in S_1$，$p_2 \in S_2$，其中：

$$d(p_1, p_2) = \min\{d(p_i, p_j):p_i \in S_1, p_j \in S_2\}$$

在 $S$ 的 Voronoi 图中共享一个表面，反过来，在德洛内三角剖分中又共享一个边。通过以下论证很容易看出这一点。如果 $p_1$ 和 $p_2$ 之间的线段包含点 $c$，而点 $c$ 又属于单元 $p \neq p_1, p_2$，则可以得到 $d(p, c) < d(p_1, c), d(p_2,c)$。设 $p \in S_1$，通过三角不等式，可以得到下式：

$$d(p, p_2) \leqslant d(p, c) + d(c, p_2) < d(p_1, c) + d(c, p_2) = d(p_1, p_2)$$

这与 $p_1$ 和 $p_2$ 的定义是矛盾的。

现在，可以将此论证应用于 $S_1 = \{p_i\}$ 和 $S_2 = S \setminus S_1$。

**定理 6.11**　设 $S$ 是 3D 中的一个点的集合。对于点 $p_i \in S$ 的最近邻居 $p_j \in S$，在 $S$ 的德洛内三角剖分中存在边 $p_i p_j$。可以在与 Voronoi 图的复杂度成正比的时间内找到所有的最近邻居。

除了最近邻居查询之外，还有许多不同的 Voronoi 图及其偶图的几何应用。以下将仅举数例，以及一些性能结果。

德洛内三角剖分包含最小生成树（Minimum Spanning Tree）。根据定义，最小生成树是连接所有基点的最小图形（相对于总边长）。Kruskal 的算法（详见参考文献[Kruskal, Jr.56]）可以在时间 $O(|E|\log|E|)$ 中计算任意图形 $G = (V, E)$的最小生成树。因此，可以在稀疏（Sparse）Voronoi 图上应用 Kruskal 算法计算点集的最小生成树。

**定理 6.12**　3D 中的点集的最小生成树是德洛内三角剖分的一部分。

**证明**：可以采用分治法的论证。如果给出 $S$ 的最小生成树，可以将每个边的树分割成基点 $S_1$ 和 $S_2$ 的两个不相交的子集。如前所示，连接 $S_1$ 和 $S_2$ 的边必须是德洛内边。

最小生成树为开发人员提供了一个针对旅行商问题（Traveling Salesman Problem，TSP）的简单启发式算法。旅行推销员访问所有基点并返回其起点。开发人员感兴趣的是计算求解这个问题（和边长相关）的最短巡行（Tour）。已经证明，计算最佳 TSP 巡行的问题是一个多项式复杂程度的非确定性难题（Non-deterministic Polynomial，NP-hard）。如果以深度优先的方式跟踪最小生成树的边并返回起点，则刚好访问了每个边两次。最小生成树的长度始终小于 TSP 巡行。因此，开发人员可以在 $O(|E|\log|E|)$ 时间内计算 TSP 近似值，其中 $E$ 表示德洛内三角剖分中边的集合。

**定理 6.13**　以深度优先的方式遵循 3D 中的点集的最小生成树给出了基点的最佳 TSP 巡行的 2 近似（2-Approximation）。

Voronoi 图也有助于局部化的目标（详见参考文献[Hamacher 95]）。假设 3D 中的基点代表危险源，如火灾或地震。然后开发人员想在给定的凸区域 $A$ 内找到一个基点，以便获得最大的安全性。在几何方面，开发人员要寻找的则是相对于 $A$ 内部基点的最大空球。可以证明，该球的中心位于该基点集合的 Voronoi 图的顶点，或者在区域 $A$ 的边界上。

几何论证如下：对于可能的中心 $c$，可以通过移动 $c$ 来扩大该球，直到遇到 $S$ 的基点。如果这只是单个的基点，则可以进一步扩大该球，直到满足第二个基点。现在开发人员处于 Voronoi 区域的表面。继续沿着这个平分线移动并且扩大该球，直到有 3 个基点位于该球的边界上。因此，现在已经位于 Voronoi 的边。接下来，仍然可以扩大该球，沿着边移动，直到最后遇到第 4 个基点。

在这个扩大过程中，开发人员可能会在某个阶段触及区域 $A$ 的边界。在这种情况下，必须在 $A$ 上找到一个最佳基点。这个基点可能是由区域 $A$ 与 VD($S$)表面或边的交点给出的，也可能 $c$ 就在表面 $A$ 的某个地方（如果在扩大的第一个阶段就遇到 $A$）。由于 $A$ 是凸的，因此可以将中心移向 $A$ 的顶点以扩大该球。总而言之，定理 6.14 成立。

**定理 6.14**　在 3D 的给定凸区域 $A$ 中，基点的集合 $S$ 的最大空球有一个中心 $c$，这个中心要么在 Voronoi 图 $S$ 的 Voronoi 顶点上，要么在 $A$ 的边界上。当 $c$ 在 $A$ 的边界上时，它是 Voronoi 图边或表面与 $A$ 的交点；或者 $c$ 就是 $A$ 的顶点。

此外，对于局部化的计划，最远的彩色 Voronoi 图有一些很好的应用。假设已经有一些基点 $P_1, P_2, ..., P_k$ 的子集，使得 $P_i$ 代表相同的源，例如，$P_i$ 可能代表所有超市或所有医院的基点。现在，开发人员想选择一个基点，使每个源集（Source Set）的一个实例在附近。从几何学上讲，开发人员将要搜索至少包含每个集合 $P_i$（$i = 1, ..., k$）的一个实例的最小球。假设每个 $P_i$ 都有自己的颜色。显然，最佳球在其边界上具有 4 个不同颜色的基点，并且在球内没有其他具有相同颜色的基点。否则，开发人员可以收缩球。这意味着对于该球的中心，4 个基点代表所有颜色中的 4 种最远的颜色。因此，该中心是 3D 最远颜色 Voronoi 图中的 Voronoi 顶点。总而言之，开发人员可以系统地检查给定图中的所有四色（Four-Colored）Voronoi 顶点。

**定理 6.15**　设 $P_1, P_2, ..., P_k$ 表示 3D 中的 $k$ 点集，使得每个集合都有它自己的颜色。对于 $i = 1, ..., k$，包含每个集合 $P_i$ 的至少一个实例的最小球有它自己的中心，该中心位于最远颜色 Voronoi 图的四色 Voronoi 顶点上。

还有许多其他应用，例如运动规划（Motion Planning）或聚类（Clustering），参见本节开头提到的邮局问题。例如，在参考文献[Dehne 和 Noltemeier 85]中显示了使用 Voronoi 图来聚类对象的方法。

相应算法的复杂度和运行时间取决于 Voronoi 图的复杂度。正如前文所述，3D 中 Voronoi 图的复杂度在许多实际情况中也是线性的。因此，本节提出的许多问题在 3D 中求解的时间限制几乎与在 2D 中的情形相同。

# 6.5　计算机图形学中的 Voronoi 图

下文将介绍一些使用 Voronoi 图（或德洛内图）的计算机图形应用程序，以实现简练或简单的解决方案。

## 6.5.1　马赛克

计算机图形学的主要课题之一是在计算机中对场景或环境进行建模并实现照片级真实感渲染（Photorealistic Rendering）。然而，计算机图形学中最近的一个主题是所谓的非照片级真实感渲染（Non-Photorealistic Rendering，NPR）。例如，NPR 可能用于生成马赛克。

马赛克（Mosaic）由紧密设置在表面上的小块（例如石头、鹅卵石或贝壳）组成。这些小块（Piece）通常是按不同方式着色的，因此当从远处观看时，整体效果会产生一幅画面。与马赛克的整体尺寸相比，各个小块通常都很小并且彼此之间或多或少有些相似之处。例如，在古希腊、罗马（见图 6.26）或拜占庭的浴室、房屋和寺庙中都曾经发现了美妙的马赛克。

图 6.26　浴缸中的罗马马赛克（详见参考文献[Mosaic a]和[Mosaic b]。左图由 SJSU 犹太研究项目的 D. Mesher 提供，右图由希腊文化部提供）

另外，由 $N$ 个小块组成的马赛克可能比由 $N$ 个像素组成的图像携带更多信息，因为这些小块可以携带额外的信息，如形状和方向。例如，在图 6.26 所示的示例中，可以看到小块的方向遵循图像的边、轮廓或其他特征（如中间轴）。因为这是马赛克的一个非常有特色的特征，开发人员也想在计算机生成的图片中实现这种效果。然而，这样一来就会出现两个相互矛盾的任务：仅使用相似的小块，将它们拼合在一起，使得它们之间的区域（拼缝）最小化，并且使所有小块的方向（假设这些小块具有唯一的“向上”方向）尽可能接近规定的方向。

下文将假设这些小块是相同大小的正方形（后文将介绍如何轻松解除此限制）。在马赛克中的每个点，可以通过向量场$\Phi$来规定小块的方向。更正式的说明如下。

**问题 6.16** 给定平面中的一个区域$R \subset \mathbb{R}^2$，以及一个向量场$\Phi$：$R \rightarrow \mathbb{R}^2$，找到$N$个基点$P_i \in R$和$N$个方向$o_i \in \mathbb{R}^2$，使得以下条件成立：如果将边长为$s$的$N$个正方形放置在这些基点上，则每个$P_i$上有一个正方形并且该正方形具有方向$o_i$，然后：

- 它们是不相干的。
- 它们所覆盖的区域是最大化的。
- $o_i$和$\Phi(P_i)$之间的角度之和被最小化。

这里的思路是，区域$R$覆盖图像，并且方向场（Direction Field）被设计为使得正方形与图像中的边对齐。当找到$P_i$时，可以通过在图像中位置$P_i$处找到的颜色均匀地为每个正方形着色。

为马赛克块选择完全相等的正方形是一种简化，但开发人员可以通过将每个正方形略微随机变形来使马赛克看起来更像是手工制作。

实际上，如上所述，放置基点$P_i$的问题是生成低差异采样模式（Low-Discrepancy Sampling Pattern）或低能量粒子配置（Low-Energy Particle Configuration）的一般问题[①]。

**1. 放置基点**

首先，开发人员将仅考虑按平均对齐方块的方式放置基点的问题（即暂时省略方向）。

想象一下区域$R$中的$N$个粒子，每个粒子都排斥其邻居。当粒子停下来时，可以计算粒子集合的 Voronoi 图，这个 Voronoi 将是一个特殊的变体，称为质心 Voronoi 图（Centroidal Voronoi Diagram，CVD）。在 CVD 中，开发人员可以获得附加属性，每个基点都位于其 Voronoi 区域的质心。图 6.27 显示了这样一个示例，另一个例子则是蜂窝状的。

---

[①] 这个问题也出现在许多其他领域，例如量化（其中一系列数量被代码簿中的一个代表替换）、资源的最佳放置（其中所有资源应放置为：每个区域必须前往最近资源的距离的总和最小化），或模拟动物占据领土的行为（每只动物尝试最大化自己的领土，尽可能地驱逐其邻居）。

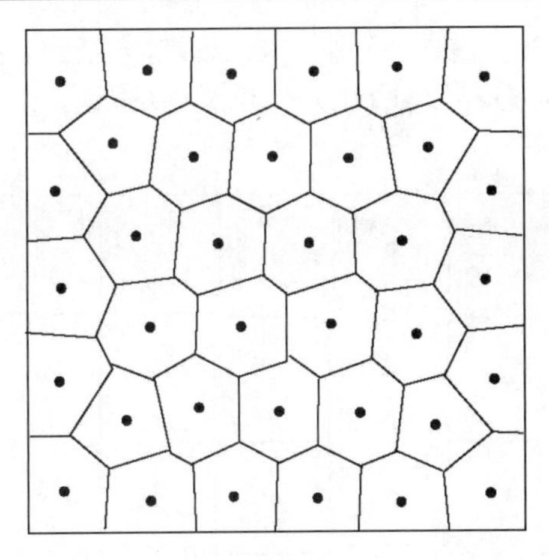

图 6.27　质心 Voronoi 图（CVD）的示例

更正式的描述是，设 $V_i$ 成为基点 $P_i$ 的 Voronoi 区域。那么该质心就是：

$$C_i = \frac{\int_{V_i} x \, \mathrm{d}x}{\mathrm{Area}(A)} \tag{6.1}$$

更一般地说，如果考虑 $R$ 上的概率密度函数 $\rho$，那么该质心就是：

$$C_i = \frac{\int_{V_i} x\rho(x) \, \mathrm{d}x}{\int_{V_i} \rho(x) \, \mathrm{d}x} \tag{6.2}$$

然后，当且仅当下式成立，Voronoi 图是 CVD。

$$\forall i : C_i = P_i$$

对于给定的 Voronoi 图$\{P_i, V_i\}_{i=1 \dots N}$，可以将能量（有时也称为成本）定义为：

$$E(\{P_i, V_i\}_{i=1,\dots,N}) = \sum_{i=1}^{N} \int_{V_i} \rho(\mathbf{x}) \left| \mathbf{x} - C_i \right| \mathrm{d}x \tag{6.3}$$

在参考文献[Du et al. 99]中证明了 $E$ 最小的必要条件是：$\{P_i, V_i\}_{i=1 \dots N}$是 $R$ 的 CVD。

通过观察可以发现，到目前为止生成的 CVD 在局部看起来就像是平铺的六边形。这是因为在等式（6.3）中，欧几里得度量用于测量距离，并因此测量 Voronoi 区域的影响范围。但是，开发人员更希望它像平铺的正方形。因此，需要选择不同的度量标准，即 $L_1$ 度量标准或曼哈顿距离度量标准（Manhattan Distance Metric），$|x_1 - x_2| + |y_1 - y_2|$。然后，CVD 将变得更像是正方形的平铺（见图 6.28）。

为了计算给定区域 $R$ 的 CVD，有两种众所周知的算法：Lloyd 的方法和 MacQueen 的方法（详见参考文献[Ju et al. 02]）。虽然后者在 CPU 上的执行比较简单，但本节将会介绍前者，个中原因很快就会揭晓。此外，Deussen 等人报告它似乎比其他粒子扩散技术更稳定（详见参考文献[Deussen et al. 00]）。当然，从理论上讲，它在两个或多个维度上的收敛尚未得到证实。

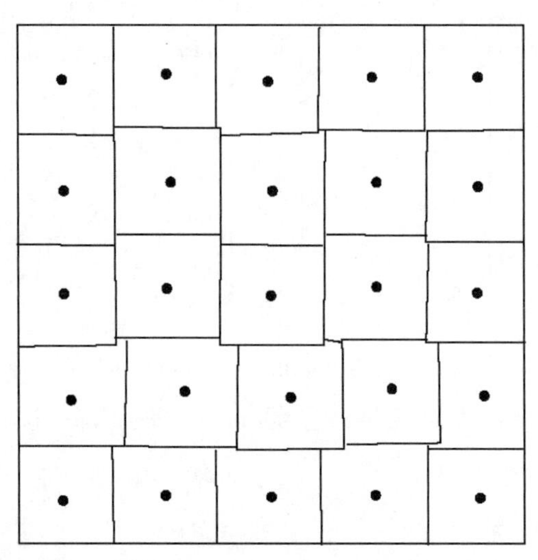

图 6.28　使用曼哈顿度量而不是欧几里得度量的 CVD 示例

Lloyd 的方法基本上是计算 Voronoi 图和质心之间的迭代[①]。算法 6.9 概述了该过程。这里有两个开放性的问题：如何计算 Voronoi 区域和如何确定质心。

**算法 6.9**：Lloyd 算法计算区域 $R$ 的质心 Voronoi 图

---

select an initial set of $N$ random points $P_i \in R$
**repeat**
　　construct the Voronoi regions $V_i$
　　determine the centroids $C_i$ of all $V_i$
　　set $P_i := C_i$
**until** $E(\{P_i, V_i\})$ is "small enough"

---

由于近似 CVD 将完美地服务于开发人员的目的，因此可以通过与第 5.1.2 节中相同的方法（详见参考文献[Hausner 01]）来计算 Voronoi 区域：可以在每个 $P_i$ 上放置一个正确的锥体及其顶点，其轴沿着 $z$ 轴。然后在 $xy$ 平面上以正交方式投射它们，这正是将所有锥体渲染到帧缓冲区时发生的情况。对于每个像素，Z 缓冲区将执行最近邻居"搜索"，因为像素将被顶点最近的锥体填充。对于每个圆锥，可以选择一种独特的颜色，这样，

① 请注意，一般来说，区域 $R$ 没有唯一的 CVD。

最终同一个 Voronoi 区域中的所有像素都将具有相同的 ID（即颜色）[①]。

通过这种方法，开发人员甚至可以适应不同的指标，因为锥体的形状即可以体现指标。圆锥的函数是 $z=\sqrt{(x_1-x_2)^2+(y_1-y_2)^2}$，它正好是点 $\mathbf{x}_1$ 与顶点 $\mathbf{x}_2$ 的距离。如果想要体现曼哈顿度量指标，只要渲染正方形锥体即可，其函数为 $z=|x_1-x_2|+|y_1-y_2|$（见图 6.29）。

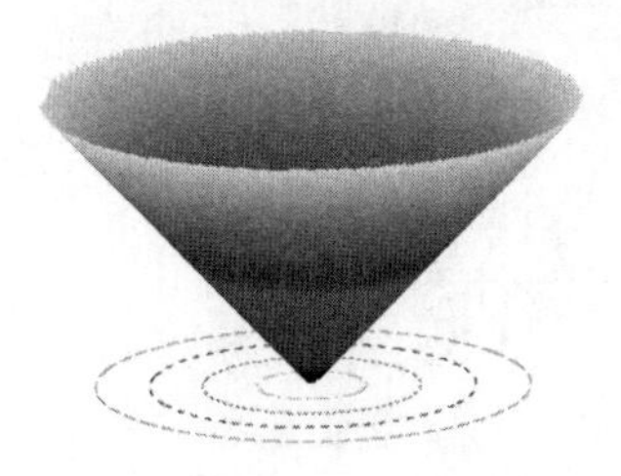
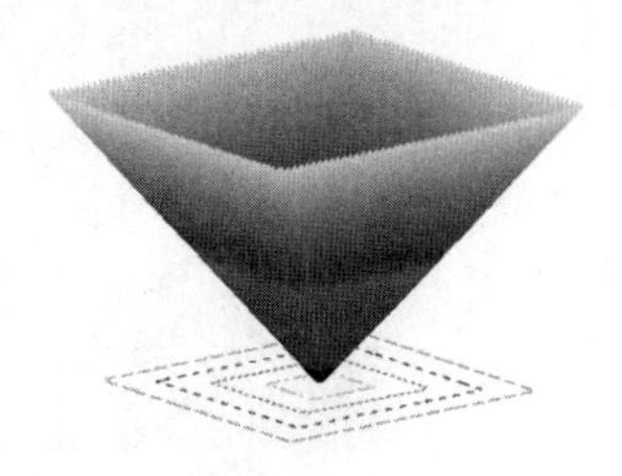

图 6.29　不同形状的锥体可以体现不同的度量指标

剩下的就是计算 Voronoi 区域的质心，见式（6.1）。在传统的 CPU 实现中，这将通过基于蒙特卡罗的积分技术来完成（详见参考文献[Ju et al. 02]）。在这里，可以简单地扫描帧缓冲区，并为每个颜色 ID 分别计算已用该 ID 着色的像素的所有 $x$ 值和 $y$ 值的平均值。同样，这仅给出了一个近似的质心，但这对应用程序来说已经很好[②]。

### 2．设置小块的方向

到目前为止，开发人员一直忽略了要放置在 $P_i$ 上的小块的方向。圆锥形没有明显的方向，都在用正方形锥体以相同的方式对它们进行定向。

这里必须进行的修改非常简单（详见参考文献[Hausner 01]）：只要根据顶点的向量场 $\Phi(P_i)$ 旋转锥体即可，而不是使用具有相同方向的正方形渲染锥体[③]。

本节将不会详细介绍如何获取合适的向量场 $\Phi$。有一种简单的方法（类似于本书第 5.1.2 节中介绍的方法）来计算 Voronoi 区域（详见参考文献[Hausner 01]）。开发人员可以从区域 $R$ 中的一组曲线开始，马赛克小块应该沿着这些曲线对齐。对于每条曲线，可以渲染（使用正交投影）一个拼合而成的“曲线山”。然后，可以读回 Z 缓冲区，其中包含一种高度场（Height Field），并计算每个像素处的离散梯度（Discrete Gradient）（见

---

① 请注意，该技术将不会计算 Voronoi 图的组合版本，即它不会创建 Voronoi 区域的组合描述，也不会识别每个区域的邻居。但对于 Lloyd 的算法来说，这并不是必需的。

② 质心的相对误差取决于其 Voronoi 区域的大小，即它所占据的像素数。在极端情况下，这可能会导致一个质心消失。当然，这个问题是可以轻松解决的，方法是以更高的分辨率再次渲染一小部分，或者移除该位置并在另一个更大的 Voronoi 区域中插入新的随机位置。

③ 当然，这样处理背离了 CVD，但是它更好地适应了小块所需的方向。

图 6.30）。这些梯度将垂直于靠近曲线的像素处的曲线。

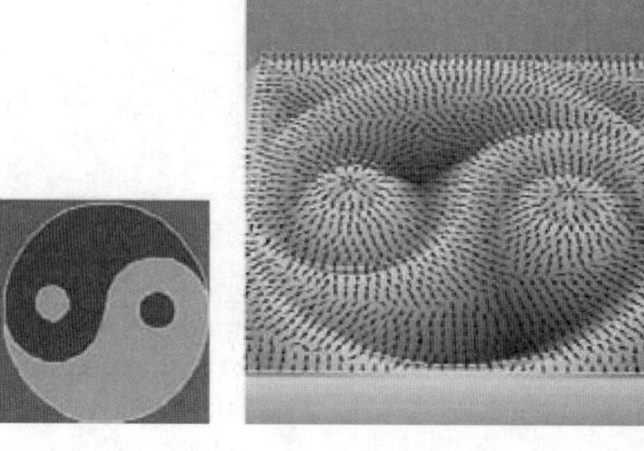

图 6.30　用于设置马赛克小块方向的向量场可以通过来自一组曲线的离散梯度来计算（详见参考文献[Hausner 01]。图片由 Alejo Hausner 和 ACM 提供）

### 3. 避开边

马赛克的一个突出特点是，这些小块通常不会跨越图像的边或轮廓，使其在马赛克中更加明显。这也是开发人员想要在计算机生成的马赛克中模拟的东西。这可以通过适当地修改密度函数 $\rho$ 来实现。在这里，开发人员应该在边周围的带（Band）中将$\rho$设置为零，带的宽度与块的大小大致相同。

由于开发人员可以通过扫描带有区域颜色 ID 的像素的帧缓冲区来计算新的 Voronoi 区域质心，所以这里需要做的就是在扫描之前插入一个额外的步骤，其中，开发人员可以将边带内的所有像素设置为中性颜色（例如白色），以便它们不会被计入任何 Voronoi 区域。因此，Voronoi 站点（即质心）将被推离边。该过程如图 6.31 所示。

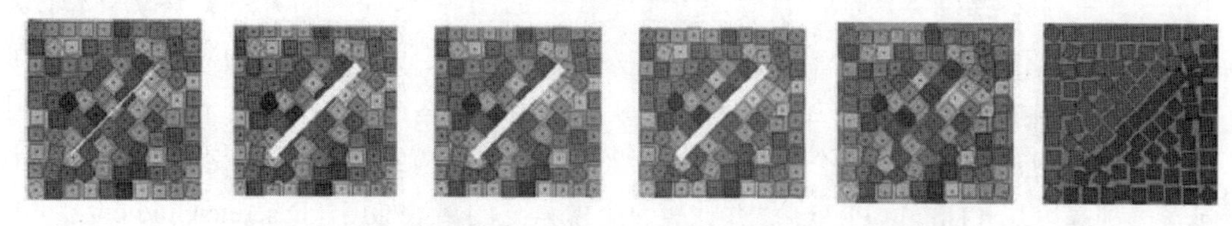

图 6.31　保留最终马赛克中原始图像边的过程（详见参考文献[Hausner 01]。图片由 Alejo Hausner 和 ACM 提供）

总的来说，计算马赛克的算法在算法 6.10 中已有显示。与算法 6.9 相比，开发人员可能想要改变收敛标准，例如，如果能量不再显著下降则停止。最终马赛克小块的尺寸 $s$ 可以使用下式估算：

$$s=\delta\sqrt{\frac{S}{N}}$$

其中 $S$ 是区域 $R$ 中的像素数，并且 $\delta$ 是考虑由于不同取向而导致的正方形（拼缝）之间的死空间（Dead Space）的因子。

**算法 6.10：生成马赛克的算法**

1: select an initial set of $N$ random points $P_i \in R$
2: **repeat**
3: place a square pyramid at each site $P_i$, with apex at $P_i$ and axis along z-axis, and rotate it about z-axis to align it with the direction field $\Phi(P_i)$
4: render all pyramids using orthogonal projection into the frame buffer, each with a unique color
5: draw edge bands over the discrete Voronoi diagram in frame buffer, using neutral color (white)
6: read color buffer back
7: scan buffer and compute average $x$ and $y$ values (centroids $C_i$) for each color "ID" $i$
8: set $P_i := C_i$
9: **until** convergence criterion is met
10:draw a square of size $s$ at each $P_i$ with uniform color found at position $P_i$ in the original image

### 4．改变马赛克块的大小

就像方向一样，开发人员可以通过改变下式中方锥（金字塔）的斜率来调整算法以改变马赛克块（正方形）的大小。

$$z=\alpha\left(|x_1-x_2|+|y_1-y_2|\right)$$

甚至也可以改变正方形的纵横比：

$$z=\beta|x_1-x_2|+\frac{1}{\beta}|y_1-y_2|$$

这在具有精细细节的图像区域中非常有用。

基本上，这相当于改变式（6.2）和式（6.3）中的概率密度函数$\rho$。因此，Lloyd 算法将在具有高概率密度的区域中更加密集地包装方块。

### 5．示例

图 6.32 显示了 Voronoi 图的示例，其中许多基点已经随机放置在图像上，并且每个 Voronoi 单元根据 Voronoi 基点的图像中的颜色均匀着色。这基本上是参考文献[Haeberli 90]中提出的技术。该示例是使用参考文献[Hoff III et al. 99]中介绍的软件生成的。

图 6.33 显示了使用上述方法生成的两个示例。

图 6.32　通过在图像上随机放置 6000 个 Voronoi 基点并使用图像中的颜色均匀地着色每个 Voronoi 区域而生成的马赛克

图 6.33　使用 CVD 方法生成的两个马赛克示例（详见参考文献[Hausner 01]。图片由 Alejo Hausner 和 ACM 提供）

## 6.5.2　自然邻居插值

插值是一种非常重要的技术，在许多情况下出现在计算机图形学和其他工程领域中。问题陈述可以很简单地表达出来。

设$\mathcal{P} = \{P_1, ..., P_n\} \subset R^d$是 $d$ 维空间中的一组固定点。有时，可以将这些点称为数据基点（Data Site）。在每一个基点中，都给出了一个实值 $z_i$。现在，插值问题（Interpolation Problem）可以找到一个（在某种意义上）很好的函数 $\varphi$ ，使得下式成立：

$$\forall i = 1, \ldots, n : \varphi(P_i) = z_i$$

其中一个示例是空间中向量的插值。例如，法线仅在一组离散的点（如从扫描仪获得的模型的顶点或点云）上给出（见图 7.19）。

要解决这个问题，几乎可以有无限种方法。本节将介绍一种以简洁方式利用 Voronoi

图的方法。

这种非常简单的方法如下所述：给定一个点 $P$，确定 $P$ 的最近邻居，$P_{i*} \in \mathcal{P}$。设 $\varphi(P) := z_{i*}$。找到最近邻居总量（Amount）以识别 $P$ 所在的 Voronoi 区域。但是，不需要显式构建 Voronoi 图（尽管它可以用于加速搜索）。显然，这种插值是分段常数函数（Piecewise Constant Function），因此它不是连续的。

补救措施或多或少是明确的：开发人员需要分别涉及 $P$ 或 $P_{i*}$的“邻居”。这是由参考文献[Sibson 80]和[Sibson 81]提出的。这个思路是利用 Voronoi 图来确定 $P$ 的邻居，并确定它们对 $P$ 的“影响”。

更确切地说，开发人员首先需要在$\mathcal{P}$,$\mathcal{V}(\mathcal{P})$上构建 Voronoi 图。共享$(d-1)$维面的 Voronoi 区域称为邻居（Neighbor）[①]。

其次，可以在$\mathcal{P}' := \mathcal{P} \cup P, \mathcal{V}(\mathcal{P}')$上构建 Voronoi 图。这相当于将 $P$ 插入$\mathcal{P}$上的德洛内图中（见第 6.2 节），然后将更改传递到 Voronoi 图。请注意，这些更改通常只是局部更改（见图 6.34）。

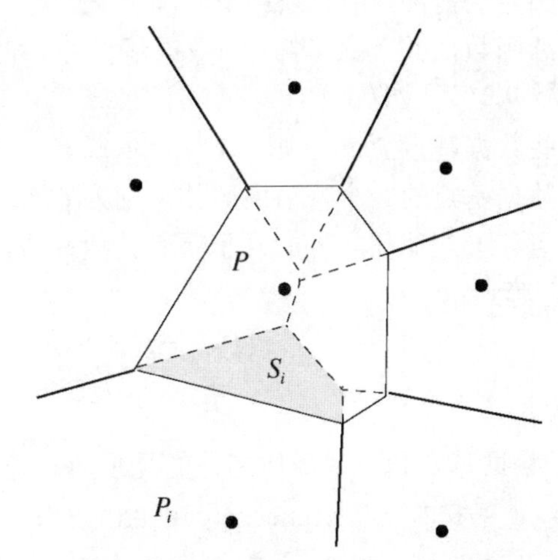


图 6.34　插入$\mathcal{P}'$会改变 Voronoi 图。粗线和虚线一起构成了$\mathcal{P}$上的 Voronoi 图，而粗线和细线则显示了$\mathcal{P}'$上的 Voronoi 图。单独的细线表示 $P$ 的 Voronoi 区域，且 $P$ 是计算插值的点

可以通过 $R_i$ 来表示$\mathcal{V}(\mathcal{P})$中基点 $P_i$ 的区域，通过 $R_i'$ 来表示$\mathcal{V}(\mathcal{P}')$中相同基点的区域，通过 $R$ 来表示基点 $P$ 的区域。$P$ 的自然邻居（Natural Neighbor）被定义为点 $P_i$（这些点是$\mathcal{V}(\mathcal{P}')$中 $P$ 的邻居）。

接下来，需要定义自然邻居的影响。这是通过将区域 $R$ 进一步划分为子区域来完成

① 在 2D 中，这些是图中的共同边；在 3D 中，这些是公共的多边形。

的。子区域 $S_i$ 的计算方式如下：

$$S_i := R_i \cap R$$

从图 6.34 可以看出，当且仅当 $S_i \neq \varnothing$ 时，$P_i$ 才是 $P$ 的自然邻居。设 $\mathrm{Vol}(S_i)$表示这些子区域的体积。或者更准确地说，是 $d$ 维中的勒贝格（Lebesgue）度量。现在，与 $P_i$ 相关联的 $P$ 的自然坐标（Natural Coordinate）可以通过下式定义：

$$s_i(P) = \frac{\mathrm{Vol}(S_i)}{\sum_j \mathrm{Vol}(S_j)} \tag{6.4}$$

请注意，$\sum_j \mathrm{Vol}(S_j) = \mathrm{Vol}(R)$。有时，这些也称为 Sibson 坐标（Sibson's Coordinate）。

插值现在可以按下式计算：

$$\varphi(P) = \sum_{i=1}^{n} z_i s_i(P) \tag{6.5}$$

自然坐标有 3 个重要属性（详见参考文献[Sibson 80]和[Sibson 81]），如下所示。

（1）当且仅当 $P$ 是凸包的内部点时，$s_i(P)$是明确定义的。

（2）$s_i(P)$是 $P$ 的连续函数，并且除了$\mathcal{P}$中的数据基点外，它是连续可微的（详见参考文献[Piper 93]）。更准确地说，$\varphi(P)$ 是：

① $C^0$，如果 $P$ 与某些数据基点 $P_i$ 重合则为 $C^1$。

② $C^1$，如果 $P$ 位于数据基点的一个德洛内球体上则为 $C^2$。

③ $C^\infty$，除了数据基点和一些球体之外的几乎所有其他地方。

（3）$s_i(P)$满足以下恒等式：

$$\sum_i s_i(P) P_i = P \tag{6.6}$$

即 $P$ 是其邻居的凸组合[①]。

因此，插值 $\varphi$ 在除了数据基点和一些球体之外的几乎所有地方都是 $C^\infty$。

显然，所有 $s_j(P) \to \delta_{ij}$（克罗内克（Kronecker）delta）为 $P \to P_i$。因此，无论 $P$ 从哪个方向接近 $P_i$，$\varphi(P) \to z_i$ 为 $P \to P_i$。当然，这可能发生在不同斜率（Slope）的情况下，它取决于接近 $P_i$ 的方向，因为 Voronoi 区域的重叠可以随着不同的“速度”而减小。在德洛内球体的边界上会发生类似的事情，因为在该边界上，$P$ 的自然邻居集合会发生变化：只要 $P$ 停留在德洛内球体之外，该球体仍然是有效的德洛内球体。然而，一旦 $P$ 进入球体，它就不再有效，必须由（通常是 3 个）其他德洛内球体替换。并且，在那种情况下，$P$“窃取”了该（前）德洛内球体最远基点的 Voronoi 区域的一些空间。

---

① 在这里可以用它们的位置向量逐步识别点。

因此，$s_i(P)$和$\varphi$仅在$\mathcal{P}$的凸包内部明确定义的原因是：如果 $P$ 在外面，那么 $P$ 本身就是凸包的一部分。所以，它的 Voronoi 区域是无边界的，这会导致一些 $s_i(P)$变得无边界。因此，如果也想要插入$\mathcal{P}$的凸包外部，则需要引入一些哨兵点（Sentinel Point），即开发人员必须在$\mathcal{P}$周围的一个足够大的包围盒上添加到$\mathcal{P}$的点。

开发人员可以附加函数，而不是将固定值附加到每个数据基点。因此，假设每个 $P_i$ 附加一个连续可微的函数 $h_i \in C^1$，从 $\mathbb{R}^d$ 到 $\mathbb{R}$ 满足 $h_i(P_i) = 0$（例如，距 $P_i$ 的距离）。因此，现在更普通的插值是 $\varphi(P) = \sum_i^n s_i(P)h_i(P)$。

剩下的一个问题是：如何才能增加插值的连续性？在参考文献[Hiyoshi 和 Sugihara 00]中提出了一种方法[①]。但是，下文将介绍一种更简单的方法（详见参考文献[Boissonnat 和 Cazals 01]和[Boissonnat 和 Cazals 00]）。

开发人员可以将自然邻居插值（Natural Neighbor Interpolation）定义为：

$$h(P) = \sum_{i=1}^{n} s_i^{1+\omega}(P)h_i(P) \tag{6.7}$$

其中，一些任意小的值 $\omega > 0$。

**引理 6.17**　如果 $h_i(P_i) = 0$，则 $h(P)$内插 $h_i$，并且 $h \in C^1$。

**证明**：正如前文所述，$s_i$ 和（按照定义）$h_i$ 在 $\mathbb{R}^d$ 上是连续的，因此，$h$ 在 $\mathbb{R}^d$ 上是连续的。由于 $s_j(P_i) = \delta_{ij}$，可以有 $h(P_i) = h_i(P_i)$。在本示例中，会出现$\forall i : h(P_i) = 0$。

由于 $s_i$ 在 $C^1$ 中，所有 $P \notin \mathcal{P}$，所以开发人员可以求 $h$ 的微分，以获得：

$$\frac{\partial h}{\partial x^j}(P) = \sum_{i=1}^{n} s_i^{1+\omega}(P)h_i(P) + (1+\omega)s_i^{\omega}(P)\frac{\partial s_i}{\partial x^j}(P)h_i(P)$$

其中 $x^j$ 表示第 $j$ 个笛卡儿坐标。

因为 $P \to P_k$，所以有 $h_k(P) \to 0$，$s_i(P) \to \delta_{ik}$。因此，对于所有 $i$，上面总和中的第二项消失。由于 $P$ 接近 $P_i$，并且从第一项开始，只有 $s_k$ 仍然存在，所以 $\frac{\partial h}{\partial x^j}(P) \to \frac{\partial h_k}{\partial x^j}(P_k)$，这是在 $C^1$ 中的先决条件。

剩下的最后一个问题是：如何实际计算 $P$（“新”点）的 Voronoi 区域 $R$ 的子区域 $S_i$？实际上，开发人员只需要计算 $\mathrm{Vol}(S_i)$。

后一种观察结果将有助于实现一种相当快的方法来计算自然坐标。这里有两种可能性。一种是模拟（Simulate）将 $P$ 插入$\mathcal{P}$的德洛内三角剖分中（详见参考文献[Boissonnat 和 Cazals 00]）。这基本上是在第 6.2 节中描述的算法，区别在于这种方法只识别冲突的四面体，然后四处游走以积累体积。因此，使用这种方法计算一个 $P$ 的自然坐标的复杂

---

① 事实上，该文献的作者可以实现任意的连续性。当然，随着连续性的不断增加，该方法在计算上的成本也将变得越来越高。

度与德洛内插入的复杂度相同。

另一种可能性是使用随机采样来以蒙特卡罗方式计算体积。实际上，开发人员甚至不需要计算体积本身，而只需要计算比率（Ratio）。所以，该方法只需要在$\mathcal{P}'$的包围盒内部生成一些随机的点。对于每一个随机点，可以根据$\mathcal{P}'$计算其最近邻居，并且可以丢弃那些 $P$ 不是最近邻居的点（该方法仅对位于 $P$ 的 Voronoi 区域内的随机点感兴趣）。对于剩余的每个随机点，可以根据$\mathcal{P}$确定最近邻居。现在，$P$ 相对于 $P_i$ 的自然坐标只是各个点的数量的比率。算法 6.11 总结了这种简单的算法。

**算法 6.11**：使用简单的蒙特卡罗方法来计算自然邻居

---

generate set $S_1$ of random points inside bounding box of $\mathcal{P}$
compute $S' := \{X \in S_1 \mid P \text{ is nearest neighbor to } X\}$
**for all** $P_i$ **do**
  compute $S_i := \{X \in S' \mid p_i \text{ is nearest neighbor to } X\}$ $s_i \leftarrow \frac{|S_i|}{|S'|}$
**end for**

---

# 第 7 章　几何接近图形

在第 6 章中已经讨论了一种数据结构，该结构提供了其基点之间的接近（Proximity）的概念，虽然没有明确说明，但它实际上就是德洛内图（Delaunay Diagram）。本章将介绍基于接近的概念（具有不同具体含义）定义的其他图形。

几何接近图形（Geometric Proximity Graph）有时也称为邻居图形（Neighborhood Graph），其相关的兴趣点在计算几何、理论计算机科学和图论等许多不同领域中已经进行了约 20 年的高水平研究。从某种意义上说，多边形网格（Polygonal Mesh）是一种特殊的接近图形，它是图形对象极为常见的边界表示。

这些图形可以作为捕获不同的非结构化点集（Unstructured Point Set）的结构（Structure）或形状（Shape）的强大工具。因此，它们在计算机图形学、计算机视觉、地理学、信息检索、自组网络路由和计算生物学等许多领域中都有大量应用（见图 7.1）。

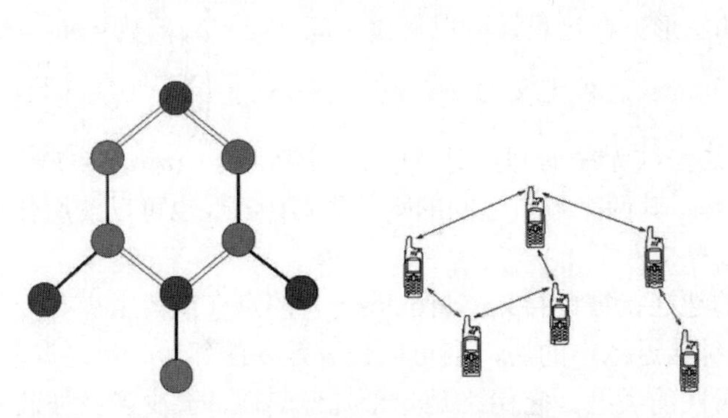

图 7.1　识别集合中所有成对的闭合结点可以揭示重要的结构，例如分子或移动自组网络。但是，在确定接近度确实相关时必须小心（图片由 Cassiopeia 提供，详见参考文献[RAS]）

即使在心理学方面，它们也可以帮助解释一些视错觉（Optical Illusion）（详见参考文献[Sattar 04]）。例如，众所周知的缪勒莱耶幻觉（Mueller-Lyer Illusion）（详见参考文献[Coren 和 Girgus 78]）：有两条等长线段，其中一条两端的箭头向内指，而另一条两端的箭头向外指，虽然箭头之间的线段长度实际上相等，但是前者显得比后者要长得多（见图 7.2）。

本章将展示少量邻居图形（不是多边形网格）和计算机图形中的一些应用程序，它们可以帮助检测点云（Point Cloud）中的结构。

图 7.2 接近图甚至可以帮助心理学解释一些视错觉

# 7.1 一个很小的接近图形集合

本节将定义许多常见的接近图形并突出显示它们的一些属性。这通常会通过引入一个邻居（Neighborhood）来完成，该邻居将准确地定义两个结点（即点）何时彼此相邻。以下定义和讨论以参考文献[Jaromczyk 和 Toussaint 92]中的内容为基础。

## 7.1.1 初步定义

几何图形是嵌入度量空间的图形。在这里，可以假设空间 $\mathbb{R}^d$ 与 $L_p$ 范数（Norm）一起，$1 \leqslant p \leqslant \infty$。两点 $\mathbf{x}, \mathbf{y} \in \mathbb{R}^d$ 之间的长度被定义为 $d(\mathbf{x}, \mathbf{y}) := \|\mathbf{x}-\mathbf{y}\|_p = \left(\sum_{i=1}^{d} |x_i - y_i|^p\right)^{1/p}$。

设 $V$ 是 $\mathbb{R}^d$ 中的点的集合。边是（无序的）点对（Pairs of Points）$(p, q) \in V \times V$，用 $pq$ 表示[①]。在下文中，边的长度等于其两个端点之间的欧几里得距离（也可以使用任何其他度量）。

接近图是几何图形，其中的边连接彼此接近（Proximity）的点（或者至少有一个点靠近另一个点）。如果 $pq$ 是这种接近图中的边，则可以说 $p$ 是 $q$ 的邻居（反之亦然）。

接近的准确定义取决于邻居图的类型。它始终是一个几何属性，至少涉及彼此相邻的两个点（因此，可以通过边连接）。

该属性通常涉及球体，因此可以使用中心 $\mathbf{x}$ 和半径 $r$ 将球体（Sphere）定义为 $\boldsymbol{S}(\mathbf{x}, r) := \{\mathbf{y} \in \mathbb{R}^d \mid d(x, y) = r\}$。类似地，也可以将（闭合）的球（Ball）定义为 $\boldsymbol{B}(\mathbf{x}, r) := \{\mathbf{y} \in \mathbb{R}^d \mid d(x, y) \leqslant r\}$。

---

① 从技术上讲，开发人员应该区分图形的组合结构（Combinatorial Structure）和几何实现（Geometrical Realization）。组合结构由 $V$ 和边集合 $E \subset V \times V$ 给出，而几何实现则由具有空间实际位置的点和连接点的直线线段边给出。但是下文将不会区分这两者。

## 7.1.2　一些接近图的定义

### 1. 单位圆盘图

单位圆盘图（Unit Disk Graph）可能是具有最简单定义的邻居图。单位圆盘图可以表示为 $UDG(V)$，它的边的集合可以定义为：

$$E := \{pq \mid d(p,q) \leqslant 1\}$$

即当且仅当两个结点的距离最多为 1，则它们通过边连接。

该定义由移动自组网络驱动，其中每个结点（例如蜂窝电话）仅可以到达特定半径内的其他结点（假设所有电话具有相同的传输功率）。

### 2. 相对邻居图

可以定义一个半月形（Lune）$L(p,q) := B(\mathbf{p},d) \cap B(\mathbf{q},d)$，其中 $d = \|\mathbf{p}-\mathbf{q}\|$（见图 7.3）。

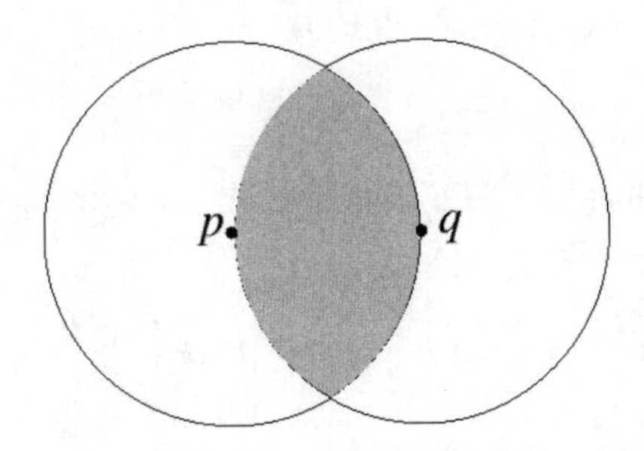


图 7.3　半月形是相对邻居图的定义邻居

$V$ 的相对邻居图（Relative Neighborhood Graph，RNG）可以表示为 $RNG(V)$，它可以由以下边的集合定义：

$$E := \{ pq \| L(p,q) \cap V = \varnothing \}$$

换而言之，可以是：

$$pq \in E \Leftrightarrow \nexists v \in V : d(p,v) < d(p,q) \wedge d(q,v) < d(p,q)$$

或者，也可以是：

$$pq \in E \Leftrightarrow \forall v \in V : d(p,q) \leqslant \max\{d(p,v), d(q,v)\}$$

### 3. Gabriel 图

Gabriel 图是所谓的直径球体（Diameter Sphere）$G(p,q) := B\left(\frac{\mathbf{p}+\mathbf{q}}{2}, \frac{d}{2}\right)$，其中 $d = \|\mathbf{p}-\mathbf{q}\|$（见图 7.4）。

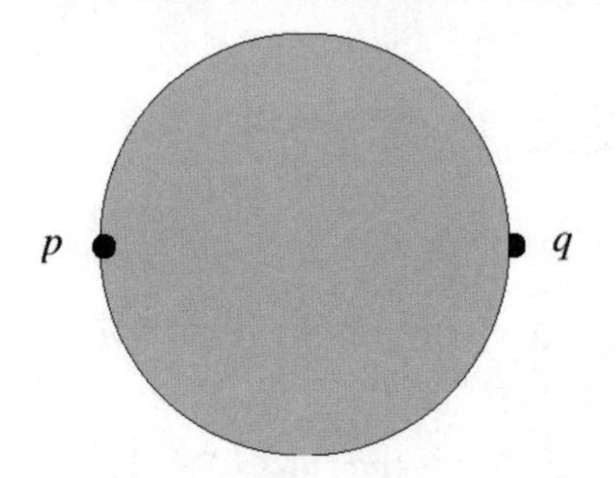


图 7.4　Gabriel 图的定义邻居是直径球

$V$ 上的 Gabriel 图（Gabriel Graph，GG）可以表示为 $GG(V)$，它可以由以下边的集合定义：

$$E := \{ pq \mid G(p, q) \cap V = \varnothing \}.$$

换一种说法，也可以是：

$$pq \in E \Leftrightarrow \forall v \in V : d(p,q) \leqslant \sqrt{d^2(p,v)+d^2(q,v)}$$

**4．$\beta$-骨架**

$\beta$-骨架是一个系列的邻居图，由 $\beta$ 进行参数化，$1 \leqslant \beta < \infty$。

对于固定的 $\beta$，该邻居是两个球体的交点：

$$U_\beta(p,q) := B\left(\left(1-\frac{\beta}{2}\right)\mathbf{p}+\frac{\beta}{2}\mathbf{q}, \frac{\beta}{2}d\right) \cap B\left(\left(1-\frac{\beta}{2}\right)\mathbf{q}+\frac{\beta}{2}\mathbf{p}, \frac{\beta}{2}d\right)$$

其中，$d = \frac{\beta}{2}\|\mathbf{p}-\mathbf{q}\|$。在 $V$ 上的 $\beta$-骨架可以表示为 $BG_\beta(V)$，它可以由以下面的集合定义：

$$E := \{ pq \,\|\, U_\beta(p,q) \cap V = \varnothing \}$$

定义 $\beta$-骨架的一系列半月形示例如图 7.5 所示。

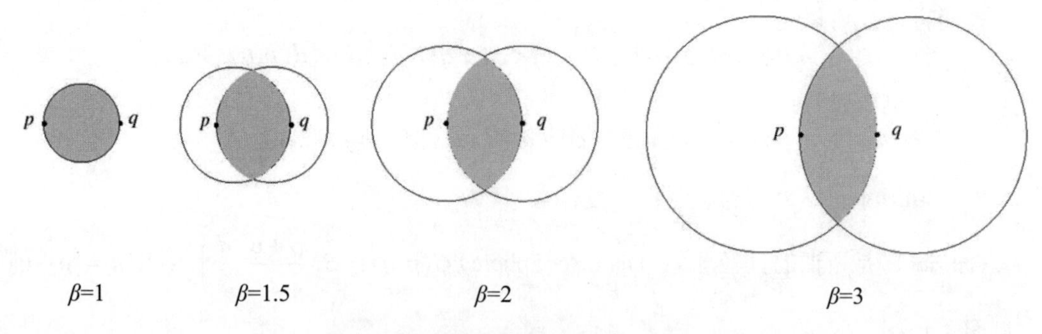


图 7.5　定义 $\beta$-骨架的一系列半月形示例

现在很容易看出，$RNG(V) = BG_2(V)$和 $GG(V) = BG_1(V)$。此外，这一系列的接近图相对于 $\beta$ 是单调的，即 $\beta_1 > \beta_2 \Rightarrow BG_{\beta_1} \subset BG_{\beta_2}$。换句话说，较低的 $\beta$ 值给出了更密集的图形。

### 5. 影响范围图

影响范围图（Sphere-of-Influence Graph，SIG）似乎鲜为人知（详见参考文献[Michael 和 Quint 03]、[Boyer et al. 00]和[Jaromczyk 和 Toussaint 92]）。

在 RNG 和 GG 中，邻居是在点对（Pairs of Point）之间定义的，而在这里，邻居是指它的“影响范围”，是为每个点单独定义的。更确切地说，对于每个点 $p \in V$，将确定到其最近邻居的半径 $r_p$。在 $V$ 上的 SIG 可以表示为 $SIG(V)$，它将通过以下面的集合定义：

$$E := \{ pq \,\|\, d(p, q) \leqslant r_p + r_q \}$$

影响范围图的示例如图 7.6 所示。

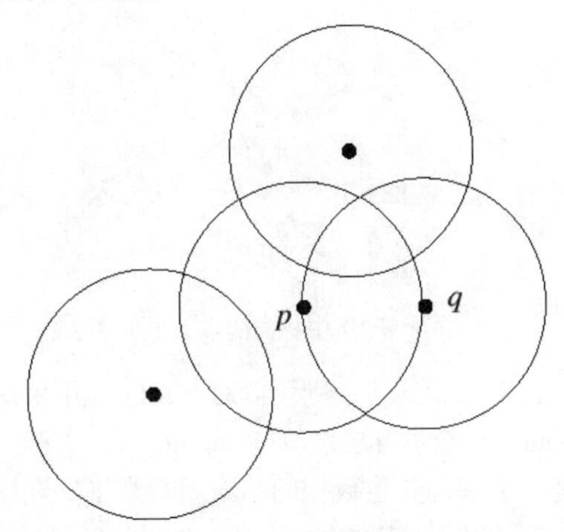


图 7.6　影响范围图由每个点周围的影响范围定义

SIG 倾向于连接相对于局部点密度彼此“接近”的点。相比之下，RNG 和 GG 则倾向于连接使得整体边长度较小的点。这里可以想象一下城市和高速公路的比喻：如果要直接连接两个城市，那么使用高速公路即可；但是如果附近有第 3 个城市，那么就需要考虑如何通过小弯路连接让这 3 个城市之间的连接道路最短。沿着该线的极端表现便是具有最小总边长的最小生成树。

SIG 与 RNG 或 GG 的另一个区别是，SIG 可以根据应用的需要断开连接（见图 7.7）。

降低 SIG 中“间隙”的可能性或数量的直接方法是扩展，$r$-SIG，$r \in \mathbb{N}$（详见参考文献[Klein 和 Zachmann 04b]）。在这里，影响范围不是由最近邻居决定的，而是由第 $r$ 个最近邻居决定的。显然，$r$ 越大，通过边直接连接的点则越多（见图 7.8）。

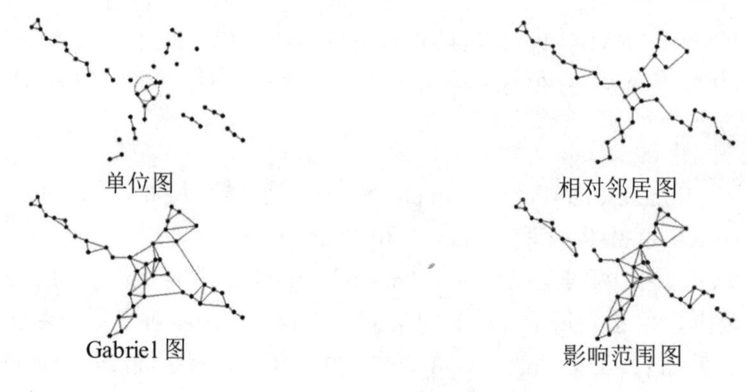


图 7.7　接近图的示例

图 7.8　与图 7.7 中相同的点云上的 3-SIG

如果 $r$-SIG 太密集或包含太长的边，则可以对 $r$-SIG 应用做进一步的扩展。这是基于边长度上的统计离群值（Outlier）检测方法修剪（Pruning）边（详见参考文献[V. Barnett 94]）。在统计数据中，离群值是一个远离其他数据的单一观察结果。在这种情况下，“远离”的一个定义是“大于 $Q_3 + 1.5 \cdot IQR$”，其中 $Q_3$ 是第 3 个四分位数（$Q_2$ 将是中位数），而 $IQR$ 则是四分位数范围 $Q_3 - Q_1$。实验表明，通过修剪至少 $Q_3 + IQR$ 长度的边则可以获得最佳结果（详见参考文献[Klein 和 Zachmann 04b]）。图 7.9 显示了示例点集的已修剪的 3-SIG。

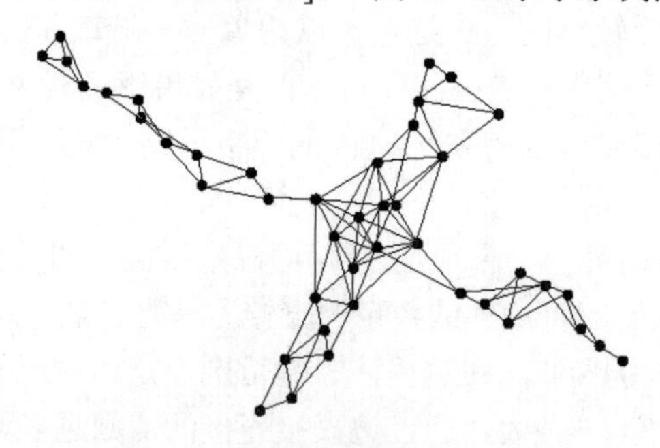

图 7.9　带有额外修剪的 3-SIG

另一个扩展可能是使用椭圆体而不是球体（详见参考文献[Klein 和 Zachmann 04b]）。然后，就可以有椭圆体方向的额外自由度。例如，可以沿着局部最大方差的方向来定向它们。根据应用，这可能具有更好地分离封闭片区（Sheet）的优点。

**6. 其他几何图形**

还有其他几何图形与接近图形或多或少密切相关，例如最小生成树和德洛内图。

最小生成树（Minimum Spanning Tree，MST）通过最小长度的树（不包含循环）跨越（即连接）所有点。因此，尽管该树可以揭示点集（Point Set）中的有趣结构，但是对于一对点（a pair of points）则没有局部的接近标准。

德洛内图（Delaunay Graph，DG）是 Voronoi 图的偶图（参见第 6.1.2 节）。或者，也可以按如下方式定义 DG。

**定义 7.1** （**德洛内图**）如果满足空圆属性（Empty Circle Property），则两个点 $p$ 和 $q$ 将通过边连接。当且仅当有一个圆（或者，在 $\mathbb{R}^d$ 中，一个超球面）使得 $p$ 和 $q$ 在它的边界上，并且在这个圆的内部没有 $V$ 的点，则点 $p$ 和 $q$ 满足空圆属性①。

实际上，这个定义等同于第 6.1.2 节中给出的定义。出于唯一性考虑，不妨假设所有点都处于一般性位置（General Position），这意味着在 $\mathbb{R}^d$ 中，没有 $d$+1 个点位于共同的超平面（Hyperplane）上，并且也没有 $d$+2 个点位于共同的超球面（Hypersphere）上。图 7.10 显示了与图 7.7 中相同点集的 DG 和 MST。

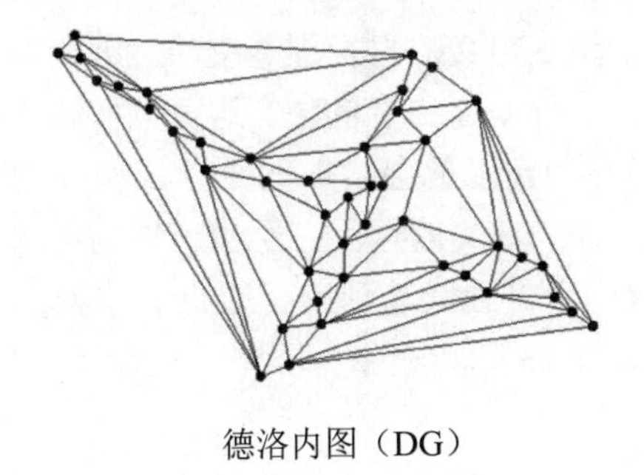

德洛内图（DG）

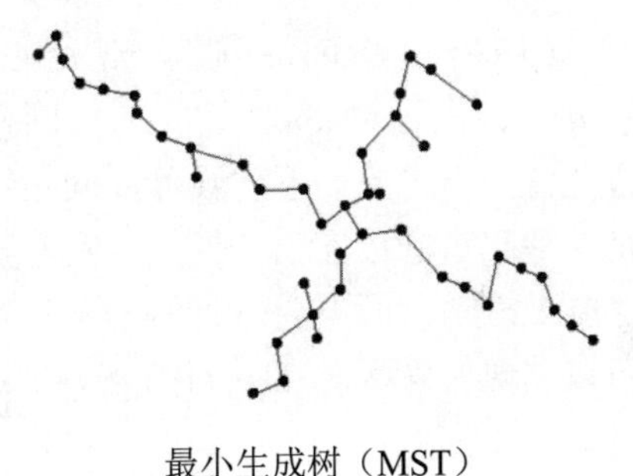

最小生成树（MST）

图 7.10　与图 7.7 中相同点集的 DG 和 MST 示例

## 7.1.3　包含属性

本节将介绍以下内容。

**引理 7.2**　对于给定的点集 $V$，

---

① 然后，还有一个最大的空超球面，其边界上恰好有 $d+1$ 个点，其中两个是 $p$ 和 $q$。

$$MST(V) \subseteq RNG(V) \subseteq GG(V) \subseteq DG(V)$$

这意味着 $RNG(V)$和 $GG(V)$已经连接，并且$|MST(V)| \leqslant |RNG(V)| \leqslant |GG(V)| \leqslant |DG(V)|$。此外，在 $\mathbb{R}^2$ 中，边数在点的数量中是线性的。

**证明**：该证明相当简单。假设目前 $V \subseteq \mathbb{R}^2$。

$MST(V) \subseteq RNG(V)$：假设某些边 $pq$ 在 MST 中但不在 RNG 中。然后，由 $p$ 和 $q$ 形成的半月形不是空的，即还有一些其他点 $r \in L(p, q)$。但是，$d(p, r) < d(p, q)$和 $d(q, r) < d(p, q)$。因此，原始 MST 不是最小的，可以按如下方式看待：原始 MST 不能包含边 $pr$ 和 $qr$（否则，它将包含一个循环）。如果不存在边 $pr$，则可以用 $pr$ 替换 $pq$，并构造一个总边长较小的树。类似地，如果边 $qr$ 还没有，则可以用 $qr$ 替换 $pq$（见图 7.11）

$RNG(V) \subseteq GG(V)$：假设 $pq$ 是 $RNG(V)$中的边，由 $p$ 和 $q$ 定义的半月形是空的，由 $p$ 和 $q$ 定义的直径圆也是空的，因为它包含在半月形中（见图 7.12）。

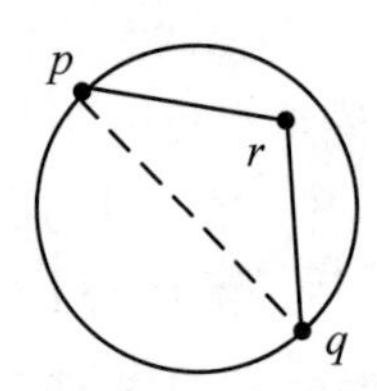


图 7.11　$MST(V) \subseteq RNG(V)$情形示例

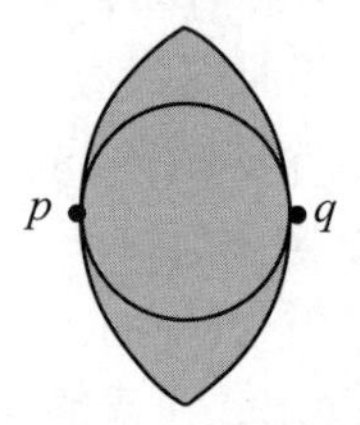


图 7.12　$RNG(V) \subseteq GG(V)$情形示例

$GG(V) \subseteq DG(V)$：假设 $pq$ 是 $GG(V)$中的边，由 $p$ 和 $q$ 定义的直径圆是空的。因此，$(p, q)$对也满足定义 7.1 定义的空圆属性。通常，DG 具有比 GG 更多的边。这可以按如下方式看待：想象一下，圆可以向左或向右滑动，这样它的直径就会增加，使得 $p$ 和 $q$ 总是保持在它的边界上（当然，它不再是直径）。由于 GG 定义的原因，至少可以向某一侧略做滑动，而不会碰到另一个点。现在，可以想象已经将圆滑动到第 3 个点 $r$。所以，可以发现另外两对点$(p, r)$和$(q, r)$满足空圆属性[①]（见图 7.13）。

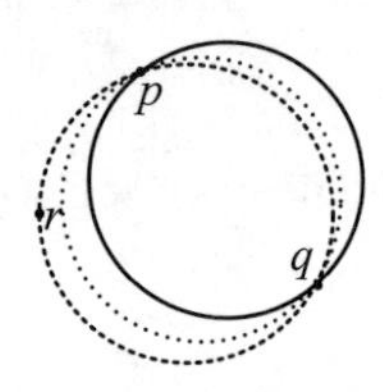


图 7.13　$GG(V) \subseteq DG(V)$情形示例

在更高的维度中，该证明同样是有效的（使用超球面而不是圆形）。

[①] 因为开发人员总是假设 $V$ 处于一般性位置（见定义 7.1）。

## 7.1.4　构造算法

### 1. GG 和 RNG

现在可以从一个在点集 $V$ 上构造 GG 的简单算法开始。根据引理 7.2，即知可以从 $DG(V)$开始，然后根据直径圆属性去除不是邻居的边。在蛮力（Brute-Force）算法中，可以通过测试 $V$ 的每个点来检查该属性是否为 $DG(V)$的边 $pq$，以查看它是否在 $pq$ 的直径圆内。更有效的算法是仅针对候选直径圆测试 $p$ 的邻居和 $q$ 的邻居。这在算法 7.1 中进行了总结。

类似地，开发人员可以从 $DG(V)$开始构建 $RNG(V)$。然后依次考虑它的每个边 $pq$，并检查是否有任何其他点 $r \in V$ 落入由 $p$ 和 $q$ 形成的半月形内。即下式是否成立：

$$d(p, r) < d(p, q) \ \wedge \ d(q, r) < d(p, q) \tag{7.1}$$

**算法 7.1：从点集的德洛内图开始构造 GG 的简单算法**

```
construct DG(V), set GG := DG(V)
for all edges pq ∈ GG do
        for all neighbors r of p or q do
                if r inside diameter circle of p and q then
                        delete edge pq from GG
                end if
        end for
end for
```

构造 GG 的另一种方法是使用蛮力方法。可以考虑每个潜在的点对$(p, q)$（它们中有 $O(n^2)$）。对于它们中的每一个，可以检查是否有任何其他点 $r$（有 $O(n)$）在它们的直径球内。该测试基本上涉及两个距离的计算。即

$$\|p,r\|^2 + \|q,r\|^2 < \|p,q\|^2$$

这在 $d$ 维空间中需要花费的时间为 $O(d)$。总的来说，这种蛮力方法需要的时间为 $O(dn^3)$。

开发人员可以通过以下观察结果轻松地改进这一点。当检查点对$(p, q)$以查看它们是否是 GG 中的邻居时，必须测试是否有任何其他点 $r$ 在直径球内（见图 7.14 中的左图）。同时，可以检查 $r$ 是否在与直径 $pq$ 正交并且经过 $q$ 的平面 $H_{qp}$ 的右半空间中。如果是，则它不能是指向 $p$ 的 Gabriel 邻居（因为 $q$ 将在 $pr$ 的直径范围内）。

因此，更好的算法如下。对于每个点 $p$，可以保留一个邻居候选列表 $N_p$（最初，这是整个点集）。然后，当为成为真正的邻居测试 $q_i \in N_p$ 时，可以从 $H_{q_ip}$ 右侧的 $N_p$ 中删除

所有 $r$（见图 7.14 中的右图）。这将平均复杂度降低到了 $O(dn^2)$。算法 7.2 总结了这种启发式算法。

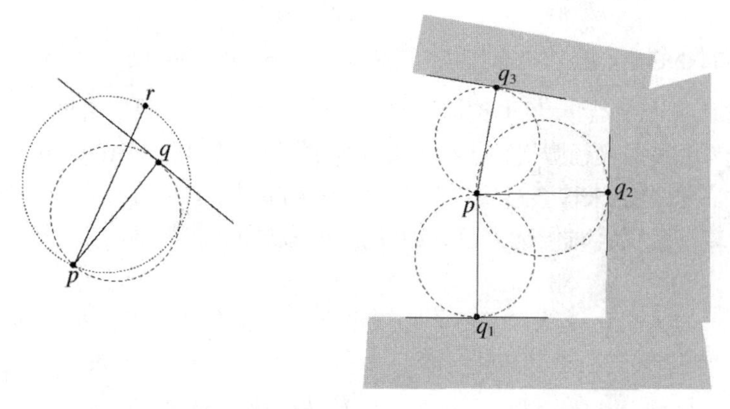


图 7.14　简单的启发式方法将产生构造 GG 的 $O(dn^2)$算法

**算法 7.2**：构建 GG 的简单算法和启发式算法

```
for all p ∈ V do
    N_p ← V \ p
    for all q ∈ N_p do
        for all r inV do
            if Eq. 7.1 true then
                consider next q
            else
                if r is to the right of H_qp then
                    remove r from N_p
                end if
            end if
        end for
    end for
end for
```

构造相对邻居图的算法类似于构造 GG 的算法。

2．SIG

本节将介绍以下内容。

**引理 7.3**　对于在任何固定维度上具有大小为 $n$ 的均匀且独立的点采样模型，可以在平均时间 $O(n)$中确定 $r$-SIG。而且，在最坏的情况下，它也仅消耗线性空间。

**证明**：在参考文献[Dwyer 95]中提出了一种算法，用于在均匀点云（Uniform Point

Cloud）的平均情况下确定线性时间内的 SIG。由于 $r$ 是常数，因此可以很容易地修改该算法，以便它也可以在线性时间内计算 $r$-SIG。该算法包括 3 个步骤。

首先，该算法将利用参考文献[Bentley et al .80]中提出的螺旋搜索（Spiral Search）识别每个点的 $r$-最近邻居：将空间细分为 $O(n)$超立方体（Hypercubic）单元，这些点将被分配给单元，通过从包含 $p$ 的单元中搜索距离增加的单元，找到每个点 $p$ 的 $r$-最近邻居。由于每个点平均需要搜索 $O(1)$单元，所以单个查询可以在 $O(1)$ 中完成（详见参考文献[Bentley et al. 80]）。第一步可以在 $O(n)$时间中完成。

**算法 7.3**：平均可以在 $O(n)$时间内计算 $r$-SIG 的简单算法

```
initialize grid with n cells
for all p ∈ V do
    assign p to its grid cell
end for
for all p ∈ V do
    find rth nearest neighbor to p by searching the grid cells in spiral order around p with
        increasing distance
end for
for all p ∈ V do
    for all cells around p that intersect the sphere of influence around p (in spiral order) do
        assign p to cell
    end for
end for
for all cells in the grid do
    for all pairs p_i, p_j of points assigned to the current cell do
        if spheres of influence of p_i and p_j intersect then
            create edge p_ip_j
        end if
    end for
end for
```

其次，将每个点插入与 $r$ 最近邻球体相交的每个单元中。平均而言，大多数球体都很小，因此每个点都插入恒定数量的单元中，并且每个单元中都插入了恒定数量的点。

最后，在每个单元内，测试已分配给该单元的所有点对，以确定它们的影响范围的交集。因为每个单元仅包含恒定数量的点，所以这也可以在 $O(n)$时间中完成。

在参考文献[Avis 和 Horton 85]中已经证明，1-SIG 最多有 $c \cdot n$ 个边，其中 $c$ 是常数。这个 $c$ 总是以 17.5 为边界（详见参考文献[Avis 和 Horton 85]和[Edelsbrunner et al. 89]）。在参考文献[Guibas et al. 92a]中已经将这个结果扩展到来自 $\mathbb{R}^d$ 的点云上的 $r$-SIG，并且已经证明边的数量受 $c_d \cdot r \cdot n$ 的限制，其中，常数 $c_d$ 仅取决于维度 $d$。这意味着在最坏的情

况下 $r$-SIG 将消耗 $O(n)$空间。

此外，如参考文献[Toussaint 88]所述，ElGindy 观察到，由参考文献[Bentley 和 Ottmann 79]引入的线段交叉算法可用于在最坏的情况下在 $O(n \log n)$时间内在平面中构建 SIG。在参考文献[Guibas et al. 92a]中提出了一种算法，可以在任何 $\epsilon > 0$ 的最坏情况下，在以下时间内构建 $r$-SIG：

$$O\left(n^{2-\frac{2}{1+\lfloor (d+2)/ \rfloor}+\epsilon} + rn\log^2 n\right)$$

# 7.2 分　　类

## 7.2.1 问题描述

分类（Classification）是一类基本技术，可应用于众多领域，如模式识别、机器学习和机器人技术等。

它可以将所有可能对象的“一切”划分为一个类（Class）的集合，每个对象被描述为一组数据。它的主要特征是其决策规则（Decision Rule）。对于给定对象，此规则将确定它属于哪个类。

决策规则有两个基本类别：参数化（Parametric）规则和非参数化（Non-Parametric）规则。

参数化决策规则将基于对属于某个类 $C_i$ 的对象出现的先验概率（Priori Probability）的知识来进行成员资格分类。这由概率密度函数 $p(X \mid C_i)$捕获，该函数表征（Characterize）测量值 $X$ 隶属的成员类为 $C_i$ 时的可能性。

当然，很多时候，很难预定义这些概率密度函数，并且它们通常是未知的。

在这种情况下，非参数化决策规则很有吸引力，因为它们不需要这样的先验知识。相反，这些规则直接依赖于对象的训练集合（Training Set）。对于此集合，类成员资格对于此集合中的每个对象都是精确已知的。这也是先验知识，但获得的难度要小得多（例如，它可以由人提供）。因此，这也称为监督学习（Supervised Learning）。这个思路是“老师”向“学生”提供了许多示例对象，并为每个对象提供了正确的答案。在学习阶段之后，“学生”将尝试根据目前为止看到的示例确定未见对象的正确答案。

通常，对象由一组特征（Feature）表示，每个特征通常可以用实数表示。因此，对象可以表示为所谓的特征空间（Feature Space）中的点，而类是该空间的子集。由于已经使用了点，则通常可以定义点之间距离（Distance）的度量（可能或多或少地适应对象）。

非常简单的非参数化决策规则是最近邻分类器（Nearest-Neighbor Classifier）。顾名思义，它基于距离度量，将一个未知对象分配给与（已知）训练集合中最近的对象相同的类（见图 7.15）。大多数情况下，欧几里得度量被用作距离度量，尽管有时候开发人员可能并不清楚它是否最适合于当前的问题。

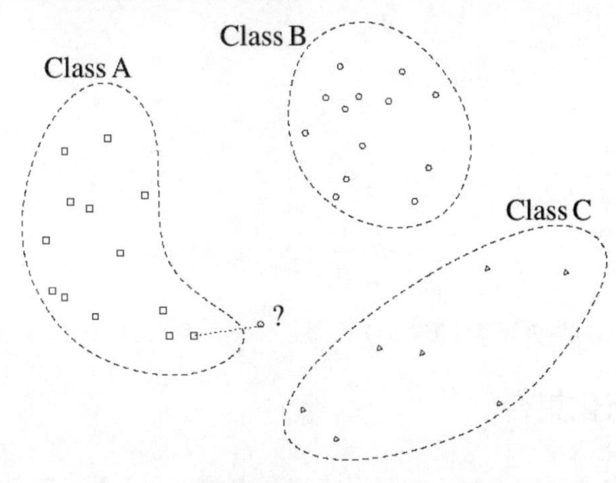


图 7.15　最近邻居产生一个简单的分类器

虽然这个规则非常简单，但它还是相当不错的（见图 7.16）。更准确地说，随着训练集合的大小变为无穷大，最近邻规则的误差的渐近概率 $P_e^{NN}$ 可以通过下式进行限制：

$$\frac{P_e^{\mathrm{NN}}}{P_e^{\mathrm{opt}}} < 2 - P_e^{\mathrm{opt}} \frac{N}{N-1}$$

其中，$P_e^{\mathrm{opt}}$ 是最佳的所谓贝叶斯误差概率（Bayes Probability of Error），而 $N$ 则是训练集合的大小（详见参考文献[Cover and Hart 67]）。换句话说，NN 误差绝对不会比最佳误差（Optimal Error）差两倍。

虽然最近邻规则提供了非常好的性能（主要是由于它的简单性），但仍存在以下问题。

- 大空间要求（因为它要存储完整的训练集合）。
- 在高维度上，找到最接近的邻居的时间很难比 $O(N)$更好（这被称为维度的“诅咒”）。

此外，所有的分类方法还必须处理以下两个问题。

- 类可能会重叠，因此特征空间中的区域可能会由两个或更多类的代表填充。
- 某些代表可能会被贴错标签，即它们被归类为错误的类（例如，因为它们是离群值，或者因为生成训练集合的人犯了错误）。

在接下来的两节中，将介绍一些简单的方法来纠正这些错误。

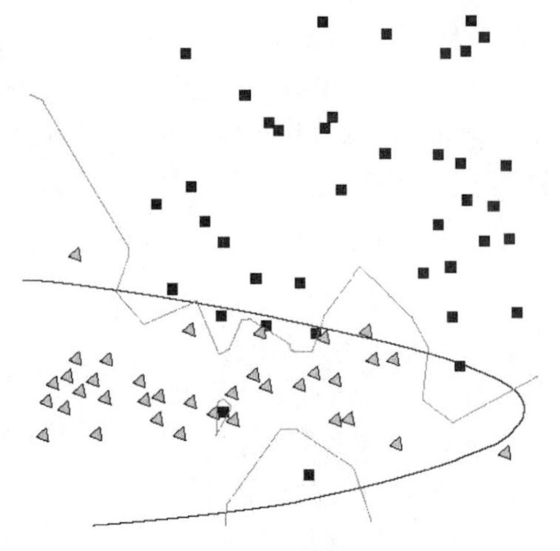

图 7.16　（最优）贝叶斯分类器（正方形）和最近邻分类器（三角形）引起的决策边界的比较

### 7.2.2　编辑和简化集合

想象一下，这些类对应于颜色，即训练集合中的每个点都标有颜色。最近邻规则导致将特征空间划分为多个单元（Cell），每个单元刚好属于训练集合的一个点。这些单元正是由训练集合产生的 Voronoi 图的 Voronoi 单元（详见本书第 6 章和第 6.4.1 节）。

因此，类正是所有具有相同颜色的 Voronoi 单元的并集（见图 7.17）。决策规则的决策边界（Decision Boundary）是特征空间中分隔类的那些点。更准确地说，当且仅当任意的、很小的闭合球位于某个点的中央时，该点在决策边界上（该闭合球包含两个不同类的点）。利用最近邻规则可以将特征空间划分为一组 Voronoi 单元，决策边界恰好是位于不同颜色的单元之间的 Voronoi 单元的边界。

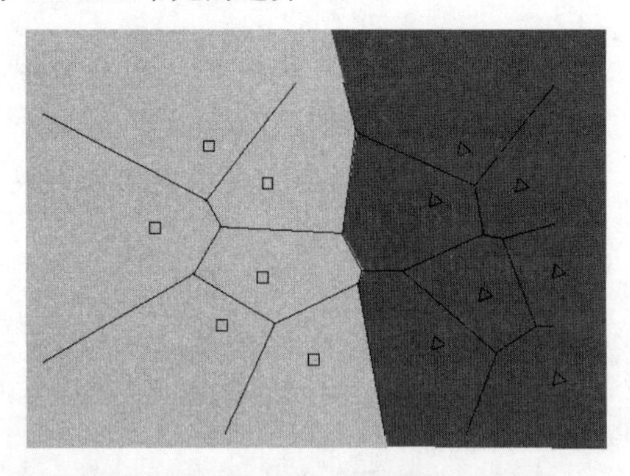

图 7.17　从概念上讲，最近邻分类器可以将特征空间划分为 Voronoi 单元

在实践中，很少明确计算 Voronoi 图和决策边界，尤其是在更高维度。但是很明显，单独的决策边界足以进行分类。因此，可以通过删除不会改变决策边界的点来简化训练集合，这称为编辑（Edit）训练集合。

这里不用考虑 Voronoi 图和 Voronoi 单元，而是要考虑 DG（见图 7.18）。然后，决策边界在此图中具有不同颜色的邻居之间运行。

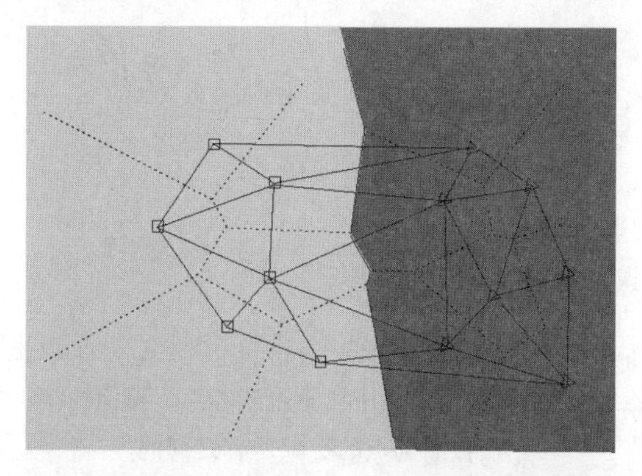

图 7.18　最近邻分类器的决策边界在具有不同颜色的德洛内邻居之间运行

使用 DG 之后，编辑训练集合即变得非常简单：开发人员只需要删除其邻居都具有相同颜色的所有结点（即点）。这将改变 DG 和 Voronoi 图，但不会改变决策边界（见图 7.19）。

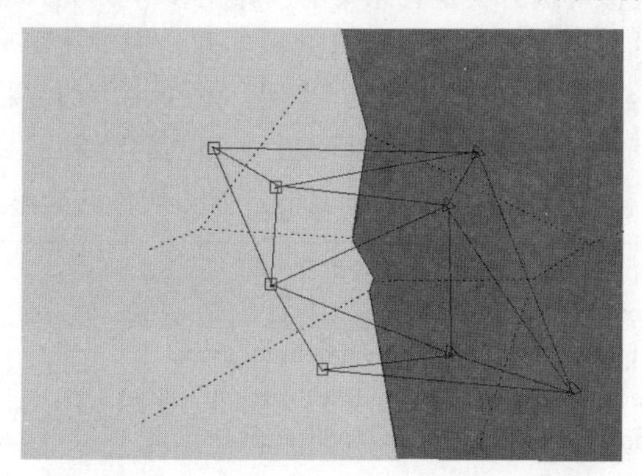

图 7.19　已编辑的训练集合具有相同的决策边界，但结点较少

## 7.2.3　用于编辑的接近图形

德洛内编辑的一个问题是它仍然可以留下太多的点（见图 7.20）。这些通常是与其他类完全分开的点，并且仅贡献决策边界的一些非常远离类代表群（Cluster）的部分。

因此，这些点对于未知点的分类通常不太重要，可以预期未知点与训练集合的分布相同。

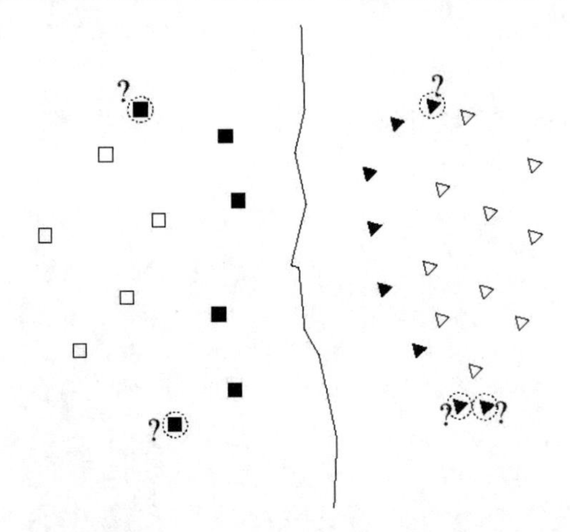

图 7.20　德洛内编辑经常在已编辑的集合中留下太多的点。德洛内编辑将删除未填充的点，但被圈选点的贡献是有疑问的

另一个问题是计算 DG，其最坏的情况是 $\Theta(n^{\lceil d/2 \rceil})$，这在较高维度（有时甚至是三维）时计算成本将非常昂贵。

因此，追求以下近似解决方案是有意义的（详见参考文献[Bhattacharya et al. 81]）：计算给定训练集合上的接近图形，可以更有效地实现。根据该图形编辑训练集合，然后使用已编辑的训练集合对未知点进行分类。当然，这个决策边界将是不同的，但很可能不会太多，因此未知点的分类仍将产生（基本上）相同的结果。

**算法 7.4**：从错误标记的样本中清除（编辑）训练集合的简单算法

```
build the proximity graph of the entire training set
for all samples in the set do
        find all its neighbors according to the proximity graph
        determine the most represented class (the "winning" class)
        mark the sample if the winning class is different from the label of the sample
end for
delete all marked samples from the set
```

图 7.21 显示了使用 DG、GG 和 RNG 编辑的相同训练集合（参见第 7.1.2 节）。因为 GG 包含（通常）比 DG 更少的边，所以更多结点被标记为具有相同颜色的邻居并且因此而被移除。因此，GG 通常会产生比 DG 更小的训练集合。RNG 和 GG 之间存在类似的关系。

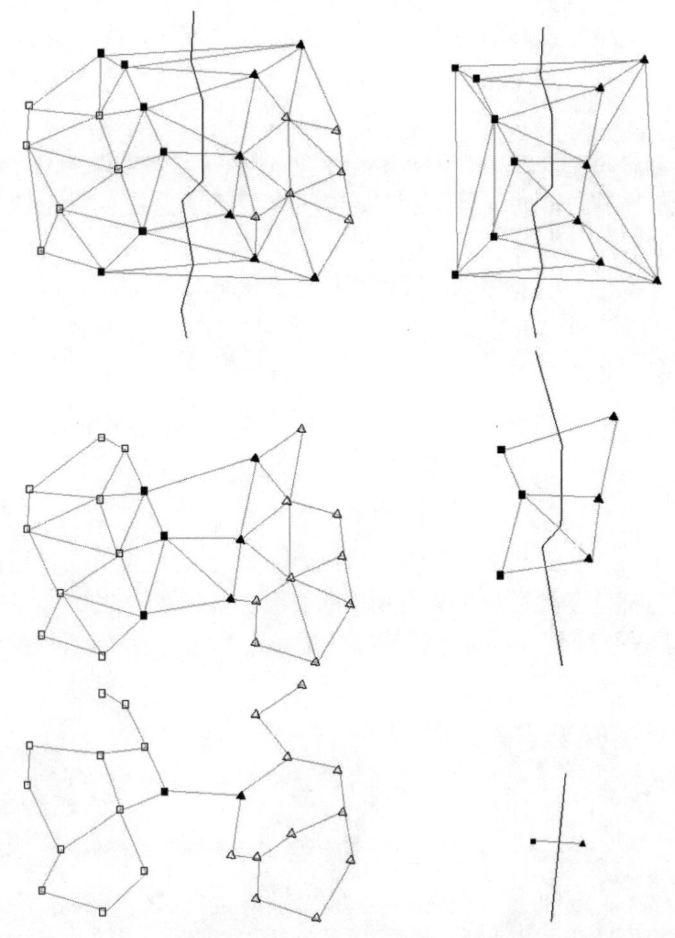

图 7.21　不同的接近图形将产生不同的已编辑（即已简化的）训练集合，
因此会产生对决策边界的不同近似

这样一来，决策边界也将改变，因为这里讲的边界就是由最近邻规则归纳的、在已编辑的训练集合上的 Voronoi 图中的不同颜色的 Voronoi 单元之间的边界。正如图 7.21 所示，GG 不会对决策边界做出太多的改变，但 RNG 则可以大大改变它。

## 7.2.4　清除训练集合

通常，编辑可以服务于多种目的，例如，其中一个目的就是削减训练集合的大小，这在前文中已有较为详细的说明。编辑的另一个目的是从训练集合中删除以下样本：错误标记的样本、与其他类重叠的样本（见图 7.16），或者只是离群值的样本。

这个任务也可以通过利用接近图形来解决。下面将描述一种非常简单的方法（详见参考文献[Sanchez et al. 97]）。

该方法的基本思路是通过检查邻居来识别“坏”样本。如果大多数样本被正确标记，并且训练集合足够密集，则标记不正确的样本可能会有大量不同标记的邻居样本。算法 7.4 总结了这个思路。

通过修改样本标记时间的规则，可以直接改进该算法。例如，仅当获胜类（Winning Class）中的邻居数量至少是所有邻居数量的 2/3 时，才能标记样本。此外，该方法可以重复应用于训练集合。

## 7.3　由点云定义的表面

在过去几年中，由于 3D 扫描技术的广泛应用，点云已经复兴。像这样的设备会产生大量的点，每个点都位于扫描仪中真实物体的表面上（见图 7.22），这些点集称为点云（Point Cloud）。一个对象可能会有数千万个点。通常，它们不是有序的（或仅是部分有序的）并且包含一些噪声。

图 7.22　3D 扫描仪（左图）可以从真实物体（中图）产生很大的点云（右图）

为了渲染由点云表示的物体（详见参考文献[Pfister et al. 00]、[Rusinkiewicz 和 Levoy 00]、[Zwicker et al. 02]和[Bala et al. 03]），或者与由点云表示的对象交互（详见参考文献[Klein 和 Zachmann 04a]），开发人员必须定义一个合适的表面（即使它没有明确地重建）。

该定义应产生尽可能接近原始表面的表面，并且对（由扫描过程引入）的噪声具有鲁棒性（Robustness）。与此同时，它应该允许尽可能快地渲染对象和与对象交互。

下文将提出一个相当简单的定义（详见参考文献[Klein 和 Zachmann 04b]）。

### 7.3.1 隐式表面建模

表面定义将从加权最小二乘插值（Weighted Least Squares Interpolation，WLS）开始。

设点云$\mathcal{P}$给定 $N$ 个点 $\mathbf{p}_i \in \mathbb{R}^d$，则来自$\mathcal{P}$的表面的定义是以下隐式函数的零集合 $S = \{\mathbf{x} \mid f(\mathbf{x}) = 0\}$（详见参考文献[Adamson 和 Alexa 03]）：

$$f(\mathbf{x}) = \mathbf{n}(\mathbf{x}) \cdot (\mathbf{a}(\mathbf{x}) - \mathbf{x}) \tag{7.2}$$

其中 $\mathbf{a}(\mathbf{x})$是所有点$\mathcal{P}$的加权平均值，其计算公式如下：

$$\mathbf{a}(\mathbf{x}) = \frac{\sum_{i=1}^{N} \theta(\|\mathbf{x} - \mathbf{p}_i\|)\mathbf{p}_i}{\sum_{i=1}^{N} \theta(\|\mathbf{x} - \mathbf{p}_i\|)} \tag{7.3}$$

通常可以使用高斯内核（Gaussian Kernel）（加权函数）并计算如下：

$$\theta(d) = e^{-d^2/h^2}, \quad d = \|\mathbf{x} - \mathbf{p}\| \tag{7.4}$$

当然其他内核也可以工作得很好。

内核的带宽 $h$ 允许开发人员调整点的影响的衰减。应该选择不出现空洞（Hole）（详见参考文献[Klein 和 Zachmann 04a]）。

从理论上讲，$\theta$ 的支持是无限的。但是，它可以安全地限制在低于机器精度或其他适当小的阈值 $\theta_\varepsilon$ 的程度。或者，开发人员可以使用三次多项式（Cubic Polynomial）内核函数（详见参考文献[Lee 00]）。

$$\theta(d) = 2\left(\frac{d}{h}\right)^3 - 3\left(\frac{d}{h}\right)^2 + 1$$

或三重立方（Tricube）加权函数（详见参考文献[Cleveland 和 Loader 95]）：

$$\theta(d) = \left(1 - \left|\frac{d}{h}\right|^3\right)^3$$

或 Wendland 函数（详见参考文献[Wendland 95]）：

$$\theta(d) = \left(1 - \frac{d}{h}\right)^4 \left(4\frac{d}{h} + 1\right)$$

对于 $d > h$，所有这些内核函数都被设置为 0，因此具有紧凑的支持（可以参见图 7.23 中进行的比较）。但是，内核函数的选择并不重要（详见参考文献[Härdle 90]）。

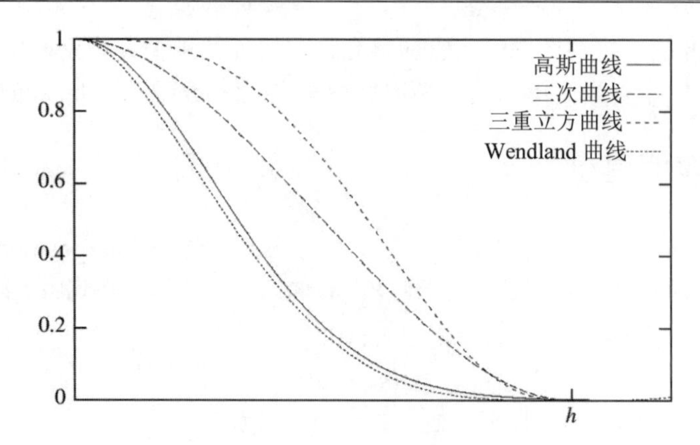


图 7.23　不同的权重函数（内核）。请注意，高斯曲线的水平刻度是不同的，因此可以更好地比较曲线的定性形状

法线 $\mathbf{n}(\mathbf{x})$由加权最小二乘法确定。它被定义为最小加权协方差（Smallest Weighted Covariance）的方向，即它将对于固定的 $\mathbf{x}$ 最小化：

$$\sum_{i=1}^{N}(\mathbf{n}(\mathbf{x})\cdot(\mathbf{a}(\mathbf{x})-\mathbf{p}_i))^2\theta\left(\left\|\mathbf{x}-\mathbf{p}_i\right\|\right) \tag{7.5}$$

约束条件下$\|\mathbf{p}(\mathbf{x})\|=1$。

请注意，与参考文献[Adamson 和 Alexa 03]不同，这里将使用 $\mathbf{a}(\mathbf{x})$作为主成分分析（Principal Component Analysis，PCA）的中心，这可以使$f(\mathbf{x})$表现得更好（见图 7.24）。此外，这里也没有像参考文献[Levin 03]和[Alexa et al. 03]中一样求解最小化问题，因为开发人员的目标是追求一种极快的方法。

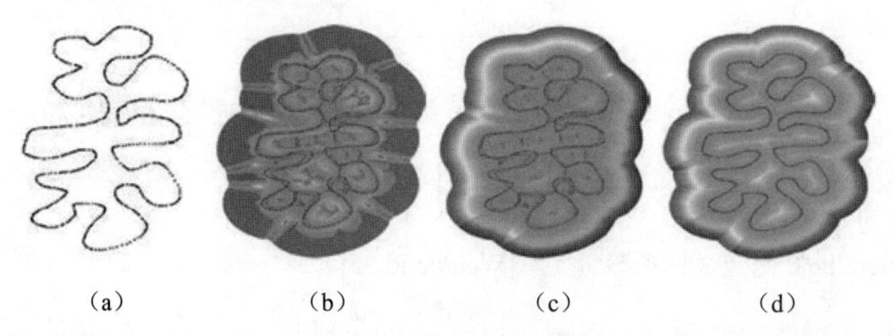

（a）　（b）　（c）　（d）

图 7.24　在 2D 点云上隐式函数$f(\mathbf{x})$的可视化。点 $\mathbf{x}\in\mathbb{R}^2$，其中，当$f(\mathbf{x})\approx 0$时，表面上或表面附近的点显示为品红色。红色表示$f(\mathbf{x})\gg 0$，蓝色表示$f(\mathbf{x})\ll 0$。在这 4 幅图中，（a）表示点云；（b）表示使用参考文献[Adamson 和 Alexa 03]中的定义重建表面；（c）表示利用居中的协方差矩阵产生更好的表面，但它仍然有若干个伪影；（d）表示基于 SIG 的表面和函数$f(\mathbf{x})$（图片由 Elsevier 提供）

由式（7.5）定义的法线 $\mathbf{n}(\mathbf{x})$是中心协方差矩阵（Centered Covariance Matrix）$\mathbf{B}=(b_{ij})$的最小特征向量（Smallest Eigenvector）。它可以通过下式计算。

$$b_{ij}=\sum_{k=1}^{N}\theta\left(\left\|\mathbf{x}-\mathbf{p}_k\right\|\right)(p_{k_i}-a(\mathbf{x})_i)(p_{k_j}-a(\mathbf{x})_j) \tag{7.6}$$

这个简单定义有几种变体，但为了清楚起见，本书将继续使用这个基本定义。

### 7.3.2　欧几里得内核

简单的定义（及其许多变体）存在一些问题。其中一个问题是欧几里得距离$\left\|\mathbf{x}-\mathbf{p}\right\|$，$\mathbf{p}\in\mathcal{P}$，可以很小，而从 $\mathbf{x}$ 到 $S$ 上的最近点的距离以及随后沿着最短路径到 $S$ 上的 $\mathbf{p}$ 的测地线（Geodesic）的距离会很大。

这会在表面 $S$ 中产生伪影（见图 7.24）。两种典型情况如下。首先，假设 $\mathbf{x}$ 位于点云的两个（可能是未连接的）分量之间。它仍然受到点云的两个部分的影响，其在式（7.3）和式（7.5）中具有相似的权重。这可能导致人为的零子集$\subset S$，其中根本没有来自$\mathcal{P}$的点。其次，假设 $\mathbf{x}$ 位于点云的腔内，然后如果点云是平的，则 $\mathbf{a}(\mathbf{x})$被“拖动”着更接近 $\mathbf{x}$，这使得零点设置偏向（Biased）于腔体的“外部”，远离真实表面。在极端情况下，这可能导致在球形点云中心附近设置的取消，其中球体上的所有点具有相似的权重。

这阻碍了仅基于点云表示的算法，例如碰撞检测算法（详见参考文献[Klein 和 Zachmann 04a]）或光线追踪算法（详见参考文献[Adamson 和 Alexa 04]）。

通过将表面限制在区域$\left\{\mathbf{x}:\left\|\mathbf{x}-\mathbf{a}(\mathbf{x})\right\|<c\right\}$，可以在某种程度上缓解上面提到的问题（因为 $\mathbf{a}(\mathbf{x})$必须保持在$\mathcal{P}$的凸包内）。当然，这在许多涉及空腔的情况下并没有什么帮助。

### 7.3.3　测地距离近似

如 7.3.2 节所示，欧几里得内核的主要问题是由于不考虑 $S$ 拓扑的距离函数引起的。因此，可以尝试近似表面 $S$ 上的测地距离（Geodesic Distance）。不幸的是，开发人员并没有明确的 $S$ 重建，并且在许多应用中，开发人员甚至都不想构造它。相反，一般使用的是几何接近图，其中的结点是点$\in\mathcal{P}$。

原则上，开发人员可以使用任何接近图，但似乎只有 SIG 产生了最好的结果。

可以按如下方式定义新的距离函数 $d_{\mathrm{geo}}(\mathbf{x},\mathbf{p})$。给定一些位置 $\mathbf{x}$，可以计算其最近邻居 $\mathbf{p}_1^*\in\mathcal{P}$。然后计算到 $\mathbf{x}$ 的最近点 $\hat{\mathbf{p}}$，它位于与 $\mathbf{p}_1^*$ 相邻的边上。现在，从概念上讲，从 $\mathbf{x}$ 到任意 $\mathbf{p}\in\mathcal{P}$的距离可以定义为

$$d_{\text{geo}}(\mathbf{x},\mathbf{p}) = \min_{\mathbf{n}\in\{\mathbf{p}_1^*,\mathbf{p}_2^*\}} \left\{ d(\mathbf{n},\mathbf{p}) + \left\| \hat{\mathbf{p}} - \mathbf{n} \right\| \right\}$$

其中 $d(\mathbf{p}^*,\mathbf{p})$ 对于任意 $\mathbf{p}\in\mathcal{P}$ 是从 $\mathbf{p}^*$ 到 $\mathbf{p}$ 的最短路径的累积长度，乘以沿路径的“跳跃”数（见图 7.25 中的左图）。然而，这并不总是理想的距离。另外，开发人员希望用尽可能少的不连续性来定义距离函数。因此，可以采用加权平均值（见图 7.25 中的右图）。

$$d_{\text{geo}}(\mathbf{x},\mathbf{p}) = (1-a)\left(d(\mathbf{p}_1^*,p) + \left\|\hat{\mathbf{p}} - \mathbf{p}_1^*\right\|\right) + a\left(d(\mathbf{p}_2^*,p) + \left\|\hat{\mathbf{p}} - \mathbf{p}_2^*\right\|\right) \tag{7.7}$$

其中，插值参数 $a = \left\|\hat{\mathbf{p}} - \mathbf{p}_1^*\right\|$。

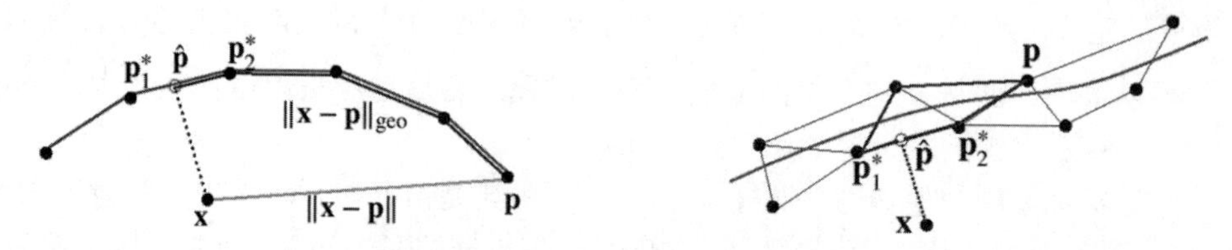


图 7.25　接近图形可以通过近似测地距离而不是欧几里得距离来帮助提高隐式表面的质量（图片由 Elsevier 提供）

请注意，这里没有添加 $\left\|\mathbf{x} - \hat{\mathbf{p}}\right\|$。这样，$f(\mathbf{x})$即使远离点云也不为零。

当然，$d_{\text{geo}}$ 仍然存在不连续性，因此在函数 $f$ 中也存在不连续性。这些可以发生在点云的 Voronoi 区域的边界处，特别是在 Voronoi 基点彼此远离的边界处，例如靠近中轴的点。

将路径长度乘以跳数（Number of Hops）的基本原理如下：如果通过具有许多跳的最短路径到达（间接）邻居 $\mathbf{p}$，那么在$\mathcal{P}$中有许多点应该比 $\mathbf{p}$ 加权多得多，即使欧几里得距离 $\left\|\mathbf{p}^* - \mathbf{p}\right\|$ 很小。这与用于计算最短路径的具体接近图形无关。

总的来说，当使用式（7.2）～式（7.6）计算 $f$ 时，可以在式（7.4）中使用 $d_{\text{geo}}$。

## 7.3.4　自动带宽计算

简单表面定义（没有接近图形）的另一个问题是式（7.4）中的带宽 $h$，这是一个很关键的参数。

一方面，如果选择的 $h$ 太小，那么方差可能太大，即表面可能出现噪声、空洞或其他伪影。另一方面，如果选择的 $h$ 太大，则偏差可能太大，即表面中的小特征将被平滑掉。为了克服这个问题，在参考文献[Pauly et al. 02]中提出了自适应地缩放参数 $h$。

以下可以使用接近图形（如 SIG）来估计局部采样密度 $r(\mathbf{x})$，然后相应地确定 $h$。因此，$h$ 本身就是函数 $h = h(\mathbf{x})$。

设 $r_1$ 和 $r_2$ 分别是相应入射到 $\mathbf{p}_1^*$ 和 $\mathbf{p}_2^*$ 的最长边的长度（见图 7.25）。然后即可设置：

$$r(\mathbf{x}) = \frac{1}{r} \cdot \frac{\left\|\hat{\mathbf{p}} - \mathbf{p}_2^*\right\| \cdot r_1 + \left\|\hat{\mathbf{p}} - \mathbf{p}_1^*\right\| \cdot r_2}{\left\|\mathbf{p}_2^* - \mathbf{p}_1^*\right\|} \tag{7.8}$$

$$h(\mathbf{x}) = \frac{\eta r(\mathbf{x})}{\sqrt{-\log \theta_\varepsilon}} \tag{7.9}$$

其中 $\theta_\varepsilon$ 是一个适当小的值（参见第 7.3.1 节），$r$ 是确定每个影响范围半径的最近邻居的数量（请注意，对于 $\theta_\varepsilon$ 的实际值，$\log\theta_\varepsilon < 0$）。因此，来自 $\hat{\mathbf{p}}$ 的距离为 $\eta r(\mathbf{x})$ 的 $p_i$ 将被赋予的权重为 $\theta_\varepsilon$，见式（7.4）。

现在已经将依赖于比例和采样的参数 $h$ 替换为另一个与比例和采样密度无关的参数 $h$。通常，这可以设置为 1，或者它可以用于调整“平滑”的数量。请注意，此自动带宽检测对许多其他内核的工作方式也类似（参见第 7.3.1 节）。

根据不同的应用，可能需要在式（7.2）中涉及越来越多的点，以便当 $\mathbf{x}$ 接近无穷大时，$\mathbf{n}(\mathbf{x})$成为整个点集$\mathcal{P}$上的最小二乘平面（Least-Squares Plane）。在这种情况下，开发人员可以添加$\left\|\mathbf{x}-\hat{\mathbf{p}}\right\|$到式（7.8）。

图 7.26 显示，自动带宽可以确定允许 WLS 方法处理具有不同采样密度的点云，而无须任何手动调整。与“比例”（即密度）相比，不同采样密度的平滑非常相似。请注意从鼻尖到整个下巴范围内的精细细节，以及头骨区域和底部相对稀疏的采样。

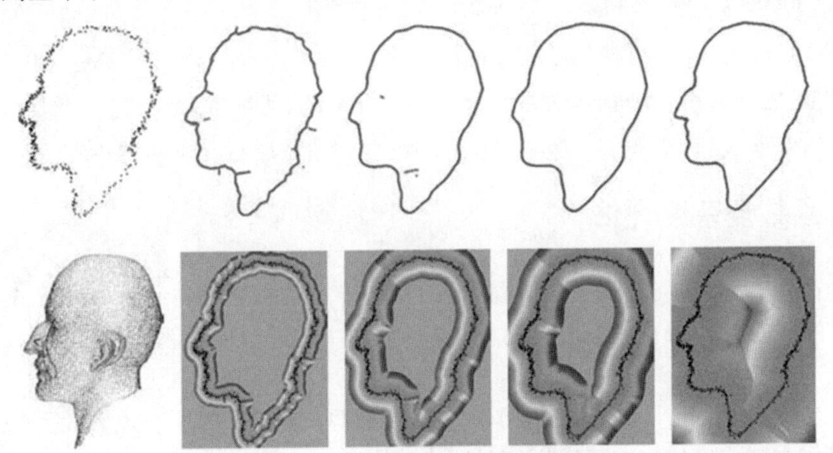


图 7.26　基于简单 WLS 和接近图（最右边）重建的表面，用于从 3D Max Planck 模型（最左边）获得的噪声点云。请注意，无须手动调整即可处理精细细节以及稀疏采样区域（图片由 Elsevier 提供）

### 7.3.5 自动边界检测

自动采样密度估计的另一个好处是非常简单的边界检测方法。该方法建立在参考文献[Adamson 和 Alexa 04]提出的方法之上。

该方法的思路是，如果 $\mathbf{a}(\mathbf{x})$相对于 $\mathbf{a}(\mathbf{x})$附近的采样密度“相距太远”，满足$f(\mathbf{x})=0$，则丢弃点 $\mathbf{x}$。更准确地说，定义了一个新的隐式函数：

$$\hat{f}(\mathbf{x})=\begin{cases} f(\mathbf{x}), \text{如果} |f(\mathbf{x})|>\varepsilon \vee \|\mathbf{x}-\mathbf{a}(\mathbf{x})\|<2r(\mathbf{x}), \\ \|\mathbf{x}-\mathbf{a}(\mathbf{x})\|, \text{否则}. \end{cases} \tag{7.10}$$

图 7.27 中的右图显示，这种简单的方法能够很好地处理不同的采样密度。

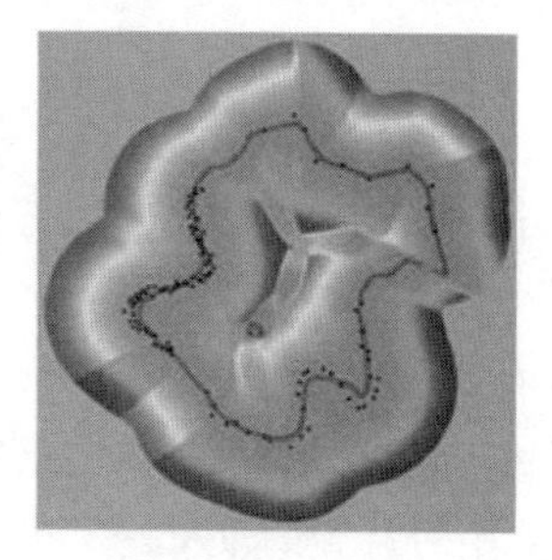

纯 WLS，$h=22$

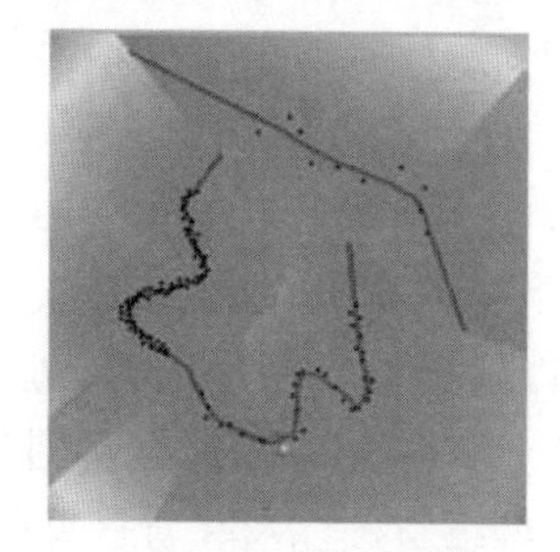

2-SIG 加上修剪功能 $\eta=1.7$

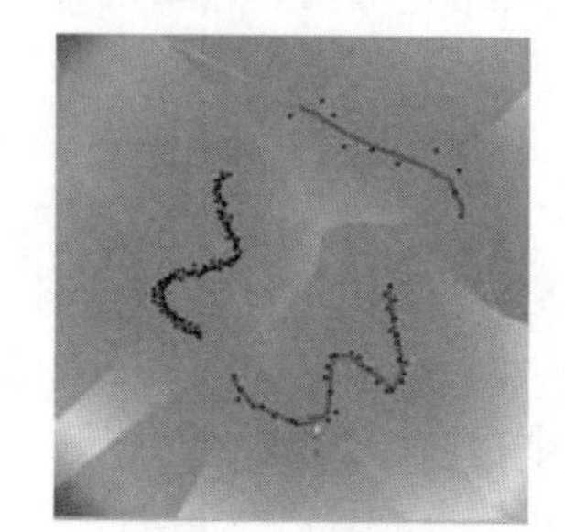

加上边界检测

图 7.27　每个点的自动采样密度估计允许开发人员自动确定带宽，并且与比例和采样密度无关（中图），还可以自动检测边界（右图）（图片由 Elsevier 提供）

### 7.3.6 函数复杂度评估

测地内核（Geodesic Kernel）需要确定空间中点 $\mathbf{x}$ 的最近邻居 $\mathbf{p}^*$（参见第 6.4.1 节）。使用简单的 kd 树，可以在 $O(\log^3 N)$时间内找到 3D 中的近似最近邻居（详见参考文献[Arya et al. 98]）[①]。

在参考文献[Klein 和 Zachmann 04b]中已经证明，影响 $\mathbf{x}$ 的所有点 $\mathbf{p}_i$ 都可以通过图形中的深度优先或广度优先搜索在恒定时间内确定。

总的来说，$f(\mathbf{x})$可以在 $O(\log^3 N)$时间内确定。

为了实现快速实用的函数评估，开发人员还需要快速计算最小的特征向量（详见参

---

① 在温和条件下，最近邻居可以通过使用德洛内分层结构在 $O(\log N)$ 时间内完成（详见参考文献[Devillers 02]），但这可能并不总是实用的。

考文献[Klein 和 Zachmann 04a]）。首先，可以通过确定协方差矩阵 **B** 的三次特征多项式（Cubic Characteristic Polynomial）$\det(\mathbf{B}-\lambda\mathbf{I})$的 3 个根来计算最小特征值 $\lambda_1$（详见参考文献[Press et al. 92]）。然后，可以使用 $\mathbf{B}-\lambda_1\mathbf{I}$ 的乔里斯基分解（Cholesky Decomposition）计算相关的特征向量。①

根据经验，这种方法比雅克比（Jacobi）方法快 4 倍，比奇异值分解（Singular Value Decomposition）方法快 8 倍。

## 7.4　点云之间的交叉检测

在前面的章节中描述的表面定义非常适合快速渲染，例如，通过光线追踪算法。此外，它还可以用于确定两个点云对象之间的交集（详见参考文献[Klein 和 Zachmann 05]）。这将在以下章节中进行解释。

该问题的描述如下。给定两个点云 $A$ 和 $B$，其目标是确定是否存在交点，即共同的根 $f_A(x)=f_B(x)=0$，并且也可能计算交叉曲线（Intersection Curve）的采样，即设置$z=\{x \mid f_A(x)=f_B(x)=0\}$。

原则上，开发人员可以使用许多通用的根寻找算法之一（详见参考文献[Pauly et al. 03]和[Press et al. 92]）。当然，找到两个（或更多）非线性函数的共同根是非常困难的。在这里更是如此，因为函数不是通过分析来描述的，而是通过算法来描述的。

幸运的是，在这里可以利用已经在对象的表面定义中具有的接近图形，从而实现更好的性能。

第 1 步，算法尝试将交点划分在一个表面的两个点上和另一个表面的两侧（见图 7.28）。第 2 步，对于每个这样的划界（Bracketing），它将在一个靠近交点的点云中找到一个近似点（见图 7.29）。第 3 步，通过随后的随机采样来细化该近似交点。最后一步是可选的，具体取决于应用程序所需的准确性。

第 1 步和第 3 步将通过随机化方法求解。第 1 步和第 2 步都将使用接近图形。下文将详细描述每一个步骤。

---

① 第二步是可能的，因为 $\mathbf{B}-\lambda\mathbf{I}$ 是半正定（Positive Semi-Definite）的。设 $\lambda(A)=\{\lambda_1,\lambda_2,\lambda_3\}$，其中 $0<\lambda_1\leqslant\lambda_2\leqslant\lambda_3$。那么，$\lambda(\mathbf{B}-\lambda\mathbf{I})=\{0,\lambda_2-\lambda_1,\lambda_3-\lambda_1\}$。设 $\mathbf{B}-\lambda\mathbf{I}=\mathbf{USU}^{\mathrm{T}}$ 为奇异值分解。那么，$x^{\mathrm{T}}(\mathbf{B}-\lambda\mathbf{I})x=x^{\mathrm{T}}\mathbf{USU}^{\mathrm{T}}x=y^{\mathrm{T}}\mathbf{S}y\geqslant 0$。因此，如果上述完全转置（Pivot）操作完成，则可以执行乔里斯基分解（详见参考文献[Higham 90]）。

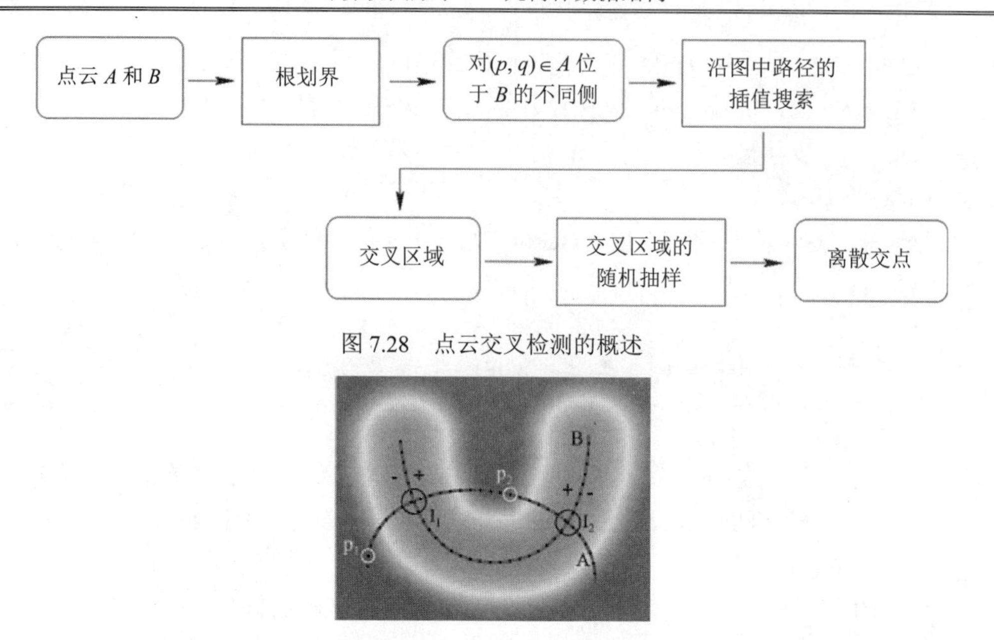


图 7.28　点云交叉检测的概述

图 7.29　两个点云 $A$ 和 $B$ 及其交叉球 $I_1$ 和 $I_2$。当用 $p_1, p_2 \in A$ 初始化时，找根过程将在交叉球 $I_1$ 内找到一个近似交点

## 7.4.1　根划界

如前所述，该算法将首先在其中一个表面的不同侧构造随机点对。这两个点不应该相距太远，并且这两个点应该均匀地对表面进行采样。

当然，如果要对所有对进行详尽列举，那么其成本是非常高的。因此，可以采用以下随机（子）采样程序。

假设隐式表面在概念上由相同大小的面元（Surfel）（2D 圆盘）近似（详见参考文献[Pfister et al. 00]和[Rusinkiewicz 和 Levoy 00]）。设 $\mathrm{Box}(A, B) = \mathrm{Box}(A) \cap \mathrm{Box}(B)$和 $\overline{A} = A \cap \mathrm{Box}(A, B)$。然后可以随机绘制点 $p_i \in A$，使得每个面元 $s_i$ 被至少一个 $p_i$ 占据。在这里，“被 $p_i$ 占据”意味着 $a(p_i)$沿着法线 $n(p_i)$到 $s_i$ 的支撑平面上的投影位于面元的半径内。

对于每个 $p_i$，可以很容易地确定 $p_i$ 附近的另一个点 $p_j \in \overline{A}$（如果有的话），以便 $p_i$ 和 $p_j$ 位于 $f_B$ 的不同侧。可以用以 $p_i$ 为中心的球体 $C_i$ 表示点 $p_i$ 的邻居。

这种方法的一个优点是，应用程序可以指定由算法返回的交点的密度。由此可以很容易地构建完整交叉曲线的离散化（例如，通过再次使用随机采样）。

请注意，开发人员永远不需要实际构建面元或将 $A$ 中的点明确指定给邻居，下文将对此进行详细描述。第 7.4.2 节描述了如何选择球体 $C_i$ 的半径。

为了在 $f_B$ 的“另一侧”找到 $p_j \in A \cap C_i$，可以使用 $f_B(p_i) \cdot f_B(p_j) \leqslant 0$ 作为指标。当然，只有法线 $n(x)$在整个空间内是一致的，这才是可靠的。如果表面是多方面的，这可以通过类似于参考文献[Hoppe et al. 92]中提出的方法来实现：利用接近图形（如 SIG），则可以将法线传播到每个点 $p_i \in A$。然后，当定义 $f(x)$时，可以根据和 $x$ 的最近邻居一起存储的法线选择 $n(x)$的方向①。

为了对样本 $A$ 进行采样，使得每一个（概念上的）面元由样本中的至少一个点表示，可以使用引理 7.4。

**引理 7.4**　设 $A$ 为均匀采样点云。另外，设 $S_A$ 表示近似于 $A$ 和 $B$ 的交叉体积内的 $A$ 的表面的概念性面元的集合，并且设 $a = |S_A|$。然后可以通过概率 $p = e^{-e^{-c}}$ 使用至少一个点占据每个表面，其中 $c$ 是任意常数，只需从 $\bar{A}$ 中绘制 $n = O(a \ln a + c \cdot a)$个随机和独立的点。这些点将表示为 $A'$。

**证明**：详见参考文献[Klein 和 Zachmann 05]。

例如，如果开发人员想要 $p \geqslant 97\%$，则必须选择 $c = 3.5$，如果 $a = 30$，则必须绘制 $n \approx 200$ 个随机点。

7.4.2 节将介绍如何为邻居 $C_i$ 选择合适的大小。在该节之后，第 7.4.3 节将提出一种高效方法，以确定在给定一个点 $p_i \in A'$ 的情况下，根划界（Root Bracket）的另一个部分 $p_j$。

## 7.4.2　邻居的大小

开发人员必须选择球面邻居 $C_i$ 的半径，以便一方面，所有 $C_i$ 覆盖由 $A$ 定义的整个表面。另一方面，与 $C_i$ 的每个相连邻居的交点必须包含 $A'$ 中的至少一个点，以免错过任何位于两个邻居交汇处的碰撞。此情形如图 7.30 所示。

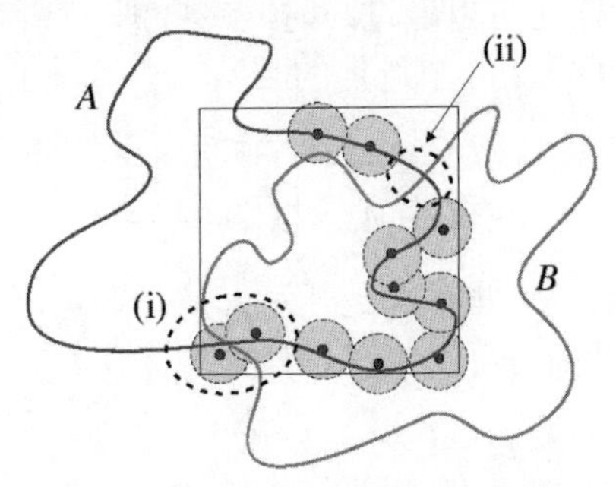


图 7.30　如果球面邻居 $C_i$（实心圆盘）太小，则无法找到所有的碰撞。（i）表示相邻的邻居可能不会充分重叠，因此它们的交集不包含随机选择的点云。（ii）表示该表面可能没有被邻居 $C_i$ 覆盖

① 令人惊讶的是，$n(x)$的方向在相当大的体积上是一致的，无须任何预处理。

为了确定球面邻居 $C_i$ 的最小半径，可以引入采样半径（Sampling Radius）的概念。

**定义 7.5** （**采样半径**）设点云 $A$ 以及给定子集 $A' \subseteq A$。考虑一个以 $A'$ 为中心的球体集合，其覆盖由 $A$（而不是 $A'$）定义的表面，其中所有球体具有相等的半径。可以将采样半径 $r(A')$定义为这种球体覆盖的最小半径。

采样半径 $r(A')$显然可以估计为面元 $s_i \in S_A$ 的半径 $r$。

设 $F_A$ 表示 $\overline{A}$ 上隐式表面的表面积。表面半径 $r$ 可由下式确定：

$$\frac{F_A}{a} = \pi r^2 \Rightarrow r = \sqrt{\frac{F_A}{a\pi}}$$

假设 $\overline{A}$ 上隐式表面也可以通过大小为 $r(A)$的面元来近似。然后可以通过下式来估计 $F_A$:

$$F_A = \left|\overline{A}\right| \cdot \pi r(A)^2$$

总的来说，$r(A')$可以通过下式估算：

$$r(A') = r(A) \cdot \sqrt{\frac{\left|\overline{A}\right|}{a}} \approx r(A) \cdot \sqrt{\frac{\mathrm{Vol}(A,B)}{\mathrm{Vol}(A) \cdot a} \cdot |A|}$$

一般来说，$\overline{A}$ 和 $\left|\overline{A}\right|$ 的大小可以很容易地估计为 $|A|\dfrac{\mathrm{Vol}(A)}{\mathrm{Vol}(A,B)}$，并且可以在预处理中轻松确定采样半径 $r(A)$。

## 7.4.3 完成划界

给定一个点 $p_i \in A'$，开发人员需要确定 $f_B$ 另一侧的其他点 $p_j \in A \cap C_i$，以便对交点进行划界。从理论的角度来看，这可以通过在时间 $O(1)$中对所有点 $p_j \in A' \cap C_i$ 测试 $f_B(p_i) \cdot f_B(p_j) \leqslant 0$ 来完成，因为 $|A'|$可以是一个选定的常数。然而，在实践中，无法快速确定集合 $A' \cap C_i$。因此，下文将提出一种在 $O(\log \log N)$时间内工作的适当替代方案。

可以观察到 $A' \cap C_i \approx A' \cap A_i$，其中 $A_i := \left\{x \middle| 2r(A') - \delta \leqslant \|x - p_i\| \leqslant 2r(A')\right\}$ 是 $p_i$ 周围的一个圆环域（Anulus），或者，这些至少是开发人员需要考虑的 $p_j$，以确保一定的划界密度（Bracket Density）。通过构造 $A'$，$A' \cap A_i$ 具有与 $A \cap A_i$ 类似的分布。进一步观察还可以发现，开发人员并不一定需要 $p_j \in A'$。

总的来说，这里的思路是构造一个随机样本 $B_i \subset A \cap C_i$，使得 $B_i \subset A_i$，$|B_i| \approx |A' \cap A_i|$，并且 $B_i$ 具有与 $A' \cap A_i$ 类似的分布。

在引理 7.4 的帮助下，可以快速构建该样本 $B_i$。开发人员只需要从 $A \cap A_i$ 中随机选择 $O(b \ln b)$多个点，其中 $b := |A' \cap C_i|$。

如果用 $p_i$ 存储的密切对最短路径（Close-Pairs Shortest-Path，CPSP）地图中的点按照它们与 $p_i$ 的测地距离[①] 进行排序，开发人员可以非常快速地描述集合 $A \cap A_i$。然后，只需要使用插值搜索即可找到距离为 $2r(A') - \delta$ 的第一个点和与 $p_i$ 的距离为 $2r(A')$的最后一个点。这可以在每个点 $p_i \in A'$ 的时间 $O\left(\log\log\left|A \cap C_i\right|\right)$ 中完成。因此，构造所有划界的总时间在 $O(\log \log N)$中。

### 7.4.4　插值搜索

在表面 $B$ 的不同侧确定了两个点 $p_1, p_2 \in A$ 之后，下一个目标是找到"尽可能接近" $B$ 的在 $p_1$ 和 $p_2$"之间"的点 $\hat{p} \in A$。下文将这样一个点称为近似交点（Approximate Intersection Point，AIP）。真正的交叉曲线 $f_B(x) = f_A(x) = 0$ 将在 $\hat{p}$ 附近通过（一般来说，它不会通过点云的任何点）。

根据不同的应用程序，$\hat{p}$ 可能已经足够了。如果需要真正的交点，则可以通过第 7.4.6 节中描述的过程进一步调整细化插值搜索的输出。

在这里，开发人员可以利用接近图形。只需要考虑在 $p_1$ 和 $p_2$ 之间的最短路径上的点 $P_{12}$，并且假定 $\min_{p \in P_{12}} \{|f(p)|\}$ 查找 $\hat{p}$。

现在可以假设 $f_B$ 沿路径$\overline{p_1 p_2}$是单调的，然后，开发人员就可以利用插值搜索查找 $\hat{p}$，其中 $f(\hat{p}) = 0$ [②]，而不必沿着路径进行穷举搜索。这是很有意义的，因为对元素的键值（Key）的"访问"——对 $f_B(x)$的评估——的成本相当高（详见参考文献[Sedgewick 89]）。插值搜索的平均运行时间为 $O(\log \log m)$，其中 $m$ 为元素的数量。

用于插值搜索的算法 7.5 假设最短路径被预先计算并存储在地图中。

但是，实际上，对于巨大的点云，内存消耗虽然是线性的，但却可能太大了。在这种情况下，可以通过算法 7.6 在运行时动态计算路径 $P$。从理论上讲，整体算法现在处于线性时间。然而，在实践中，它仍然表现为次线性，因为与评估 $f_B$ 相比，路径的重建几乎可以忽略不计。

如果 $f_B$ 沿着划界之间的路径不是单调的，但 $f_B(x)$的符号是一致的，则可以使用二叉搜索找到 $\hat{p}$，在这种情况下，其复杂度是 $O(\log m)$。

---

[①] 通过使用测地距离（或者更确切地说，其近似值），开发人员基本上在嵌入 $A$ 的空间上施加了不同的拓扑，但这实际上也是开发人员所期待的。

[②] 在实践中，插值搜索永远不会刚好找到这样的 $\hat{p}$，而是在跨越 $B$ 的路径上找到一对相邻的点。

**算法 7.5**：基于插值搜索的寻根算法（Root-Finding Algorithm）的伪代码。$P$ 是包含从 $p_1 = P_1$ 到 $p_2 = P_n$ 的最短路径的点的数组，它可以是预先计算的。$d_i = f_B(P_i)$近似于 $P_i$ 与对象 $B$ 的距离。该伪代码中的星号（*）提醒 $d_l$ 或 $d_r$ 是负的

---

l, $r = 1, n$
$d_{l,r} = f_B(P_1), f_B(P_n)$
**while** $|d_l| > \epsilon$ and $|d_r| > \epsilon$ and $l < r$ **do**

$$x = l + \left\lceil \frac{-d_l}{d_r - d_l}(r-l) \right\rceil \{*\}$$

　　$d_x = f_B(P_x)$
　　**if** $d_x < 0$ **then**
　　　　$l, r = x, r$
　　**else**
　　　　$l, r = l, x$
　　**end if**
**end while**

---

**算法 7.6**：如果在地图中预先计算和存储所有最短路径的成本太高，则该算法可用于为算法 7.5 初始化 $P$（$q$ 是优先级队列）

---

$q$.insert($p_1$); clear $P$
**repeat**
　　$p = q$.pop
　　$P$.append($p$)
　　**for all** $p_i$ adjacent to $p$ **do**
　　　　**if** $d_{\text{geo}}(p_i, p_2) < d_{\text{geo}}(p_1, p_2)$ **then**
　　　　　　insert $p_i$ into $q$ with priority $d_{\text{geo}}(p_i, p_2)$
　　　　**end if**
　　**end for**
**until** $p = p_2$

---

## 7.4.5　带边界的模型

如果模型具有边界并且根划界（Root-Bracketing）算法的采样率太低，则无法找到所有的交点（见图 7.31）。在这种情况下，某些近似交点可能无法到达，因为它们并未通过接近图形连接。

因此，在这里需要对 $r$-SIG 略做修改。在构建图形之后，以前一般是通过离群值检测算法修剪所有“长”边（参见第 7.1.2 节）。现在，只需要将这些边标记为“虚拟”。这

样，就仍然可以像以前一样使用 $r$-SIG 来定义表面。但是，对于插值搜索，也可以使用虚拟边，以便桥接模型中的空洞。

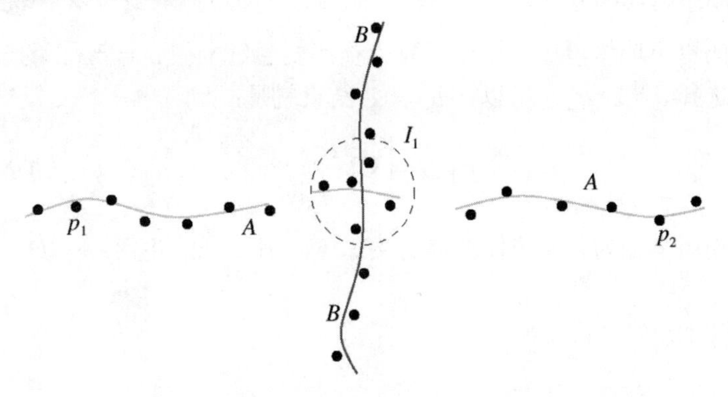


图 7.31　具有边界的模型可能导致错误（$I_1$ 可能仍然未被检测到），这可以通过接近图形中的“虚拟”边来避免

## 7.4.6　精确的交点

如果两个点云相交，则插值搜索将计算一组 AIP。在它们周围，半径为 $r=\min\left(\|x-\hat{p}_1\|,\|x-\hat{p}_2\|\right)$ 的交叉球体（Intersection Sphere）包含一个真正的交点，其中：

$$x=\frac{1}{d_1+d_2}(d_2 p_1+d_1 p_2)$$

$\hat{p}$ 已经通过插值搜索计算，位于表面 $B$ 的不同侧，并且 $d_i=f_B(p_i)$。这个思路如图 7.32 所示。因此，如果 AIP 不够精确，则可以对每个这样的球体进行采样，以获得更准确（离散）的交点。

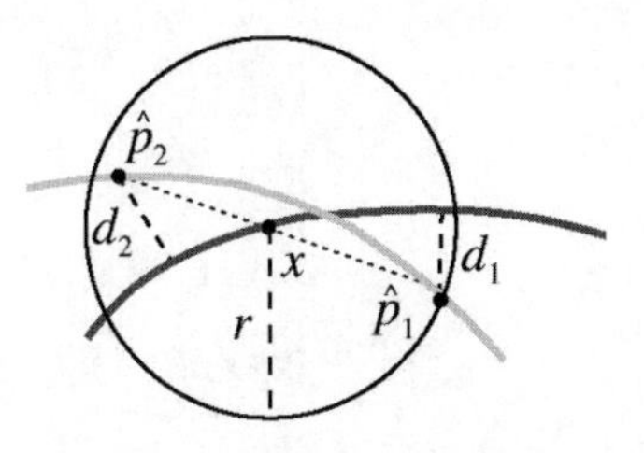


图 7.32　以近似交点 $p_i$ 为中心的交叉球体。其半径 $r$ 可以在 $B$ 的另一侧的第二点的帮助下近似确定

更确切地说，如果开发人员想要一个精确的碰撞点距离（与表面的距离小于 $\epsilon_2$），则可以通过 $s$ 个更小的直径为 $\epsilon_2$ 的球体来覆盖给定的交叉球体，并且通过对 $s\ln s+cs$ 多个点进行采样，使得 $s$ 个球体中的每一个都有很高的概率获得一个点。对于每一个这样

的球体，都只需要确定它们到两个表面的距离。

在参考文献[Rogers 63]中已经证明：半径为 $a \cdot b$ 的球体最多可以被数量为 $s=\left\lceil \sqrt{3}a \right\rceil^3$ 的、半径为 $b$ 的更小球体覆盖。由于开发人员想要通过半径 $b=\epsilon_2/2$ 的球体覆盖交叉球体，因此需要选择 $a=2r/\epsilon_2$，所以 $a \cdot b = r$ 。结果就是：

$$s=\left\lceil \sqrt{3}\frac{2r}{_2} \right\rceil^3$$

例如，要使用半径为 $\epsilon$ 的球体覆盖交叉球体，则 $_2=2$ 并且 $s=\left\lceil \sqrt{3}r/ \quad \right\rceil^3$。

## 7.4.7　运行时间

在关于点云的一些温和假设下，算法的运行时间在 $O(\log\log N)$中，其中 $N$ 是点的数量（详见参考文献[Klein 和 Zachmann 05]）。

根据经验，发现在算法的阶段 1 中约 $n=O(a\ln a)=200$ 个样本即可产生足够的划界密度，使得误差仅约 0.1%。

在图 7.33 中显示了在 2.8GHz 英特尔奔腾 4 主机上运行的简单实现程序的性能。它可以根据点云的不同密度，检测两个对象之间的所有交点。我们将具有 $N$ 个点的对象 $A$ 的密度定义为 $N$ 与 $A$ 的 AABB 的体积单位数之比，其最大为 8，因为每个对象均匀缩放以使其适合大小为 $2^3$ 的立方体。在插值搜索期间动态计算$(p_i, p_j)$之间最短路径（参见算法 7.6）的耗时最多只占总运行时间的 10%。

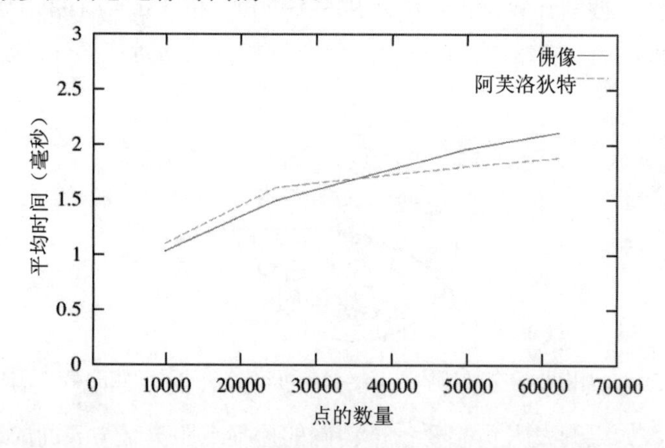


图 7.33　该图显示了两个对象的不同点云大小的运行时间（见图 7.22 和图 7.34）。该时间是所有交点检测时间的平均值，它将检查 0～1.5 的距离以及每个对象的两个相同副本的大量不同方向

图 7.34　图 7.33 中的一个测试对象

# 第 8 章　运动数据结构

在前面的章节中，主要讨论的是静态性质的分层几何数据结构。但是，在计算机图形学（以及许多其他领域）中，对象是不断移动的。那么，开发人员如何才能设计一种数据结构，允许在已经存在输入集合的情况下，其中空间的位置不断变化，并且还能进行有效的更新？

针对这一要求，可以进行两项有助于设计此类数据结构的观察：

- 当一个对象（即一条线、一个点、一个多边形等）仅按$\epsilon$移动时，那么传统的静态数据结构通常仍然有效。
- 如果对象移动的程度超过某些$\epsilon$，并且数据结构必须更新，则此更新（通常）是局部的，即旧配置和新配置上的数据结构分别都有，它们之间的区别只有一小部分。

从这些观察中可以得出以下问题。

- 如何才能确定（Determine）何时必须更新数据结构？
- 如何才能有效地更新（Update）数据结构？

每次对象移动和查询发生时，只需重建静态数据结构，就可以轻松回答这两个问题。

该解决方案是一种非常通用的算法技术，称为运动数据结构（Kinetic Data Structure，KDS）。它对可以处理的对象做了一些相当温和的假设：

- 所有对象（点、线、线段、多边形等）都遵循已知的（通常称为已发布的）动态路径（Flight Path）。
- 该动态路径是$t$中的代数函数(即它是仅包含4个基本运算符加上平方根的函数，原因是本书想要排除在一个时间段$\epsilon$内可以任意来回往返的动态路径）。
- 动态路径可以在离散（Discrete）时间改变，但是，它们不能频繁任意改变。一般情况下，应用程序想要更改动态路径是有原因的，例如，如果两个对象发生碰撞。正如本章下文所述，这种变化会产生额外的工作量。

几乎所有 KDS 的“主循环”看起来基本上如算法 8.1 所示。

**算法 8.1**：大多数运动数据结构的基本“主循环”

```
initialize DS (often like static algorithm)
initialize certificates
compute failure time of all certificates
```

```
init priority queue over failure times
loop
        retrieve earliest certificate from queue
        update KDS (if it's an external event, then this will result
        in a new attribute)
        compute new certificates and/or remove some
        compute failure time of new certificates
        update queue
end loop
```

## 8.1　通用术语表

本节将介绍一些与 KDS 相关的术语（详见参考文献[Basch et al. 97]和[Guibas 98]）。这个术语表目前可能仍然有点抽象，但本章将通过具体的示例再次解释这些术语。

属性（Attribute）。表示 KDS 的输出。示例：一个点集的凸包（Convex Hull），一个点集中最靠近的一对。该属性通常是 KDS 的一部分。有时，KDS 本身就是属性（如 BSP）。

组合结构（Combinatorial Structure）。没有任何坐标的 KDS（可能还有任何其他“类似浮点”的值）。示例：图形、树、指针。组合结构通常是 KDS 的一部分。

证书（Certificate）。来自输入和数据结构的多个对象的谓词（Predicate）。示例：**pn** $< 0$，位于平面下方（below）/与平面接触（On）/在平面上方（Over）的点；$\begin{vmatrix} a_x - c_x & a_y - c_y \\ b_x - c_x & b_y - c_y \end{vmatrix}$（点 **c** 左侧/上方/右侧通过点 **a, b**）。KDS 保留了许多证书。

证明（Proof）。具有以下属性的一组证书：只要在证明中的所有证书都为 True，则组合结构与当前具体值（坐标）对于给定的输入集保持有效。显然，这里将尝试确定 KDS 证明的最小尺寸。

失败时间（Failure Time）。当证书中涉及的对象通过其已发布的动态路径移动时，该证书最终会变为 False。这种情况发生的最早时间称为证书的失败时间（Failure Time）或死亡时间（Death Time）。由于所有动态路径都已发布，因此可以通过找到代数函数的最小根（可能变得非常复杂）来计算。

显然，在 KDS 证明中的所有证书的最早失败时间之前，KDS 仍然有效。

事件（Event）。这是证书失败的另一个术语。证书失败可能有两个原因，即外部（External）和内部（Internal）事件。

只要 KDS 的属性（即输出）发生变化，就会发生外部事件。此时，一个或多个证书必须失败。

如果证书失败但 KDS 的属性并未改变，则将事件称为内部事件。

说到事件，只有 KDS 的属性是唯一的时才有意义。例如，凸包是唯一的，但 BSP 不是。

高效（Efficient）。在设计 KDS 时，应尽量减少内部事件的数量。如果在最坏的情况下比率 $\frac{\text{nun.external event}}{\text{num.internal events}} \in O(\log^x n)$，则称 KDS 是高效的。

响应时间（Response Time）。这是证书失败时更新 KDS 所需的时间（最坏情况或平均情况）。如果响应时间为 $O(\log^x n)$，则 KDS 称为响应迅速（Responsive）。

紧凑（Compact）。如果证明中的证书数量与输入的大小呈线性（或几乎是线性），则 KDS 称为紧凑型。

局部（Local）。如果输入的每个对象仅参与少量（即 polylog）的证书，则 KDS 称为局部。这很重要，因为它将确保在对象更改其动态路径时可以高效更新 KDS。

作为 KDS 的一个简单示例，本章将在以下示例中演示运动 BSP（Kinetic BSP），将分以下 3 个步骤介绍：

（1）静态分段树（Static Segment Tree）。

（2）运动分段树（Kinetic Segment Tree）。

（3）运动 BSP 树（Kinetic BSP Tree）。

这与参考文献[de Berg et al. 01]中提出的观点是一致的。

## 8.2　静态分段树

本节是一个快速复习内容，因此，如果读者已经熟悉这种经典数据结构，则可以直接跳到 8.3 节继续。

给定一个集合 $S = \{s_1, ..., s_n\}$的区间 $s_i = [a_i, b_i] \subseteq \mathbb{R}$，以及一个查询“点” $q \subseteq \mathbb{R}$，然后将要寻找子集 $S' = \{s \in S \,|\, q \in s\}$。这通常被称为穿刺查询，可以简单地扩展到 $\mathbb{R}^d$。

在描述数据结构之前，可以定义一个基本区间（Elementary Interval，EI）。设 $X = \{a, b \,|\, a \in s \in S, b \in s \in S\} = \{x_i\}$表示端点（Endpoint）的集合，按列表中的增加值排序。然后将区间$[x_i, x_{i+1})$称为 EI。为方便起见，本节还包括区间$(-\infty, x_0)$和$[x_{2n}, \infty)$。

线段树是 EI 集合 $X$ 上的平衡二叉树。每个叶子 $v_i$ 存储一个 EI $\text{Int}(v_i) := [x_i, x_{i+1})$。可以将内部结点 $v$ 的区间定义为 $\text{Int}(v) := \text{Int}(v_1) \cup \text{Int}(v_2)$，其中 $v_{1,2}$ 是 $v$ 的两个子结点。每个

结点存储所谓的正则子集（Canonical Subset）$S(v) := \{s \in S \mid \mathrm{Int}(v) \subseteq s, \mathrm{Int}(\mathrm{parent}(v)) \not\subseteq s\}$（换句话说，每个区间 $s \in S$ 和若干个结点 $v_k$ 一起存储在树中，使得 $\bigcup_k \mathrm{Int}(v_k) = s$，并且使得 $s$ 尽可能高地存储）。如图 8.1 所示就是线段树的一个示例。

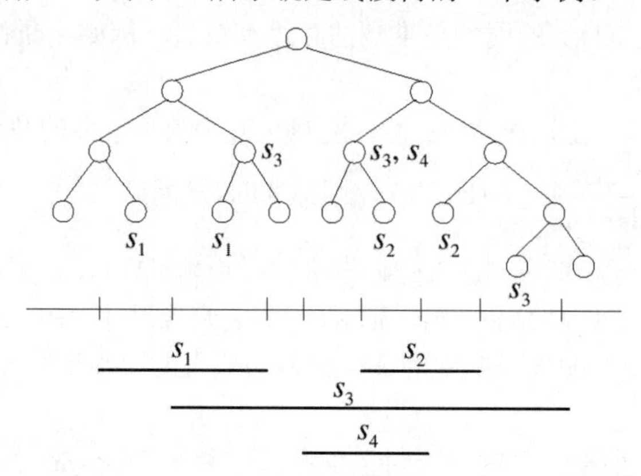


图 8.1　线段树的示例

线段树的构造非常简单：生成和排序 $X$，在 $2n+1$ 个结点上构造一个最基本的二叉树，计算该树中所有结点的 Int($v$)，并从该树自上而下筛选每个片段 $s$。

用于应答穿刺查询的算法非常简单，如算法 8.2 所示。

**算法 8.2**：用于应答穿刺查询的简单算法

```
query(v, q)
output S(v)
if v is inner node then
    if q ∈ Int(v1) then
        query(v1, q)
    else
        query(v2, q)
    end if
end if
```

可以很容易地看出，这样的线段树需要 $O(n \log n)$空间和 $O(n \log n)$构造时间，并且可以在时间 $O(\log n+k)$中应答查询，其中 $k$ 是输出的大小。

## 8.3　运动分段树

通过将静态分段树转变为运动分段树，可以向动态 BSP 的最终目标迈进一步（详见参考文献[de Berg et al. 01]）。

现在这些段（即 $\mathbb{R}$ 上的区间）可以自由移动——它们可以交换位置，也可以缩短或延长等。但是，请注意，情况并不像看起来那么困难，原因如下。

（1）在构造静态分段树的过程中，从不真正需要知道区间端点的确切值，知道它们在所有端点的排序列表中的位置就已经足够。

（2）对于每个段 $s$，有一定的量 $\epsilon > 0$，通过它可以移动 $s$ 而不会使分段树无效。

（3）无论某些分段的位置如何，分段树的基本骨架始终是相同的。唯一改变的是使用段 ID 标记结点。

这些观察结果将引起原始分段树数据结构的以下修改：

- 段被定义为 $s_i := (a_i, b_i), a_i, B_i \in \mathbb{N}, 1 \leqslant a_i, b_i \leqslant 2n$。其中，$a_i, b_i$ 被称为端点的排序（Rank）。
- 数组 $R[1, ..., 2n]$将存储端点的当前值（因此 $s_i$ 的区间将由$[R_{a_i}, R_{b_i}]$给出）。该数组可以保持按值排序。
- 对于每个段 $s$，可以维护一个片段列表（Fragment List）$\mathcal{L}(s) := \{v \mid s := S(v)\}$。$\mathcal{L}$ 将保持“从左到右”排序。
- 对于每个基本区间$[i, i+1]$，可以存储指向其相关叶片 $v_i$ 的指针。

此 KDS 中的证书是 $Z_i := R_i < R_{i+1}, i = 1, ..., 2n-1$。该证明保持有效，直到在数组 $R$ 中的两个端点交换位置。在这种情况下，正好有两个证书受到影响。所有其他区间端点的排序保持不变，因此它们与树中的相同结点相关联（换句话说，它们的片段列表保持不变）。

设 $s$ 是受端点交换影响的两个区间之一[①]。端点交换有 4 种可能的情况以及交换方式。这里可以来考虑一种情况。例如，交换之前 $s = [i, j]$，交换之后 $s = [i, j+1]$，这种情况也可以类似地用于另一个段。

如果更新算法缺乏经验，那么它可能只会（借助于数组 $\mathcal{L}$ 的帮助）从所有结点中删除两个段，然后从该树中自上而下地筛选它们，这将产生 $O(\log n)$ 复杂度。

但是这里其实可以做得更好。主要思路是通过 EI $[j, j+1]$“增加”段 $s = [i, j]$，然后只更新以 $v_j$ 开始的树，这是 $[j, j+1]$的叶子，现在也被 $s$ 覆盖了。算法 8.3 中显示的伪代码提供了更多的细节。

**算法 8.3**：更新运动分段树

```
1: v ← v_j {leaf of [j, j + 1]}
2: repeat
3:        μ ← sibling of v
```

① 这里忽略了两个端点属于同一个区间的情况，因为这很容易处理。

```
4:        if s ∈ S(μ) then
5:            delete s from S(μ)
6:            v ← parent(v)
7:        end if
8: until s ∉ S(μ)
9: insert s into S(v)
```

类似地，这里可以自下而上地遍历分段树，以便通过 EI 增加其他分段。请注意，如果 $v$ 是左侧子结点，则步骤 4 中的测试必定为 False。

算法 8.3 的运行时间是 $O(h)$，其中 $h$ 是得到 $s$ 的结点 $v$ 的高度，即$[j, j+1] \in \mathrm{Int}(v)$和 $s \in S(v)$（在更新之后）。这可以通过数组 $\mathcal{L}$ 来实现，它允许在时间 $O(1)$中执行算法 8.3 中的步骤 4。当从 EI 的叶子开始时，只需要检查 $\mathcal{L}$ 的前/后，即可从头到尾处理 $\mathcal{L}$。

**引理 8.1**　设 $S$ 是实线$\mathbb{R}$上 $n$ 个运动段的集合。存在具有 $O(n \log n)$空间的运动分段树，其可以在事件发生（即两个端点交换位置）时在预期时间 $O(1)$中更新。最坏的情况仍然是 $O(\log n)$，KDS 是局部的、高效的。

在位置和效率都已经给定之后，因为任何分段最多只有 4 个证书参与，并且没有内部事件，所以通过证明平衡树中的平均高度为 $O(1)$，可以相当容易地证明 $O(1)$时间界限。

图 8.2 显示了标记（Labeling）如何因事件而发生变化的示例。

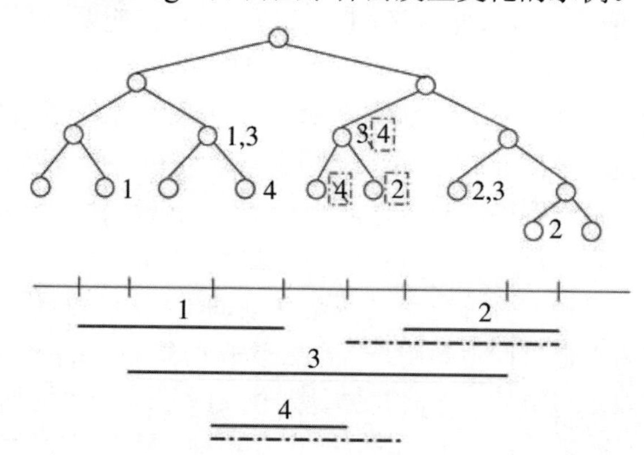


图 8.2　在 4 个段上的分段树的示例。虚线段在它们的两个端点交换位置之后分别显示段 4 和 2。树中的更改以虚线框突出显示

## 8.4　平面中的运动 BSP

现在可以着手处理前面提到的目标，即设计运动 BSP。本节讨论将仅限于在参考文

献[de Berg et al. 01]中提出的 2D 情形，但是对于 3D 情形也有类似的变体（详见参考文献[Agarwal et al. 97]、[Agarwal et al. 98]和[Comba 99]）。

给定平面中移动段的集合 $S$，可以进一步限制它们，使它们从不相互交叉。现在先来介绍一些符号：

- ❑ 设 $\Delta(v)$表示平面中结点 $v$ 的区域。
- ❑ 令 $S(v):=S\cap\Delta(v)$是必须存储在以 $v$ 为根的子树中的片段集合。
- ❑ 当且仅当线段 $s$ 与 $\Delta(v)$的左右边界相交，或者当且仅当端点位于这些边界上（马上可以看到 $\Delta(v)$确实有这样的边界）时，称线段 $s$（相对于 $v$）很长。
- ❑ 端点的排序（Rank）只是其 $x$ 坐标的排序。
- ❑ 令 $x_l(v)$, $x_r(v)$分别表示 $S(v)$中所有端点的最小和最大排序（相对于所有其他 $x$ 坐标而言）。

现在可以描述（静态）BSP 的构造。基本上，这相当于考虑以下 3 种情况。

（1）$S(v)=\emptyset$：$v$ 是叶子。

（2）$S(v)$不包含很长的线段：通过垂直分割线 $x_{\text{mid}}=\left\lfloor\dfrac{x_l+x_r}{2}\right\rfloor$分割片段集合，这样的结点称为垂直结点（Vertical Node）。线 $x_{\text{mid}}$ 将通过端点，但不一定是 $S(v)$中的一个。实际上，可能会出现 $S(v)$中的所有片段完全位于 $x_{\text{mid}}$ 的一侧的情况，这样的结点会导致分段（Fragmentation）。

（3）$S(v)$包含 $l$ 长段：可以从下到上对它们进行排序，因为没有交点。它们将用作分割线。可以创建一个包含 $l+1$ 个子结点的多路（Multi-Way）结点，每个子结点对应于两个连续长线段之间的区域。每个子结点都会获得在这样一个区域内分配的片段。这种结点的另一个名称是水平结点（Horizontal Node），它不会导致分段。

通过构造，该区域具有 4 个边界：左侧和右侧两个垂直（平行）边界，顶部和底部两个或多或少水平边界，这被称为梯形（Trapezoid）[①]。有关此类 BSP 外观的说明，请参见图 8.3。

在继续之前，需要指出这棵树的以下属性。

- ❑ 没有多路结点的树可以被认为是所有端点的 $x$ 坐标上的分段树。
- ❑ 多路结点的父结点始终是垂直结点。
- ❑ 任何区域 $\Delta(v)$分别具有至多两个相邻区域，分别与其左侧和右侧相邻，并且分别在上方和下方。

---

① 平面的梯形区域分割可用于计算几何中的许多其他算法。有时，它们也被称为垂直分解（Vertical Decomposition）。它们可以推广到 3D，在 3D 中它们有时被称为圆柱分解（Cylindrical Decomposition）。

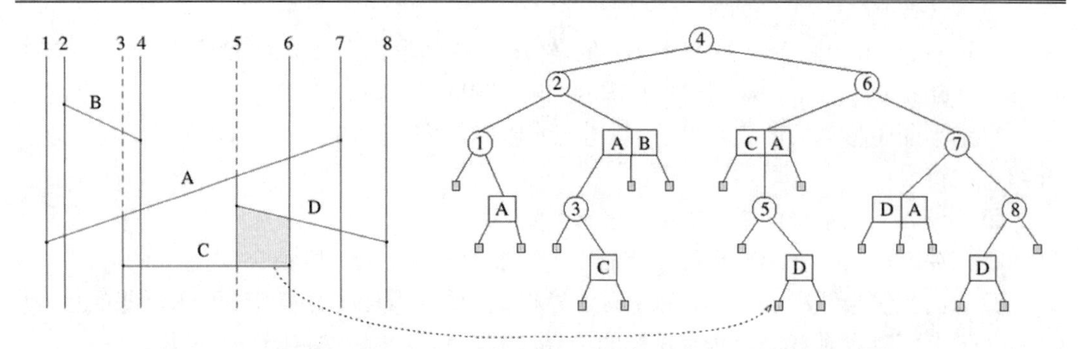


图 8.3　动态 BSP 树的示例。在左图中，显示了 4 个段以及垂直分割线。在每条垂直线的顶部是它的 ID，它恰好也是图中所示情况下的端点排序。右边是相应的 BSP 树，圆形结点是垂直分割结点，而方形结点则是多路（即水平的）结点。叶子是小的灰色结点

- 一旦某个线段不能在一个区域内造成分段（因为它已成为相对于该区域的长段），那么它将被用作分割线。

为了获得 KDS，这里必须增加一些成分，其中大部分已经用于运动分段树。

- 数组 $R[1, ..., 2n]$：$\mathbb{N} \rightarrow \mathbb{R}$，就像前面的一样。
- 片段列表 $\mathcal{L}$，就像前面的一样。
- 对于每个端点，指向邻居区域的指针。
- 对于每个叶子，4 个指向相邻区域的指针。

由于线段不允许相交，显然组合结构仅在两个端点的 $x$ 坐标交换排列时才会改变。这样会产生证书，其与运动分段树完全相同。

为了描述算法，可以假设线段 $s$ 的右端点的排序递增 1。这是 $s$ 必须通过一个基本片段（Elementary Fragment，EF）增强的事件。所有其他情况都是类似的。该算法将分两步进行：更新叶子，然后重新建立该树的属性。

### 1. 步骤 1

设 $i_p$ = 事件之前的端点 $p$ 的排序（之后则是 $i_p + 1$）。这里有两种情况。

在第一种情况下，$p$ 在事件之前是在叶子 $v$ 的区域 $\Delta(v)$的左边界上，而在事件之后，它在内部的某个位置（即 $x_r(v) > i_p + 1$）。在这种情况下，只需使用一个小的子树去替换 $v$，如图 8.4 所示。

第二种情况是，在事件之前，$p$ 在左边界上，而在事件之后则在右边界上（即 $x_r(v) = i_p + 1$）。同样，这里也可以使用其他东西去替换叶子 $v$，但现在这取决于 $v$ 的父结点是垂直结点还是多路（水平）结点。在第一种情况下，这种区别不是必需的，因为新子树的根是一个垂直结点。有关具体操作，请参见图 8.5。

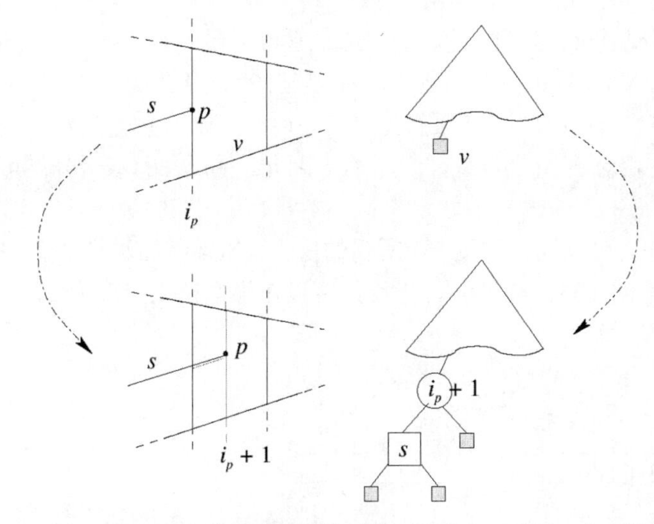


图 8.4　这是事件发生时在运动 BSP 上执行叶片操作的第一种情况。叶子 $v$ 由小的子树替换。它的根是一个垂直结点，包含通过 $p$ 分割的线（$p$ 是与另一个端点交换排序的端点）

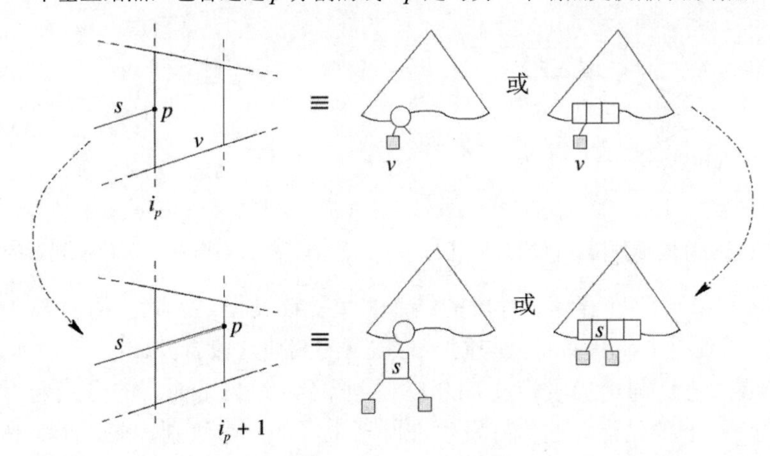


图 8.5　这是事件发生时叶子操作的第二种情况。同样，叶子 $v$ 由小的子树替换。但是，最终操作取决于 $v$ 的父结点的类型。如果父结点是垂直结点，则新的子树很简单。如果父结点是多路（水平）结点，则必须在该父结点中插入新的分割线

## 2．步骤 2

在步骤 1 中修改了叶子之后，即可获得一个有效的新 BSP，并生成了该平面的新分区。但是，它不一定具有上述特性。特别是，如果从头开始构建 BSP，那么通过线段 $s$（通过新结点或现有结点）的水平分割可能已经在树中执行得更高。要恢复此属性，则

需要将新的水平分割推得尽可能远。请注意，它可能最终存在于已存在的多路结点中。

设$f' = s \cap \Delta(v')$，其中$f'$是新的 EF，$v'$是新的水平结点。设$v''$是$v'$的左兄弟（如果有的话），并且$f'' = s \cap \Delta(v'')$（如果有的话）。现在，如果$v''$也是水平结点，并且$s$也存储在那里，则$s$是相对于$\Delta(v') \cup \Delta(v'')$的长段。因此，使用$s$的水平分割可以（并且应该）在树中执行得更高。

在这种情况下，可以执行如图 8.6 所示的操作。如果新的水平结点$\mu'$的父结点本身就是水平结点，则不创建独立结点$\mu'$。相反，可以在那里插入片段$f' \cup f''$。

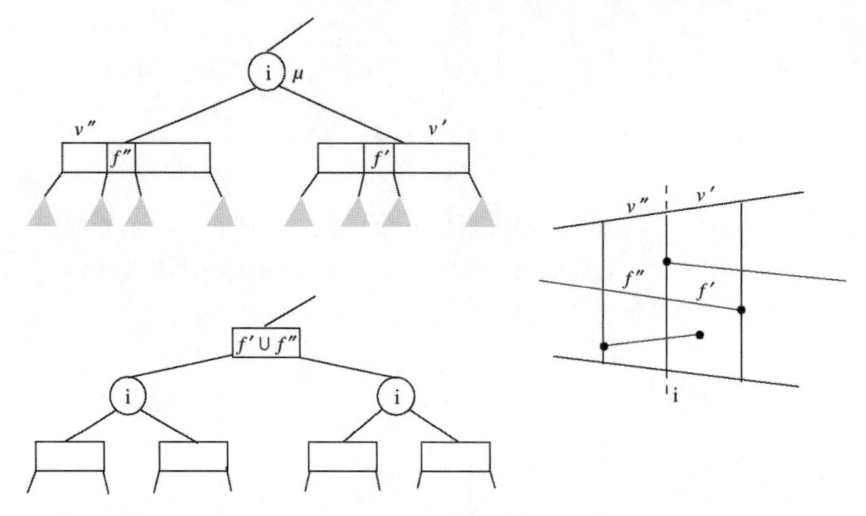


图 8.6　通过将新的片段推到树中，同时将其与同一线段的其他片段合并，可以恢复新的 BSP 的属性

然后可以用$v'$ = 现在存储$s$片段的结点来重复该过程。因此，简而言之，可以将最初的新片段推送到树中，从而将其与同一片段$s$的其他片段合并。

通过 EF 减少段（与增加段相反）的工作类似于通过自上而下的方式遍历 BSP，直到已经到达包含该 EF 的结点。这恰好发生在叶子上方的一个级别，在这里将执行与步骤 1 中相反的操作。

图 8.7 显示了这种组合重构的一个简单示例（在此示例中，不需要通过树进行传播）。

为了获得真正意义上的 BSP，必须使用二叉子树替换多路结点。感兴趣的读者可以通过参考文献[de Berg et al. 01]了解详情。总的来说，可以总结出引理 8.2。

**引理 8.2**　设$S$是平面中$n$个移动段的集合，它们始终是不相交的。在$S$上存在一个运动 BSP，其大小为$O(n \log n)$，最坏情况下深度为$O(\log^2 n)$。它只有外部事件，预期响应时间为$O(\log n)$，在最坏情况下则为$O(\log^2 n)$。

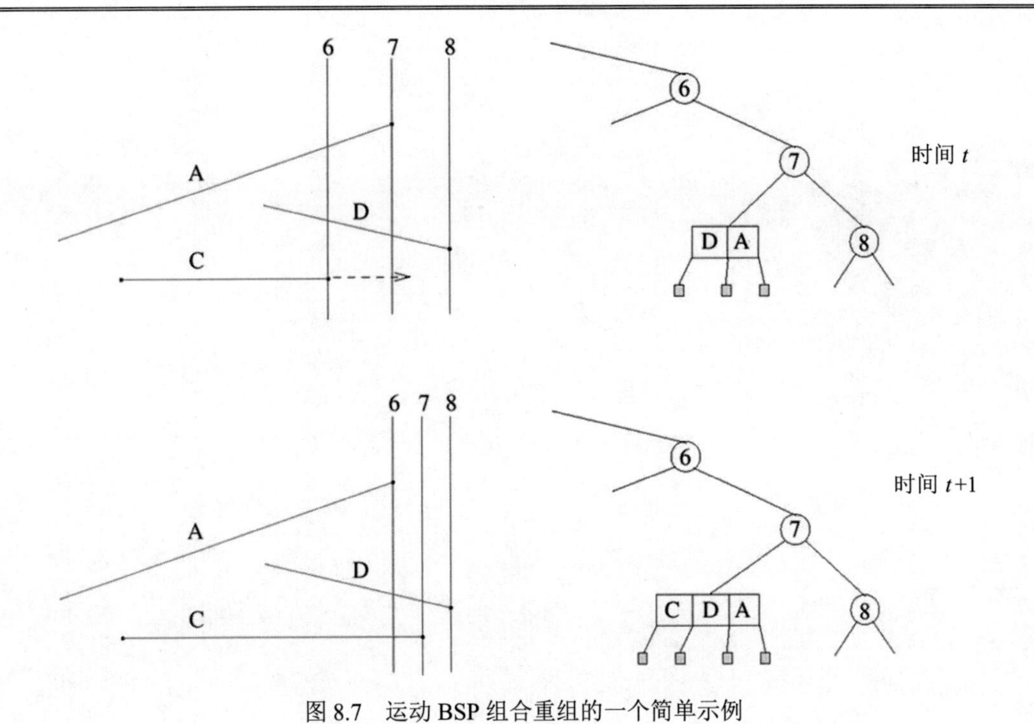


图 8.7　运动 BSP 组合重组的一个简单示例

# 第9章　退化和鲁棒性

一组几何对象的几何数据结构必须通过算法计算。处理几何输入并产生几何输出的算法称为几何算法（Geometric Algorithm）。几何算法的决策和输出取决于几何谓词（Geometric Predicate）以及新的和中间几何对象的计算。几何计算（Geometric Computation）有两个组成部分：数字部分（Numerical Part）和组合部分（Combinatorial Part）。数值计算涉及新对象的构造和几何谓词的评估。组合部分负责（子）结果的组合结构的表示和正确性。

例如，2D 中的点集 $P$ 的 Voronoi 图是将平面细分为最近邻居的单元。也就是说，Voronoi 基点（Voronoi Site）$p \in P$ 的 Voronoi 单元（Voronoi Cell）是所有更接近 $p$ 而不是任何其他点 $q \in P$ 的点的集合。有关示例，请参见图 9.1；有关详细讨论，请参见本书第 6 章。

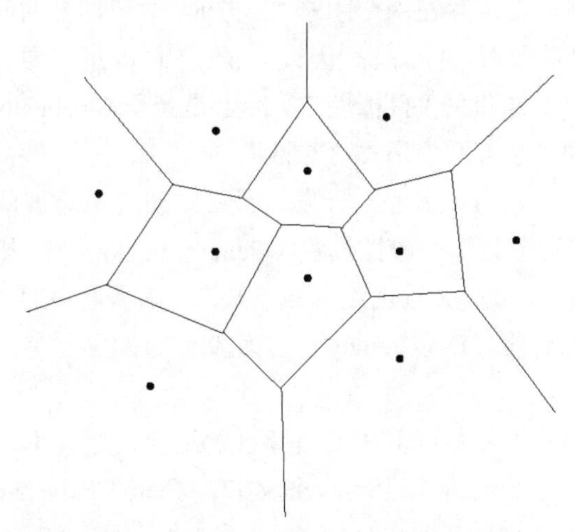

图 9.1　一组基点的 Voronoi 图可以将平面细分为最近邻居的区域

Voronoi 图的组合部分由细分图形给出。该图的顶点和相应边也分别被称为 Voronoi 顶点（Voronoi Vertex）和 Voronoi 边（Voronoi Edge），它们的精确坐标分别代表问题的数字部分。请注意，Voronoi 图的其他组合表示也是有效的。例如，可以为每个基点 $p$ 存储顺时针排序的相邻基点的列表。这表示没有任何数字信息的 Voronoi 图的结构。

几何问题的另一个示例是在 2D 中的点集 $P$ 的凸包（Convex Hull）的计算。集合 $P$

的凸包是包含所有点的最小凸多边形。可以通过源于 $P$ 的凸包上的连续点的循环列表（Circular List）来描述凸包的组合结构，如图 9.2 所示。该输出不需要数字部分，它只需要计算这个列表。

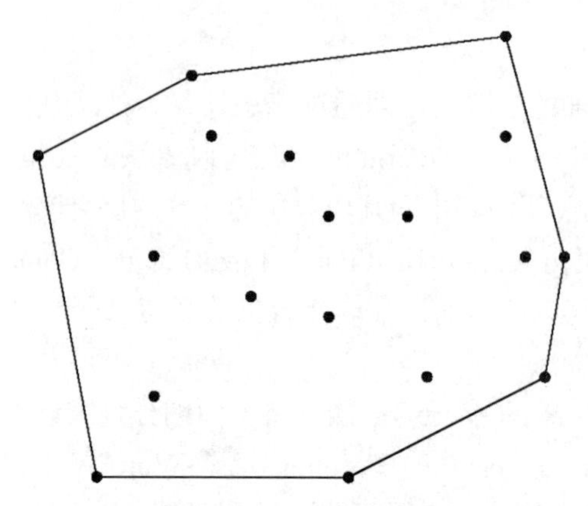

图 9.2　点集的凸包是包含所有点的最小凸集

许多几何算法的实际实现存在两个困难。一方面，数值部分的问题在于算术的精度，这也影响了组合结果和算法的流程。因此，开发人员正在寻求基础算术的鲁棒性（Robustness）。请注意，这里的“鲁棒性”实际上是音译，Robustness 的原意是“健壮、强健”等，用在程序和算法方面多指“可靠性”。

另一方面，对于算法本身的流程，开发人员必须研究不是彼此独立的几何对象的输入场景。如果假设给定对象处于一般性位置（General Position），则许多几何算法表现良好。例如，如果没有三点共线，并且也没有四点共圆，则平面中的点集处于一般性位置。非一般性位置也表示为退化（Degeneracy）。第 9.5 节的主题是退化的影响和如何处理退化。

有许多调查文章讨论了几何计算中的鲁棒性和退化问题。本章介绍的算法主要来自参考文献[Fortune 96]、[Schirra 00]、[Shewchuk 97]、[Yap 97b]、[Sugihara 00]、[Goldberg 91]、[Michelucci 97]、[Santisteve 99]、[Mehlhorn 和 Näher94]、[Guibas et al. 89]、[Burnikel et al. 99]、[Burnikel et al. 94]、[Fortune 和 Van Wyk 93]、[Fortune 89]、[Yap 97a]、[Sugihara 和 Iri 89]和[Sugihara et al. 00]。

首先，本章将讨论 2D 和 3D 中的两个简单示例，并在第 9.1 节中指出了不精确性（Impreciseness）的影响。其次，本章将介绍一种数据结构，它可以高效地表示不同维度中图形的组合结构。最后，本章将讨论算法的组合流中的退化问题，详见第 9.5 节。

# 9.1　几何算法中的不稳定性示例

## 9.1.1　线段的交点

首先，开发人员需要考虑平面中线段集的排列（Arrangement）$A$，如图 9.3 所示。该线段集表示将平面细分为单元，并且需要找到一个非常适合的细分表示，即表示该排列的组合结构的数据结构。该排列的组合结构由一维顶点、边和 2D 单元组成。这里可以假设需要系统地访问该排列的所有单元。单个单元由周围区段的有序序列和其间的交点给出。因此，整个排列可以通过平面图 $G$ 表示。逻辑上，图形 $G=(V,E)$由一组顶点 $V$ 和一组边 $E$ 给出。在物理上，可以尝试建立一个双向链接边表（Doubly Connected Edge List，DCEL）。在参考文献[Guibas 和 Stolfi 85]中引入的高效 DCEL 数据结构包括 $G$ 的组合信息，并且不会浪费空间。实际上，它是存储细分的最节省空间的方式。

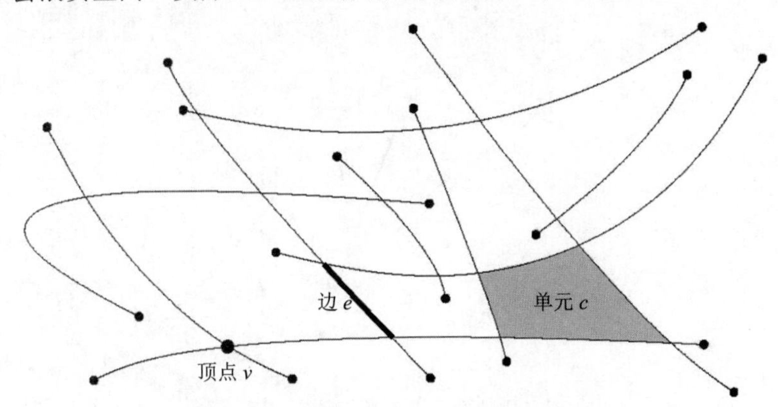


图 9.3　线段集的排列表示平面细分为由顶点和边表示的单元

平面图形的 DCEL 可以访问 $G$ 的每个边 $e$ 的以下信息，如表 9.1 所示。

- 对 $e$ 的源和目标顶点 $v_1$ 和 $v_2$ 的引用。
- 对与 $e$ 相邻的左右面 $F_1$ 和 $F_2$ 的引用。
- 对在 $v_1$（相应地，还有 $v_2$）处的上一个（Previous）进入边（Incoming Edge）$p_{v_1}$（相应地，还有 $p_{v_2}$）的引用。
- 对在 $v_1$（相应地，还有 $v_2$）处的下一个（Next）进入边 $n_{v_1}$（相应地，还有 $n_{v_2}$）的引用。

表 9.1　对 2D 图形的 DCEL 中单个边 $e$ 的引用

| 边 | 顶　点 | | 面 | | 进　入　边 | | | |
|---|---|---|---|---|---|---|---|---|
| | 起　点 | 终　点 | 左 | 右 | 下一个起点 | 上一个终点 | 下一个终点 | 上一个终点 |
| $e$ | $v_1$ | $v_2$ | $F_1$ | $F_2$ | $n_{v_1}$ | $p_{v_1}$ | $n_{v_2}$ | $p_{v_2}$ |

此外，DCEL 还包含：

- 对每个面 $F$ 的起始边的引用。
- 对每个顶点 $v$ 的坐标的引用。

现在需要进一步假设，可以通过名称访问顶点、边和面。术语上一个（Previous）和下一个（Next）是指以顺时针或逆时针方式排列进入边的顺序，隐式包含了反转边 $\overline{e} = (v_2, v_1)$的信息。图 9.4 显示了单边 $e$ 的 DCEL 信息（另请参见图 9.8，了解 3D 中的 DCEL 示例）。在 DCEL 的帮助下，可以在整个图形中按时间线性地在边的数量中执行简单穿行（Walk Through）。

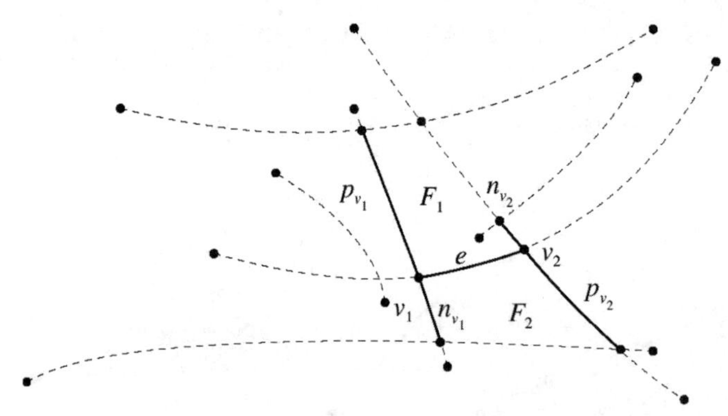


图 9.4　排列的边及其在 DCEL 中的信息

构建 $A$ 的 DCEL 的任何算法都必须计算线段的交点，并且如果 3 个线段具有公共交点，则必须按角度对线段进行排序。这意味着必须精确评估几何谓词，并且必须精确计算交点。

利用著名的扫描（Sweep）范式可以有效地解决计算所有交点的子问题，详见参考文献[Bentley 和 Ottmann 79]。

现在来考虑一下这个思路的概要。假设这些线段是 $x$-单调的，并且可以高效地计算交点。如果某个线段不是 $x$-单调的，则在出现垂直切线时，可能会将它分割成若干个线段。例如，在图 9.5 中的垂直切线 $t$ 处，可以将非单调线段拆分为两个单调线段。首先，

可以按 $x$ 坐标对线段的端点进行排序，并且将它们插入事件列表（Event List）中。现在，可以通过从右到左移动的垂直扫描线（Sweepline）连续访问所有事件。在扫描期间，可以在扫描状态结构（Sweep Status Structure）中沿扫描线保持重要信息。在排列的情况下，扫描状态结构包含与扫描线相交的线段的排序列表。列表按交点的 $y$ 坐标排序。这里的思路是，在两个线段相交之前，它们必须是扫描状态结构中的邻居。有关扫描算法中主要步骤的示例，请参见图 9.5。以下 3 个主要事件是必须处理的。

- 如果遇到线段的起始点，则可以将新线段插入已排序的线段列表中。新线段可以与线段列表中的相邻线段交叉。这里需要计算与 $x$ 坐标相关的所有下一个交点，并按 $x$ 顺序将它们插入事件列表中。请注意，在事件列表中最多插入两个与相邻线段相交的交点。
- 如果扫描线遇到了交点事件，则必须重新排列线段的顺序。同样，有两个线段已经在扫描状态结构中改变了它们的顺序，并且可以像上一种情况一样，对新邻居执行相交测试。
- 如果遇到线段的端点，则可以在扫描状态结构中删除此线段。新的相邻线段需要进行相交测试。

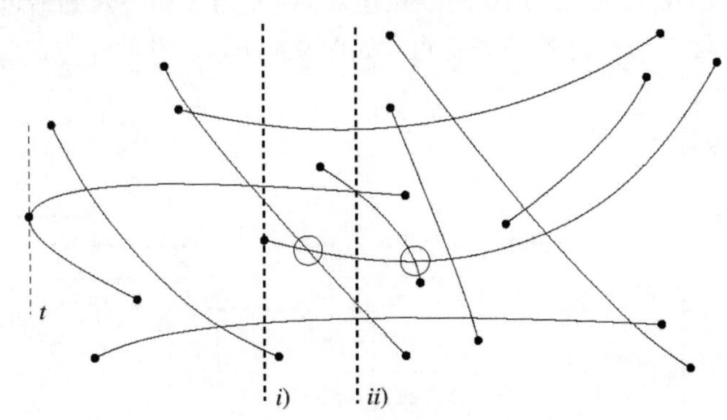


图 9.5　扫描状态结构包含扫描线遇到的线段的排序列表。在位置 *i)*处，必须插入新的线段，它和邻居的交点将创建未来的事件。在位置 *ii)*处，这样的新事件改变了线段的顺序，计算了交点，并且可以创建更多的未来事件

作为不变量，扫描状态结构始终包含与扫描线相交的线段的排序列表，测试相邻线段以确定交点。显然，不变量属于该算法的组合部分。

在扫描过程中，可以收集所有交点，这些交点是 DCEL 所需信息的一部分。假设现在必须处理由其端点表示的线段，也就是说，设 $l_i=(p_i,q_i)$，其中 $p_i=(p_{i_x},p_{i_y})$ 和

$q_i=(q_{i_x},q_{i_y})$。如果存在 $l_1$ 和 $l_2$ 的交点$(x, y)$，则可以通过以下方式充分计算：

$$x=\frac{\begin{vmatrix} b_1 & c_1 \\ b_2 & c_2 \end{vmatrix}}{\begin{vmatrix} a_1 & b_1 \\ a_2 & b_2 \end{vmatrix}} \quad y=\frac{\begin{vmatrix} a_1 & c_1 \\ a_2 & c_2 \end{vmatrix}}{\begin{vmatrix} a_1 & b_1 \\ a_2 & b_2 \end{vmatrix}}$$

其中，对于 $i=1, 2$，有 $a_i=(q_{i_y}-p_{i_y})$，$b_i=(p_{i_x}-q_{i_x})$，并且 $c_i=(p_{i_y}q_{i_x}-p_{i_x}q_{i_y})$。另见第 9.4.2 节。这是算法的数字部分。

如果未精确计算交点的 $x$ 坐标，则在扫描期间，两个实际相邻的线段最终不会被显示为邻居。事件列表的顺序可能不正确。在这种不一致的情况下，由于不精确，我们丢失了 DCEL 的信息。不变量不再有效，并且该结果将不完整。请注意，对于算法的流程，足以比较线段的交点或端点的 $x$ 坐标，而不是计算交点坐标。当然，比较也可能是错误的。

Ramshaw 的编织线示例（详见参考文献[Nievergelt 和 Hinrichs 93]、[Nievergelt 和 Schorn 88]）表明，开发人员如果缺乏经验，那么他所应用的浮点运算不能保证交点的精确性。不幸的是，如果使用基数为 10 的浮点运算，精度为 2 和舍入到最近值，则线 $l_1: 4.3\times x / 8.3$ 和 $l_2: 1.4\times x / 2.7$ 似乎有若干个交点，如图 9.6 所示。有关浮点运算的细节，可参见第 9.3.1 节。

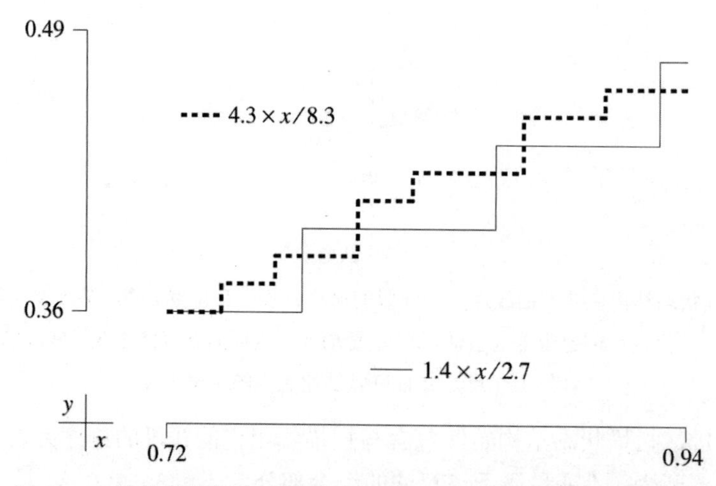


图 9.6　如果使用基数为 10 的浮点运算，精度为 2 和舍入到最近值，则线 $l_1: 4.3\times x / 8.3$ 和 $l_2: 1.4\times x / 2.7$ 出现了若干个交点

这里所提出的算法的运行时间由 $O((n+k)\log n)$给出，其中 $k$ 表示交点的数量。

## 9.1.2　用超平面切割多面体

现在来考虑一个简单的3D示例，在这里不需要计算中间结果，它似乎是9.1.1节的问题。现在想要在3D中找到具有超平面的凸多面体（Convex Polyhedron）的交叉边，如图9.7所示。假设多面体由图形 $G=(V, E)$ 给出。底层数据结构应该是3D中的DCEL。与2D情况类似，DCEL包含每个四面体（Tetrahedron）$T$ 的每个边 $e$ 的以下信息：

- ❑ 对 $e$ 的源和目标顶点 $v_1$ 和 $v_2$ 的引用。
- ❑ 对与 $e$ 相邻的左右面 $F_1$ 和 $F_2$ 的引用。
- ❑ 对和左侧面 $F_1$ 相关的下一个边 $n_{v_2}$ 的引用。
- ❑ 对和右侧面 $F_2$ 相关的上一个边 $p_{v_1}$ 的引用。

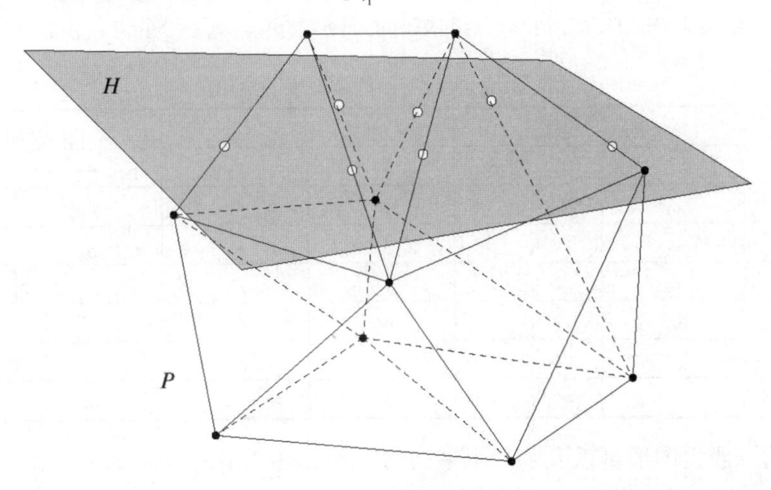


图 9.7　用超平面切割多面体

左和右的方向对应于边 $e$ 的方向。这里不妨从 $T$ 的外侧来考虑这个边，可以将一个相邻的面移动到另一个面的平面中，而没有面的交点。现在，关于边的方向，一个面位于 $e$ 的左侧，另一个面位于 $e$ 的右侧。这些方向是唯一确定的。每条边都有从起点到终点的方向。

此外，还需要跟踪以下信息：

- ❑ 对每个面 $F$ 的法线的引用。
- ❑ 对每个面 $F$ 的起始边的引用。
- ❑ 对每个顶点 $v$ 的坐标的引用。

现在可以假设访问由对应名称给出的顶点、边和面。图9.8与表9.2一起显示了单个四面体的 DCEL。请注意，对于每个边 $e_i=(v_{i_1},v_{i_2})$，必须存在相应的 $\overline{e_i}=(v_{i_2},v_{i_1})$，并且还需要存储 $e_i$ 和 $\overline{e_i}$ 之间的链接。

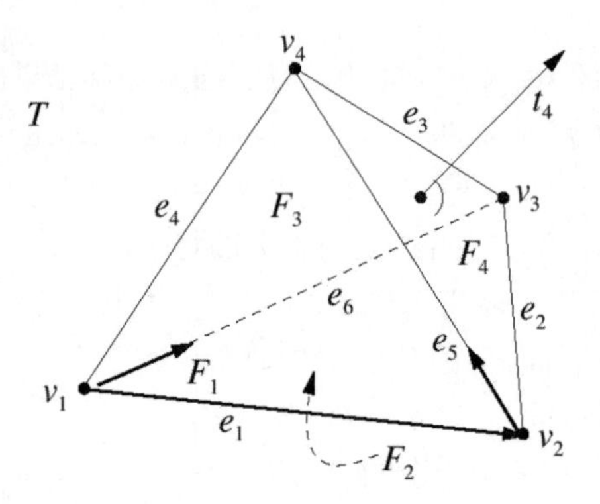


图 9.8　四面体 $T$ 的 DCEL 信息。定向边 $e_1$ 的面 $F_1$ 和 $F_2$ 具有下一个边 $e_5$ 和上一个边 $e_6$

表 9.2　多面体在 DCEL 中的引用

| 边 | 顶点 | | 面 | | 边 | |
|---|---|---|---|---|---|---|
| | 起点 | 终点 | 左 | 右 | 下一个 | 上一个 |
| $e_1$ | $v_1$ | $v_2$ | $F_1$ | $F_2$ | $e_5$ | $e_6$ |
| $e_2$ | $v_2$ | $v_3$ | $F_4$ | $F_2$ | $e_3$ | $e_1$ |
| $e_3$ | $v_3$ | $v_4$ | $F_4$ | $F_3$ | $e_5$ | $e_6$ |
| $e_4$ | $v_1$ | $v_4$ | $F_3$ | $F_1$ | $e_3$ | $e_1$ |
| $e_5$ | $v_2$ | $v_4$ | $F_1$ | $F_4$ | $e_4$ | $e_2$ |
| $e_6$ | $v_1$ | $v_3$ | $F_2$ | $F_3$ | $e_2$ | $e_4$ |

3D 中的一般性图形可以表示一组多面体。例如，3D 中的 Voronoi 图形表示平面细分为凸多边形，详情可参阅第 6 章。在这种情况下，每个多面体都由相应的信息表示。另外，对于每个边 $e$，存在对 $e$ 的下一个多面体的引用，按顺时针或逆时针顺序排序。总而言之，开发人员可以轻松地跟踪图形，访问所有边和顶点。

对于简单的几何算法，需要知道多面体 $P$ 的顶点是否位于超平面 $H$ 的上方或下方。对于该测试，存在简单且有效的谓词。在此必须计算以下行列式的符号：

$$\mathrm{Det}(a,b,c,v)=\begin{vmatrix} a_x & a_y & a_z & 1 \\ b_x & b_y & b_z & 1 \\ c_x & c_y & c_z & 1 \\ v_x & v_y & v_z & 1 \end{vmatrix}$$

其中 $v=(v_x, v_y, v_z)$表示 $P$ 的顶点，而向量 $\vec{a}=(a_x, a_y, a_z)$，$\vec{b}=(b_x, b_y, b_z)$，$\vec{c}=(c_x, c_y, c_z)$，

跨越超平面 $H$。当且仅当 $\mathrm{Det}(a, b, c, v) > 0$ 时，顶点 $v$ 低于由 $a$，$b$ 和 $c$ 形成的定向平面 $H$。该平面的定向方式如下。如果能以逆时针方向看到点 $a$，$b$ 和 $c$，则可以从上方看到平面。在第 9.4 节中，将给出正式论证和这种所谓的定向测试（Orientation Test）的一般形式。

现在，出现的问题是，在所有情况下都不能精确地评估行列式 $\mathrm{Det}(a, b, c, v)$的符号。例如，$P$ 的面可以几乎平行并且非常接近超平面 $H$。在这种情况下，舍入误差可能产生不正确的结果，并且任何算法都将无法计算正确的结果。另一方面，甚至可能发生 $P$ 的顶点恰好位于 $H$ 上的情形。所以，任何算法都必须对退化（Degenerate）情况做出决定。

请注意，简单的增量算法可以仅使用正确的定向测试以正确计算 3D 中的凸包。有关详细信息，详见参考文献[Sugihara 94]。

## 9.2　鲁棒性和稳定性的正式定义

本节将遵循参考文献[Fortune 96]和[Fortune 89]的标准，并给出鲁棒性的正式定义。在数学意义上，几何问题（Geometric Problem）是从几何对象的输入集到几何对象的输出集的映射。

Fortune 建议通过以下函数定义几何问题（详见参考文献[Fortune 96]和[Fortune 89]）：

$$P: R^{\omega} \to C$$

其中 $R^{\omega} = \cup_n \mathbb{R}^n$ 并且 $C$ 是离散的，即对于每个 $n$，集合$\{P(x) | x \in \mathbb{R}^n\}$是有限的。例如，2D 凸包问题可以将偶数 $n$ 的 $\mathbb{R}^n$ 映射到周期性排序的子集$\{1, 2, ..., \frac{n}{2}\}$，指示凸包上的点的逆时针序列的索引。通过以适当的方式表示 DCEL，第 9.1.1 节中的排列问题可以很容易地转换到这个框架中。

为了更精确并且与第 9.5.1 节中的退化的正式定义保持一致，可以使用以下概念定义。

**定义 9.1**　（**几何问题**）几何问题是一个函数：

$$P: X \to Y$$

输入空间 $X = \mathbb{R}^{nd}$ 具有标准的欧几里得拓扑。输出空间 $Y$ 是具有离散拓扑的有限空间 $C$ 和欧几里得空间 $\mathbb{R}^m$ 的乘积 $C \times \mathbb{R}^m$。

在这里，$m$, $n$ 和 $d$ 是整数，$C$ 是表示输出的组合部分（例如，平面图形或顶点的有序列表）的离散空间。参数 $d$ 表示输入空间的维度，$n$ 表示输入点的数量。这种形式等同于第 9.5.1 节中的定义。

例如，2D 凸包问题可以将 $\mathbb{R}^{2n}$ 映射到循环排序的子集$\{1, 2, ..., n\}$上，指示凸包上的点的逆时针序列的索引。$\{1, 2, ..., n\}$的所有有序子集的集合表示离散集 $C$。

第 9.1.1 节中的排列问题可以很容易地转换到这个框架中。$C$ 代表排列的平面图，并且交点可以在 $\mathbb{R}^m$ 中表示。

**定义 9.2**　（**选择性几何问题**）如果输出 $P(x)\in C$ 仅选择输入集 $x$ 的元素，则几何问题被称为具有选择性（Selective），如凸包问题就是选择性的。构造性（Constructive）几何问题则表示输出 $P(x)$中的新对象。

例如，第 9.1.1 节的线段排列的 DCEL 由源自两个线段的交点的顶点组成。从这个意义上说，相应的算法是构造性的。

对于 $x\in X$，$\mathcal{A}(x)\in Y$ 表示旨在求解 $P$ 的几何算法$\mathcal{A}$的结果。如果$\mathcal{A}(x) = P(x)$，算法$\mathcal{A}$将精确计算 $x\in X$ 时的 $P$ 值。

**定义 9.3**　（**鲁棒几何算法**）如果对于所有 $x\in X$，存在 $x'\in X$，使得$\mathcal{A}(x) = P(x')$，则该几何算法$\mathcal{A}$被称为是鲁棒的（Robust），即该算法的输出至少可以为正确输入 $x'$给出正确的结果。如果对于所有 $x\in X$，在 $x$ 附近存在 $x'\in X$，使得$\mathcal{A}(x) = P(x')$，则该算法$\mathcal{A}$被称为是稳健的（Stable）。

在输入出现某些扰动（Perturbation）的情况下，鲁棒性将保证算法的输出仍然是正确的。如果扰动很小，则算法是稳健的。请注意，不能以相同的方式比较两个输出 $A(x)$ 和 $A(x')$。在许多应用中，算法的输出 $A(x)$在 $x$ 中是不连续的。例如，排列问题的结果图可能会从根本上改变，尽管其输入仅略微受到干扰。

稳健的算法伴随着对扰动界限的测量。

**定义 9.4**　（**相对误差**）如果对于所有 $x\in X$，其中$|x|\in O(n)$，在 $x$ 附近存在 $x'\in X$，使得$\mathcal{A}(x) = P(x')$，并且下式成立，则问题 $P$ 的算法$\mathcal{A}$具有相对误差（Relative Error）$f(n, \epsilon)$。

$$\frac{|x-x'|}{|x|}\leqslant f(n, \epsilon)$$

在这里，$\epsilon$ 是指给定数字表示的准确性，并且 $|\sim|$ 意味着最大限度的规范。对于稳健的算法，$f(n, \epsilon)$应该与 $n$ 和 $\epsilon$ 中的函数一样小。一个非常稳健的算法应该独立于 $n$ 并且应该保证 $f(n, \epsilon)\in O(\epsilon)$。

在此可以为这个概念提供一个简单的论证。假设算法$\mathcal{A}$在内部处理最多为 $k$ 度的多项式，即可以通过评估次数（Degree）$\leqslant d$ 的多变量多项式来执行每个计算。例如，$p(x, y) = x^3y^5 + x^4y^2 + 7$ 是度数为 8 的多变量多项式。接下来进一步假设机器误差 $\epsilon$ 已给定（详见第 9.3.1 节），这意味着数字可以在计算机中大约通过 $k = -\log\epsilon$ 位（bit）来表示。将所有数字舍入到大约 $k/d$ 位即允许精确计算。这是 $O(\epsilon^{-d})$的扰动。总而言之，在给定的情况下，$f(n, \epsilon)\in O(\epsilon^{-d})$的扰动界限应该是可以实现的。这也被表示为扰动界限基准（Perturbation Bound Benchmark），详见参考文献[Fortune 89]。

# 9.3　几何计算与算术

几何算法是在真实随机访问机器（Real Random Access Machine，Real RAM）计算机模型的假设下设计的，其中包括对实数的精确算术，并允许在著名的 *O* 表示法（*O*-Notation）中对与计算机无关（Computer-Independent）的复杂性和运行时间进行分析。

对于 Real RAM（详见参考文献[Preparata 和 Shamos 90]），可以假设每个存储位置都能保存一个实数，并且可以按单位成本提供以下操作。

- 标准算术运算（+，−，×，/）。
- 比较（<，⩽，=，≠，⩾，>）。
- 扩展算术运算：第 *k* 个根、三角函数、幂函数和对数函数（如果需要）。

不幸的是，在计算机二进制系统中无法表示人们日常使用的十进制数。例如，简单的十进制数 0.1 在二进制系统中就没有精确的表示，只能给出一个无限循环的近似值表示 0.0001100110011...，这是 $1 \cdot 2^{-4} + 1 \cdot 2^{-5} + 1 \cdot 2^{-8} + 1 \cdot 2^{-9} + 1 \cdot 2^{-12} + 1 \cdot 2^{-13} + \cdots$ 的简短表示。由此可以得出结论，对所有十进制数都不能直接实现精确算术。

总而言之，Real RAM 假设并不总是成立。在现代微型计算机上运行的快速标准浮点运算伴随着舍入误差。

克服这个问题有两种主要的思路：要么使用快速标准浮点算法并尝试接受其固有误差，要么必须通过开发精确算法来实现 Real RAM。有时，解决方案介于两者之间。只要没有严重的问题，开发人员就可以忍受快速浮点运算的舍入误差。如果出现了一些严重问题，则将切换到耗时的精确运算。

自适应方法也是被称为精确几何计算（Exact Geometric Computation，EGC）范式的基础（详见参考文献[Yap 97a]和[Burnikel et al. 99]）。对于 EGC，重点在于输出的几何正确性，而不是算术的精确性。开发人员需要尝试确保至少决策和算法的流程是正确和一致的。只要不出现严重的不一致，就不需要进行成本高昂的精确计算。EGC 通常附有 EGC 库，可保证精确比较。有关现有软件包的详细讨论，请参见第 9.7 节。

本节内容将做如下安排。首先，在第 9.3.1 节中，将介绍几乎所有微型计算机上可用的标准浮点运算的主要特性；其次，在第 9.3.2 节中，将考虑精确算术的成本影响；而在第 9.3.3 节中，则介绍了不精确和自适应算术变体；最后，在第 9.3.4 节中给出了 EGC 的原理。

## 9.3.1　浮点运算

用于微型计算机的浮点运算是在 IEEE 标准 754 和 854 中定义的，有关详细信息，可参见参考文献[Goldberg 91]和[IEEE 85]。

出于显而易见的原因，硬件支持的运算仅限于二进制操作。因此，IEEE 754 标准定义为基数 $\beta = 2$。幸运的是，该标准包含了转换为人类十进制算术的规则。因此，在稍微损失一点精度的情况下，开发人员可以按相同的方式进行十进制运算。例如，编程语言可以使用该转换标准并允许执行基数 $\beta = 10$ 的浮点运算，它实际上仍然是以基数 $\beta = 2$ 的硬件支持的快速浮点运算为基础的。

标准 IEEE 854 允许基数 $\beta = 2$ 或基数 $\beta = 10$。与 IEEE 754 相比，它没有指定数字如何编码为位。此外，IEEE 854 中未通过特定值指定单精确度（Single）和双精确度（Double）。相反，它们对允许的值具有约束。关于编码为位和小数的转换方法，可以复习标准 IEEE 754 的功能，这将为开发人员提供更多的思路。

标准化的主要优点是几乎所有类型的硬件都以相同的方式支持浮点运算。因此，基于该标准的软件实现几乎可移植到每个平台。对于基础算术，浮点运算不应在不同平台上产生不同的输出。

编程语言的浮点算法应该保证在每个平台上都有相同的结果，并且应该基于标准。因此，从某种意义上说，编程语言类似地建立了自己的标准，遵循 IEEE 754 中要求的算术和舍入规则。因此，开发人员应该认真学习和研究 IEEE 754 标准。

### 1. IEEE 754 的主要功能

接下来将对 IEEE 754 的功能做一个简要概述，然后择其要点进行详细介绍。

**定义 9.5**　（浮点表示）浮点表示由基数（Base）$\beta$、精度（Precision）$p$ 和指数范围（Exponet Range）$[e_{\min}, e_{\max}] = E$ 组成。浮点数由下式表示：

$$\pm d_0.d_1d_2\ldots d_{p-1}\cdot\beta^e$$

其中 $e \in E$ 且 $0 \leqslant d_i < \beta$。它代表了以下数字：

$$\pm\left(\sum_{i=0}^{p-1} d_i\beta^{-i}\right)\cdot\beta^e$$

如果 $d_0 \neq 0$，则该表示被称为规格化（Normalized）。

例如，有理数 $\frac{1}{2}$ 在 $p = 4$ 和 $\beta = 10$ 的情形下可以表示为 0.500，或者也可以表示为规格化形式，即 $5.000\times10^{-1}$。

浮点数的直接位编码仅适用于 $\beta = 2$。不幸的是，并非所有数字都可以用 $\beta = 2$ 的浮点数精确表示。例如，有理数 $\frac{1}{10}$ 具有无限循环表示 $1.100110011\ldots\times2^{-4}$。

对于任意 $\beta$，可以有 $\beta^p$ 可能的有效数和 $e_{max}-e_{min}+1$ 个可能的指数。考虑到符号也需要一个位，因此，要表示任意浮点数，则需要以下位数：

$$\log_2(e_{max}-e_{min}+1)+\log_2(\beta^p)+1$$

在 IEEE 754 标准中，指定了基数 $\beta=2$ 情形下的精确编码，但是并未指定基数 $\beta\neq2$ 情形下的精确编码。

IEEE 754 标准包括以下内容。

- 浮点数的表示：见定义 9.5。
- 精度格式：精度格式包括单精度（Single）、单精度扩展（Single Extended）、双精度（Double）和双精度扩展（Double Extended）。例如，单精度使用 32 位，$p=24$，$e_{max}=+127$，$e_{min}=-126$。
- 格式布局：完全指定精度格式的系统布局。有关单精度格式的详细示例，可以参见第 9.3.1 节。
- 舍入：虽然无法避免任意浮点运算的舍入和舍入误差，但舍入规则应创建可重现的结果。有关舍入误差和与算术运算相关的舍入的详细讨论，请参见第 9.3.1 节。
- 基本算术运算：该标准包括标准算术的规则。必须首先精确地计算加法、减法、乘法、除法、平方根和余数，然后舍入到最接近的值。
- 转换：浮点数和整数或十进制数之间的转换必须进行舍入并准确地转换回来。例如，即使 $\frac{1}{3}$ 必须舍入，计算 $\frac{1}{3}\times3$ 也应该给出结果 1。关于转换的进一步讨论，可以参见第 9.3.1 节。
- 比较：对于不同的精度，必须精确地评估带有谓词（Predicate）<、≤或=的数字之间的比较。
- 特殊值：一些特殊数字（例如 NaN、∞和-∞）具有自己的固定表示。具有这些数字的算术是标准化的。

下文将介绍该标准的主要思想及其硬件实现。

**2．单精度格式**

对于单精度 $p=24$，$e_{max}=+127$，$e_{min}=-126$，该标准使用 32 位格式宽度，第一个位是符号位 S(Sign)，首位 0 代表正号，首位 1 代表负号，接下来的 8 个位是指数位 E(Exponet)，最后 23 个位是尾数位 M（Mantissa），M 也叫有效数字位（Significand）或系数位（Coefficient）。这里将使用标准化格式，如图 9.9 所示。因此，如果 0 是特殊值，则 23 位足以表示 24 个有效数。

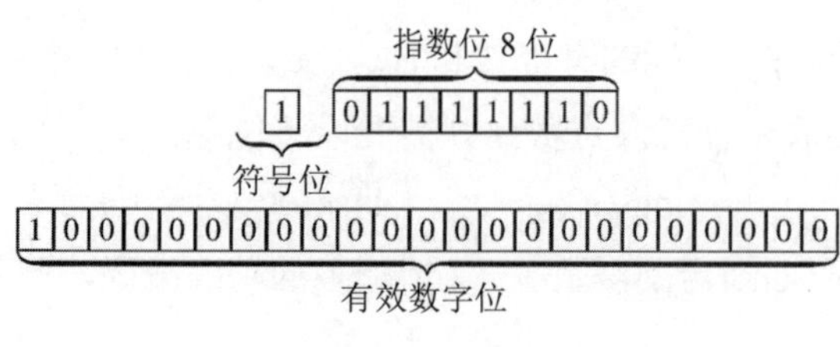


图 9.9　单精度格式

单精度浮点数的指数部分应该能表示负指数和正指数，因此需要使用一个偏移量（Bias）。设一个数的指数是 $e$，指数部分的值是 $e$ −偏移量。单精度浮点数的偏移量是 127，所以，如果某个数的指数为 0，则意味着该数的指数值是 0−偏移量= −127，而如果某个数的指数为 255，则会产生最大的指数值 255 −偏移量=128。单精度浮点数的指数部分有 8 位，可以取值 1～254，减掉偏移量 127，得到对应的指数值范围为−126～127（也就是上面讲的 $e_{\max}=+127$，$e_{\min}=-126$）。双精度的指数部分有 11 位，可以取值 1～2046，减掉双精度的偏移量 1023，得到对应的指数值范围为−1022～1023。总而言之，上面给出的示例所代表的数字为：

$$(-1)^1\times(1.10\ldots0)\times2^{(126-127)}=-1.1\times2^{-1}=-0.55$$

−127（所有指数位为 0）或+128（所有指数位为 1）的指数保留用于特殊数字。有关详细信息，请参阅有关特殊值的部分。

### 3. 舍入误差

舍入误差可以用绝对意义和相对意义表示。在下文中，如果数字 $z$ 相对于给定的基数$\beta$精确地以无限精度表示，则该数字 $z$ 被称为精确（Exact）的。首先，需要指定精确值如何表示为采用就近舍入（Round-to-Nearest）规则的浮点值。

**定义 9.6**　（**就近舍入**）如果 $z'$ 可以按给定精度 $p$ 表示，并且在所有可表示的浮点数中，$z'$ 与 $z$ 的差的绝对值 $|z-z'|$ 是最小的，则精确值 $z$ 舍入到最接近的浮点数 $z'$。

如果存在两个可表示的浮点数 $z'$ 和 $z''$，并且它们与 $z$ 的差的绝对值相等，即 $|z-z'|=|z-z''|$，在这种情况下可以使用两种规则来打破僵局，第一种是应用所谓的向偶数舍入（Round-to-Even）规则，该规则采用具有最大绝对值的浮点数。第二种是应用向零舍入（Round-to-Zero）规则，该规则采用具有最小绝对值的浮点数。

例如，在 $p=3$ 且基数 $\beta=10$ 的情形下，精确值 $z=0.3158$ 被舍入到 $z'=0.316$。又如，假设 $z=735.5$，则浮点值 $7.35\times10^2$ 和 $7.36\times10^2$ 与 $z$ 具有相同的差的绝对值。在这种情况下，向偶数舍入规则将优先选择 $7.36\times10^2$。衡量舍入误差的最自然的方法是最后一位上的单位数（units in the last place，ulp）。

**定义 9.7**　（**最后一位上的单位数**）术语最后一位上的单位数是指浮点表达式

$d_0.d_1d_2\ldots d_{p-1}\bullet\beta^e$ 相对于精确值 $z$ 的绝对误差（Absolute Error）。也就是说，该绝对误差在最后一位上的单位数计算公式如下：

$$\left|d_0.d_1d_2\ldots d_{p-1}-z/\beta^e\right|\beta^{p-1}$$

例如，令精度 $p=3$ 且基数 $\beta=10$。如果 $3.12\times10^{-2}$ 似乎是精确值 $z=0.0314$ 的浮点运算的结果，则这里的绝对误差为 $\left|3.12-3.14\right|\times10^2=2$，表示有两个 ulp。同样，如果精确值是 $z=0.0312159$，那么这里的绝对误差就在 0.159 个 ulp 之内。现在来考虑另一个具有精确值的示例，该精确值由具有相同基数的无限精度表示。令 $3.34\times10^{-1}$ 近似表示分数表达式 $\frac{1}{3}$，这个分数具有精确的无限循环小数表示 0.33333333...，其基数 $\beta=10$。这里的绝对误差给出为 0.666... ulp。

请注意，舍入到最接近的可能浮点值的误差应该始终在 $\leqslant\frac{1}{2}$ ulp 之内。在分析由各种公式引起的舍入误差时，相对误差是更好的衡量方式。在算术评估期间，子结果将通过就近舍入规则连续转换。

**定义 9.8**　（**相对误差**）给定浮点表达式 $d_0.d_1d_2\ldots d_{p-1}\bullet\beta^e$ 相对于精确值 $z$ 的相对误差（Relative Error）由下式表示：

$$\left|\frac{d_0.d_1d_2\ldots d_{p-1}\bullet\beta^e-z}{z}\right|$$

例如，当以 $3.12\times10^{-2}$ 近似 $z=0.0312159$ 时，其相对误差为 $\left|0.0000159/0.0313259\right|\approx 0.000005$。

现在来考虑就近舍入的可能浮点值的相对误差。可以计算对应于 $\frac{1}{2}$ ulp 的相对误差。当精确数字由最接近的可能浮点值 $d_0.d_1d_2\ldots d_{p-1}\bullet\beta^e$ 近似时，该绝对误差可以大到

$$\overbrace{0.00\ldots0}^{p}\frac{\beta}{2}\bullet\beta^e$$

该值其实就是 $\frac{\beta}{2}\beta^{-p}\bullet\beta^e$。值在 $\beta^e$ 和 $\beta^{e+1}$ 之间的数字具有相同的 $\frac{\beta}{2}\beta^{-p}\bullet\beta^e$ 绝对误差；因此，在 $\frac{1}{2}\beta^{-p}$ 和 $\frac{\beta}{2}\beta^{-p}$ 之间的相对误差范围可给出：

$$\frac{1}{2}\beta^{-p}\leqslant\frac{1}{2}\text{ulp}\leqslant\frac{\beta}{2}\beta^{-p}$$

也就是说，对应于$\frac{1}{2}$ulp 的相对误差可以变化 $\beta$ 倍。现在 $=\frac{\beta}{2}\beta^{-p}$ 是当精确数字舍入到最接近的浮点数时可能出现的最大相对误差，$\epsilon$ 也表示为机器 Epsilon（Machine Epsilon）。

### 4．算术运算

IEEE 754 标准包括标准算术运算的规则，例如加法、减法、乘法、除法、平方根和余数等。主要的要求是，精度为 $p$ 的两个浮点值的不精确算术运算 $x$ op $y$ 的结果必须等于 $x$ op $y$ 的精确结果，舍入到给定精度内的最近浮点值。

以下将尝试演示如何有效地满足该要求。例如，减法可以用固定数量的附加数字充分执行。类似的结果对其他运算也适用。

首先，需要提取问题。例如，对于 $p=3$，$\beta=10$，$x=3.15\times10^6$，$y=1.25\times10^{-4}$，可以有以下计算：

$$\begin{aligned}x &= 3.15\times10^6\\ y &= 0.000000000125\times10^6\\ x-y &= 3.149999999875\times10^6\end{aligned}$$

$x-y$ 的结果值可以舍入到 $3.15\times10^6$。显然，在这里使用了许多不必要的数字。高效的浮点运算硬件会试图避免使用这么多的数字。为简单起见，现在可以假设机器将较小的操作数向左移动并丢弃所有额外的数字。这会给出以下计算：

$$\begin{aligned}x &= 3.15\times10^6\\ y &= 0.00\times10^6\\ x-y &= 3.15\times10^6\end{aligned}$$

即它可以得到完全相同的结果。但糟糕的是，这在以下示例中就不起作用了。对于 $p=4$ 且 $x=10.01$ 和 $y=9.992$，可以实现以下计算：

$$\begin{aligned}x &= 1.001\times10^1\\ y &= 0.999|2\times10^1\\ x-y &= 0.002\times10^1\end{aligned}$$

但是这里正确的答案应该是 0.018。计算出的答案相差 200 ulp，并且每个数字都有错误。引理 9.9 显示了简单的移位和丢弃（Shift-and-Discard）规则的相对误差有多严重。

**引理 9.9**　对于精度为 $p$ 和基数为 $\beta$ 的浮点数执行使用 $p$ 个位的减法计算，其相对误差可以与 $\beta-1$ 一样大。

**证明：** 可以实现 $\beta-1$ 的相对误差，如果选择 $x=1.00\ldots0$ 和 $y=\underbrace{.dd\ldots d}_{p}$，其中，$d=(\beta-1)$，则精确值是 $x-y=\beta^{-p}$，而使用 $p$ 个位与移位和丢弃规则将给出以下计算：

$$
\begin{aligned}
x &= 1.00\ldots00 \\
y &= 0.dd\ldots dd \mid d \\
x - y &= 0.00\ldots01
\end{aligned}
$$

该值等于 $\beta^{-p+1}$ 。因此，这里的绝对误差是 $\left|\beta^{-p} - \beta^{-p+1}\right| = \left|\beta^{-p}(1-\beta)\right|$ ，相对误差则可以计算为 $\left|\dfrac{\beta^{-p}(\beta-1)}{\beta^{-p}}\right| = \beta - 1$ 。

高效的硬件解决方案将使用有限数量的附加警戒位（Guard Digit）。以下示例将证明，只需要有 1 个额外的位就可以实现相对精确的减法结果。而在一般情况下，3 个额外的位就足以满足所有运算的标准需求。有关更多信息，详见参考文献[Goldberg 91]。

在给定的示例中使用一个额外的警戒位，即可进行以下计算：

$$
\begin{aligned}
x &= 1.001|0\times10^{1} \\
y &= 0.999|2\times10^{1} \\
x - y &= 0.001\,8\times10^{1}
\end{aligned}
$$

这一次它给出了精确的结果 $1.8\times10^{-2}$。推而广之，以下定理适用于单个警戒位。

**定理 9.10**　对于精度为 $p$ 和基数为 $\beta$ 的浮点数执行使用 $p+1$ 位（1 个警戒位）的减法计算，其相对误差小于 $2\epsilon$，其中 $\epsilon$ 表示机器 Epsilon $\dfrac{\beta}{2}\beta^{-p}$ 。

**证明：** 令 $x > y$。可以缩放 $x$ 和 $y$，使得 $x = x_0.x_1x_2\ldots x_{p-1}\times\beta^0$ 和 $y = 0.0\ldots0y_{k+1}\ldots y_{k+p}\times\beta^0$。设 $\overline{y}$ 表示截断为 $p+1$ 位的 $y$ 的部分。因此，可以有：

$$
\begin{array}{lllllll|lll}
x & = x_0.x_1 & \ldots & x_k & x_{k+1} & \ldots & x_{p-1} & & & \\
y & = 0.0 & \ldots & 0 & y_{k+1} & \ldots & y_{p-1} & y_p & y_{p+1} \ldots & y_{k+p} \\
\overline{y} & = 0.0 & \ldots & 0 & y_{k+1} & \ldots & y_{p-1} & y_p & &
\end{array}
$$

使用额外的警戒位，$x - y$ 可以通过 $x - \overline{y}$ 计算并舍入为给定精度的浮点数。因此，其结果等于 $x - \overline{y} + \delta$，其中 $\delta \leqslant \dfrac{\beta}{2}\beta^{-p}$ 。

相对误差可以由下式给出：

$$
\frac{\left|x - \overline{y} + \delta - x + y\right|}{\left|x - y\right|} = \frac{\left|y - \overline{y} + \delta\right|}{\left|x - y\right|}
$$

另外，还可以有：

$$
\begin{array}{rlllllll}
y - \overline{y} = & 0.0\ldots0 & y_{k+1} & \ldots & y_p & y_{p+1} & \ldots & y_{k+p} \\
 & -0.0\ldots0 & y_{k+1} & \ldots & y_p & & & \\
\hline
= & 0.0\ldots0 & 0 & \ldots & 0 & y_{p+1} & \ldots & y_{k+p} \\
< & 0.0\ldots0 & 0 & \ldots & 0 & (\beta-1) & \ldots & (\beta-1)
\end{array}
$$

它可以给出：

$$y-\overline{y}<(\beta-1)(\beta^{-(p+1)}+\cdots+\beta^{-(p+k)})$$

对于 $k=0,-1$ 的情形，现在已经完成了，因为 $x-y$ 要么是精确的，要么是由于使用了警戒位，就近舍入的浮点值其舍入误差最多为 $\epsilon$。那么，接下来就可以令 $k>0$，如果 $|x-y|\geqslant 1$，即可得出结论：

$$\begin{aligned}\frac{|x-\overline{y}+\delta-x+y|}{|x-y|}=\frac{|y-\overline{y}+\delta|}{|x-y|}\leqslant\frac{|x-\overline{y}+\delta-x+y|}{|x-y|}&=\frac{|y-\overline{y}+\delta|}{1}\\&\leqslant\beta^{-p}\left((\beta-1)(\beta^{-1}+\cdots+\beta^{-k})+\frac{\beta}{2}\right)\\&<\beta^{-p}\left(1+\frac{\beta}{2}\right)\end{aligned}$$

如果 $|x-\overline{y}|<1$，则可以得出结论 $\delta=0$，因为 $x-\overline{y}$ 的结果不超过 $p$ 位。$x-y$ 可以达到的最小值是：

$$1.0-0.\overbrace{0\ldots0}^{k}\overbrace{(\beta-1)\ldots(\beta-1)}^{p}>(\beta-1)(\beta^{-1}+\cdots+\beta^{-k})$$

在这种情况下，该相对误差将限定为：

$$\begin{aligned}\frac{|x-\overline{y}+\delta-x+y|}{|x-y|}&=\frac{|y-\overline{y}|}{|x-y|}\\&<\frac{(\beta-1)\beta^{-p}(\beta^{-1}+\cdots+\beta^{-k})}{(\beta-1)(\beta^{-1}+\cdots+\beta^{-k})}\\&=\beta^{-p}\\&<\beta^{-p}\left(1+\frac{\beta}{2}\right)\end{aligned}\tag{9.1}$$

如果 $|x-\overline{y}|\geqslant 1$ 且 $|x-y|<1$，可以得出结论 $|x-\overline{y}|=1$ 且 $\delta=0$。在这种情况下，式(9.1)再次适用。对于 $\beta=2$，限定值 $\beta^{-p}\left(1+\frac{\beta}{2}\right)$ 精确地达到了 $2\epsilon$。

请注意，小于 $2\epsilon$ 的相对误差已经给出了很好的近似值，但是对于该标准来说可能仍然不够精确，因为 $\frac{1}{2}\mathrm{ulp}<2$ 。

下文将使用⊕、⊖、⊗、⊘来分别表示+、-、×和/运算的不精确版本。为方便起见，下文有时会像往常一样用 $xy$ 来表示 $x\times y$，用 $\frac{x}{y}$ 来表示 $x/y$。

对于给定精度的两个浮点值的算术运算，该标准将要求其结果的相对误差小于机器 Epsilon $\epsilon$。

因此，对于两个浮点值 $x$ 和 $y$，可以有：

$$\begin{aligned} x \oplus y &= (x+y)(1+\delta_1) \\ x \ominus y &= (x-y)(1+\delta_2) \\ x \otimes y &= xy(1+\delta_3) \\ x \oslash y &= \frac{x}{y}(1+\delta_4) \end{aligned} \tag{9.2}$$

其中 $|\delta_i| \leqslant$ 对于 $i = 1,2,3,4$ 是成立的。

**5．十进制数和二进制数的来回转换**

到目前为止，已经可以看到，现实世界的十进制和计算机的二进制世界是不一样的。因此，该标准可以相应地提供从二进制到十进制的转换，并返回到二进制；或从十进制转换到二进制再返回到十进制。

例如，Java 编程语言的数据类型 float 表示基数 $\beta = 10$ 的浮点数，其范围为 $\pm 3.4\times10^{38}$，精度 $p = 6$，这是指 IEEE 754 中的单精度格式。在 IEEE 754 标准中，该类型的最大指数是 128，因此有 $2^{128} = 3.40282...\times10^{38}$。该精度限制为 6 指的是从十进制到二进制的转换并返回到十进制的精度。可以证明，如果将精度为 6 的十进制数 $x$ 转换为精度为 24 的最接近的二进制浮点数 $x'$，则可以将 $x'$ 唯一地转换回 $x$。对于精度大于等于 7 的十进制数，则不能保证这一点，详见定理 9.12。

可以通过举例来说明使用就近舍入规则的十进制-二进制-十进制转换循环的问题。假设二进制和十进制由类似的有限精度给出。如果十进制 $x$ 第一次被转换为最接近的二进制 $x'$，则不能保证 $x'$ 的最接近的十进制结果是原始值 $x$，如图 9.10 所示。

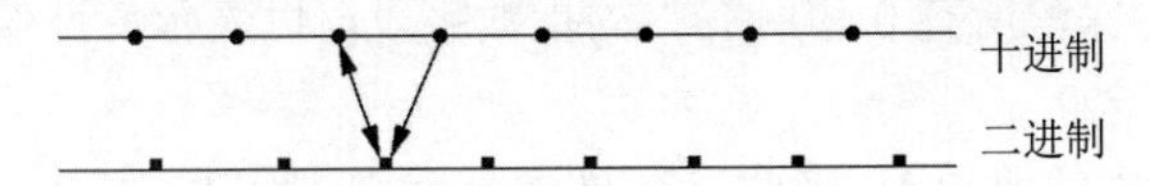


图 9.10　使用就近舍入规则的转换循环在进行第一次转换时产生的误差

如果二进制格式具有足够的额外精度，则舍入到最接近的十进制浮点值将得到原始值，如图 9.11 所示。在所有情况下，误差都不会增加，也就是说，在第一次转换之后，重复转换将会给出相同的二进制值和十进制值。

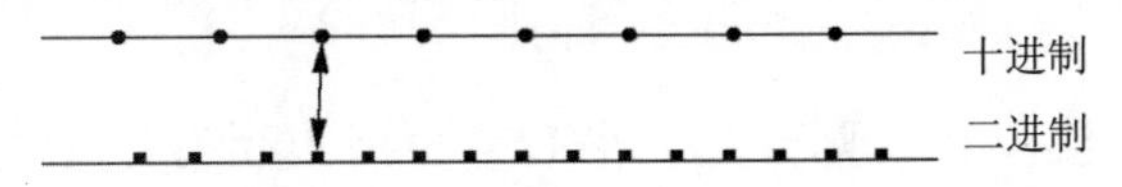


图 9.11　使用就近舍入规则的转换循环获得了正确的结果

可以精确计算相应的足够精度，以下将给出二进制-十进制-二进制的转换循环的证明。

**定理 9.11**　设 $x$ 是精度为 24 的二进制浮点数。如果 $x$ 按就近舍入规则转换为精度为 8 的最接近的十进制浮点数 $x'$，则不能通过就近舍入规则将 $x'$ 转换回原始的精度为 24 的二进制浮点数 $x$。对于十进制数来说，精度为 9 才是足够的。

**证明**：可以考虑一个半开区间$[1000,1024) = [10^3, 2^{10})$。对于精度为 24 的二进制数来说，显然有 10 位在区间的左侧，而有 14 位在二进制点的右侧。在给定的区间中，可以有从 1000 到 1023 的 24 个不同的整数值。因此，区间中有 $24\times2^{14} = 393216$ 个不同的二进制数。在此区间内，精度为 8 的十进制数字显然在左侧有 4 位，在小数点右侧也有 4 位。类似地，在相同的区间中只有 $24\times10^4$ 个不同的十进制数。因此，八位数不足以用相应的十进制表示每个单精度二进制数。

为了证明精度为 9 就足够了，可以证明二进制数之间的间距总是大于十进制数之间的间距。以区间$[10^n, 10^{n+1}]$为例，在此区间中，精度为 9 的两个十进制数之间的间距为 $10^{(n+1)-9}$。设 $m$ 是最小整数，使得 $10^n < 2^m$。在$[10^n, 2^m]$中精度为 24 的所有二进制数的间距为 $2^{m-24}$。该间距从 $2^m$ 变大到 $10^{n+1}$。总而言之，可以有 $10^{(n+1)-9} < 2^{m-24}$，并且二进制数的间距始终是更大的。

对于十进制-二进制-十进制的转换循环，可以证明类似的结果。

**定理 9.12**　令 $x$ 为精度为 7 的十进制浮点数。如果 $x$ 被转换为精度为 24 的最接近的二进制浮点数 $x'$，则无法通过就近舍入规则将二进制值 $x'$ 转换回原始的精度为 7 的十进制值 $x$。对于十进制值来说，精度为 6 就足够了。

**6．特殊值**

IEEE 754 标准将保留所有 0 和所有 1 的指数字段值以表示特殊值。下面将以单精度格式举例说明这些概念。

由于规格化形式中的前导 1，因此无法直接表示零。所以，零将被表示为指数字段为零且有效数字段为零，如图 9.12 所示。请注意，0 和−0 是不同的值。

图 9.12　零的表示方法

无穷大（Infinity）值+∞和−∞则可以用所有指数为 1 和所有有效数为 0 表示，如图 9.13 所示。符号位可用于区分+∞和−∞。

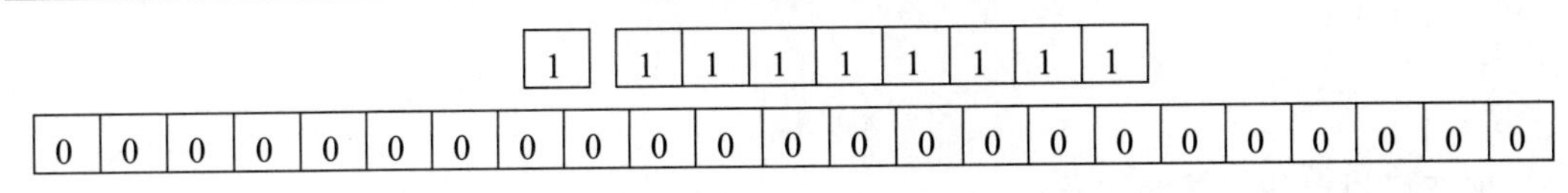


图 9.13　无穷大值的表示方法

在溢出后，系统将能够使用带+∞或-∞的算法继续评估表达式。

NaN（Not a Number）表示非法结果，它们由所有指数为 1 且非零有效数的位模式表示，如图 9.14 所示。

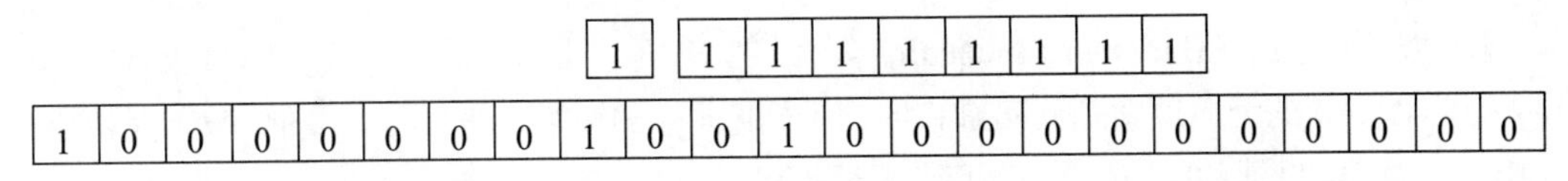


图 9.14　NaN 的表示方法

具有特殊值的算术（Arithmetic With Special Values）允许在表达式超出范围后继续运算。具有 NaN 子表达式的算术总是执行到 NaN。其他运算可在表 9.3 中找到。

**表 9.3　其他运算**

| 运　算 | 结　果 |
| --- | --- |
| $n / \pm 0$ | NaN |
| $\infty - \infty$ | NaN |
| $\pm\infty / \pm\infty$ | NaN |
| $\pm\infty \times 0$ | NaN |
| $\infty + \infty$ | $\infty$ |
| $\pm\infty \times \pm\infty$ | $\pm\infty$ |
| $n / \pm\infty$ | 0 |

## 9.3.2　精确算术

前文已经证明快速浮点算法伴随着不可避免的舍入误差。因此，建议开发人员在必要时使用精确的数字软件包（Number Package）。这种所谓的精确算术（Exact Arithmetic）方法指的是，无论何时几何算法开始，相应的对象必须以有限的精度表示给计算机。从这个意义上说，输入对象始终是离散的。因此，开发人员可以通过使用恒定精度来保证谓词的准确判断，尽管这可能远高于输入的精度。

在参考文献[Sugihara 00]中给出了一个简单的例子。假设对于第 9.1.2 节的多面体问题，只有整数坐标的点 $p_i = (x_i, y_i, z_i) \in I^3$。现在有一个固定的大正整数 $K$，并且对于所有

$p_i$，有：

$$|x_i|,|y_i|,|z_i| \leqslant K$$

现在可以寻找下式的符号：

$$\mathrm{Det}(p_k, p_l, p_m, p_n) = \begin{vmatrix} x_k & y_k & z_k & 1 \\ x_l & y_l & z_l & 1 \\ x_m & y_m & z_m & 1 \\ x_n & y_n & z_n & 1 \end{vmatrix}$$

阿达玛不等式（Hadamard Inequality）（详见参考文献[Gradshteyn 和 Ryzhik 00]）指出，矩阵行列式的绝对值受到列向量长度的乘积限制。更确切地说，对于每个 $n \times n \ A = (a_{ij})$，其中 $a_{ij} \in \mathbb{R}$ 并且 $|A| \neq 0$，可以有 $|A|^2 \leqslant \prod_{i=1}^{n}\left(\sum_{j=1}^{n} a_{ij}^2\right)$，这意味着：

$$|\mathrm{Det}(p_k, p_l, p_m, p_n)| \leqslant$$
$$\sqrt{1^2+1^2+1^2+1^2} \times \left(\sqrt{K^2+K^2+K^2+K^2}\right)^3 = 16K^3$$

因此，使用足够长以表示 $16K^3$ 的多精度整数就足够了。

还可以考虑另外一个示例，那就是第 9.1.1 节中的排列的扫描算法。只要线段或端点的交点的 $x$ 坐标的比较是正确的，扫描就是一致的。线段交点的 $x$ 坐标由值 $a/b$ 给出，其中 $a$ 和 $b$ 表示 2×2 行列式，其中的元素（Entry）源于端点坐标的减法，详见第 9.4.2 节。更确切地说，$a$ 是次数（Degree）为 3 的多变量多项式，$b$ 是次数为 2 的多变量多项式。

因此，开发人员必须精确地计算出 $\frac{a_1}{b_1} - \frac{a_2}{b_2}$ 的符号，这相当于 $a_1b_2-a_2b_1$ 的符号。最后一个表达式可以用线段端点坐标中的第 5 次多变量多项式表示，参见第 9.4.2 节。因此，这里必须调整算术的精度，以便可以精确计算 5 次连续乘法和一些加法。如果坐标以精度 $k$ 给出，则可以证明，由于符号测试的多项式复杂性，以精确度 $6k$ 执行所有计算就足够了。

不幸的是，多精度计算可能会产生不必要的高计算成本。另外，退化问题也没有解决。下文总结了一些实用的精确数字软件包并分析了其性能影响。

**1. 整数算术**

多精度整数系统的思路非常简单。如果允许足够的空间用于表示，则可以将任意大但有限的整数值精确地存储在计算机的二进制系统中。大致上来说，就是可以使用软件解决方案来表示数字。

大整数（Big-Integer），或更一般意义上的大数字软件包（Big-Number Package）是几乎所有编程语言（例如 Java、C++、Object Pascal 和 Fortran）的一部分，并且是为每个计算机代数系统（例如 Maple、Mathematica 和 Scratchpad）实现的。此外，还有一些独立的软件包（例如 BigNum、GMP、LiDIA、Real/exp 和 PARI）、特殊的计算几何库（例如 LN、LEDA、LEA、CoreLibrary 和 GeomLib）等可提供对任意精度的数字的访问。有关详细信息，可参见第 9.7 节。这些软件包可以提供数字表示和标准算术。

现在可以来考虑大整数算术的计算影响和存储影响，它们密切相关。如果需要更多位来表示算术运算的输入，则运算成本会增加。

首先来考虑大整数算术的计算影响。显然，行列式的评估是计算几何的核心问题，参见第 9.1.2 节和第 9.4 节。具有整数元素的 $d \times d$ 行列式可以通过高斯消元简单地计算，详见参考文献[Schwarz 89]。假设每个输入值最多可以用 $b$ 位表示。使用浮点运算，可以通过 $O(d^3)b$ 位硬件支持的运算来消除矩阵元素。对于精确的整数运算，需要避免分割。因此，在消除过程中，元素的位复杂度可能会稳定增长 2 倍。任意精度运算的数字仍受 $O(d^3)$限制，但是，由于位的长度的增加，这些 $O(d^3)$运算中的 $b$ 位运算的数字可以是以 $d$ 指数性增长的。总而言之，整数软件包的运算开销可能非常大。更准确地说，要体会这种差距，可以拿浮点运算的运行时间 $\sum_{i=1}^{n}(n-i)^2 \in O(n^3)$ 与大整数运算的指数运行时间 $\sum_{i=1}^{n}(n-i)^2 2^{i-1}$ 进行比较。

另一方面，对于 $d$ 次多变量多项式 $p$ 的评估，需要附加的位的数字。请记住，可以用这样的多项式来表示 $d \times d$ 行列式。设 $m$ 是 $p$ 中单项式的数字，并且令单项式的系数用常数限定。多变量多项式的单项式是多项式的加数（Summand）。例如，$x^3y^5$、$x^4y^2$ 和 7 是 $p(x, y) = x^3y^5 + x^4y^2 + 7$ 的单项式。考虑 $b$ 位值的 $d$ 次乘法，单项式的表示可能需要 $bd$ 位，两个单项式的复杂度 $bd$ 的添加可能会使复杂度（最多）增加 1，4 个单项式的复杂度 $bd$ 的添加可能会使复杂度（最多）增加 2，依此类推。总而言之，位复杂度可能上升到 $bd + \log m + O(1)$，而浮点算法的复杂度则限定为 $b$。

### 2. 有理数算术

有理数可以用两个整数表示。如果允许算术运算×、+、−和/，则可以使用以下众所周知的规则简单地通过整数运算来定义有理数算术：

$$\frac{p}{q} + \frac{r}{s} := \frac{ps + qr}{qs}$$

$$\frac{p}{q} \times \frac{r}{s} := \frac{pr}{qs}$$

在存在整数的情况下，有理数计算是不可避免的。例如，每个由整数表示的两条线的交集就可能是有理数的，参见第 9.4.2 节。出于显而易见的原因，通常将大的有理数值集成到大整数软件包中。此外，大数字软件包通常也会实现大浮点值（Big-Float Value），例如在前文中提到的 BigNum、GMP 和 LiDIA 就是如此。开发人员应该仔细研究计算成本和有理数的位复杂度。

有理数 $p/q$ 由两个整数表示。位复杂度（bit Complexity）由 $p$ 和 $q$ 的位复杂度的总和给出。糟糕的是，单一的加法可能会使位复杂度翻倍。两个 $b$ 位整数值的加法将导致 $b+1$ 位整数，而 $\frac{p}{q}+\frac{r}{s}:=\frac{ps+qr}{qs}$ 的位复杂度是 $\frac{p}{q}$ 和 $\frac{r}{s}$ 的位复杂度之和。对于用 $m$ 个单项式来评估的 $d$ 次多变量多项式，其位复杂度可以上升到 $2m\,bd+O(1)$。

现在来考虑第 9.3.2 节中的交点示例。开发人员必须计算表达式 $a_1b_2-a_2b_1$ 的符号，这是一个次数为 5 的多变量多项式，其中包含有理数变量。如果相应的整数由 $b$ 位表示，则足够的位数将上升到 $2\cdot5\cdot b$，这给出了 10 倍因子。

多精度有理数的计算成本影响类似于多精度整数的成本。如前文已经证明的，在级联计算中，数字的位长度可以快速增加。因此，$b$ 位运算的最坏情况复杂度可以是指数大小，而 $b$ 位浮点运算将受多项式限制。

在参考文献[Yu 92]中已经证明，在 3D 中建立多面体模型的精确有理数算法是难以处理的。在对 2D 德洛内三角剖分轻率使用精确有理数算法时，可能比浮点实现慢 10000 倍，详见参考文献[Karasick et al. 89]。

### 3．代数数

代数数（Algebraic Number）给出了一个强大的实数和复数子类。代数数被定义为具有整系数的多项式的根。多项式表示相应的数字。

例如，多项式 $p(x)=x-m$ 表示每个整数 $m$ 是代数的。通过 $p(x)=nx-m$，可以表示所有的有理数 $\frac{m}{n}$。此外，还可能有非有理数。例如，$\sqrt{2}$ 是 $p(x)=x^2-2$ 的根。代数数可能很复杂，例如，$i\sqrt{2}$ 是 $p(x)=x^2+2$ 的根。由于 $\pi$ 和 $e$ 不是代数，因此代数数定义了复数的适当子集。

两个代数数的和、差、积和商（约定除数不为零）也是代数，因此代数数形成一个所谓的域（Field）。在抽象代数中，域是一种代数结构，其中可以执行加法、减法、乘法和除法（除零除外）的运算，并且也适用普通数字算术中熟悉的关联、交换和分配规则。

出于实用的原因，本书将只对实数感兴趣，并且主要讨论代数数的符号（Sign）。

**定义 9.13**　（**代数数**）代数数 $x\in\mathbb{R}$ 是整数多项式的根。它可以由相应的整数多项式 $p(x)$ 和隔离区间 $[a,b]$ 唯一地表示，而隔离区间 $[a,b]$（其中 $a,b\in\mathbb{Q}$）则可以唯一地标识 $x$。

这意味着隔离的区间表示（$x^2-2,[1,4]$）和（$x^2-2,[0,6]$）代表相同的代数数。在这里它并不是问题。接下来不妨简要解释一下代数数算法的基本原理。

设 $\alpha$ 和 $\beta$ 为代数数，其中，$\alpha$ 为 $p(x)=\sum_{i=0}^{n} a_i x^i$ 的根，而 $\beta$ 则是 $p(x)=\sum_{i=0}^{n} b_i x^i$ 的根。很容易证明以下内容成立：

- ❑ $-\alpha$ 是 $\sum_{i=0}^{n}(-1)^i a_i x^i$ 的根。
- ❑ $\dfrac{1}{\alpha}$ 是 $x^n \sum_{i=0}^{n} a_i x^{-i}$ 的根。
- ❑ $\alpha+\beta$ 是 $\mathrm{Res}_y(p(y), q(x-y))$的根。
- ❑ $\alpha\beta$ 是 $\mathrm{Res}_y\left(p(y), y^m q\left(\dfrac{x}{y}\right)\right)$的根。

$x$ 中的两个多项式 $p(x)=\sum_{i=0}^{n} a_i x^i$ 和 $p(x)=\sum_{i=0}^{n} b_i x^i$ 的结式（Resultant）$\mathrm{Res}_x(p(x), q(x))$ 是通过以下$(n+m)\times(n+m)$矩阵的行列式定义的。该矩阵有 $m$ 行的 $a_0, a_1, ..., a_n$ 元素和 $n$ 行的 $b_0, b_1, ..., b_m$ 元素。

$$
\mathrm{Res}_x(p(x),q(x)) := \begin{vmatrix}
a_0 & a_1 & \dots & a_n & 0 & \dots & 0 & 0 \\
0 & a_0 & a_1 & \dots & a_n & \dots & 0 & 0 \\
\vdots & \ddots & \ddots & \vdots & \vdots & \vdots & \ddots & \ddots \\
0 & \dots & 0 & a_0 & a_1 & \dots & a_n & 0 \\
0 & \dots & 0 & 0 & a_0 & a_1 & \dots & a_n \\
b_0 & b_1 & \dots & b_{m-1} & b_m & 0 & \dots & 0 \\
0 & b_0 & b_1 & \dots & b_{m-1} & b_m & \dots & 0 \\
\vdots & \ddots & \ddots & \vdots & \vdots & \ddots & \ddots & \vdots \\
0 & \dots & 0 & b_0 & \dots & b_{m-1} & b_m & 0 \\
0 & \dots & 0 & 0 & b_0 & \dots & b_{m-1} & b_m
\end{vmatrix}
$$

相应的矩阵也表示为西尔维斯特矩阵（Sylvester Matrix）。很容易证明，如果 $\mathrm{Res}_x(p(x), q(x))=0$ 成立，则 $p$ 和 $q$ 具有共同的根。类似地，该结式也可以由下式定义：

$$
\mathrm{Res}_x(p(x),q(x)) := \prod_{i=1}^{n}\prod_{j=1}^{m}(\beta_j-\alpha_i)
$$

其中，$\alpha_i$（$i=1, ..., n$）是 $p(x)$的根，$\beta_j$（$j=1, ..., m$）是 $q(x)$的根。有关详细信息，请参阅参考文献[Davenport et al. 88]。

有了这个定义，就很容易理解下式：

$$
\mathrm{Res}_y(p(y),q(x-y)) = \prod_{i=1}^{n}\prod_{j=1}^{m}((x-\beta_j)-\alpha_i)
$$

以及

$$\mathrm{Res}_y\left(p(y), y^m q\left(\frac{x}{y}\right)\right) = \prod_{i=1}^{n}\prod_{j=1}^{m}\left(\frac{x}{\beta_i} - \alpha_i\right)$$

它们的根分别是$\alpha_i + \beta_j$和$\alpha_i\beta_j$。总而言之，代数数的+、−、×和/运算是一个代数封闭域，称为有理数域的代数闭包。

举一个简单的例子，可以选择$p(x) = a_0 + a_1x$和$q(x) = b_0 + b_1x$。现在，可以有$\alpha_1 = \frac{-a_0}{a_1}$和$\beta_1 = \frac{-b_0}{b_1}$，并且

$$\begin{aligned} h(x) = \mathrm{Res}_y(p(y), q(x-y)) &= \mathrm{Res}_y(a_0 + a_1y, b_0 + b_1(x-y)) \\ &= \mathrm{Res}_y(a_0 + a_1y, b_0 + b_1x - b_1y) \\ &= \frac{b_0 + b_1x}{b_1} + \frac{a_0}{a_1} \end{aligned}$$

它的根是$x = -\frac{a_0}{a_1} - \frac{b_0}{b_1} = \alpha_1 + \beta_1$。

代数数具有以下有趣的闭包属性。

**定理 9.14**　具有代数系数的多项式的根也是代数的。

要使用代数数进行计算，可以有若干种方法。而和几何计算相关的，主要是代数表达式的符号。在第 9.3.4 节中将讨论两种数值方法。代数计算也有若干个软件包可供选择。有关现有软件包的详细讨论，请参见第 9.7 节。

## 9.3.3　鲁棒而高效的运算

本节将介绍一些在尝试避免严重误差的同时使用快速运算的一些技巧。这里将从一些流行但是比较不成熟的 $\epsilon$ 微调方法开始，然后转向更复杂的技术。主要思路是使用自适应执行，即仅在关键情况下执行消耗成本的计算。

### 1. Epsilon 比较

Epsilon 比较（Epsilon Comparison）几乎是每个程序员的标准模型。绝对值小于（可能是可调节的）阈值的每个浮点结果传统上由 $\epsilon$ 表示，并被认为是零。这在许多情况下都可以正常工作，但永远无法保证鲁棒性。一般不建议使用 Epsilon 比较。Epsilon 比较也称为 Epsilon 微调（Epsilon Tweaking）或 Epsilon 启发式（Epsilon Heuristic）。Epsilon 的值通常是通过反复试验找到。

形式上，Epsilon 比较定义了以下关系：$a \sim b :\Leftrightarrow |a-b| <$ 。糟糕的是，没有 $\epsilon$ 可以保

证“~”是等价关系。从 $|a-b|<\epsilon$ 和 $|b-c|<\epsilon$，并不能断定 $|a-c|<\epsilon$ 成立。因此，传递性并不成立。因此，Epsilon 比较可能会失败并可能导致不一致和错误。

为了使 Epsilon 比较更加鲁棒，开发人员应该应用以下简单而实用的规则。详见参考文献[Michelucci 97]、[Michelucci 96]和[Santisteve 99]。

- 定义几个阈值很有用：一个用于长度，另一个用于区域，还有一个用于角度，等等。可以根据问题的状况对它们进行仔细调整。
- 尝试通过简单的比较分别测试特殊情况。例如，对于线段交叉，可以通过比较坐标来预先检查不会发生交集的情况。
- 尽量避免不必要的计算。例如，在比较点之间的距离时，可以采用其他方法而不要使用容易出错的平方根运算。
- 使用精确数据表示进行比较。例如，交点可以由数字值和相应的线段表示。在比较两个交点时，应该使用其原始数据。
- 切勿使用相同表达式的不同表示，因为这可能会产生不一致。
- 重新排列谓词和表达式以避免位数的严重约消（Cancellation），最佳做法是对不同的情况区别对待，在第 9.4 节中将详细讨论该主题。

### 2. 鲁棒的自适应浮点表达式

很多开发人员希望使用具有固定精度 $p$ 的快速浮点运算。可以假设输入数据具有固定的精度（$\leqslant p$）。本节遵循参考文献[Shewchuk 97]中的思路和论点，扩展了具有有限精度的浮点表达式，以便在必要时重新计算误差。下文将假设已经给定 $\beta$ 和 $p$。

**定义 9.15**　（**扩展**）令 $x_i$ 是一个相对于 $\beta$ 和 $p$ 的浮点数，其中 $i=1,...,n$。然后下式即被称为扩展（Expansion）。

$$x=\sum_{i=1}^{n}x_i$$

$x_i$ 被称为分量（Component）。

例如，令 $p=6$ 且 $\beta=2$，则 $-11+1100+-111000$ 是具有 3 个分量的扩展。出于本节的目的，这里将考虑所谓的非重叠扩展。

**定义 9.16**　（**非重叠浮点数**）当且仅当 $x$ 的最小有效位大于 $y$ 的最大有效位时，两个浮点数 $x$ 和 $y$ 不重叠，反之亦然。

例如，$x=-110000$ 和 $y=110$ 就是不重叠的。对于非重叠表达式 $x=\sum_{i=1}^{n}x_i$，可以考虑通过子表达式 $x_i$ 的绝对值来排序，也就是说，在 $i=1,...,n-1$ 的情况下，可以排序为 $|x_i|>|x_{i+1}|$，这是很有用的。在这种情况下，$x$ 的符号将由 $x_1$ 的符号确定。

**定义 9.17**　（**规格化扩展**）规格化扩展 $x = \sum_{i=1}^{n} x_i$ 具有成对的非重叠分量 $x_i$，并且在 $i = 1, ..., n-1$ 的情况下，也可以排序为 $|x_i| > |x_{i+1}|$。

正如后文将看到的，有时一些内部分量可能会变为零。在这种情况下，当且仅当在 $i = 1, ..., n - 1$ 的情况下，$|x_i| > |x_{i+1}|$ 对于所有非零分量都成立，才可以说它也是规格化扩展。

这里的主要思路是，可以将浮点算法扩展为带扩展的浮点算法（Floating-Point Arithmetic with Expansion），从而能够在必要时重建舍入误差。换句话说，可以使用更多的项目，而不是使用更多的位数。在许多情况下，只有几个项目是相关的。本节将尝试提出扩展方法的主要思路，更多细节可以在参考文献[Shewchuk 97]中找到。具有扩展的算术将基于以下观察。

根据用于加法的浮点运算的标准 IEEE 754（有关示例，可参见第 9.3.1 节），下式成立：

$$a \oplus b = (a+b)(1+\delta) = (a+b) + \mathrm{err}(a \oplus b)$$

其中 $\delta$ 和 $\mathrm{err}(a \oplus b)$ 可以是正数或负数。无论如何，可以有 $|\mathrm{err}(a \oplus b)| \leqslant \frac{1}{2}\mathrm{ulp}(a \oplus b)$，因为该标准保证了精确的算术结合就近舍入规则和向偶数舍入的规则。糟糕的是，浮点运算会破坏诸如结合性（Associativity）之类的标准算术规则。例如，对于 $p = 4$ 和 $\beta = 2$，可以有 $(1000 \oplus 0.011) \oplus 0.011 = 1000$，但 $1000 \oplus (0.011 \oplus 0.011) = 1001$。

可以使用 ulp 表示法（ulp Notation）作为不正确结果的函数。它表示给定精度中最小位的大小（Magnitude）。例如，对于 $p = 4$，可以有 $\mathrm{ulp}(-1001) = 1$ 和 $\mathrm{ulp}(10) = 0.01$。如果误差可以在给定精度内表示，则通过非重叠扩展 $x + y$（其中 $x = (a \oplus b)$和 $y = -\mathrm{err}(a \oplus b)$）表示 $a + b$ 似乎是很自然的，可以通过使用算法 9.1 的加法来构造非重叠扩展。

**算法 9.1**：FastTwoSum 可以轻松计算非重叠扩展

---

FastTwoSum$(a, b)$　$(|a| \geqslant |b|)$

---

$x := a \oplus b$

$b_{\mathrm{virtual}} := x \ominus a$

$y := b \ominus b_{\mathrm{virtual}}$

**return** $(x, y)$

---

下文将假设 $\beta = 2$ 并且 $p$ 是固定的。某些证明将使用 $\beta = 2$，这意味着无法改变基数。幸运的是，这并不是限制。开发人员要么可以使用 IEEE 标准的转换属性（参见第 9.3.1 节），要么必须手动转换出现问题的输入数据。

**定理 9.18**　设 $a, b$ 为浮点数并且 $|a| \geqslant |b|$。算法 FastTwoSum 可以计算非重叠扩展 $x + y = a + b$，其中 $x$ 表示近似值 $a \oplus b$，$y$ 表示舍入误差 $-\mathrm{err}(a \oplus b)$。

在证明定理 9.18 之前，可以考虑下面的示例。设 $p=4$ 且 $\beta=2$，$a=111100$ 且 $b=1001$，则可以有：

| | |
|---|---|
| $a$ | 111100 |
| $b$ | 1001 |
| $a+b$ | 1000101 |
| | ↓就近舍入 |
| $x=a\oplus b$ | 1001000 |
| $a$ | 111100 |
| $b_{\text{virtual}}=x\ominus a$ | 1100 |
| $y=b\ominus b_{\text{virtual}}$ | −0011 |

这导致非重叠表示 $1001000+-11=1000101=a+b$。请注意，FastTwoSum 算法使用了恒定数量的 $p$ 位浮点运算。

要证明定理 9.18，不妨先来证明了一些很有用的引理。

**引理 9.19**　设 $a$ 和 $b$ 均为浮点数，则：

（1）如果 $|a-b|\leqslant|b|$ 且 $|a-b|\leqslant|a|$，则 $a\ominus b=a-b$。

（2）如果 $b\in\left[\dfrac{a}{2},2a\right]$，则 $a\ominus b=a-b$。

**证明：**对于第（1）部分，可以按一般性假设 $|a|\geqslant|b|$。$a-b$ 的前导位的大小（Magnitude）不大于 $b$ 的前导位；$a-b$ 的最小位也不小于 $b$ 的最小位。总而言之，$a-b$ 可以用 $p$ 位表示。对于第（2）部分，也可以按一般性假设 $|a|\geqslant|b|$。另一种情况是对称使用 $-b\ominus -a$。可以得出结论 $b\in\left[\dfrac{a}{2},2a\right]$，并且可以有 $\text{sign}(a)=\text{sign}(b)$。因此，应用引理的第（1）部分即可得 $|a-b|\leqslant|b|\leqslant|a|$。

现在可以证明以下减法是精确的。

**引理 9.20**　设 $|a|\geqslant|b|$ 并且 $x=a+b+\text{err}(a\oplus b)$，则 $b_{\text{virtual}}:=x\ominus a=x-a$。

**证明：**第 1 种情况。如果 $\text{sign}(a)=\text{sign}(b)$ 或者 $|b|<\left|\dfrac{a}{2}\right|$ 适用，则可以得出结论，$x\in\left[\dfrac{a}{2},2a\right]$，即可将引理 9.19 应用于 $-(a\ominus x)$。

第 2 种情况。如果 $\text{sign}(a)\neq\text{sign}(b)$ 并且 $|b|\geqslant\left|\dfrac{a}{2}\right|$，则可以有 $b\in\left[-\dfrac{a}{2},-a\right]$。现在可以精确地计算 $x$，因为通过引理 9.19 可知，$x=a\oplus b=a\ominus -b$ 等于 $a--b=a+b$。因此，$b_{\text{virtual}}:=$

$x \ominus a = (a+b) \ominus a = b$。

**引理 9.21**　$a+b$ 的舍入误差 $\mathrm{err}(a \oplus b)$可以用 $p$ 位表示。

**证明**：同样可以按一般性假设$|a| \geqslant |b|$，并且 $a \oplus b$ 是 $p$ 位最接近 $a+b$ 的浮点数。但是 $a$ 是一个 $p$ 位浮点数。$a \oplus b$ 和 $a+b$ 之间的距离不能大于$|b|$，总而言之，$|\mathrm{err}(a \oplus b)| \leqslant |b| \leqslant |a|$，并且误差可用 $p$ 位表示。

现在可以来证明定理 9.18。

**证明**：第 1 个赋值给出 $x = a + b + \mathrm{err}(a \oplus b)$。对于第 2 个赋值，可以从引理 9.20 得出 $b_{\mathrm{virtual}} = x \ominus a = x - a$。第 3 个赋值也是精确计算的，因为 $b \ominus b_{\mathrm{virtual}} = b + a - x = -\mathrm{err}(a \oplus b)$ 可以用 $p$ 位表示，见引理 9.21。在任何一种情况下，都可以有 $y = -\mathrm{err}(a \oplus b)$ 和 $x = a + b + \mathrm{err}(a \oplus b)$。精确舍入可以保证$|y| \leqslant \frac{1}{2}\mathrm{ulp}(x)$。因此，$x$ 和 $y$ 不重叠。

FastTwoSum 算法源于 Dekker（详见参考文献[Dekker 71]）。还有一个更方便的算法是由 Knuth 提出的 TwoSum 算法（详见参考文献[Knuth 81]），它不需要$|a| \geqslant |b|$并且避免了耗费成本的比较。

TwoSum 没有提供证明，但是类似地计算了规格化的扩展 $x+y$，其中 $y$ 代表误差项。另外，还存在用于构造两个浮点数的减法和乘积扩展的类似结果，兹不赘述。有关详细信息，可参见参考文献[Shewchuk 97]。

到目前为止，本节已经通过加法构建了单精度扩展。很明显，开发人员必须提供扩展之间的算术。也就是说，对于分别具有 $m$ 和 $n$ 个分量的两个规格化扩展 $e$ 和 $f$，需要计算规格化扩展 $h$，其中 $e+f=h$。首先，需要证明可以通过单精度 $p$ 位数的加法来进行规格化扩展。该计算方案如图 9.15 所示。虽然可能会发生一些分量变为零的情况，但非零分量仍将按大小排序。如果应该使用 FastTwoSum，则必须在算法 9.3 中进行情形的区分。

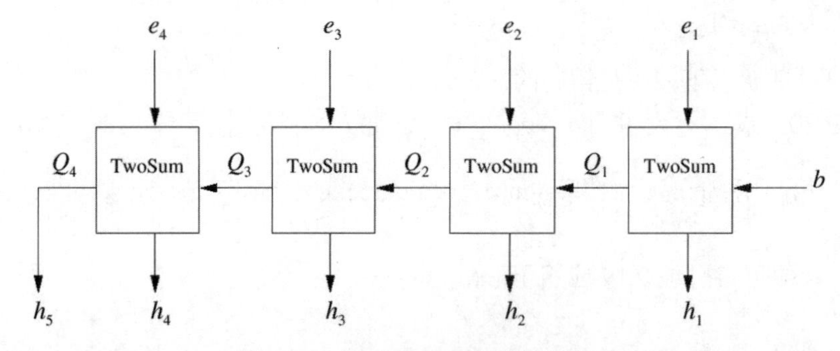


图 9.15　GrowExpansion 程序的方案

（图片由 Jonathan Richard Shewchuk 重绘并改编，详见参考文献[Shewchuk 97]）

**定理 9.22**　令 $e=\sum_{i=1}^{m}e_i$ 是一个包含 $m$ 分量的规格化扩展，并且令 $b$ 是 $p \geqslant 3$ 位的浮点数。算法 GrowExpansion 可以使用 $O(m)$的 $p$ 位浮点运算来计算规格化（最多零个分量）扩展：

$$h=\sum_{i=1}^{m+1}h_i=e+b$$

**算法 9.2**：TwoSum 可以计算非重叠扩展 $x+y=a+b$

```
TwoSum(a, b)
    x := a ⊕ b
    b_virtual := x ⊖ a
    a_virtual := x ⊖ b_virtual
    b_roundoff := b ⊖ b_virtual
    a_roundoff := a ⊖ a_virtual
    y := a_roundoff ⊕ b_roundoff
    return (x, y)
```

**算法 9.3**：GrowExpansion 可以计算非重叠扩展 $h_1+h_2+\cdots+h_{m+1}=e+b$

```
GrowExpansion(∑_{i=1}^{m} e_i, b)
    Q_0 := b
    for i := 1 TO m do
            TwoSum(Q_{i-1}, e_i)
    end for
    h_{m+1} := Q_m
    return h = (h_1, h_2, ..., h_{m+1})
```

**证明**：首先，可以通过归纳证明，在算法 9.3 中，经过 for 语句的第 $i$ 次迭代之后，以下不变量（Invariant）成立。

$$Q_i+\sum_{j=1}^{i}h_j=b+\sum_{j=1}^{i}e_j$$

显然，对于 $i=0$ 且 $Q_0=b$，该不变量成立。现在假设 $Q_{i-1}+\sum_{j=1}^{i-1}h_j=b+\sum_{j=1}^{i-1}e_j$ 成立，并且在第 3 行计算 $Q_{i-1}+e_i=Q_i+b_i$。因此，可以有 $Q_{i-1}+e_i+\sum_{j=1}^{i-1}h_j=Q_i+\sum_{j=1}^{i}h_j=b+\sum_{j=1}^{i}e_j$，由此归纳步骤得证。

最后，可以获得 $\sum_{j=1}^{m+1}h_j=b+\sum_{j=1}^{m}e_j$。

它仍然表明该结果是规格化的，也就是说，按大小（Magnitude）和非重叠排序。对

于所有 $i$，TwoSum 算法的输出具有 $h_i$ 和 $Q_i$ 不重叠的属性。从引理 9.21 的证明，可以知道 $|h_i| = |\mathrm{err}(Q_{i-1} \oplus e_i)| \leqslant |e_i|$。另外，$e$ 是非重叠扩展，其非零分量按递增顺序排列。因此，$h_i$ 不能重叠 $e_{i+1}, e_{i+2}, \ldots$。$h$ 的下一个分量是通过将 $Q_i$ 与分量 $e_{i+1}$ 求和来构造的，相应的误差项 $h_{i+1}$ 是零或者必须更大并且相对于 $h_i$ 不重叠。总而言之，$h$ 是非重叠且增加的（除了 $h$ 的零分量）。

现在来考虑一个 $p = 5$ 的简单例子。设 $e = e_1 + e_2 = 111100 + 1000000$ 且 $b = 1001$。可以有 TwoSum($Q_0$, $e_1$) = TwoSum(1001, 111100) = (1000100, 1) = ($Q_1$, $h_1$)，TwoSum($Q_1$, $e_2$) = TwoSum(1000100, 1000000) = (10001000, −100) = ($Q_2$, $h_2$) 和 $h_3$ = 1000100。因此，调用 GrowExpansion($e$, $b$)会产生 10001000 + −100 + 1。

最后，可以按照 ExpansionSum 过程（Procedure）添加两个扩展。ExpansionSum 的方案（Scheme）如图 9.16 所示。

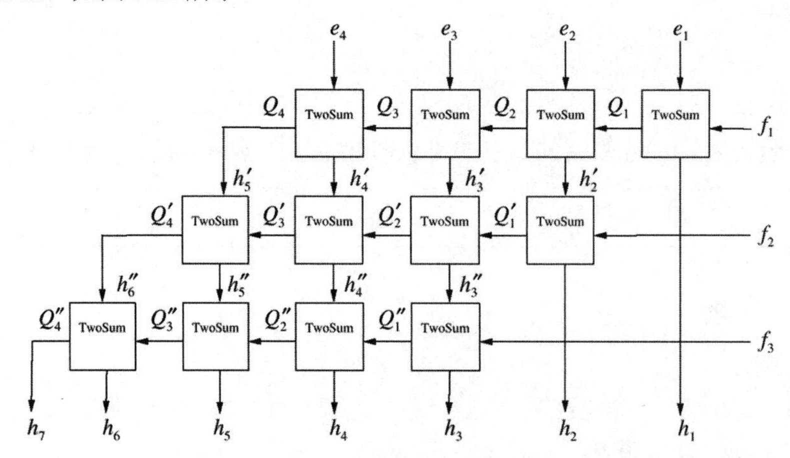


图 9.16　两个扩展 $f = \sum_{i=1}^{3} f_i$ 和 $e = \sum_{i=1}^{4} e_i$ 的 ExpansionSum 的加法方案

（图片由 Jonathan Richard Shewchuk 重绘并改编，详见参考文献[Shewchuk 97]）

**定理 9.23**　令 $e = \sum_{i=1}^{m} e_i$ 是带有 $m$ 个分量的规格化扩展，$f = \sum_{i=1}^{n} f_i$ 是带有 $n$ 个分量的规格化扩展。设 $b$ 是 $p \geqslant 3$ 位的浮点数。算法 GrowExpansion 可以使用 $O(mn)$ 的 $p$ 位浮点运算来计算规格化扩展：

$$h = \sum_{i=1}^{n+m} h_i = e + f$$

**证明：** 在这里可以给出一个基本的证明。其主要思路是先进行简单的归纳 $\sum_{i=1}^{n+m} h_i = \sum_{i=1}^{m} e_i + \sum_{i=1}^{n} f_i$，然后按照图 9.12 的加法方案，可以连续证明，对于 $j = 1, \cdots, n-1$

的情形，$\sum_{i=1}^{j-1} h_j + \sum_{i=j}^{j+m-1} h_j^{j-1}$ 是非重叠并且递增的。

**算法 9.4**：ExpansionSum 可以计算非重叠扩展 $h_1 + \cdots + h_{m+n} = e + f$

---

ExpansionSum$\left(\sum_{i=1}^{m} e_i, \sum_{i=1}^{n} f_i\right)$

---

$h := e$
**for** $i := 1$ TO $n$ **do**
　　$(h_i, h_{i+1}, \ldots, h_{i+m}) :=$ GrowExpansion$((h_i, h_{i+1}, \ldots, h_{i+m-1}), f_i)$
**end for**
**return** $h = (h_1, \ldots, h_{m+n})$

---

**算法 9.5**：TwoProduct 可以计算非重叠扩展 $x + y = a \times b$

---

TwoProduct$(a, b)$（$a$ 和 $b$ 是 $p$ 位浮点值）

---

$x := a \otimes b$
$(a_x, a_y) :=$ Split$\left(a, \left\lfloor\frac{p}{2}\right\rfloor\right)$
$(b_x, b_y) :=$ Split$\left(b, \left\lfloor\frac{p}{2}\right\rfloor\right)$
$\text{err}_1 := x \ominus (a_x \otimes b_x)$
$\text{err}_2 := \text{err}_1 \ominus (a_y \otimes b_x)$
$\text{err}_3 := \text{err}_2 \ominus (a_x \otimes b_y)$
$y := (a_y \otimes b_y) \ominus \text{err}_3$
**return** $(x, y)$

---

由于这里没有考虑表达式的符号，所以可以按类似的方式证明减法的结果。也因为如此，存在一种算法 TwoDiff，它可以计算非重叠扩展 $x + y = a \ominus b - \text{err}(a \ominus b) = a - b$。此外，还有一种算法 ExpansionDiff，可以为两个规格化扩展 $e = \sum_{i=1}^{m} e_i$ 和 $f = \sum_{i=1}^{n} f_i$ 计算规格化扩展 $h = \sum_{i=1}^{n+m} h_i = e - f$。

对于更复杂的表达式，应该提供简单的乘法和标量乘法。在参考文献[Shewchuk 97]中已经证明存在相应的算法 TwoProduct 和 ScaleExpansion。从技术上讲，TwoProduct 算法可以利用拆分运算 Split，见算法 9.6。在这里，浮点值被拆分成两个半精度（Half-Precision）值，然后执行相应片段的四次乘法，见参考文献[Dekker 71]和[Shewchuk 97]。ScaleExpansion 算法则使用了 TwoSum 和 TwoProduct。

**定理 9.24**　设 $a$ 和 $b$ 为 $p \geqslant 6$ 的两个浮点值。有一个算法 TwoProduct 可以计算非重叠扩展 $x + y = a \otimes b - \text{err}(a \otimes b) = a - b$，其中 $x = a \otimes b$ 且 $y = -\text{err}(a \otimes b)$。

**算法 9.6**：Split 算法可以将浮点值 $a$ 拆分为 $a=x+y$，其中 $x$ 具有 $p-s$ 位（bit），$y$ 具有 $s-1$ 位

---

Split($a$, $s$)（$a$ 代表 $p$ 位浮点值，$s$ 是拆分值，并且 $p/2 \leqslant s \leqslant p-1$）

---

$c := (2^s+1) \otimes a$

$big := c \ominus a$

$x := c \ominus big$

$y := a \ominus x$

**return** $(x, y)$

---

**算法 9.7**：ScaleExpansion 算法可以计算非重叠扩展 $h_1+\cdots+h_{2m}=be$

---

ScaleExpansion$\left(\sum_{i=1}^{m} e_i, b\right)$

---

$(Q_2, h_1)$ := TwoProduct($e_1$, $b$)

**for** $i$ := 2 TO $m$ **do**

　　$(S_i, s_i)$ := TwoProduct($e_i$, $b$)

　　$(Q_{2i-1}, h_{2i-2})$ := TwoSum($Q_{2i-2}$, $s_i$)

　　$(Q_{2i}, h_{2i-1})$ := FastTwoSum($S_i$, $Q_{2i-2}$)

**end for**

$h_{2m} := Q_2m$

**return** $(h_1, h_2, \ldots, h_{2m})$

---

**定理 9.25**　设 $e=\sum_{i=1}^{m} e_i$ 为精度 $p \geqslant 6$ 的规格化扩展，并且令 $b$ 为浮点值。有一个算法 ScaleExpansion，可用于计算带有 $O(m)$的 $p$ 位浮点运算的规格化扩展 $h=\sum_{i=1}^{2m} h_i = b\times e$。

对于该定理的证明从略，有兴趣的读者可在参考文献[Shewchuk 97]或[Shewchuk 96]中查找，其中还介绍了其他一些有用的运算。例如，开发人员已经看到一些分量可能变为零，因此，强烈建议压缩（Compress）给定的扩展。

**定理 9.26**　设 $e=\sum_{i=1}^{m} e_i$ 为精度 $p \geqslant 3$ 的规格化扩展。某些分量可能为零。如果 $e \neq 0$，则有一个算法 Compress 可以计算具有非零分量的规格化扩展 $e=\sum_{i=1}^{n} h_i$。最大分量 $h_n$ 近似于 $e$，并且误差小于 ulp（$h_n$）。

Compress 算法保证最大分量是整个表达式值的良好近似值。

**算法 9.8**：Compress 可以使用非零元素计算非重叠扩展 $h_1+\cdots+h_n=e$。其最大分量是 $e$ 的良好近似值

---

Compress$\left(\sum_{i=1}^{m} e_i\right)$

---

$Q := e_m$

Bottom := $m$

---

```
for i := m − 1 Down TO 1 do
        (Q, q) := FastTwoSum(Q, e_i)
        if q ≠ 0 then
                g_Bottom := Q    Bottom := Bottom −1    Q := q
        end if
end for
g_Bottom := Q    Top := 1
for i := Bottom +1 TO m do
        (Q, q) := FastTwoSum(g_i, Q)
        if q ≠ 0 then
                h_Top := Q    Top := Top −1
        end if
end for
h_Top := Q
n := Top
return (h_1, h_2, ..., h_n)
```

接下来将尝试演示扩展算法如何用于几何表达式的自适应评估（Adaptive Evaluation）。在此可以考虑以下来自参考文献[Shewchuk 97]的简单例子并解释其主要的构造规则。为方便起见，这里将使用表达式树（Expression Tree）。表达式树是表示算术表达式的二叉树。树的叶子表示常量，而每个内部结点则表示其子结点的几何运算。在扩展算法的情况下，叶子由 $p$ 位浮点值组成。

现在假设想要计算两点 $a = (a_x, a_y)$和 $b = (b_x, b_y)$之间距离的平方。也就是说，需要计算$(a_x - b_x)^2 + (a_y - b_y)^2$。在第一步中，可以通过构造算法 TwoSum 构造扩展 $x_1 + y_1 = (a_x - b_x)$ 和 $x_2 + y_2 = (a_y - b_y)$。可以从定理 9.18 得出以下结论：

- ❑ $|y_1|=|\mathrm{err}(a_x \ominus b_x)| \leqslant \epsilon |x_1|$
- ❑ $|y_2|=|\mathrm{err}(a_y \ominus b_y)| \leqslant \epsilon |x_2|$
- ❑ $x_1 = a_x \ominus b_x$
- ❑ $x_2 = a_y \ominus b_y$

其中，$\epsilon = \dfrac{\beta}{2}\beta^{-p}$ 代表机器 Epsilon。现在$(a_x - b_x)^2 + (a_y - b_y)^2$ 等于 $E(x_1, x_2, y_1, y_2) = x_1^2 + x_2^2 + 2(x_1 y_1 + x_2 y_2) + y_1^2 + y_2^2$，可以有以下大小：

- ❑ $x_1^2 + x_2^2 \in O(1)$
- ❑ $2(x_1 y_1 + x_2 y_2) \in O(\epsilon)$
- ❑ $y_1^2 + y_2^2 \in O(\epsilon^2)$

从更一般的意义上来说，可以令 $T_i$ 是包含 $i$ $y$ 变量的所有乘积的总和，则 $T_i$ 的大小为 $O(\epsilon^i)$。现在可以构建不同的表达式树，以适当的方式收集 $T_i$ 项。如图 9.17 所示是一种简单的增量自适应方法。近似值 $A_i$ 包含所有的项，其大小为 $O(\epsilon^{i-1})$或更大。$A_3$ 是正确的结果。更确切地说，近似值 $A_i$ 由近似值 $A_{i-1}$ 和 $T_i$ 的和来计算。下文将其称为简单的增量自适应（Simple Incremental Adaptive）方法。它收集了关于表达式树的最低级别（即关于输入值）的误差项。请注意，这里已经按误差的大小对输入项进行了排序。

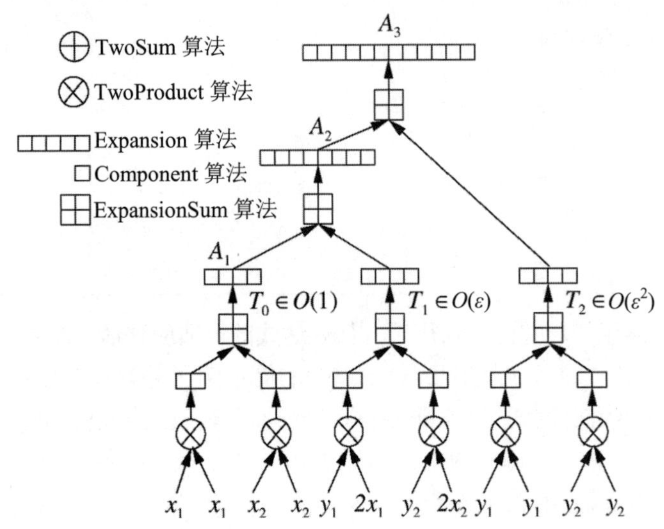


图 9.17　简单的增量自适应方法可以在最低级别上按大小收集误差

（图片由 Jonathan Richard Shewchuk 重绘并改编，详见参考文献[Shewchuk 97]）

可以在更高层次上重复这一原则。例如，TwoProduct$(x_1, x_1) = x + y$ 的结果由大小为 $O(\epsilon)$的误差项 $y$ 组成。误差项 $T_i$ 可以自适应地计算。在图 9.18 中，将增量自适应推到极端，记住所有级别的 $O(\epsilon^i)$误差项。该方法可以表示为完全增量自适应（Full Incremental Adaptive）方法。对于具有误差 $O(\epsilon^i)$的近似值 $A_i$，需要用误差 $O(\epsilon^i)$来近似误差项。由于误差项 $T_k$ 本身的大小为 $O(\epsilon^k)$，因此必须将 $T_k$ 最大近似到误差 $O(\epsilon^{i-k})$。从这个意义上说，这种方法是经济的，特别是如果事先知道所需的准确度。

从消极的一面来说，完全增量自适应方法导致表达树具有很高的复杂度，因为它跟踪了许多很小的误差项。所以，有时候不妨采用一种复杂度适中的更好的自适应方法，这可能会更加方便。中间增量自适应（Intermediate Incremental Adaptive）方法可以利用简单增量方法的近似值 $A_i$。另外，对于 $A_{i+1}$ 的近似，可以计算 $T_i$ 的简单近似 $\mathrm{ct}(T_i)$，从而获得中间近似 $C_i = A_i + \mathrm{ct}(T_i)$。该方法如图 9.19 所示。有时候，这样的修正项就已经足够好了，并且不必计算下一个误差项。

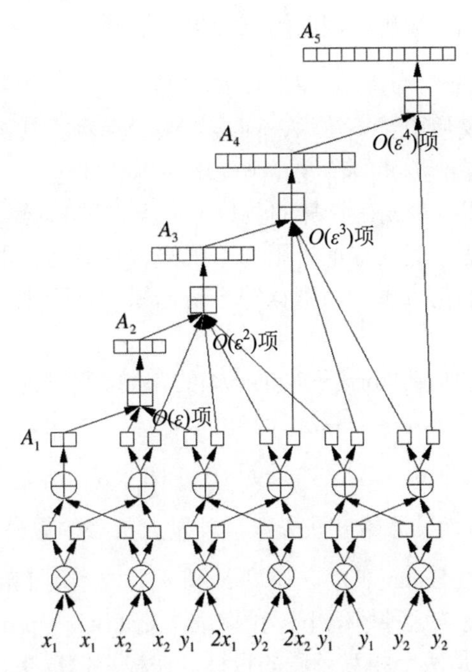


图 9.18　完全增量自适应方法可以在每个层级上按大小收集误差

（图片由 Jonathan Richard Shewchuk 重绘并改编，详见参考文献[Shewchuk 97]）

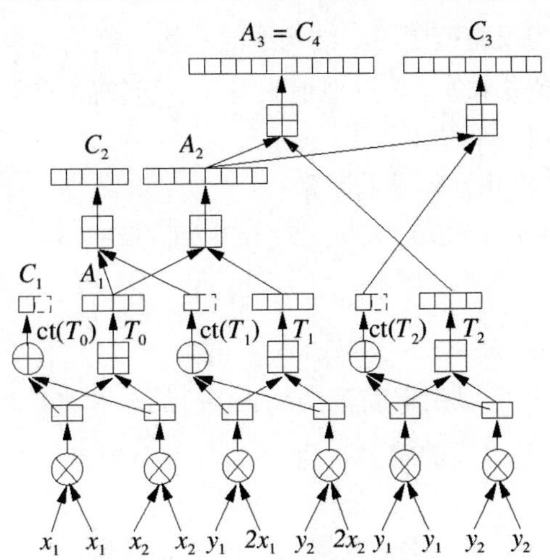


图 9.19　中间增量自适应方法近似于修正项中的误差 $T_i$

（图片由 Jonathan Richard Shewchuk 重绘并改编，详见参考文献[Shewchuk 97]）

请注意，开发人员可以使用3种构造方案来计算第9.4节中给出的几何谓词和表达式。在参考文献[Shewchuk 97]中给出了定向测试的扩展示例。

### 3. 浮点过滤器

先前的自适应方法仅使用浮点算法，而接下来的两种方法则将使用精确的算术软件包。如果浮点运算无法保证足够的精度，则使用精确软件包。

开发人员通常会希望减少精确计算的数量。在浮点过滤器（Floating Point Filter）方法中，可以通过评估表达式值的保证上限和下限来替换表达式的精确求值。当需要表达式的符号并且边界区间不包含零时，则该符号是已知的。否则，必须使用更高的精度或精确的算术。

本节将遵循参考文献[Mehlhorn 和 Näher94]的路线。假设需要评估算术表达式 $E$ 的符号。首先，可以使用固定精度浮点算法计算近似值 $\overline{E}$ 。另外，还可以使用 $\left|E-\overline{E}\right| \leqslant \delta$ 分析绝对误差以获得误差范围 $\delta$。显然，如果 $\delta=0$ 或 $\left|\overline{E}\right|>\delta$，则 $E$ 和 $\overline{E}$ 的符号相同。否则，如果 $\delta \neq 0$ 且 $\left|\overline{E}\right| \leqslant \delta$ ，则该过滤器方法失败，开发人员必须更精确地重新计算 $E$。

假设计算 $E$ 的成本用 Exact 表示，计算 $\overline{E}$ 和 $\delta$ 的成本用 Filter 表示，使用 probFilter 表示过滤器失败的概率。在这种情况下，预期成本是 Filter + probFilter×Exact。最小化过滤器和最小化 probFilter 是两个相互矛盾的目标。在极端情况下，如果没有过滤器，则可以有 Filter = 0 且 probFilter = 1；反过来说，如果精确值表示过滤器，则 Filter = Exact 且 probFilter = 0。

现在来考虑一些适当误差范围的归纳构造的示例。假设误差范围为 $\delta_a$ 和 $\delta_b$ ，并且已经计算了 $a$ 和 $b$ 的近似值 $\overline{a}$ 和 $\overline{b}$ 。该近似值来自浮点运算的运算。如果需要计算 $c=a+b$ 的误差范围，则可以使用以下技术。

可以计算 $\overline{c}:=\overline{a} \oplus \overline{b}$ ，并且有以下计算：

$$
\begin{aligned}
|c-\overline{c}| = \left|a+b-(\overline{a} \oplus \overline{b})\right| & \leqslant \left|a+b-(\overline{a}+\overline{b})\right| + \left|\overline{a}+\overline{b}-(\overline{a} \oplus \overline{b})\right| \\
& \leqslant |a-\overline{a}| + \left|b-\overline{b}\right| + \left|\overline{a}+\overline{b}-(\overline{a} \oplus \overline{b})\right| \\
& \leqslant \delta_a + \delta_b + \ (\overline{c})
\end{aligned} \tag{9.3}
$$

这意味着误差范围 $\delta_c$ 可以由误差范围加上 $|\overline{c}|$ 的总和来给出，其中 和往常一样表示机器误差。如果需要表达式的符号，则可以将近似值 $\overline{c}$ 的绝对值与误差估计值进行比较。

同理，也可以设计一个用于乘法的浮点过滤器。具体而言，可以假设必须在相同的先决条件下计算 $c=a \times b$。因此，可以得出结论，对于 $\overline{c}:=\overline{a} \otimes \overline{b}$ ，误差范围的限制如下：

$$
\begin{aligned}
|c-\bar{c}| &= |a \times b - \bar{a} \otimes \bar{b}| \\
&\leqslant |a \times b - \bar{a} \times \bar{b}| + |\bar{a} \times \bar{b} - \bar{a} \oplus \bar{b}| \\
&\leqslant |\bar{a} \times \bar{b} - \bar{a} \otimes \bar{b}| + |a \times b - \bar{a} \times b| + |\bar{a} \times b - \bar{a} \times \bar{b}| \\
&\leqslant \ |\bar{c}| + |\bar{a}|\delta_b + |b|\delta_a \\
&\leqslant \ |\bar{c}| + |\bar{a}|\delta_b + \max\left(|\bar{b} + \delta_b|, |\bar{b} - \delta_b|\right)\delta_a \\
&= \ |\bar{c}| + |\bar{a}|\delta_b + \left(|\bar{b}| + |\delta_b|\right)\delta_a
\end{aligned}
\tag{9.4}
$$

总而言之，$\delta_c$ 可以通过 3 次乘法和 1 次加法来计算。

以上所提出的方法称为动态误差分析（Dynamic Error Analysis），因为它已经动态地考虑了一些额外的运算（例如，计算 $|\bar{b}-\delta_b|$）。实际上，因为必须对 $\delta_c$ 执行浮点运算，所以这里的情况稍微复杂一些。

还有一些过滤方法尝试使用几乎可以预先计算的误差范围。这些误差范围都是针对完整表达式结构的。在这种情况下，只需要计算表达式的浮点运算。这种方法称为静态误差分析（Static Error Analysis）或半动态误差分析（Semi-Dynamic Error Analysis），它们需要一些额外的运算。静态和半动态过滤器利用相应结果大小的先验估计。

例如，如前文所示，可以通过 $|a-\bar{a}|+|b-\bar{b}|+|\bar{a}+\bar{b}-(\bar{a}\oplus\bar{b})|$ 来计算 $\bar{c}:=\bar{a}\oplus\bar{b}$ 的误差 $|c-\bar{c}|$。假设已经存在归纳性的范围 $\text{ind}_a$、$\text{ind}_b$、$\max_a$ 和 $\max_b$，因此 $|b-\bar{b}| \leqslant \text{ind}_b\max_b$ 且 $|a-\bar{a}| \leqslant \text{ind}_a\max_a$。在这里，$\max_b$ 是 $b$ 大小的二进制估计，而 $\text{ind}_b$ 是指归纳估计的深度。因此，$|c-\bar{c}|$ 的误差估计可以通过 $\text{ind}_c \max_c$ 给出，其中 $\max_c := \max_a + \max_b$ 且 $\text{ind}_c :=$ $(\frac{1}{2} + \text{ind}_a + \text{ind}_b)$。可以通过它的表达式树来表示任何几何表达式 $E$，见图 9.20 或第 9.3.3 节。假设有浮点运算，$\beta=2$，精度为 $p$。对于表达式树 $E$ 的每个叶子 $x$，可以通过 $\text{ind}_x = 2^{-(p+1)} = \frac{1}{2}$ 和 $\max_x$ 的适当值初始化归纳过程。在静态版本中，可以选择 2 的最大幂，限制所有输入值 $x$。在半动态版本中，则可以选择考虑每个叶子 $x$ 的大小，因此，可以设置 $\max_x := 2^{\lceil \log x \rceil}$。在这两种情况下，都可以完全确定 $E$ 的误差估计。类似的结果也适用于乘法和其他简单运算。

在 LN 软件包中使用了静态误差分析，详见参考文献[Fortune 和 Van Wyk 93]。半动态误差分析则是 LEDA 浮点运算的一部分，详见参考文献[Mehlhorn 和 Näher00]。可以提前轻松计算浮点过滤器，但糟糕的是，可能会发生两个悲观估计的情况。

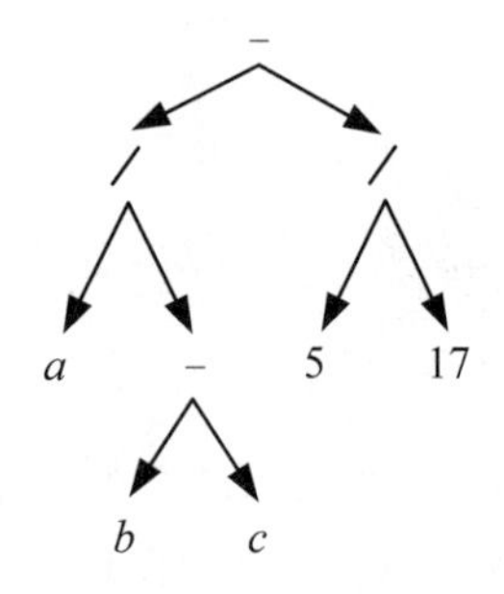


图 9.20　$\dfrac{a}{b-c}-\dfrac{5}{17}$ 的表达式树

## 4．惰性评估

惰性评估（Lazy Evaluation）使用非常适合的算术表达式表示。算术表达式表示两次：一次通过其形式定义，即其表达式树；另一次由近似值表示，该近似值是任意精度浮点数和误差范围。只要近似值足够好，就会使用它。如果不再能通过其近似来保证表达式的符号，则可以提高精度并使用表达式树来获得更好的近似值。

惰性评估通常是为整数算术和有理数算术而定义的，并带有任意精度整数或有理数算术软件包。近似值通过浮点运算来计算。浮点近似值及其误差范围也可以由表示近似值的浮点区间表示。

假设现在要使用任意精度的有理数的软件包。如前文所解释的那样，算术表达式 $\dfrac{a}{b-c}-\dfrac{5}{17}$ 的惰性数字由 $E$ 的表达式树（见图 9.20）和近似区间给出，例如$[-9.23\times10^{-3}, 2.94\times10^{2}]$。在这里，$a$、$b$ 和 $c$ 表示惰性数字的表达式树。

总而言之，表达式树要么是一个整数（或常量），要么是运算符以及指向其参数的指针，即对其他表达式树的引用。请注意，表达式树有时可能会成为有向无环图（Directed Acyclic Graph，DAG）。例如，在图 9.20 中，假设 $b\equiv a$。

通过以下步骤即可执行惰性数字的基本运算。

- 为运算结果分配新树（DAG）结点。
- 使用区间算术运算计算浮点区间，详见下文。
- 注册运算的名称、操作数的指针以及给定结点的给定区间。

在这些步骤中，不会执行精确的计算。假设有惰性数字 $a$ 和 $b$。在以下情况中，必须更精确地评估区间或表达式。

- 需要 $a$ 的符号，并且浮点区间包含 0。
- 必须比较 $a$ 和 $b$，但区间确实重叠。
- 惰性数字 $a$ 属于数字 $b$，并且必须更精确地确定 $b$。

虽然可能会发生从未精确评估惰性数字的情况，但是开发人员仍然需要为惰性数字创建近似区间。假设所有惰性数字都在大小上受到最大和最小的可表示浮点值 $M$ 和机器上的 $\epsilon$ 的限制。更准确地说，对于每个惰性数字 $x$，需要 $x \in ]-M, - \; [\cup \{0\} \cup ] + \epsilon, +M[$。

对于浮点数 $x$，可以让$\triangledown(x)$表示机器上的下一个最小可表示浮点数。这里的可表示（Representable）意味着在给定精度 $p$ 内可表示，而下一个最小（Next Smallest）则意味着相对于 $x$ 更小。$\triangle(x)$表示机器上的下一个最大可表示的浮点数。例如，对于 $p = 4$ 且 $x = 1$，可以得到$\triangledown(x)= 0.9999$ 并且$\triangle(x) = 1.001$。

对于所有运算符+、×、−和/及其对应的浮点版本的⊗、⊗、⊖和⊘，很容易证明以下不等式成立：

$$\triangledown(a \circledast b) < a \circledast b, a \star b < \triangle(a \circledast b)$$

$$\triangledown(a \circledast b) < a \circledast b < \triangle(a \circledast b)$$

因此，可以得出以下结论：对于惰性数字的构造，需要利用$[\triangledown(a \circledast b), \triangle(a \circledast b)]$区间，而该区间可以通过浮点算法计算。

惰性数字的浮点区间的算术可以按如下方式完成。设 $x$ 和 $y$ 是包含区间 $I_x = [a_x, b_x]$ 和 $I_y = [a_y, b_y]$ 的惰性数字。

- ❑ $I_{x+y} = [\triangledown(a_x \oplus a_y), \; \triangle(b_x \oplus b_y)]$。
- ❑ $I_{x \times y} = [\triangledown(m), \; \triangle(M)]$，其中 $m(M)$是$\{a_x \otimes a_y, a_x \otimes b_y, b_x \otimes a_y, b_x \otimes b_y\}$的最小值（最大值）。
- ❑ $I_{-x} = [-b_x, -a_x]$。
- ❑ 如果 $0 \notin [a_x, b_x]$，则 $I_{\frac{1}{x}} = [\triangledown(1.0 \oslash b_x), \; \triangle(1.0 \oslash a_x)]$。

现在很容易看出，在经过某些运算之后，区间可能会连续增长。只有精确的评估才能阻止这一过程。

惰性表达式的（区间）评估的自然方式从树的叶子开始，并连续地将结果或区间传播到树的顶部（根）。在评估过程中，一些精确评估的表达式可能变得无用。因此，惰性算术软件包应该使用垃圾收集器。惰性算术软件包 LEA（详见参考文献[Benouamer et al. 93]）用 C++ 实现，由 3 个模块组成：区间运算模块、DAG 模块和精确有理数算术软件包。

最后，不妨来讨论一下惰性算法与纯浮点过滤器相比的主要优点。假设所需的精度变化很大，即有时候低精度就足够了，而在最坏情况下，又需要很高的精度。惰性算术非常适合这种情况。开发人员可以连续增加计算的精度，直到最终表达式的符号由区间确定。浮点过滤器则不支持这种自适应方法。

### 5. 代数表达式的分离界限

另一种非常适合的自适应算术方法是将算术表达式与零分开。与前面的小节类似，本节想要评估表达式 DAG 中给出的代数几何表达式的符号。现在来讨论由任意整数 $k$ 的 +、−、×、/和 $\sqrt{k}$ 表示的代数数的简单分离界限（Separation Bounds）。

**定义 9.27** （**分离界限**）设 $E$ 是一个带有运算符+、−、×、/和 $\sqrt{k}$ 的算术表达式。如果以下表述成立，则实数值 sep($E$)可以表示为 $E$ 的分离界限：

从 $|E| \neq 0$ 可以得出结论 $|E| \geqslant \text{sep}(E)$ 。

如果分离界限已经给出并且 $|E|$ 等于零，则开发人员希望发现 $|E|$ 小于 sep($E$)。在这种情况下，可以从边界的定义得出结论 $|E| = 0$ 。当然，开发人员更倾向于让符号评估和分离界限评估的计算工作量最小化。

首先假设近似值 $\bar{E}$ 是由不精确算法计算出来的，其中的绝对误差小于被 2 分以后的分离界限，即 $|E - \bar{E}| \leqslant \frac{\text{sep}(E)}{2}$ 。如果这是真的，则可以简单地评估 $E$ 的符号如下：

- ❑ 如果 $|\bar{E}| > \frac{\text{sep}(E)}{2}$，即可得出结论，E 和 $\bar{E}$ 具有相同的符号。
- ❑ 否则，$|\bar{E}| \leqslant \frac{\text{sep}(E)}{2}$ 成立，并且从 $|E - \bar{E}| \leqslant \frac{\text{sep}(E)}{2}$，可以得出结论 $|E| < \text{sep}(E)$ 。根据 sep($E$)的定义，即可得出结论 $|E| = 0$ 。

这里必须解决两个主要问题。首先，必须找到一个合适的分离界限。其次，近似值 $\bar{E}$ 的评估应该尽可能保持低成本。

第二个问题可以通过迭代近似过程解决。这里不是在 $\frac{\text{sep}(E)}{2}$ 的误差范围内计算近似值，而是自适应地提高精度，直到最终近似值足够好，详见参考文献[Burnikel et al. 01]。现在假设已经成功计算了分离界限，则具有 sep($E$)的表达式 $E$ 的迭代符号测试将按如下方式工作。

以下是带分离界限的迭代符号测试的概要：

- ❑ 将 $\Delta$ 初始化为 1。
- ❑ 计算 $E$ 的近似值 $\bar{E}$ ，使得 $|E - \bar{E}| \leqslant \Delta$ 成立。
- ❑ 如果 $|\bar{E}| > \Delta$ 成立，则 $E$ 和 $\bar{E}$ 的符号重合，测试即告完成。
- ❑ 否则，从 $|\bar{E}| \leqslant \Delta$ 可以得出结论 $|E| \leqslant 2\Delta$ 。现在可以检查 $2\Delta \leqslant \text{sep}(E)$ 是否成立。如果这是真的，则可以从分离界限的定义得出结论 $E = 0$。否则，可以将 $\Delta$ 减小 $\Delta := \frac{\Delta}{2}$ 并重复该过程，以计算相对于 $\Delta$ 的近似值。

在这里可以自适应地提高精度。给定的迭代测试可以使用自适应算法以直接的方式实现。例如，如果使用任意精度的浮点运算，则会在每次迭代中将位长度增加 1。显然，最大精度取决于分离界限的大小，并由 $\log\left(\frac{1}{\text{sep}(E)}\right)$ 给出，因为最终会满足 $2\Delta \leqslant \text{sep}(E)$。

它仍然将计算适当的分离界限。表达式 $E$ 的分离界限的计算可以在执行表中表示。执行表连续应用于表达式的 DAG 并导致分离界限，见定理 9.28。例如，表 9.4 显示了仅具有平方根的代数表达式的分离界限的执行表，详见参考文献[Burnikel et al. 00]。请注意，在几何算法中使用并在第 9.4.2 节中介绍的许多标准表达式都不使用任意根。所提出的分离界限技术将被结合到 LEDA 系统的数据类型 leda real 中，详见参考文献[Mehlhorn 和 Näher00]。例如，如果将该表应用于未划分的表达式 $E=\left(\sqrt{2}-1\right)\left(\sqrt{2}+1\right)-1$，则将实现边界 $u(E)=4+2\sqrt{2}$ 并且 $l(E)=1$。应用定理 9.28 可以得到一个非零 $E$ 的分离界限如下。

$$E \geqslant 3.11\times 10^{-3}$$

使用精度 $p=4$，可以得出结论 $E=0$。

表 9.4　具有整数和平方根的算术表达式的执行表

| 表　达　式 | $u(E)$ | $l(E)$ |
|---|---|---|
| 整数 $n$ | $\lvert n\rvert$ | 1 |
| $E_1 \pm E_2$ | $u(E_1)\times l(E_2)+u(E_2)\times l(E_1)$ | $l(E_1)\times l(E_2)$ |
| $E_1 \times E_2$ | $u(E_1)\times u(E_2)$ | $l(E_1)\times l(E_2)$ |
| $E_1/E_2$ | $u(E_1)\times l(E_2)$ | $l(E_1)\times u(E_2)$ |
| $\sqrt{E}$ | $\sqrt{u(E)}$ | $\sqrt{l(E)}$ |

在参考文献[Burnikel et al. 00]中提供了定理 9.28 的证明。

**定理 9.28**　设 $E$ 是一个带有整数输入值和运算符+、-、/、×和 $\sqrt{\ }$ 的代数表达式。设 $k$ 表示 $E$ 中 $\sqrt{\ }$ 运算的数字，并且令 $D(E):=2^k$。可以假设 $E$ 由 DAG 表示。如果应用执行表（见表 9.4），则可以获得如下 $u(E)$和 $l(E)$值。

（1）$|E| \leqslant u(E)l(E)^{D(E)^2-1}$。

（2）$|E| \neq 0$ 意味着 $|E| \geqslant \dfrac{u(E)}{l(E)u(E)^{D(E)^2}}$

如果在 $E$ 的计算中没有用到除法，那么 $l(E)=1$ 并且 $D(E)^2$ 可以被 $D(E)$代替。

对于现有分离界限、它们的执行表及其分析的全面概述可以在参考文献[Li 01]中找到。另外也可以参见参考文献[Burnikel et al. 00]、[Burnikel et al. 01]和[Li 和 Yap 01a]。

## 9.3.4 精确几何计算（EGC）

有一种思路认为，计算中的不精确性有时是可以忽略的，但是组合结构则应该始终是正确的。精确几何计算（Exact Geometric Computation，EGC）可以将精确算术或鲁棒自适应算术与这种思路结合起来。因此，它将保证所有为 Real RAM 设计的标准几何算法都按预期运行，即算法的流程和输出在组合意义上是正确的。

更准确地说，在参考文献[Yap 97a]深入探讨的 EGC 术语中，仔细区分了在算法的结构步骤（Constructional Step）和组合步骤（Combinatorial Step）之间存在的差异。在前一个步骤中，计算新元素，而在后一个步骤中，则会导致算法产生分支。不同的组合步骤将导致不同的计算路径。每个组合步骤应取决于几何谓词的评估。总而言之，为确保精确的组合，只要确保精确评估所有谓词即可。对于算法的数字部分，EGC 要求精确表示结果，尽管可能在给定的算术中只能逼近精确结果。例如，开发人员可以通过线段的端点唯一地表示线段的交点，但是坐标的计算却可能是错误的。

总之，EGC 方法需要：

- ❑ 算法仅由几何谓词驱动。
- ❑ 几何表达式是唯一表示的。
- ❑ 可以正确评估几何谓词的符号。

EGC 是一种可以通过许多方法实现的范例。开发人员必须确保基础算术为谓词符号生成正确的结果。因此，它适用于精确的整数、有理数或代数算法。此外，前面各小节中介绍的惰性评估、分离界限、浮点过滤器和自适应浮点扩展等的自适应方法都可能导致 EGC，前提是可以充分调整精度。

EGC 的思路得到了 CGAL 库（详见参考文献[Overmars 96]）的充分支持。CGAL 库是一个有关几何算法和数据结构的 C++库。相应的算法是在 Real RAM 模型下设计的，算法流程由几何谓词驱动。因此，开发人员可以将 CGAL 库与实现 EGC 范例的任意数字软件包相结合。例如，可以使用 C++软件包 GMP 的精确的多精度有理数或浮点数；或者可以使用在 C++库 LEDA 中实现的自适应算法（详见参考文献[Mehlhorn 和 Näher00]），它基于浮点过滤器、分离界限和代数数。另外也可以参见参考文献[Burnikel et al. 95]、[Karamcheti et al. 99a]、[Li 和 Yap 01b]和[Li 01]。

## 9.4 鲁棒的表达式和谓词

本节将介绍在几何算法中经常出现的实用表达式和谓词。评估几何表达式或谓词有许多不同的方法，仔细分析通常会导致相对稳定的结果。在第 9.3.1 节中曾经介绍过，在没有警戒位的情况下，减去相近数字时获得的相对误差可能会非常大，开发人员应该考虑到这一点。几何表达式的适当表示对于第 9.3 节中考虑的几乎所有算术策略都是有用的。

现在来考虑两个源于参考文献[Shewchuk 99]和[Goldberg 91]的简单例子。这两个示例都依赖于浮点舍入误差（参见第 9.3.1 节）。通过它们，开发人员将体会到，思考算术表达式的鲁棒表示是非常有价值的。有时可以重新排列公式以排除灾难性的约消（Cancellation）。第 3 个示例来自于参考文献[Goldberg 91]，显示了由于向后误差分析（Backward-Error Analysis）而重新排列的正式辨析理由。给定的重新排列的思路可以正式证明。在稍后的第 9.4.2 节中，将总结一些实用的鲁棒表达式。许多表达式将由行列式的符号表示。行列式的评估被纳入标准计算机代数系统。有关高效而可靠地评估行列式的符号的详细信息，详见参考文献[Clarkson 92]、[Kaltofen 和 Villard 04]或[Avnaim et al. 97]。

## 9.4.1　公式重排的示例

### 1．简单多边形的面积

可以通过简单的公式计算二维中的简单多边形的面积。令 $p_1, p_2, p_3, ..., p_n$ 表示多边形 $P$ 的顶点的逆时针序列。多边形的带符号的面积是：

$$\text{Area}(p) = \frac{1}{2}\left(\sum_{i=1}^{n} p_{i_x} p_{i+1_y} - p_{i_y} p_{i+1_x}\right) \tag{9.5}$$

其中，$p_i = (p_{i_x}, p_{i_y})$，$p_{n+1} := p_1$。如果以逆时针顺序给出 $P$，则 Area($P$)面积值为正；如果按顺时针顺序给出 $P$，则 Area($P$)面积值为负。通过对顶点数量的归纳，可以很容易地证明上述结论。

式（9.5）的鲁棒性取决于坐标的绝对值与多边形的面积之间的关系。如果该面积相对较小并且坐标的绝对值相对较高，即到原点的距离相对较高，则浮点运算中的舍入误差可能导致不准确的结果。因此，可以通过使用点 $p_i' = (p_i - p_n)$ 转换为接近原点的多边形。很容易看出来，以下公式也是成立的：

$$\text{Area}(p) = \frac{1}{2}\left(\sum_{i=1}^{n-2} p'_{i_x} p'_{i+1_y} - p'_{i_y} p'_{i+1_x}\right) \tag{9.6}$$

这其实遵循了一个很简单的事实，即多边形的转换不会改变其面积大小。式（9.6）比式（9.5）更鲁棒，因为它没有严格的约消。

例如，现在来考虑通过 $p_1 = (301,300)$，$p_2 = (301,301)$，$p_3 = (300,301)$ 和 $p_4 = (300,300)$ 给出的矩形 $P$，如图 9.21 所示。

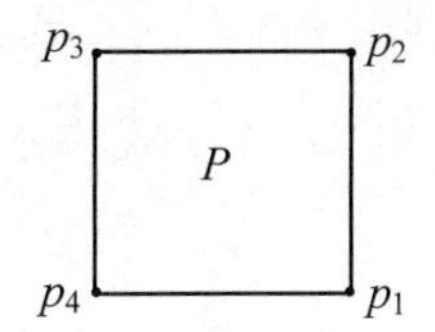


图 9.21　计算矩形 $P$ 的面积

在 $\beta = 10$ 和 $p = 4$ 的条件下使用式（9.5），根据就近舍入的规则，可以得到不正确的结果 $301 \otimes 301 = 90600$ 和 $301 \otimes 300 = 90300$。这给出了以下等式：

$$\text{Area}(p) = \frac{1}{2}(90600 - 90300 + 90600 - 90300 + 90000 - 90300 + 90000 - 90300) = 0$$

反过来说，使用 $p_i' = p_i - p_4$，$P'$ 可以通过 $p_1' = (1,0)$，$p_2' = (1,1)$，$p_3' = (0,1)$ 和 $p_4' = (0,0)$ 给出，现在，对于 $P'$，精确的结果可以通过下式计算：

$$\text{Area}(p) = \frac{1}{2}(1 - 0 + 1 - 0 + 0 - 0 + 0 - 0) = 1$$

请记住，通常开发人员必须为鲁棒性付出速度上的代价。显然，在式（9.6）中，需要比式（9.5）更多的浮点运算。

接近原点的转换是一种鲁棒性范式，可以特别针对几何谓词和构造函数使用此原则，详见本章第 9.4.2 节。

### 2. 二次方程的解

典型的二次方程如下所示。

$$ax^2 + bx + c = 0 \tag{9.7}$$

该二次方程的解可以由下式给出：

$$x_1 = \frac{-b + \sqrt{b^2 - 4ac}}{2a}$$

$$x_2 = \frac{-b - \sqrt{b^2 - 4ac}}{2a} \tag{9.8}$$

表达式 $b^2 - 4ac$ 可以是在两个浮点乘法之后再执行浮点减法的结果。如果 $b^2$ 和 $4ac$ 都采用就近舍入规则，则它们将精确到 1/2 ulp 之内。但是，接下来的减法却可能导致许多精确位数的消失，因此，减法的结果（差）的误差可能超出很多的 ulp。

例如，对于 $\beta = 10$ 和 $p = 3$，令 $b = 3.34$，$a = 1.22$，并且 $c = 2.28$。$b^2 - 4ac$ 的精确值是 0.0292，而 $b \otimes b = 11.2$，$4 \otimes a \otimes c = 11.1$，而 $11.2 \ominus 11.1$ 的结果恰好是 0.1。这意味着总误差为 70.8 ulp。

如果 $b^2 \approx 4ac$，则在式(9.8)中就没有约消的问题，因为 $|b|$ 将变成分母。如果 $b^2 \gg 4ac$，则 $b^2 - 4ac$ 不会导致约消，但 $\sqrt{b^2 - 4ac} \approx |b|$ 至关重要。式（9.8）包含两个公式，其中之一可能会产生精确位数的消除。因此，将这两个公式的分子和分母分别乘以 $-b - \sqrt{b^2 - 4ac}$ 和 $-b + \sqrt{b^2 - 4ac}$，即可获得下式：

$$x_1 = \frac{2c}{-b - \sqrt{b^2 - 4ac}}$$

$$x_2 = \frac{2c}{-b+\sqrt{b^2-4ac}} \tag{9.9}$$

设 $b^2 \gg 4ac$，则可以使用以下规则：如果 $b>0$，则通过式（9.8）计算 $x_2$，通过式（9.9）计算 $x_1$；如果 $b<0$，则通过式（9.8）计算 $x_1$，通过式（9.9）计算 $x_2$。

### 3. 表达式 $x^2 - y^2$

虽然开发人员可能会期望额外的减法（加法）导致精确位数的约消，但是一般更喜欢使用以下公式的右侧部分：

$$x^2 - y^2 = (x-y)(x+y) \tag{9.10}$$

根据定理 9.10，没有舍入误差的两个值（这里指 $x$ 和 $y$）的减法（加法）将具有很小的相对误差。具有很小的相对误差的两个量的乘法将产生相对误差很小的乘积。

如果 $x \gg y$ 或 $y \gg x$，则开发人员将更喜欢使用式（9.10）的左侧部分，在这里没有精确位数的约消。此外，很小的值（$x^2$ 或 $y^2$）的舍入误差不会影响最终的减法。所以，$(x-y)(x+y)$需要处理 3 个舍入误差，即$(x-y)$，$(x+y)$和乘积$(x-y)(x+y)$，而 $x^2-y^2$ 则只需要处理两个舍入误差。

接下来将给出对给定结果的正式辨析理由。理论分析的标准技术称为反向误差分析（Backward Error Analysis）。在此可以假设减法、加法和乘法是按照标准的要求进行的，见式（9.2）。

因此，必须通过下式比较$(x-y)(x+y)$的相对误差：

$$\begin{aligned}(x \ominus y) \otimes (x \oplus y) &= (x-y)(1+\delta_1) \otimes (x+y)(1+\delta_2) \\ &= (x-y)(x+y)(1+\delta_1)(1+\delta_2)(1+\delta_3)\end{aligned} \tag{9.11}$$

再通过下式比较 $x^2-y^2$ 的相对误差：

$$\begin{aligned}(x \otimes x) \ominus (y \otimes y) &= x^2(1+\gamma_1) \ominus y^2(1+\gamma_2) \\ &= (x^2(1+\gamma_1) - y^2(1+\gamma_2))(1+\gamma_3) \\ &= ((x^2-y^2)(1+\gamma_1) + (\gamma_1-\gamma_2)y^2)(1+\gamma_3)\end{aligned} \tag{9.12}$$

式（9.11）的相对误差是：

$$\left|\frac{(x^2-y^2)(1+\delta_1)(1+\delta_2)(1+\delta_3)-(x^2-y^2)}{(x^2-y^2)}\right| = \left|(1+\delta_1)(1+\delta_2)(1+\delta_3)-1\right|$$

它等于 $\delta_1+\delta_2+\delta_3+\delta_1\delta_2+\delta_2\delta_3+\delta_1\delta_3+\delta_1\delta_2\delta_3 \leqslant 3(\epsilon+\epsilon^2)+\epsilon^3$。

式（9.12）的相对误差是：

$$\left|\frac{\left((x^2-y^2)(1+\gamma_1)+(\gamma_1-\gamma_2)y^2\right)(1+\gamma_3)-(x^2-y^2)}{(x^2-y^2)}\right| = \left|\gamma_1+\gamma_3+\gamma_1\gamma_3+(1+\gamma_3)\frac{(\gamma_1-\gamma_2)y^2}{(x^2-y^2)}\right|$$

如果 $x$ 和 $y$ 的值相近，那么这将会产生问题。在这种情况下，$(\gamma_1-\gamma_2)y^2$ 可以与 $(x^2-y^2)$ 差不多大，并且相对误差看起来近似大于 $(1+\gamma_3)$ 。如果 $x \gg y$ 成立，则以下项的值将可以忽略不计：

$$(1+\gamma_3)\frac{(\gamma_1-\gamma_2)y^2}{(x^2-y^2)}$$

这样得到的就是一个几乎与 $\gamma_2$ 无关的结果，并且大约小于 $2\epsilon+\epsilon^2$。对于 $y \gg x$ 的情况也存在类似的争论。

### 9.4.2 鲁棒表达式综述

#### 1. 三角形的面积

假设已经给出了三角形 $T$ 的边 $a, b$ 和 $c$ 的长度。另外，在第 9.4.1 节中已经给出了点的坐标，则可以通过下式来计算 $T$ 的面积 Area($T$)：

$$\text{Area}(T)=\sqrt{s(s-a)(s-b)(s-c)} \tag{9.13}$$

其中，

$$s=\frac{a+b+c}{2}$$

一般来说，可以假设 $a \geqslant b \geqslant c$。否则，可以重命名标识符。与 9.4.1 节中的考虑类似，如果 $a \approx b+c$ 成立（即三角形非常平坦），则式（9.13）具有严重的约消。在这种情况下，可以有 $s \approx a$，并且 $(s-a)$ 项使两个相近的量相减，而 $s$ 可能有舍入误差。在这种情况下，可能会丢失许多精确位数。接下来可以按如下方式重新排列式（9.13）：

$$\text{Area}(T)=\frac{1}{4}\sqrt{(a+(b+c))(c-(a-b))(c+(a-b))(a+(b-c))} \tag{9.14}$$

式（9.14）更加准确，因为它避免了严重的约消。可以证明，这 4 个因子是非关键的。例如，$a \ominus b$ 可以精确地使用警戒位计算。通过反向误差分析，可以证明定理 9.29（详见参考文献[Goldberg 91]）。

**定理 9.29** 如果机器 Epsilon $\epsilon$ 不大于 0.005，则式（9.14）在不大于 $11\epsilon$ 的相对误差范围内是正确的。

如果三角形由 3 个端点给出，则可以使用方向面积的公式。

下文将转向一个鲁棒几何谓词和构造函数列表。

#### 2. 二维中的定向测试

定向测试可用于许多几何算法。给定平面中的 3 个点 $p, q$ 和 $r$，想要找出 chain($p, q, r$)

是否从 $p$ 左转或右转越过 $q$ 到 $r$。在数学意义上，逆时针（左）转是正值。开发人员可能也会由此想到 2D 中坐标系的象限的方向。

定向测试有各种应用。例如，如果想要知道两个线段 $l_1 = (p_1, q_1)$和 $l_2 = (p_2, q_2)$是否会有交点，则可以测试 $l_2$ 的端点是否不位于 $l_1$ 的一侧，反之亦然。因此，我们必须检查 chain($p_1$, $q_1$, $p_2$)和 chain($p_1$, $q_1$, $q_2$)，以及 chain($p_2$, $q_2$, $p_1$)和 chain($p_2$, $q_2$, $q_1$)是否有相同的方向。

2D（O2D）中定向测试的语义如下：

$$\mathrm{O2D}(p,q,r)=\begin{cases}>0\text{：chain}(p,q,r)\text{是逆时针顺序，}\\<0\text{：chain}(p,q,r)\text{是顺时针顺序，}\\=0\text{：}p,q\text{ 和 }r\text{ 是共线的。}\end{cases}$$

为了计算 $p, q$ 和 $r$ 的定向测试，可以利用由 $p, q$ 和 $r$ 跨越的平行四边形的带符号区域（Signed Area），或者由向量 $\overrightarrow{(p-r)}$ 和 $\overrightarrow{(q-r)}$ 等效地确定。

$$\begin{aligned}\mathrm{O2D}(p,q,r)&=((p_x-q_x)(p_y+q_y)+(q_x-r_x)(q_y+r_y)+(r_x-p_x)(r_y+p_y))\\&=\begin{vmatrix}p_x & p_y & 1\\ q_x & q_y & 1\\ r_x & r_y & 1\end{vmatrix}\\&=\left(1\cdot\begin{vmatrix}q_x & q_y\\ r_x & r_y\end{vmatrix}+(-1)\cdot\begin{vmatrix}p_x & p_y\\ r_x & r_y\end{vmatrix}+1\cdot\begin{vmatrix}p_x & p_y\\ q_x & q_y\end{vmatrix}\right)\\&=\frac{1}{2}\begin{vmatrix}p_x-r_x & p_y-r_y\\ q_x-r_x & q_y-r_y\end{vmatrix}\end{aligned}$$

最后一个表达式比前面几个表达式更准确。可以通过$-r$ 简单地转换所有点，使得点的绝对值之间的关系和彼此相关性可以避免严重的约消，另见第 9.4.1 节。

这里主要对 O2D 的符号感兴趣，因此，O2D 有时被定义为布尔谓词，即如果 chain($p$, $q$, $r$)是逆时针顺序，则 O2D($p$, $q$, $r$) = TRUE，另见第 9.6 节。

因此，对于 $p, q$ 和 $r$ 三角形的带符号面积，可以按下式计算：

$$\mathrm{SignArea}(p,q,r)=\frac{1}{2}\mathrm{O2D}(p,q,r)$$

即它是平行四边形面积的一半。

**3．三维中的三角形面积**

对于 $\mathbb{R}^3$ 中的两个向量 $\vec{u}=(u_x,u_y,u_z)$ 和 $\vec{w}=(w_x,w_y,w_z)$，向量交叉乘积可以通过下式来定义：

$$\vec{u}\times\vec{w}:=\vec{i}(u_y w_z-u_z w_y)-\vec{j}(u_x w_z-u_z w_x)+\vec{k}(u_x w_y-u_y w_x)$$

它有时也用以下行列式来表示：

$$\begin{vmatrix} \vec{i} & \vec{j} & \vec{k} \\ u_x & u_y & u_z \\ w_x & w_y & w_z \end{vmatrix}$$

其中，$\vec{i}=(1,0,0)$，$\vec{j}=(0,1,0)$ 并且 $\vec{k}=(0,0,1)$。

设 $p$, $q$ 和 $r$ 定义了 3D 中的三角形 $d$。向量交叉乘积 $v=\overrightarrow{(p-r)}\times\overrightarrow{(q-r)}$ 结果在正交于 $d$ 的向量 $\vec{v}$ 中，3D 中三角形的面积可以通过 $\vec{v}$ 长度的一半给出。

对于 $p=(p_x, p_y, p_z)$，令 $p_{xy}$ 表示 $xy$ 平面中的 $(p_x, p_y)$。而 $p_{xz}$ 和 $p_{yz}$ 的定义方式也与此类似。显然，$v$ 的 $v_x$ 的 $x$ 坐标可以由下式给出：

$$\text{O2D}(p_{yz}, q_{yz}, r_{yz}) = \begin{vmatrix} p_y - r_y & p_z - r_z \\ q_y - r_y & q_z - r_z \end{vmatrix}$$

类似地，可以有 $v_y=\text{O2D}(p_{zx}, q_{zx}, r_{zx})$ 和 $v_z=\text{O2D}(p_{xy}, q_{xy}, r_{xy})$。总而言之，3D 中三角形 $d$ 的面积由下式给出：

$$V=\frac{\sqrt{\text{O2D}(p_{yz}, q_{yz}, r_{yz})^2+\text{O2D}(p_{zx}, q_{zx}, r_{zx})^2+\text{O2D}(p_{xy}, q_{xy}, r_{xy})^2}}{2}$$

请注意，叉积的考虑与 2D 情况完全吻合。可以将 2D 向量 $\overrightarrow{(p-r)}$ 和 $\overrightarrow{(q-r)}$ 扩展到 3D 设置 $\overrightarrow{(p-r)}=(p_x-r_x, p_y-r_y, 0)$ 和 $\overrightarrow{(q-r)}=(q_x-r_x, q_y-r_y, 0)$。向量交叉乘积计算结果如下。

$$\overrightarrow{(p-r)}\times\overrightarrow{(q-r)} := \vec{k}((p_x-r_x)(q_y-r_y)-(p_y-r_y)(q_x-r_x))$$

并且该向量的长度等于 $|\text{O2D}(p,q,r)|$。

#### 4．三维中的定向测试

在 3D 中，可以应用类似的测试。在 3D 中具有 4 个点 $p$, $q$, $r$ 和 $s$，需要找出 $s$ 是否位于由 $p$, $q$ 和 $r$ 跨越的 2D 平面 $E$ 的下方或上方。显然，开发人员必须指定平面下方和上方的确切含义，这可以通过固定 $E$ 的方向来完成。如果以逆时针方向从 $s$ 看到点 $p$, $q$ 和 $r$，则意味着该平面可以从上方看到，它给出的是负值。如果 $s$ 位于定向平面的下方，则定向测试 O3D($p$, $q$, $r$, $s$)为正值。

3D（O3D）中定向测试的语义如下：

$$\text{O3D}(p,q,r,s)=\begin{cases} >0\text{: chain}(p,q,r)\text{是逆时针方向从 } s \text{ 可见，} \\ <0\text{: chain}(p,q,r)\text{是顺时针方向从 } s \text{ 可见，} \\ =0\text{: } p,q \text{ 和 } r \text{ 是共线的。} \end{cases}$$

该测试有一个很好用的拇指规则（Thumb Rule）。用左手试着用略微卷曲的手指指向圆形和顺时针方向的点 $p, q$ 和 $r$，从最左边的手指开始，从而描述一个定向平面。如果此时拇指指向 $s$，则 O3D 会返回正值。

从几何上讲，与 O2D 类似，表达式 O3D($p, q, r, s$)是由向量 $\overrightarrow{(p-s)}$、$\overrightarrow{(q-s)}$ 和 $\overrightarrow{(r-s)}$ 确定的平行六面体的带符号的体积。如果这些点位于如前文所述的位置，则表达式 O3D($p, q, r, s$)为正值，如图 9.22 所示。

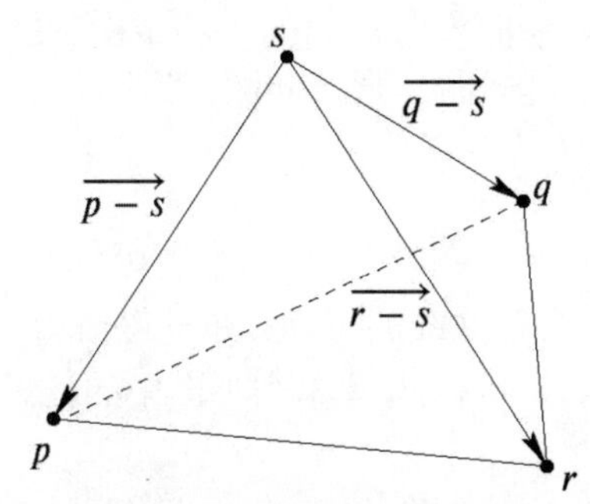


图 9.22　如果从顶部看，chain($p,q,r$) 是顺时针方向。顶点 $s$ 位于定向平面的下方，则 O3D($p,q,r,s$) 的值为正

总而言之，评估以下行列式就足够了。

$$\mathrm{O3D}(p,q,r,s)=\begin{vmatrix} p_x & p_y & p_z & 1 \\ q_x & q_y & q_z & 1 \\ r_x & r_y & r_z & 1 \\ s_x & s_y & s_z & 1 \end{vmatrix}$$

$$=\begin{vmatrix} p_x-s_x & p_y-s_y & p_z-s_z \\ q_x-s_x & q_y-s_y & q_z-s_z \\ r_x-s_x & r_y-s_y & r_z-s_z \end{vmatrix}$$

根据参考文献[Shewchuk 99]的论证，第一个表达式可以用更少的运算来评估，而第二个表达式则可以利用变换，并且即使点几乎是共面的也更鲁棒。

O3D($p,q,r,s$) 确定由 4 个点 $p,q,r$ 和 $s$ 表示的平行六面体的带符号的体积，相应四面体的带符号的体积（见图 9.22）可由下式给出：

$$\mathrm{SignArea}(p,q,r,s)=\frac{\mathrm{O3D}(p,q,r,s)}{6}$$

现在已经看到，3D 中的定向测试在某种程度上基于 2D 的定向测试。几何解释可以按如下方式给出。假设可以将点 $p,q,r$ 和 $s$ 旋转到点 $p',q',r'$ 和 $s'$，使得 $p',q'$ 和 $r'$ 位于与

$xy$-平面平行的平面中，并且 $s'_z$ 具有最大的 $z$ 坐标。换句话说，向量(0,0,1)垂直于由 $p',q'$ 和 $r'$ 跨越的平面，并且 $s'$ 位于平面上方。现在 $\text{O3D}(p,q,r,s)=\text{O3D}(p',q',r',s')$ 可以由 $-\text{O3D}(p',q',r')$ 给出。

这对于任何维度都适用。对于维度 $d+1$ 中的定向测试，可以旋转点 $p_1,p_2,\ldots,p_{d+2}$，以便 $p'_1,p'_2,\ldots,p'_{d+1}$ 构建一个垂直于 $d+1$ 维向量(0, ..., 0,1)的平面，并且 $p'_{d+2}$ 具有最大的 $d+1$ 坐标。现在，维度 $d+1$ 中 $p_1,p_2,\ldots,p_{d+2}$ 的定向测试的符号由维度 $d$ 中 $p'_1,p'_2,\ldots,p'_{d+1}$ 的定向测试的反向符号给出。另请参阅本节后面的“将定向和圆内测试推广到任意维度”。因此，如果 $p_{d+2}$ 从上方看到正值平面，则定向测试返回负值。

### 5. 三维中的共线性测试

在二维中可以使用 O2D 测试共线性，在三维中可以使用 O3D 测试共面性。因此，可能会有在 3D 中的 3 个点是否是共线的疑问。通过忽略相应的坐标，可以分别将点投影到 $xy$-、$yz$-和 $xz$-平面上。然后，可以选择 3 个平面中的任意一对，并对两个平面上的相应点应用 O2D 测试。

令 $p=(p_x,p_y,p_z)$，$q=(q_x,q_y,q_z)$ 并且 $r=(r_x,r_y,r_z)$ 表示 3D 中的 3 个点。如果所有 $z$ 坐标都相同，则可以对点 $p'=(p_x,p_y)$，$q'=(q_x,q_y)$ 和 $r'=(r_x,r_y)$ 应用 O2D 测试。否则，令 $p_{xz}$ 表示 $xy$-平面中的 $(p_x,p_z)$；$p_{xz}$ 和 $p_{yz}$ 可以类似地定义。然后应用定向测试 $\text{O2D}(p_{xz},q_{xz},r_{xz})$ 和 $\text{O2D}(p_{yz},q_{yz},r_{yz})$。当且仅当两个测试都给出零，则 $\mathbb{R}^3$ 中的顶点是共线的。

### 6. 二维中的圆内测试

在二维中的圆内测试（Incircle Test）将指出顶点 $s$ 是位于通过 3 个顶点 $p, q$ 和 $r$ 的圆的内部、外部还是圆上。设 Circle($p, q, r$)表示通过顶点 $p, q$ 和 $r$ 的圆的点集。表达式 In2D 具有以下语义：

$$\text{In2D}(p,q,r,s)=\begin{cases}>0: & s \text{ 位于 Circle}(p,q,r)\text{ 内部，}\\ <0: & s \text{ 位于 Circle}(p,q,r)\text{ 外部，}\\ =0: & s \text{ 位于 Circle}(p,q,r)\text{ 圆上。}\end{cases}$$

幸运的是，开发人员能够通过 3D 中的定向测试来执行圆内测试。假设 O2D($p$, $q$, $r$)是正值的，则不妨来考虑以下投影。平面中的点 $a=(a_x, a_y)$可以通过下式投影到抛物面 $P=\{(x,y,x^2+y^2)\mid(x,y)\in\mathbb{R}^2\}$：

$$\lambda(a)=(a_x,a_y,a_x^2+a_y^2)\in P \tag{9.15}$$

可以将 Circle($p, q, r$)的所有点投影到抛物面 $P$ 上，它给出了在 $P$ 上的一组 $K'$，如图 9.23 所示。现在可以来考虑给定平面的方向。假设 O2D($p, q, r$)是正值的。

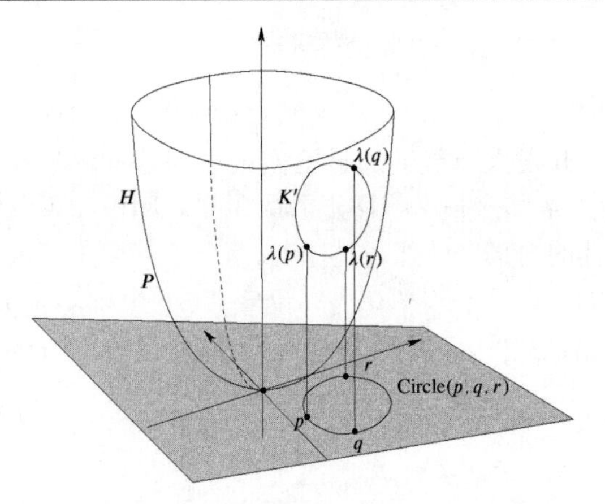


图 9.23 将 Circle(*p*, *q*, *r*)投影到抛物面上会产生一组位于 2D 平面内的点

集合 Circle(*p*, *q*, *r*)可以用下式表示：Circle(*p*, *q*, *r*) = $\{(x, y) \mid (x-I_x)^2 + (y-I_y)^2 = l^2\}$，其中，$I_x$，$I_y$和 $l$ 都取决于 $p$，$q$ 和 $r$，详情请参阅本节后面的“二维和三维中三角形的外接圆中心和外接圆半径”。因此，可以有：

$$
\begin{aligned}
K' &= \{(x,y,z) \mid (x,y) \in \mathrm{Circle}(p,q,r), x^2+y^2=z\} \\
&= \{(x,y,z) \mid z - 2I_x x - 2I_y y + I_x^2 + I_y^2 - l^2 = 0\} \cap P
\end{aligned}
$$

这表示 $K'$ 将由 $P$ 与 3D 中的 2D 平面的交点给出，由 $\lambda(q)$, $\lambda(r)$和 $\lambda(s)$唯一确定。总而言之，可以得到以下结果。

**定理 9.30** 设 $p$, $q$, $r$ 和 $s$ 为 $\mathbb{R}^2$ 中的点，设 $E$ 表示通过点 $\lambda(p)$, $\lambda(q)$和 $\lambda(r)$的 2D 定向平面，设 O2D($p$, $q$, $r$) > 0，则点 $s$ 的位置如下：

- ❑ 如果 $\lambda(s)$位于 $E$(In2D($p$, $q$, $r$, $s$) > 0)的下面，则点 $s$ 位于 Circle($p$, $q$, $r$)内部。
- ❑ 如果 $\lambda(s)$位于 $E$(In2D($p$, $q$, $r$, $s$) > 0)的上面，则点 $s$ 位于 Circle($p$, $q$, $r$)外部。
- ❑ 如果 $\lambda(s)$位于 $E$(In2D($p$, $q$, $r$, $s$) = 0)平面上，则点 $s$ 位于 Circle($p$, $q$, $r$)圆上。

总而言之，评估以下行列式就足够了。

$$
\mathrm{In2D}(p,q,r,s) = \begin{vmatrix} p_x & p_y & p_x^2+p_y^2 & 1 \\ q_x & q_y & q_x^2+q_y^2 & 1 \\ r_x & r_y & r_x^2+r_y^2 & 1 \\ s_x & s_y & s_x^2+s_y^2 & 1 \end{vmatrix}
= \begin{vmatrix} p_x - s_x & p_y - s_y & (p_x-s_x)^2+(p_y-s_y)^2 \\ q_x - s_x & q_y - s_y & (q_x-s_x)^2+(q_y-s_y)^2 \\ r_x - s_x & r_y - s_y & (r_x-s_x)^2+(r_y-s_y)^2 \end{vmatrix}
$$

如果 O2D($p$, $q$, $r$)为负值，则 In2D($p$,$q$,$r$,$s$) 的符号将反转。因此，当且仅当 $s$ 在 Circle($p$,

$q, r$)内，则 In2D($p,q,r,s$) 为负值，以此类推。

**7．三维中的球内测试**

与圆内测试类似，开发人员能够通过第四维中的定向测试在 3D 中执行球内测试（Insphere Test）。设 $p,q,r,s$ 和 $t$ 为 3D 中的 5 个点。圆内测试应该返回 $t$ 是位于通过 4 个点的 $p,q,r$ 和 $s$ 的球体的内部、外部还是球上。

假设 In3D($p,q,r,s$) 为正值，类似地，可以将点 $p,q,r$ 和 $s$ 投影到 4D 抛物面 $\{(x, y, z, w) \mid w = x^2 + y^2+z^2, (x, y, z)\in\mathbb{R}^3\}$ 上，并将 3D 中的定向测试应用于 $(p_x, p_y, p_z, p_x^2 + p_y^2 + p_z^2)$, $(q_x, q_y, q_z, q_x^2 + q_y^2 + q_z^2), (r_x, r_y, r_z, r_x^2 + r_y^2 + r_z^2)$ 和 $(s_x, s_y, s_z, s_x^2 + s_y^2 + s_z^2)$。

$$\text{In3D}(p,q,s,t) = \begin{vmatrix} p_x & p_y & p_z & p_x^2+p_y^2+p_z^2 & 1 \\ q_x & q_y & q_z & q_x^2+q_y^2+q_z^2 & 1 \\ r_x & r_y & r_z & r_x^2+r_y^2+r_z^2 & 1 \\ s_x & s_y & s_z & s_x^2+s_y^2+s_z^2 & 1 \\ t_x & t_y & t_z & t_x^2+t_y^2+t_z^2 & 1 \end{vmatrix}$$

$$= \begin{vmatrix} p_x-t_x & p_y-t_y & p_y-t_y & (p_x-t_x)^2+(p_y-t_y)^2+(p_z-t_z)^2 \\ q_x-t_x & q_y-t_y & q_y-t_y & (q_x-t_x)^2+(q_y-t_y)^2+(q_z-t_z)^2 \\ r_x-t_x & r_y-t_y & r_y-t_y & (r_x-t_x)^2+(r_y-t_y)^2+(r_z-t_z)^2 \\ s_x-t_x & s_y-t_y & s_y-t_y & (s_x-t_x)^2+(s_y-t_y)^2+(s_z-t_z)^2 \end{vmatrix}$$

设 Sphere($p,q,r,s$) 表示通过点 $p,q,r$ 和 $s$ 的球体，则 In3D 的语义如下：

$$\text{In3D}(p,q,r,s,t)\begin{cases} >0\text{：} t \text{ 位于 } Sphere(p,q,r,s) \text{ 内部，} \\ <0\text{：} t \text{ 位于 } Sphere(p,q,r,s) \text{ 外部，} \\ =0\text{：} t \text{ 位于 } Sphere(p,q,r,s) \text{ 球体上。} \end{cases}$$

**8．将定向和圆内测试推广到任意维度**

设 $p_1, p_2, ..., p_{d+1}$ 是 $\mathbb{R}^2$ 中 $d+1$ 个点的序列，其中 $p_i(p_{i_1}, p_{i_2}, \ldots, p_{i_d})$。在维度 $d$ 中的定向测试决定了点 $p_{d+1}$ 位于通过 $p_1, p_2, \ldots, p_d$ 的定向超平面（Oriented Hyperplane）的哪一侧。以下行列式 OdD 的值是由 $p_1, p_2, \ldots, p_{d+1}$ 跨越的单形体（Simplex）的带符号体积，最高取决于维数 $d$ 的常数。

$$\text{OdD}(p_1, p_2, \ldots, p_{d+1}) = \begin{vmatrix} p_{1_1} & p_{1_2} & \cdots & p_{1_d} & 1 \\ p_{2_1} & p_{2_2} & \cdots & p_{2_d} & 1 \\ \vdots & \vdots & \vdots & \vdots & \vdots \\ p_{d+1_1} & p_{d+1_2} & \cdots & p_{d+1_d} & 1 \end{vmatrix} \tag{9.16}$$

如果对同一超平面进行多次定向测试，则有必要存储一些中间结果。开发人员可以简单地扩展有关最后一行的行列式，从而获得线性组合：

$$\mathrm{OdD}(p_1,p_2,\ldots,p_{d+1}) = a_1 p_{d+1_1} + a_2 p_{d+1_2} + \cdots + a_d p_{d+1_d} + a_{d+1}$$

其中 $a_i$ 由式（9.16）的前面 $d$ 行的行列式确定。更确切地说，$a_1,a_2 \ldots a_{d+1}$ 表示通过 $p_1,p_2,\ldots,p_d$ 的超平面的系数，即通过 $p_1,p_2,\ldots,p_d$ 的超平面可以由下式给出：

$$\{(x_1,x_2,\ldots,x_d)\in\mathbb{R}^d \mid a_1x_1 + a_2x_2 + \cdots + a_dx_d + a_{d+1} = 0\}$$

$d$ 维球体中的从属关系（Membership）可以通过维度 $d+1$ 中的定向测试来计算。如果 $\mathrm{OdD}(p_1,p_2,\ldots,p_{d+1})$ 为正，则可以通过评估以下行列式来检查 $p_{d+2}$ 是否在通过 $p_1,p_2,\ldots,p_{d+1}$ 的球体内。

$$\mathrm{IndD}(p_1,p_2,\ldots,p_{d+2}) = \begin{vmatrix} p_{1_1} & p_{1_2} & \cdots & p_{1_d} & p_{1_1}^2 + p_{1_2}^2 + \cdots + p_{1_d}^2 & 1 \\ p_{2_1} & p_{2_2} & \cdots & p_{2_d} & p_{2_1}^2 + p_{2_2}^2 + \cdots + p_{2_d}^2 & 1 \\ \vdots & \vdots & \vdots & \vdots & \vdots & \vdots \\ p_{d+2_1} & p_{d+2_2} & \cdots & p_{d+2_d} & p_{d+2_1}^2 + p_{d+2_2}^2 + \cdots + p_{d+2_d}^2 & 1 \end{vmatrix} \tag{9.17}$$

和前面的式（9.16）和式（9.17）的谓词类似，这里有一个明显的重新排列，它利用了简单的变换。

维度 $d$ 中的球内测试的正确性可以使用与前面的“三维中的球内测试”相同的参数进行验证。$d$ 维中的点 $p_i = (p_{i_1}, p_{i_2}, \ldots, p_{i_d})$ 投影到 $(d+1)$ 维超抛物面（Hyper-paraboloid）$H$ 上，$H = \left\{(x_1,x_2,\ldots,x_d,x_1^2+\cdots+x_d^2) \middle| (x_1,x_2,\ldots,x_d)\in\mathbb{R}^d\right\}$，可以证明，点 $p_i$ 位于一个共同的 $d$ 维超平面中。当且仅当 $H$ 上 $p_{d+2}$ 的相应投影位于超平面下方时，查询点 $p_{d+2}$ 位于通过 $p_1,p_2,\ldots,p_{d+1}$ 的 $d$ 维超球面内。这个超平面由下式描述：

$$\left\{(p_{i_1},p_{i_2},\ldots,p_{i_d},p_{i_1}^2+p_{i_2}^2+\cdots+x_{i_d}^2) \middle| i = 1,\ldots,d+1\right\}$$

前提是 $p_1,p_2,\ldots,p_{d+1}$ 已经适当定向。

到目前为止，本章已经讨论了几何谓词。接下来，将要转向构造函数。开发人员可以按各种方式计算交点结果。虽然可以在计算结束时使用可靠的转换，但开发人员仍必须将结果转换回正确的位置，这可能会导致约消（另请参见第 9.4.1 节）。

### 9．二维和三维中线的交点

两条线 $l_1$ 和 $l_2$ 的交点取决于 $l_1$ 和 $l_2$ 的表示。如果 $l_i = \{(x,y)\in\mathbb{R}^2 \mid a_ix + b_iy + c_i = 0\}$，那么交点 $(I_x, I_y)$ 将由下式给出：

$$I_x=\frac{\begin{vmatrix} b_1 & c_1 \\ b_2 & c_2 \end{vmatrix}}{\begin{vmatrix} a_1 & b_1 \\ a_2 & b_2 \end{vmatrix}},\quad I_y=-\frac{\begin{vmatrix} a_1 & c_1 \\ a_2 & c_2 \end{vmatrix}}{\begin{vmatrix} a_1 & b_1 \\ a_2 & b_2 \end{vmatrix}}$$

如果$l_1$由一对点$(p,q)$给出，并且$l_2$由另一对点$(r,s)$给出，则可以计算$a_1=(q_y-p_y)$，$a_2=(s_y-r_y)$，$b_1=(p_x-q_x)$，$b_2=(r_x-s_x)$，$c_1=(p_yq_x-q_yp_x)$，$c_2=(r_ys_x-s_yr_x)$，代入上式，即可得到下式：

$$I_x=\frac{\begin{vmatrix} p_x-q_x & p_xq_y-q_xp_y \\ r_x-s_x & r_xs_y-r_ys_x \end{vmatrix}}{\begin{vmatrix} q_y-p_y & p_x-q_x \\ s_y-r_y & r_x-s_x \end{vmatrix}},\quad I_y=\frac{\begin{vmatrix} q_y-p_y & p_yq_x-q_yp_x \\ s_y-r_y & r_ys_x-s_yr_x \end{vmatrix}}{\begin{vmatrix} q_y-p_y & q_x-p_x \\ s_y-r_y & r_x-s_x \end{vmatrix}}$$

可以通过线性组合$(I_x,I_y)=p+\gamma(q-p)$表示交点，其中：

$$\gamma=\frac{\begin{vmatrix} r_x-p_x & r_y-p_y \\ s_x-p_x & s_y-p_y \end{vmatrix}}{\begin{vmatrix} q_y-p_y & q_x-p_x \\ r_y-s_y & r_x-s_x \end{vmatrix}} \tag{9.18}$$

请注意，当且仅当线$l_1$和$l_2$平行时，以下唯一分母的值为零。

$$\begin{vmatrix} a_1 & b_1 \\ a_2 & b_2 \end{vmatrix}$$

可以通过评估单个行列式来测试并行性。唯一分母不等于 2D 中的定向测试，但是，式（9.18）的分子是由 O2D$(r,s,p)$给出的，它通过$p$利用了变换。

对于$(I_x,I_y)=p-\gamma(q-p)$，有时重新排列$p,q,r$和$s$可能会有所帮助。分母只会改变其符号，但如果$(I_x,I_y)$接近$p$，则可能会有较不严重的约消，另见第 9.4.1 节。因此，如果$(I_x,I_y)$看起来接近$q,r$或$s$，则会将最接近的点交换为$p$。

对于 3D 中的两条线，则可以使用下式计算通过$p$和$q$的线$l_1$与通过$r$和$s$的线$l_2$的交点。

$$(I_x,I_y,I_z)=q+\frac{(p-s)\times(r-s)\cdot(r-s)\times(q-s)}{\left|(p-s)\times(r-s)\right|^2}(p-s)$$

同样，如果$(I_x,I_y,I_z)$接近$q$，则可以提高精确度，最终交换$p$和$q$，这对分母没有影响。

如果没有交点，则$(I_x,I_y,I_z)$是$l_1$上最接近$l_2$的点，$l_1$和$l_2$之间的距离由下式给出：

$$\frac{|\mathrm{O3D}(p,q,r,s)|}{|(p-s)\times(r-s)|}$$

**10．三维中线与平面的交点**

和前文中关于线的交点的讨论类似，开发人员可以使用 $(I_x, I_y, I_z) = p - \gamma(q-p)$ 表示通过 $p$ 和 $q$ 的线与通过 $r, s$ 和 $t$ 的平面的交点。其中，

$$\gamma = \frac{\begin{vmatrix} p_x - r_x & p_y - r_y & p_z - r_z \\ s_x - r_x & s_y - r_y & s_z - r_z \\ t_x - r_x & t_y - r_y & t_z - r_z \end{vmatrix}}{\begin{vmatrix} p_x - q_x & p_y - q_y & p_z - q_z \\ s_x - r_x & s_y - r_y & s_z - r_z \\ t_x - r_x & t_y - r_y & t_z - r_z \end{vmatrix}}$$

与前面的情况一样，如果 $q$ 更接近 $(I_x, I_y, I_z)$，则交换 $q$ 和 $p$ 应该更加鲁棒。在这种情况下，不需要重新计算分母。

当且仅当该线和平面平行时，分母为零。在这种情况下，必须通过检查 $p$ 是否是 $r, s$ 和 $t$ 的线性组合来检查该线是否完全位于平面内。这可以通过线性方程组的高斯消元技术来完成。对于这种技术的更多鲁棒性的讨论，请参见参考文献[Schwarz 89]。

**11．二维和三维中三角形的外接圆中心和外接圆半径**

例如，通过平面中的 3 个点 $p, q$ 和 $r$ 的外接圆的中心（Circumcenter）与 2D 中的 Voronoi 图的计算相关。如果考虑由 $p$, $q$ 和 $r$ 跨越的三角形，则外接圆的中心 $(I_x, I_y)$ 由三角形边的 3 个垂直平分线的交点给出，其中：

$$I_x = r_x + \frac{\begin{vmatrix} (p_x - r_x)^2 + (p_y - r_y)^2 & p_y - r_y \\ (q_x - r_x)^2 + (q_y - r_y)^2 & q_y - r_y \end{vmatrix}}{2\begin{vmatrix} p_x - r_x & p_y - r_y \\ q_x - r_x & q_y - r_y \end{vmatrix}}$$

并且

$$I_y = r_y + \frac{\begin{vmatrix} p_x - r_x & (p_x - r_x)^2 + (p_y - r_y)^2 \\ q_x - r_x & (q_x - r_x)^2 + (q_y - r_y)^2 \end{vmatrix}}{2\begin{vmatrix} p_x - r_x & p_y - r_y \\ q_x - r_x & q_y - r_y \end{vmatrix}}$$

分母代表 O2D($p$, $q$, $r$)，如果 3 个点几乎是共线的，则该坐标是不稳定的。可以通过

下式有效地计算圆的相应半径：

$$l=\frac{|(q-r)||(r-p)||(p-q)|}{2\begin{vmatrix}p_x-r_x & p_y-r_y\\ q_x-r_x & q_y-r_y\end{vmatrix}}$$

总而言之，可以有 $\mathrm{Circle}(q,r,s)=\left\{(x,y)\in\mathbb{R}^2\,\middle|\,(x-I_x)^2+(y-I_y)^2=l^2\right\}$。

可以通过下式计算 3D 中三角形的中心：

$$(I_x,I_y)=r+\frac{\left[|p-r|^2(q-r)-|q-r|^2(p-r)\right]\times[(p-r)\times(q-r)]}{2|(p-r)\times(q-r)|^2}$$

**12．四面体的外接圆中心和外接圆半径**

由 3D 中 4 个点 $p,q,r$ 和 $s$ 表示的四面体的外接圆的中心 $(I_x,I_y)$ 可以由下式给出：

$$(I_x,I_y)=s+\frac{|p-s|^2(q-s)\times(r-s)+|q-s|^2(r-s)\times(p-s)+|r-s|^2(p-s)\times(q-s)}{2\begin{vmatrix}p_x-s_x & p_y-s_y & p_z-s_z\\ q_x-s_x & q_y-s_y & q_z-s_z\\ r_x-s_x & r_y-s_y & r_z-s_z\end{vmatrix}}$$

相应的半径 $l$ 为：

$$\frac{\left||p-s|^2(q-s)\times(r-s)+|q-s|^2(r-s)\times(p-s)+|r-s|^2(p-s)\times(q-s)\right|}{2\begin{vmatrix}p_x-s_x & p_y-s_y & p_z-s_z\\ q_x-s_x & q_y-s_y & q_z-s_z\\ r_x-s_x & r_y-s_y & r_z-s_z\end{vmatrix}}$$

分母相当于 O3D($p, q, r, s$)，如果 4 个点几乎是共面的，则它是不稳定的。

### 9.4.3　对行列式的有效评估

在 9.4.2 节中，基于对行列式的评估讨论了许多谓词和构造函数。在参考文献[Yap 93]中引入的支持精确几何计算范式的几何库很好地支持了行列式的有效评估（另见第 9.3.4 节），例如，LEDA 库（http://www.algorithmic-solutions.com）、Core 库（http://www.cs.nyu.edu/exact/core/）和 Real/Expr 库（http://www.cs.nyu.edu/exact/realexpr/Det.html），它们都支持有效的行列式评估。另一方面，鲁棒和快速的行列式计算也可以在通用计算机代数系统中实现，并且可以通过使用精确数字软件包来支持。有关现有软件包的详细概述，请参见第 9.7 节。在理论方面，对于行列式符号的有效和鲁棒评估，详见参考文献

[Clarkson 92]、[Kaltofen 和 Villard 04]或[Avnaim et al. 97]。

## 9.5 退　　化

在 9.4 节中，我们已经注意到退化的一些影响。例如，如果 3 个点几乎是共线的或者如果 4 个点看起来几乎是共面的，则外接圆中心和外接球体的坐标的计算可能变得不稳定。这些情形基于这样一个事实：舍入误差会阻止进行精确计算。在下文中，假设开发人员能够精确计算基于几何的表达式。在这种情况下，开发人员能够检测（Detect）退化，并且只保留处理退化情况的算法问题。本节将专注于依赖算法的退化（Degeneracy）。

许多几何算法的设计和分析都假设不会发生退化情况，主要原因是退化可能会引起个案的区别，使得解决方案看起来不够简练，有时甚至会完全破坏复杂度分析。另外，退化情况对于解释几何算法的内在概念没有作用。

### 9.5.1 退化的形式定义

本书将采用参考文献[Emiris 和 Canny 92]中的表示法。形式上，可以将几何问题 $P$ 视为拓扑空间 $X$ 和 $Y$ 之间的映射。输入空间 $X=\mathbb{R}^{nd}$ 具有标准的欧几里得拓扑。输出空间 $Y$ 是具有离散拓扑的有限空间 $C$ 和欧几里得空间 $\mathbb{R}^m$ 的乘积 $C\times\mathbb{R}^m$。这里 $m, n$ 和 $d$ 是非负整数，$C$ 是表示输出的组合部分的离散空间，例如平面图或有序的顶点列表。参数 $d$ 表示输入空间的维度，$n$ 表示输入点的数量。请注意，这种形式上的定义等同于第 9.2 节中的定义。

**定义 9.31**　（**退化问题**）当且仅当几何问题 $P$ 在 $x$ 处具有不连续性时，可以认为 $P$ 的问题实例 $x\in\mathbb{R}^{nd}$ 是退化的。

例如，设 $d=2$ 并考虑平面中的 $n$ 个点。设 $P(x)$表示输入点的 Voronoi 图（见第 6 章），也就是说，直线平面图在 $C$ 中表示，它的顶点坐标在 $\mathbb{R}^m$ 中表示。如果圆上有 4 个点代表一个共同的顶点，则在 $x$ 处存在不连续性。

在 EGC 范例下（参见第 9.3.4 节），任何解决几何问题的几何算法都只能由几何谓词驱动。也就是说，算法的每个分支都取决于谓词的符号。因此，可以将几何算法 $A$ 视为一个简单的决策树，其中的决策结点将测试输入变量的多项式（通常是低次多项式）的符号。

**定义 9.32**　（**退化算法**）对于几何算法 $A$ 的实例 $x$（其中 $A$ 求解问题 $P$），如果输入 $x$ 上的 $A$ 的计算包含具有输出为零的谓词测试，则该实例被称为退化（Degenerate）。

退化的典型情况是在一条线上有 3 个点、一个圆上有 4 个点，或某两个点具有相同的 $x$ 坐标。退化情况可能导致相应算法中的案例分析困难，因此应避免使用它们。在下文中，如果不发生退化，则认为输入处于一般性位置（General Position）。退化与相应的谓词密切相关，例如，一条线上有 3 个点的情况对应于 O2D，而在一个圆上有 4 个点的情况则对应于 In2D。

以下方法增加了相应算法的计算复杂度。可以使用第 9.3 节开头描述的 Real RAM 模型。实数之间只允许 4 项基本操作{+、−、×、/}。可以考虑几何算法的决策树中最长计算路径的最大计算成本。本节将讨论两种不同的复杂度量度。在代数模型（Algebraic Model）中，可以计算沿决策树的计算路径中每个顶点的单位成本。在位模型（Bit Model）中，还可以跟踪相应操作数的位大小，这更加真实。对于大小为 $O(b)$的整数，加法和减法需要 $O(b)$，而乘法和除法则需要 $M(b)$位运算，其中 $M(b) := O(b \log b \log\log b)$是 RAM 中任何运算的位复杂度的上限，详见参考文献[Aho et al. 74]。总体位复杂度（Bit Complexity）可以由任何计算路径的位运算之和的最大值给出。

## 9.5.2 符号扰动

本节将讨论符号扰动（Symbolic Perturbation）的通用技术。输入以符号形式被扰动，以便强制按一般性位置处理。因此，对于可能退化的输入 $x$，可以使用算法 $A$ 获得非退化输入 $x(\epsilon)$并使用算法 $A$ 计算 $P(x(\epsilon))$。在后处理（Post-Processing）步骤中，可以从 $P(x(\epsilon))$ 获得 $P(x)$ 答案。

在文献中讨论了几种扰动方法。输入值扰动的思路可以追溯到线性规划中的对称性破坏规则，详见参考文献[Dantzig 63]。下式右边的第 $i$ 个约束将通过无穷小量进行扰动：

$$\sum_{j=1}^{n} a_{ij}x_j + x_{n+i} = b_i$$

该无穷小量取决于约束的指数 $i$ 而变为：

$$\sum_{j=1}^{n} a_{ij}x_j + x_{n+i} := b_i(\epsilon) = b_i + \epsilon^i$$

其中 $x_1, x_2, \ldots, x_n$ 是原始变量， $x_{n+i}$ 是松弛变量，值 $a_{ij}$ 和 $b_i$ 是常量。扰动方法避免了单形体算法中的无限循环。

假设 $x_{ij}$ 是本节所提出的问题的输入坐标。例如，对于 $d$ 维欧几里得空间中的 $i = 1, \ldots, n$，可以有 $n$ 个点 $x_i = (x_{i1}, x_{i2}, \ldots, x_{id})$ 。

**定义 9.33** （**有效扰动**）根据参考文献[Emiris 和 Canny 92]，当且仅当以下条件成立时，输入实例 $x$ 的扰动 $x(\epsilon)$被称为有效扰动（Valid Perturbation）。

- ❑ $x(\epsilon)$处于一般性位置。
- ❑ $x(\epsilon)$任意接近 $x$。
- ❑ 只要 $x$ 是非退化的，$x$ 和 $x(\epsilon)$就会在相应的几何算法中引出相同的计算路径。

如果从不精确地评估扰动值，则该扰动被称为符号扰动（Symbolic Perturbation）。

请注意，一般性位置对应于（一组）几何谓词。符号扰动方案永远不会精确评估，但是开发人员必须重写相应的谓词。根据扰动方案，这或多或少有效。符号变量 $\epsilon$ 永远不会被精确评估，本节关注的重点是证明存在小扰动 $\epsilon$ 来满足有效性条件。

Edelsbrunner 和 Mücke 提出的扰动方案也称为简化模拟（Simulation of Simplicity），详见参考文献[Edelsbrunner 和 Mücke 90]。

$$x_{ij}(\epsilon) := x_{ij} + \epsilon^{2i\delta+j} \tag{9.19}$$

其中 $\delta > d$。他们所提出方案的主要缺点是，决定 $d \times d$ 矩阵的行列式的符号需要代数模型中的 $\Omega(2^d)$额外计算量。

Yap 提出了一种更通用的技术（详见参考文献[Yap 87b]），用于 $k$ 次（Degree）多项式测试谓词 $F$。输入 $Y = (y_1, y_2, \ldots, y_k)$ 受到 $y_i + \epsilon_i$ 的干扰，并且

$$1 \gg \epsilon_1 \gg \epsilon_2 \gg \cdots \gg \epsilon_k$$

其中“≫”表示显著大于（Significantly Greater Than）。$F(X+\epsilon)$的符号评估利用了 $F(Y)$ 的泰勒展开式（Taylor Expansion），从而可以考虑使用多变量多项式 $F$ 的偏导数（Partial Derivative）。例如，对于单变量函数 $F$，可以有：

$$F(Y+\epsilon) = \sum_{i=0}^{\infty} \frac{F^i(Y)\,\epsilon^i}{i!}$$

$F(Y)$ 的符号由第一个非零 $\dfrac{F^i(Y)}{i!}$ 给出。对于多变量多项式 $F$，泰勒展开式是有限的。不幸的是，开发人员必须计算在最坏情况下的所有偏导数，这可能导致代数模型中的 $\Omega(d^n)$ 附加运算。

本节对于一些广泛的谓词（例如排序、O2D、In2D 及其对任意维度的推广）提出了一种简单有效的扰动方案，该方案是在参考文献[Emiris et al. 97]和[Emiris 和 Canny 92]中推荐的。请注意，几何算法中的一致性（Consistency）要求某个方案应该可以应用于所有出现的谓词。

### 1. 针对排序的简单扰动方案

用于计算一组线段排列的扫描线算法（参见第 9.1.1 节）隐含地利用了所有线段的 $x$ 坐标是分离的这一事实。这意味着事件结构在一开始就具有完美的排序。$x$ 坐标的非唯一性是许多扫描线算法的有用先决条件。

通常来说，对于一组 $n$ 个点 $x_i = (x_{i1}, x_{i2}, \dots, x_{id})$，可以要求第 $k$ 个坐标是分离的。这意味着对于所有 $i_1, i_2 \in \{1, \dots, n\}$ 且 $i_1 \neq i_2$ 来说，$x_{i_1k} \neq x_{i_2k}$ 是成立的。

在参考文献[Emiris et al. 97]中，建议采用以下符号扰动方案：

$$x_{ij}(\epsilon) := x_{ij} + \epsilon \cdot i^j \qquad (9.20)$$

如果 $x_{i_1k} = x_{i_2k}$ 成立，则可以看到 $x_{i_1k} + \epsilon \cdot i_1^k = x_{i_2k} + \epsilon \cdot i_2^k$ 相当于 $i_1 = i_2$。因此，式（9.20）中的方案扰动了输入，使其变成了相对于排序谓词的非退化输入。两个坐标 $x_{i_1k}$ 和 $x_{i_2k}$ 的扩展排序谓词现在可以如算法 9.9 所示实现。

**算法 9.9**：简单扰动方案的排序谓词

---

Ordering $(x_{i_1k}, x_{i_2k})$

---

$s := x_{i_1k} - x_{i_2k}$
**if** $s = 0$ **then**
　　$s := i_1 - i_2$
**end if**
**return** sign($s$)

---

在算法 9.9 中，第一个赋值表示原始（Original）比较。因此，扩展排序谓词在两个计算模型中都不超过原始谓词的运行时间。在位模型中，算法 9.9 中的两个赋值都以 $O(\log n)$ 计算。由此可以得出结论，存在一个满足有效性的正值 $\epsilon$。

**定理 9.34**　式（9.20）的符号扰动方案对于排序谓词是有效的，并且相应的实现在代数模型和位模型中是最优的。

### 2. 针对定向测试的简单扰动方案

虽然本节将专注于 2D 中的定向测试，但是以下论证对于每个维度 $d$ 都是成立的。O2D 将检查 3 个点是否共线，有关详细信息，请参阅第 9.4.2 节中的“二维中的定向测试”内容。为方便起见，可以重复谓词的公式。

设 $x_1, x_2$ 和 $x_3$ 为平面中的点。如果 $\mathrm{O2D}(x_1, x_2, x_3)$ 为正，则 $\mathrm{chain}(x_1, x_2, x_3)$ 为逆时针顺序。如果 $\mathrm{O2D}(x_1, x_2, x_3)$ 为负，则 $\mathrm{chain}(x_1, x_2, x_3)$ 为顺时针顺序。如果 $\mathrm{O2D}(x_1, x_2, x_3) = 0$，则 $x_1, x_2$ 和 $x_3$ 是共线的。

开发人员将会发现，式（9.20）中所示的方案对于 2D 中的定向测试也是有效的。但是，它的效率低于以下方案：

$$x_{ij}(\epsilon) := x_{ij} + \epsilon (i^j \mod q) \qquad (9.21)$$

其中 $q$ 是 $q > n$ 的最小素数，该方案是在参考文献[Emiris et al. 97]和[Emiris 和 Canny 92]中提出的。式（9.21）中的取模（modulo）运算 $q$ 规则降低了如下文所示的特殊行列式计算中的位复杂度。

现在很容易看出式（9.21）中的方案对排序谓词无效。假设 $n = 10$ 且 $q = 11$，则可以得到 $8^2 \equiv 9 \bmod 11$ 且 $3^2 \equiv 9 \bmod 11$。因此，对于 $x_{82} = x_{32}$，可以得到 $x_{82}(\epsilon) = x_{32}(\epsilon)$。式（9.21）对于排序谓词无效，因为 $x(\epsilon)$ 不在一般性位置。而接下来将证明该方案对于定向测试谓词是有效的。

设 $n$ 和 $q$ 已经给定，并且 $d = 2$，也就是说，有 $n$ 个 2D 点 $x_1, x_2, \ldots, x_n$。对于 3 个输入点 $x_{i_1} = (x_{i_1 1}, x_{i_1 2}), x_{i_2} = (x_{i_2 1}, x_{i_2 2})$ 和 $x_{i_3} = (x_{i_3 1}, x_{i_3 2})$ 的 O2D 由以下行列式给出：

$$\mathrm{O2D}(x_{i_1}, x_{i_2}, x_{i_3}) = \begin{vmatrix} x_{i_1 1} & x_{i_1 2} & 1 \\ x_{i_2 1} & x_{i_2 2} & 1 \\ x_{i_3 1} & x_{i_3 2} & 1 \end{vmatrix}$$

有关详细信息，可参见第 9.4.2 节。接下来，根据式（9.21），扰动方案的谓词 O2D 可以由下式给出：

$$\mathrm{O2D}(x_{i_1}(\epsilon), x_{i_2}(\epsilon), x_{i_3}(\epsilon)) = \begin{vmatrix} x_{i_1 1} + \epsilon(i_1^1 \mod q) & x_{i_1 2} + \epsilon(i_1^2 \mod q) & 1 \\ x_{i_2 1} + \epsilon(i_2^1 \mod q) & x_{i_2 2} + \epsilon(i_2^2 \mod q) & 1 \\ x_{i_3 1} + \epsilon(i_3^1 \mod q) & x_{i_3 2} + \epsilon(i_3^2 \mod q) & 1 \end{vmatrix}$$

该行列式在每一列中都是线性的。也就是说，对于列向量 $a^1, a^2, \ldots a^n$，$b$ 和常数 $c$，可以有：

$$\begin{aligned} \mathrm{Det}(a^1, \ldots, a^{j-1}, a^j + b, a^{j+1}, \ldots, a^n) &= \mathrm{Det}(a^1, \ldots, a^{j-1}, a^j, a^{j+1}, \ldots, a^n) \\ &\quad + \mathrm{Det}(a^1, \ldots, a^{j-1}, b, a^{j+1}, \ldots, a^n) \\ \mathrm{Det}(a^1, \ldots, a^{j-1}, c \cdot a^j, a^{j+1}, \ldots, a^n) &= c\,\mathrm{Det}(a^1, \ldots, a^{j-1}, a^j, a^{j+1}, \ldots, a^n) \end{aligned}$$

因此，可以得出以下结论：

$$\mathrm{O2D}(x_{i_1}(\epsilon), x_{i_2}(\epsilon), x_{i_3}(\epsilon)) = \mathrm{O2D}(x_{i_1}, x_{i_2}, x_{i_3}) + c_1 \cdot \epsilon + \epsilon^2 \left( \begin{vmatrix} (i_1^1 \mod q) & (i_1^2 \mod q) & 1 \\ (i_2^1 \mod q) & (i_2^2 \mod q) & 1 \\ (i_3^1 \mod q) & (i_3^2 \mod q) & 1 \end{vmatrix} \right)$$

在这里，$c_1$ 是取决于 $n$ 和输入值的常数。一般来说，以下矩阵被称为范德蒙德矩阵（Vandermonde Matrix）。

$$\mathrm{Vand}(i_1, i_2, \ldots, i_{d+1}) := \begin{pmatrix} i_1^1 & i_1^2 & \cdots & i_1^d & 1 \\ i_2^1 & i_2^2 & \cdots & i_2^d & 1 \\ \vdots & \vdots & \vdots & \vdots & \vdots \\ i_{d+1}^1 & i_{d+1}^2 & \cdots & i_{d+1}^d & 1 \end{pmatrix}$$

范德蒙德矩阵的行列式可以通过以下方式计算：

$$\begin{vmatrix} i_1^1 & i_1^2 & \cdots & i_1^d & 1 \\ i_2^1 & i_2^2 & \cdots & i_2^d & 1 \\ \vdots & \vdots & \vdots & \vdots & \vdots \\ i_{d+1}^1 & i_{d+1}^2 & \cdots & i_{d+1}^d & 1 \end{vmatrix} = (-1)^d \prod_{k>l\geqslant 1}^{d+1} (i_k - i_l)$$

让 $\overline{\text{Vand}}$ 用 $\bmod q$ 元素表示范德蒙德矩阵，即：

$$\overline{\text{Vand}}(i_1, i_2, \ldots, i_{d+1}) := \begin{pmatrix} i_1^1 \bmod q & i_1^2 \bmod q & \cdots & i_1^d \bmod q & 1 \\ i_2^1 \bmod q & i_2^2 \bmod q & \cdots & i_2^d \bmod q & 1 \\ \vdots & \vdots & \vdots & \vdots & \vdots \\ i_{d+1}^1 \bmod q & i_{d+1}^2 \bmod q & \cdots & i_{d+1}^d \bmod q & 1 \end{pmatrix}$$

范德蒙德矩阵 $\overline{\text{Vand}}$ 的行列式可以通过下式进行计算：

$$\begin{vmatrix} i_1^1 \bmod q & i_1^2 \bmod q & \cdots & i_1^d \bmod q & 1 \\ i_2^1 \bmod q & i_2^2 \bmod q & \cdots & i_2^d \bmod q & 1 \\ \vdots & \vdots & \vdots & \vdots & \vdots \\ i_{d+1}^1 \bmod q & i_{d+1}^2 \bmod q & \cdots & i_{d+1}^d \bmod q & 1 \end{vmatrix} \equiv (-1)^d \prod_{k>l\geqslant 1}^{d+1} (i_k - i_l) \bmod q$$

现在假设 $\text{O2D}(x_{i_1}, x_{i_2}, x_{i_3}) = 0$ 成立。如果以下多项式为零（请注意，$q$ 是素数），则 $\text{O2D}(x_{i_1}(\epsilon), x_{i_2}(\epsilon), x_{i_3}(\epsilon))$ 为零。

$$p(X) = c_1 X + X^2 \left( \left| \text{Vand}(i_1, i_2, i_3) \right| \bmod q \right)$$

当上述多项式为零时，意味着所有系数均为零，或者如果 $p$ 有根为 $\epsilon$，这意味着 $p(\epsilon)=0$。如果下式成立，则 $p$ 具有非零系数并且 $p \not\equiv 0$。

$$0 \not\equiv \left( \left| \text{Vand}(i_1, i_2, i_3) \right| \bmod q \right) \equiv \left( \prod_{k>l\geqslant 1}^{3} (i_l - i_k) \bmod q \right)$$

在这种情况下，多边形 $p$ 具有有限数量的根。令 $\epsilon_0$ 成为 $p$ 的最小正根。开发人员可以选择 $\epsilon < \epsilon_0$，并且 $p(\epsilon)$是非零的。总而言之，如果 $\text{O2D}(x_{i_1}, x_{i_2}, x_{i_3}) = 0$，那么当且仅当下式成立，$\text{O2D}(x_{i_1}(\epsilon), x_{i_2}(\epsilon), x_{i_3}(\epsilon))$ 为零。

$$0 \equiv \left( \prod_{k>l\geqslant 1}^{3} (i_l - i_k) \bmod q \right)$$

在上式中，$q$ 是大于 $n$ 的素数，由此可以得出结论：对于某些 $k > l \geqslant 1$ 的情形，下式相当于 $i_k = i_l$。

$$0 \equiv \left( \prod_{k>l\geqslant 1}^{3} (i_l - i_k) \bmod q \right)$$

对于 2D 中三点的定向测试，不允许两个相同的输入点。总之，式（9.21）中的扰动方案对 O2D 是有效的。显然，使用完全相同的论证，式（9.20）中的扰动方案对 O2D 也是有效的。

请注意，对于一般性的维度 $d$，可以类似地获得：

$$\mathrm{OdD}(x_{i_1}(\epsilon),\ldots,x_{i_{d+1}}(\epsilon))=\mathrm{OdD}(x_{i_1},\ldots,x_{i_{d+1}})+\sum_{i=1}^{d-1}c_i\epsilon^i\epsilon^d\left(\left|\overline{\mathrm{Vand}}(i_1,i_2,\ldots,i_{d+1})\right|\right)$$

开发人员可以对任意维度上的定向测试使用相同的论证。也就是说，在定向测试中不允许有两个相同的点。这意味着，范德蒙德矩阵 $\mathrm{Vand}(i_1,i_2,\ldots,i_{d+1})$（应用 mod $q$ 取模运算）的行列式不会消失。因此，存在一个 $\epsilon$ 使得 $\mathrm{OdD}(x_{i_1}(\epsilon),\ldots,x_{i_{d+1}}(\epsilon))$ 永远不会为零。总而言之，以下定理成立。

**定理 9.35**　式（9.20）和式（9.21）中的方案对于任意维度的定向测试都是有效的。

开发人员还必须评估平面中的定向测试 $\mathrm{O2D}(x_{i_1}(\epsilon),x_{i_2}(\epsilon),x_{i_3}(\epsilon))$。相应地，对于一般维度 $d$ 则是 $\mathrm{OdD}(x_{i_1}(\epsilon),\ldots,x_{i_{d+1}}(\epsilon))$。如果 $\mathrm{OdD}(x_{i_1},\ldots,x_{i_{d+1}})$ 等于零，则必须计算 $\sum_{i=1}^{d-1}c_i\epsilon^i+\epsilon^d\left(\left|\mathrm{Vand}(i_1,i_2,\ldots,i_{d+1})\right| \bmod q\right)$ 的符号。

可以证明，式（9.19）中的扰动方案还导致使用 $\mathrm{OdD}(x_{i_1},\ldots,x_{i_{d+1}})=c_0$ 来评估多项式 $\sum_{i=0}^{d}c_i\epsilon^i$。参考文献[Edelsbrunner 和 Mücke 90]建议对 $i=0,\ldots,d$ 连续评估系数 $c_i$。第一个非零系数 $c_j$ 确定 $\mathrm{OdD}(x_{i_1}(\epsilon),\ldots,x_{i_{d+1}}(\epsilon))$ 的符号。糟糕的是，在这种情况下，开发人员可能必须计算 $\mathrm{OdD}(x_{i_1}(\epsilon),\ldots,x_{i_{d+1}}(\epsilon))$ 的完整行列式，这在代数模型中给出了 $\Omega(2^d)$ 附加运算。

在这种情况下，式（9.21）和式（9.20）中的方案更有效。为方便起见，可以讨论 $d=2$ 的情况，然后使用如前文所述的行列式的线性。

$$\begin{aligned}\mathrm{O2D}(x_{i_1}(\epsilon),x_{i_2}(\epsilon),x_{i_3}(\epsilon))&=\begin{vmatrix}x_{i_1 1}+\epsilon(i_1^1 \bmod q) & x_{i_1 2}+\epsilon(i_1^2 \bmod q) & 1\\ x_{i_2 1}+\epsilon(i_2^1 \bmod q) & x_{i_2 2}+\epsilon(i_2^2 \bmod q) & 1\\ x_{i_3 1}+\epsilon(i_3^1 \bmod q) & x_{i_3 2}+\epsilon(i_3^2 \bmod q) & 1\end{vmatrix}\\&=\frac{1}{\epsilon}\begin{vmatrix}x_{i_1 1}+\epsilon(i_1^1 \bmod q) & x_{i_1 2}+\epsilon(i_1^2 \bmod q) & \epsilon\\ x_{i_2 1}+\epsilon(i_2^1 \bmod q) & x_{i_2 2}+\epsilon(i_2^2 \bmod q) & \epsilon\\ x_{i_3 1}+\epsilon(i_3^1 \bmod q) & x_{i_3 2}+\epsilon(i_3^2 \bmod q) & \epsilon\end{vmatrix}\\&=\frac{1}{\epsilon}\left|\begin{pmatrix}x_{i_1 1} & x_{i_1 2} & 0\\ x_{i_2 1} & x_{i_2 2} & 0\\ x_{i_3 1} & x_{i_3 2} & 0\end{pmatrix}+\epsilon\begin{pmatrix}(i_1^1 \bmod q) & (i_1^2 \bmod q) & 1\\ (i_2^1 \bmod q) & (i_2^2 \bmod q) & 1\\ (i_3^1 \bmod q) & (i_3^2 \bmod q) & 1\end{pmatrix}\right|\end{aligned}$$

现在令

$$L_3 := \begin{pmatrix} x_{i_1 1} & x_{i_1 2} & 0 \\ x_{i_2 1} & x_{i_2 2} & 0 \\ x_{i_3 1} & x_{i_3 2} & 0 \end{pmatrix}$$

且

$$\overline{\text{Vand}_3} := \begin{pmatrix} (i_1^1 \mod q) & (i_1^2 \mod q) & 1 \\ (i_2^1 \mod q) & (i_2^2 \mod q) & 1 \\ (i_3^1 \mod q) & (i_3^2 \mod q) & 1 \end{pmatrix}$$

请注意，该论证对于每个维度都适用，因此，可以对 $L$ 和 $\overline{\text{Vand}}$ 使用索引 3。另外，$\overline{\text{Vand}}$ 指的是对于范德蒙德矩阵 Vand 中的每个元素应用 mod $q$ 取模运算。该证明也可以没有 mod $q$ 取模运算，但是那样的话则下式需要额外的计算时间：

$$\prod_{k>l\geqslant 1}^{d+1} (i_k - i_l)$$

下文将看到这个结果。

开发人员必须计算 $\frac{1}{\epsilon}\text{Det}\left(L_3 + \epsilon\overline{\text{Vand}_3}\right)$ 的符号。

$$\text{Det}\left(\overline{\text{Vand}_3}\right) \equiv \left(\prod_{k>l\geqslant 1}^{3} (i_l - i_k) \mod q\right)$$

是非零的，因为不允许有两个相同的输入点。因此，$\overline{\text{Vand}_3}$ 可以被反转，并且有：

$$L_3 + \epsilon\overline{\text{Vand}_3} = \left(-\overline{\text{Vand}_3}\right)\cdot\left(\left(-\overline{\text{Vand}_3}\right)^{-1}\cdot L_3 - \epsilon I_3\right)$$

其中 $I_3$ 表示单位矩阵。应用规则 $\text{Det}(A\cdot B) = \text{Det}(A)\text{Det}(B)$，即可得到：

$$\begin{aligned}
\text{O2D}\left(x_{i_1}(\epsilon), x_{i_2}(\epsilon), x_{i_3}(\epsilon)\right) &= \frac{1}{\epsilon}\text{Det}\left(L_3 + \epsilon\overline{\text{Vand}_3}\right) \\
&= \frac{1}{\epsilon}\text{Det}\left(-\overline{\text{Vand}_3}\right)\text{Det}\left(\left(-\overline{\text{Vand}_3}\right)^{-1}\cdot L_3 - \epsilon I_3\right) \\
&= \frac{1}{\epsilon}(-1)^3\text{Det}\left(\overline{\text{Vand}_3}\right)\text{Det}\left(\left(-\overline{\text{Vand}_3}\right)^{-1}\cdot L_3 - \epsilon I_3\right)
\end{aligned}$$

设 $M := \left(-\overline{\text{Vand}_3}\right)^{-1}\cdot L_3$。由于 $\text{Det}\left(\overline{\text{Vand}_3}\right)$ 是已知的，并且 $\left(-\overline{\text{Vand}_3}\right)^{-1}$ 可以很轻松地计算，所以 $M - \epsilon I_3$ 的计算将不会超过原始谓词的时间复杂度。到目前为止，行列式 $\text{O2D}(x_{i_1}, x_{i_2}, x_{i_3})$ 的计算时间包含了所有矩阵操作的时间复杂度。它仍将计算 $M - \epsilon I_3$ 的行列式，这相当于计算 $M$ 的特征多项式的问题。参考文献[Keller-Gehrig 85]的结论是，特

征多项式计算可以在与$d \times d$矩阵的正常行列式评估相同的时间复杂度内完成。幸运的是，这在位模型和代数模型中都是适用的。

式（9.21）中的 mod $q$ 取模运算规则降低了范德蒙德行列式计算中的位复杂度。这是式（9.21）和式（9.20）之间的唯一区别。式（9.20）虽然产生了额外的位复杂度因子 $O(d)$，但在代数模型中也是最优的。总而言之，可以做出以下总结。

**定理 9.36**　式（9.21）和式（9.20）中的扰动方案对于任意维度的定向测试都是有效的。式（9.21）中的方案不会影响位模型或代数模型中的时间复杂度。式（9.20）的方案相对于代数模型是最优的，并且需要额外的位复杂度因子 $O(d)$来评估 Vand（而不是 $\overline{\text{Vand}}$）。

**3．其他谓词和限制**

在参考文献[Emiris et al. 97]和[Emiris 和 Canny 92]中已经证明，式（9.20）的方案也可以应用于任意维度 $d$ 的球内谓词（参见第 9.4.2 节）。相应的实现相对于代数模型是最优的，并且也会在位复杂度中产生额外的 $O(d)$因子。该实现和证明类似于 9.5.2 节中的论证，并且可以使用稍微改变的范德蒙德矩阵的评估。

**定理 9.37**　式（9.20）中的扰动方案适用于任意维度的球内测试。该实现不会影响代数模型中的时间复杂度，但需要额外的位复杂度因子 $O(d)$。

现在先来讨论两个额外的方案。这里所提出的方案的有效性与范德蒙德矩阵的非奇异性（non-Singularity）有关。开发人员也可以使用柯西矩阵（Cauchy Matrix）的非奇异性。可以证明以下方案适用于任意尺寸的定向测试。

$$x_{ij}(\epsilon) := x_{ij} + \epsilon \frac{1}{i+j-1} \tag{9.22}$$

或者，开发人员也可以使用以下方案：

$$x_{ij}(\epsilon) := x_{ij} + \epsilon q_i^j \tag{9.23}$$

其中，$q_1, q_2, \ldots, q_n$ 表示前 $n$ 个素数。

式（9.22）和式（9.23）中的方案不会改善给定的结果，但它们具有一定的相关性。在参考文献[Edelsbrunner 和 Mücke 90]中提出了几个谓词的列表，而参考文献[Emiris 和 Canny 92]则指出，以下方案之一，即式（9.20）～式（9.23）对于列表中的每个谓词都适用。

正如参考文献[Emiris 和 Canny 92]中所指出的那样，如果相应的谓词在派生对象上起作用，则上面所提出的方案会有一些限制。例如，如果输入对象是线段的端点并且线段的交点是派生对象，就是这种情况。

在参考文献[Edelsbrunner 和 Waupotitsch 86]中提出的有关 2D 火腿三明治问题（一块火腿三明治是否能只切一刀，将其中的火腿、奶酪和面包各分一半？这就是有趣的“分火腿三明治问题”）的算法使用了 3 个简单的谓词：

- 判断某个点是位于线段的上方还是下方。
- 比较两个交点的坐标。
- 比较一条线的两个交点的距离。

式(9.20)的方案相对于前面各个小节中考虑的谓词扰动了一般性位置的所有输入点。但是式（9.20）仅对第 1 次测试有效，而式（9.23）则对第 1 次和第 2 次测试有效，但对第 3 次测试无效。

另一方面，在计算几何领域中的部分作者并不同意符号扰动总能有效地解决退化问题。一些作者认为应该直接处理退化的情形。例如，在参考文献[Burnikel et al. 94]中，指出了符号扰动的 3 个主要问题。

- 在某些设置中，符号扰动方案下的运行时间超过了直接算法方法。
- 对于退化输入 $x$，从 $P(x(\epsilon))$检索 $P(x)$的后处理步骤需要一些额外的工作量。
- 在许多应用中，直接处理退化情况既不困难也不耗时。

例如，在存在符号扰动的情况下，第 9.1.1 节中给出的参考文献[Bentley 和 Ottmann 79]所提出算法的运行时间无法改善。参考文献[Burnikel et al. 94]则建议直接在算法一侧处理退化，并提出了凸包和线段交叉的一些例子。9.5.3 节将给出依赖算法的解决方案的示例。

### 9.5.3 直接扰动

符号扰动对于每个输入都是通用的。有时候，直接扰动输入或在算法一侧处理退化是很方便的。本节将介绍在参考文献[Klein 05]中显示的一个简单示例，以及它所采用的两种技术。平面扫描线算法通常要求输入点没有共同的 $x$ 坐标或 $y$ 坐标。例如，在第 9.1.1 节中的扫描线算法要求事件结构具有唯一事件。扫描必须注意主要不变量（它将保证正确性）成立。也就是说，扫描状态结构表示沿扫描线的顺序内的线段，详见第 9.1.1 节。如果禁止线段端点的共同 $x$ 坐标，则可以很容易地保证这一点。出于同样的原因，给定的算法必须注意线段的交点应该具有不同的 $x$ 坐标。开发人员可以使用两种不同的技术来解决这两个问题。

首先，可以通过 $x$ 坐标对 2D 中的输入点进行排序，并找到与 $y$ 轴平行的点的区块（Blocks of Points），如图 9.24 所示。可以考虑从左到右的两个连续区块：通过左边区块的最高点的线和下一个区块的最低点与 $y$ 轴构成一个角度 $\alpha$。如果按字典顺序（Lexicographical Order）对输入点进行排序，则可以很容易地找到这些区块。

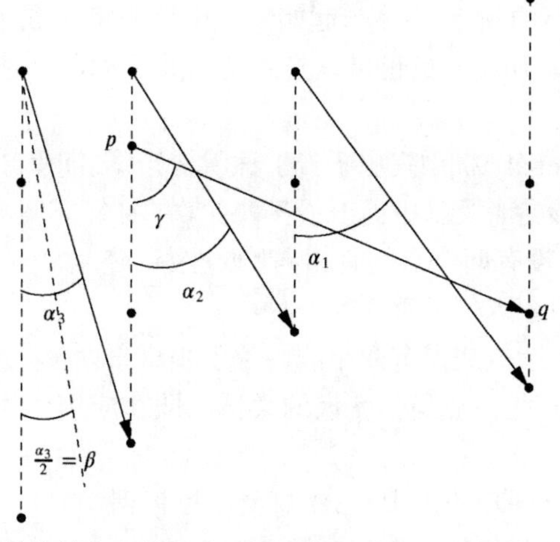


图 9.24　计算旋转角 $\beta$ 的方式。对于所有 $p$ 和 $q$，角度 $\gamma$ 大于 $\alpha_1$ 和 $\alpha_2$

开发人员可以按角度 $\beta := \dfrac{\alpha}{2}$ 顺时针顺序旋转坐标系，这相当于按逆时针顺序进行点的旋转。也就是说，可以对所有点 $(x, y)$ 应用以下变换矩阵：

$$\begin{pmatrix} \cos\beta & -\sin\beta \\ \sin\beta & \cos\beta \end{pmatrix}$$

显然，这将阻止对排序谓词出现退化情况。它足以证明在旋转之后，将不会有来自不同区块的两个点具有共同的 $x$ 坐标。可以考虑线 $l$ 通过 $y$ 轴平行区块的点 $p$，并且有任意点 $q$ 出现在点 $p$ 右面的区块。线 $l$ 与（负）$y$ 轴构成大于 $\beta$ 的角 $\gamma$（见图 9.24）。

该旋转技术也可以通过以下形式的变换矩阵应用于一般维度：

$$\begin{pmatrix} 1 & & & & & & & & & & \\ & \ddots & & & & & & & & & \\ & & 1 & & & & & & & & \\ & & & \cos\beta & & & & -\sin\beta & & & \\ & & & & 1 & & & & & & \\ & & & & & \ddots & & & & & \\ & & & & & & 1 & & & & \\ & & & \sin\beta & & & & \cos\beta & & & \\ & & & & & & & & 1 & & \\ & & & & & & & & & \ddots & \\ & & & & & & & & & & 1 \end{pmatrix}$$

相对于旋转的输入点的新 $x$ 顺序与起始情况中点的字典顺序完全匹配。因此，不必再对点进行排序。或者，开发人员也可以隐式使用此扰动，并让算法以端点的字典顺序运行。

在参考文献[Gomez et al. 97]中提出了若干种用于计算2D和3D中的点集或线段集的变换矩阵的显式方法。在该参考文献中提出了各种有效的计算方案，实现以下非退化情况。

- 在 2D 或 3D 中没有两个点具有相同的 $x$ 坐标。
- 在 3D 中没有两个点位于垂直线上。
- 在 3D 中没有 3 个点或没有两个线段位于垂直平面上。

上述算法还进行了一些计算最佳变换的尝试，即在应用变换矩阵之后，对象可以远离退化的状况。

另外，在一些计算机图形应用中，3D 对象被投影到 2D 平面上。在这种情况下，开发人员希望找到一个非退化投影。例如，在参考文献[Gomez et al. 01]中显示了计算来自 3D 和 2D 的点集的非退化投影的方法。

# 9.6　不精确的算术方法

到目前为止，本章试图解决或避免现有的一类几何算法的鲁棒性和退化问题，这些算法是在 Real RAM 模型中设计和分析的。现在，本节将转向一种完全不同的方法，考虑在出现不精确谓词的情况下设计和分析的算法。这意味着必须重新考虑计算几何的经典结果，例如凸包或德洛内三角剖分的计算。看起来开发人员必须完全改造计算几何的结果。这是给定思路的主要缺点。

首先，开发人员需要一个使用不精确或近似谓词的通用框架。然后，提出用近似谓词解决的经典问题，详见第 9.6.2 节。

例如，在参考文献[Fortune 92a]、[Fortune 89]、[Guibas et al. 93]和[Fortune 和 Milenkovic 91]中，可以找到在计算几何中使用近似谓词的近似算法。

## 9.6.1　Epsilon 算术和近似谓词

Epsilon 算术（即 $\epsilon$ 算术）是在一般性意义上定义的：$\epsilon$ 算术是有误差的，但是该误差必须在保证的误差范围内（这取决于 $\epsilon$ 值）。虽然该形式定义没有指定算术运算的实现，但是很容易看出，浮点运算实现了 $\epsilon$ 算术的定义。

**定义 9.38**　（$\epsilon$ **算术**）$\epsilon$ 算术至少包括在定义范围 $R$ 内的$\oplus$、$\otimes$、$\ominus$和$\oslash$算术运算。

以下属性成立：

- $\forall x, y \in R$ 有一个 $\delta < \epsilon$，使得对于 $|\delta| < \epsilon$，有 $(x \oplus y) = (x + y)(1 + \delta)$。
- 比较运算 <、≤、=、≥ 和 > 是精确评估的。

$\epsilon$ 算术保证相对误差小于 $\epsilon$。例如，浮点算法可以保证相对误差小于相应的机器 Epsilon，详见第 9.3.1 节。

$\epsilon$ 算术调用了近似谓词，使得谓词的符号无法保证。弱谓词（Weak Predicate）的定义类似于形式上的鲁棒性和形式上的退化，详见定义 9.3 和定义 9.31。

**定义 9.39**　（**近似谓词**）设 $p$ 是 $\mathbb{R}^{nd}$ 中的谓词。也就是说，$p$ 是映射 $\mathrm{p}: \mathbb{R}^{nd} \to \mathrm{B}$，其中 $B$ 表示布尔空间{TRUE, FALSE}。当且仅当以下条件成立时，$\tilde{p}$ 被定义为近似谓词：$p(x)$表示 $\tilde{p}(x)$，且 $\tilde{p}(x)$暗示有一个实例 $x'$ 接近 $x$ 且有 $p(x')$。

几何谓词通常伴随着不相交的对应（Counterpart）谓词。例如，当且仅当测试 $\mathrm{O2D}(p_1, p_2, p_3)$ 为负（或 FALSE）时，2D 中的 3 个点 $p_1, p_2$ 和 $p_3$ 的定向测试 $\mathrm{O2D}(p_1, p_3, p_2)$ 为正（或为 TRUE）。这两个谓词仅在一条线的 3 个点上保持一致。穿过 $p_1$ 和 $p_2$ 的线 $l(p_1, p_2)$ 可以将平面分成两个半平面（Half-Plane）。令 $p_{1_x} < p_{2_x}$。如果 $p_3$ 在 $l(p_1, p_2)$ 的上方，则 $\mathrm{O2D}(p_1, p_2, p_3)$ 为 TRUE。如果 $p_3$ 在 $l(p_1, p_2)$ 的下方，则 $\mathrm{O2D}(p_1, p_3, p_2)$ 为 TRUE。

另一方面，对于在上述意义上相互作用的两个近似谓词，开发人员将无法准确地检测它们之间的线。它们将重叠以获得更大的点集。在图 9.25 中对这种表现进行了图解。假设 $\tilde{p}(x)$ 对于曲线 $C_p$ 上方的所有 $x$ 为 TRUE，而 $\tilde{q}(x)$ 对于曲线 $C_q$ 下方的所有 $x$ 为 TRUE，并且谓词 $p$ 和 $q$ 之间的线（Line）在两条曲线之间运行而不能被精确检测到。这两个谓词之一的实现应该注意，对于不确定区域内的所有点 $x$，以下判断是成立的：要么 $\tilde{q}(x) = \mathrm{TRUE}$，要么 $\tilde{p}(x) = \mathrm{TRUE}$。总而言之，必须按定义 9.40 为两个谓词实现近似谓词。

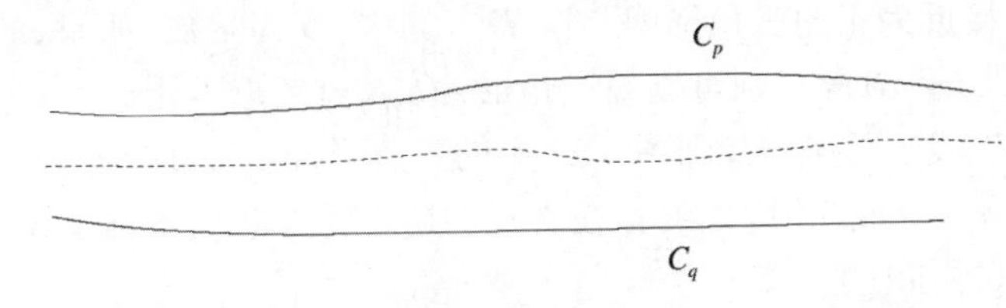


图 9.25　两个交互式近似谓词在一个区域内重叠

**定义 9.40**　（**$\epsilon$ 算术测试**）令 $\tilde{p}$ 和 $\tilde{q}$ 成为两个近似谓词，则针对 $\tilde{p}$ 和 $\tilde{q}$ 的 $\epsilon$ 算术测试（$\epsilon$-Arithmetic Test）是一个布尔程序 CodeP($x$)，使得：

- $\mathrm{CodeP}(x) = \mathrm{TRUE} \Rightarrow \tilde{p}(x)$。
- $\mathrm{CodeP}(x) = \mathrm{FALSE} \Rightarrow \tilde{q}(x)$。

定义 9.40 意味着近似谓词的实现会处理其对应谓词并将始终产生 TRUE 或 FALSE。

请注意，某些实现会使用第三个状态 UNCERTAIN，这意味着其中两个近似谓词确实重叠，并且两个谓词将分别产生 TRUE 或 FALSE。

9.6.2 节将展示一个用于近似定向测试的 $\epsilon$ 算术测试示例。在参考文献[Fortune 92a]中可以找到近似圆内测试谓词。

## 9.6.2　计算凸包

本节将为近似定向测试谓词（Approximative Orientation Test Predicate）设计一个 $\epsilon$ 算术测试，并介绍参考文献[Fortune 89]中提出的一些概念。

对于平面中的 3 个点 $a$，$b$ 和 $c$，令 $\angle(a,b,c)$ 表示 $\overrightarrow{ba}$ 和 $\overrightarrow{bc}$ 之间的范围，并且是从 $\overrightarrow{ba}$ 和 $\overrightarrow{bc}$ 逆时针跨越的，如图 9.26 所示。度量 $\mu(a,b,c)$ 表示 $\angle(a,b,c)$ 的互补范围的值。由于以下简单定义，该值可以是负值或正值。如果 $\angle(a,b,c)$ 的互补范围的绝对角度 $\alpha$ 大于 $\frac{3\pi}{2}$，则设置 $\mu(a,b,c) := \alpha - 2\pi$，否则，$\mu(a,b,c) = \alpha > 0$。在图 9.26 中可以看到相应的示例。

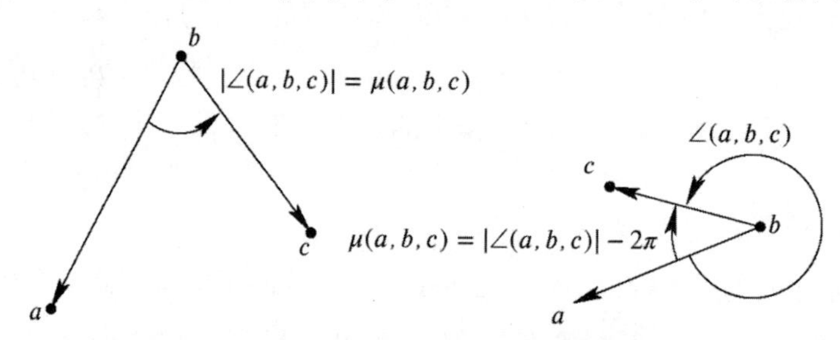


图 9.26　角度范围 $\angle(a,b,c)$ 及其度量值 $\mu(a,b,c)$

**定义 9.41　（接近为正的三角形）**设 $\delta = D$，其中，$D$ 为常数。如果 $\mu(b,a,c)$，$\mu(a,c,b)$ 和 $\mu(c,b,a)$ 在 $[-\delta,\pi+\delta]$ 内，则可以说三角形 $\Delta(a,b,c)$ 接近为正。

例如，如果 $\epsilon$（以及 $\delta$）足够大，则图 9.27 中的三角形 $\Delta(a,b,c)$ 接近为正。如果 $\mu(b,a,c)$，$\mu(a,c,b)$ 和 $\mu(c,b,a) > 0$ 成立，则始终存在真正的逆时针方向从 $a$ 越过 $b$ 到 $c$，换句话说，O2D$(a,b,c)$ 为正（或 TRUE）。

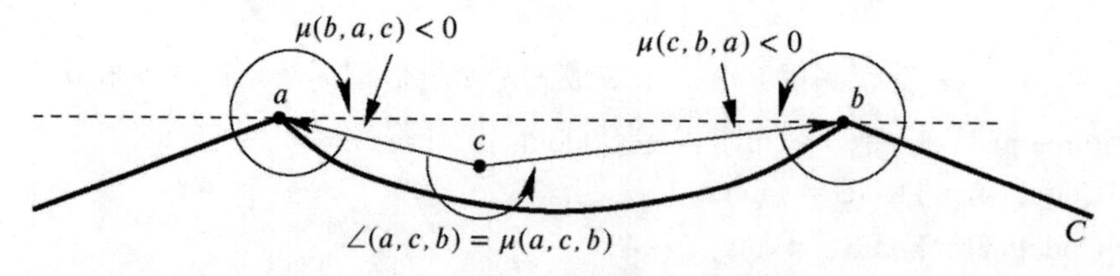


图 9.27　对于固定的$\delta$，三角形 $\Delta(a,b,c)$ 接近为正。这适用于曲线 $C$ 上方的所有点 $c$

如果 $\epsilon$ 是经过适当选择的，则 $\mu(b,a,c),\mu(a,c,b),\mu(c,b,a)\in[-\delta,\pi+\delta]$ 意味着几乎存在一个逆时针方向从 $a$ 越过 $b$ 到 $c$。如果给定的 $\delta$ 很小并且点 $a$ 和 $b$ 是固定的，那么对于位于 $a$ 和 $b$ 的连接线的下方并且在连续曲线上方的所有点 $c$ 来说，三角形 $\Delta(a,b,c)$ 接近为正，如图 9.27 所示。很容易证明曲线以从 $-\infty$ 到 $a$ 的直线开始，并以从 $b$ 到 $\infty$ 的直线结束。

接下来需要为凸包算法定义一个简单的谓词。

**定义 9.42**　（**近似谓词**）对于平面中的 3 个点 $a, b$ 和 $c$，有 $a_x \leqslant c_x \leqslant b_x$，令 T($a$, $b$, $c$) 为近似谓词，使得当且仅当三角形 $\Delta(a,b,c)$ 接近为正时，T($a$, $b$, $c$) = TRUE。

这里仍然需要为 T($a$, $b$, $c$)和 T($a$, $c$, $b$)定义 $\epsilon$ 算术测试。这两个谓词在两条曲线之间重叠，如图 9.28 所示。图 9.28 是近似定向测试的图 9.25 的实例。

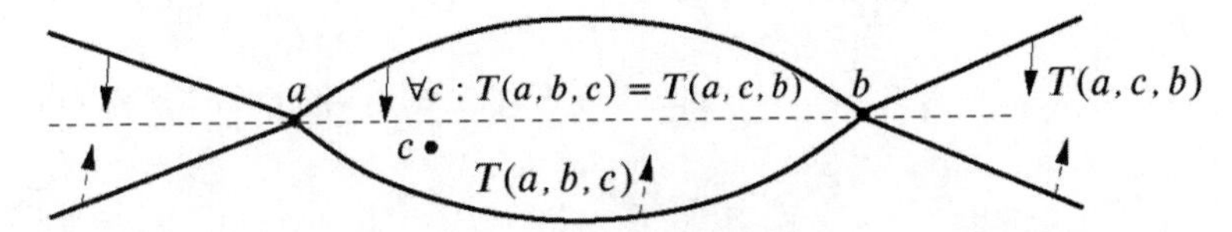


图 9.28　T($a$, $b$, $c$)和 T($a$, $c$, $b$)在两条曲线之间的区域内重叠

对于算法 9.10 中的 $\epsilon$ 算术测试的输入，假设 $a_x \leqslant c_x \leqslant b_x$ 且 $a_y \leqslant b_y$。由于可以精确地进行比较，因此开发人员可以轻松地为 $a$，$b$ 和 $c$ 的一般性输入扩展此测试，使得各点处于适当的位置。

**算法 9.10**：对于 T($a$, $b$, $c$)和 T($a$, $c$, $b$)的 $\epsilon$ 算术测试

TriangleTest($a$, $b$, $c$)（$a_x \leqslant c_x \leqslant b_x$ 且 $a_y \leqslant b_y$）

```
if c_y ≥ b_y then
        return TRUE
else if c_y ≤ a_y then
        return FALSE
else if (a_x ⊖ c_x) ⊗ (b_y ⊖ c_y) ⊖ (a_y ⊖ c_y) ⊗ (b_x ⊖ c_x) > 0 then
        return TRUE
else
        return FALSE
end if
```

**引理 9.43**　设 $\delta=5$ 。程序 TriangleTest 是对于 T($a$, $b$, $c$)和 T($a$, $c$, $b$)的 $\epsilon$ 算术测试。

**证明**：图 9.29 显示，对于 $c_y \geqslant b_y$ 和（$c_y \leqslant b_y$ 和 $c_y \leqslant a_y$）来说，该语句是正确的。它还可以证明 $D := (a_x \ominus c_x)\otimes(b_y \ominus c_y) \ominus (a_y \ominus c_y)\otimes(b_x \ominus c_x) > 0$，这意味着 $\mu(a,c,b)<\pi+\delta$ 。如果 $\mu(a,c,b)<\pi+\delta$ 成立，则可以得出结论 $\mu(b,a,c),\mu(c,b,a)\in[-\delta,\delta]$。

通过向后误差分析可以证明，始终存在一个点 $b'$，它与 $b$ 的距离为 $|c-b|$ ，从而使

$D$ 得到 $a$，$b'$ 和 $c$ 的正确符号，如图 9.30 所示。由于 $D>0$ 并且点 $b'$ 位于通过 $a$ 和 $c$ 的线的下方，因此足以证明 $\mu(b,c,b')$ 小于$\delta$。如果通过 $c$ 和 $b'$ 的直线与围绕 $b$ 的半径为 $|c-b|$ 的圆相切，则 $\mu(b,c,b')$ 将达到其最高值。在这种情况下，可以有 $\sin(\gamma)=$ 　且 $\gamma \geqslant \mu(b,c,b')$。通过简单的三角形学即可知道，在 $x$ 很小的情况下，$\sin x < x < 5\sin x$。因此，可以有 $\sin(\gamma)= \quad =\frac{\delta}{5}<\gamma<5\sin(\gamma)=\delta$，至此证明完毕。

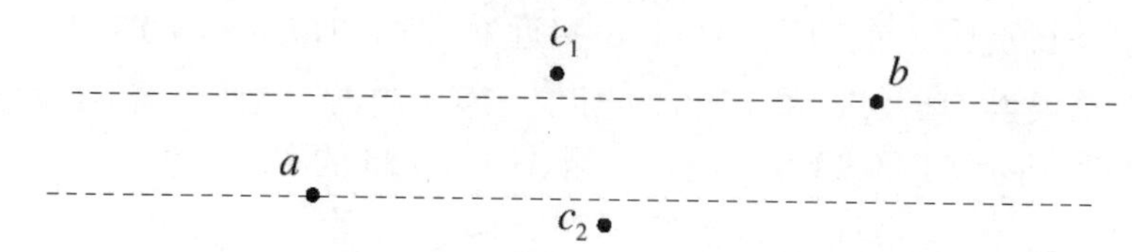


图 9.29　点 $c_1$ 表示算法 9.10 中的第 1 种情况，而 $c_2$ 则表示第 2 种情况

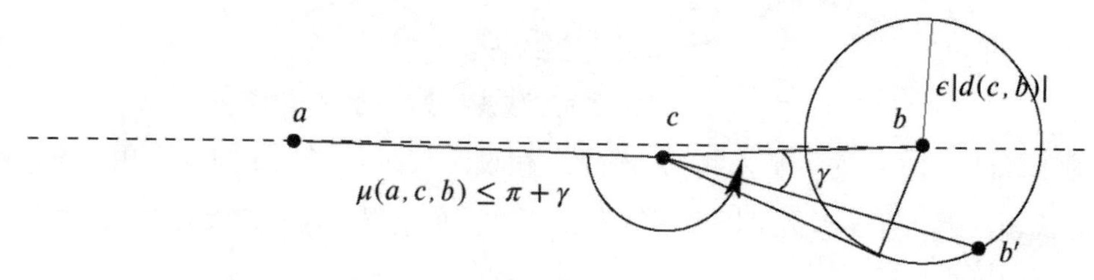


图 9.30　角度 $\gamma$ 受到 $\gamma<5$ 　的限制

现在，可以在 2D 中的一组 $n$ 个点上运行以下近似上凸包算法（Approximative Upper Hull Algorithm）。为方便起见，这里仅展示左上凸包的计算方式。凸包的其他部分的计算方式类似，这意味着可以按相同的方式计算右上凸包、右下凸包和左下凸包。首先，可以通过在 $O(n \log n)$时间内增加 $x$ 坐标来对点进行排序；然后可以在线性时间内计算（左上）$y$-单调链（$y$-Monotone Chain）。如果 $y$ 坐标相对于点的 $x$ 顺序是增加的，则链是 $y$-单调的。显然，突破单调性的点不会出现在凸包上，如图 9.31 所示。

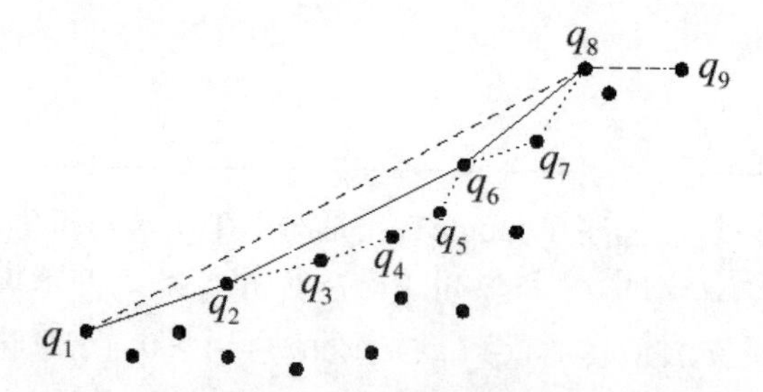


图 9.31　$y$-单调链 $q_1,\ldots,q_9$ 下面的点永远不属于凸包

以下是 UpperLeftHull 算法的概要：

- 将下一个点插入 $L$。如果没有更多的点，则停止。
- 考虑当前 $y$-单调点列表 $L$ 的最后 3 个元素。
  - 如果它们构成一个几乎凸起的链，则从最开始重复这个过程。
  - 否则，如果最后 3 个元素未能构成一个几乎凸起的链，则从 $L$ 中删除 3 个点中间的元素。如果 $L$ 中至少有 3 个点，则重复考虑最后 3 个元素。否则，从最开始重复该过程。

最后 3 个元素始终满足 TriangleTest 算法的要求。例如，在图 9.31 中，算法可能首先将 $q_1,q_2,q_3,q_4$ 和 $q_5$ 插入 $L$。然后，TriangleTest 算法连续在 $(q_4,q_5,q_6),(q_3,q_4,q_6)$ 和 $(q_2,q_3,q_6)$ 上失败，直到 TriangleTest 在 $(q_1,q_2,q_6)$ 上产生 TRUE 并且接下来插入 $q_7$。

**定义 9.44**　（近似上凸包）令 $q_1,q_2,\cdots,q_n$ 为 2D 中按 $x$ 坐标排序的 $n$ 个点。当且仅当 $\angle(q_{i-1},q_i,q_{i+1})\in[\pi,\pi+\delta]$，则点 $q_1,q_2,\cdots,q_n$ 构成近似上凸包（Approximative Upper Hull）。

**引理 9.45**　近似上凸包算法可以在 $O(n \log n)$时间内计算平面中 $n$ 个点的近似上凸包。

**算法 9.11**：计算 $y$-单调链的左上凸包

UpperLeftHull $(q_1,q_2,\cdots,q_n)$（$q_1,q_2,\cdots,q_n$ 是按 $x$ 坐标排序的 $y$-单调链）

```
L := new array
L. Insert(1, q1)
L. Insert(2, q2)
j := 2
for i := 3 TO n do
      j := j + 1
      L. Insert(j, qi)
      if j > 2 then
            while TriangleTest(L. Get(j − 2), L. Get(j − 1), L. Get(j)) = FALSE
                  do
                        L. Delete(j − 1)
                        j := j − 1
            end while
      end if
end for
```

**证明**：输入要求在 $O(n \log n)$时间内完成。算法连续将点插入当前的上凸包 $L$。有时也会从 $L$ 中删除点。假设 $L$ 的实现方式像一个数组。这两个动作决定了算法的成本。由于每个点仅插入或删除一次，因此该算法具有线性时间复杂度。

# 9.7　实用建议和现有软件包

到目前为止，本章已经讨论了若干种解决几何计算中退化和鲁棒性问题的方法。现在，本节将尝试对给定的思路进行分类并列出它们的优缺点。此外，本节还将概括性介绍现有的软件包和库。读者可以自行决定是否应该由其中一个给定的库来支持自己的实现。

## 9.7.1　不精确算术和精确算术

首先，开发人员可以通过不精确算术或精确算术的用法细分算法解决方案。精确算术的算法遵循 Real RAM 模型中完美算术的思想（参见第 9.3 节），而不精确算法的实现则使用了不精确算术，例如浮点算术（参见第 9.6 节）。

不精确算术的方法具有以下优点：

- 通过构建不精确算术的算法，使得鲁棒性和退化问题不再存在。
- 标准谓词和标准算法可以轻松调整。

不精确算术方法的缺点包括：

- 增加了时间复杂度。
- 超出了标准谓词和算法，需要重新设计和分析。
- 需要重新计算几何。
- 可能没有可用的标准库和软件包。

精确算术方法具有以下优点：

- Real RAM 模型可实现完美的设计和分析。
- 研究人员和开发人员在该算法上的投入已经超过 20 年，拥有丰富经验和成果。
- 对于许多几何问题均提供了大量有效的解决方案。
- 可以提供标准库和软件包。

精确算术方法的缺点包括：

- Real RAM 是一个理论模型，实际上是不可实现的。
- 必须另外解决退化和鲁棒性问题。

## 9.7.2　对于 EGC 的支持

开发人员可以继续使用 Real RAM 算法，通过它们是否支持精确几何计算（Exact

Geometric Computation，EGC）范例进一步细分几何算法。EGC 协议的主要特征是算法的组合计算仅由几何谓词驱动。EGC 假定（由于 Real RAM）采用精确的谓词评估，因此可以独立于（精确）算法的选择，组合结果始终是相同的。一些额外的非组合结果可能相对于给定的算术而变化。详见第 9.3.4 节、参考文献[Yap 93]和[Yap 和 Dubé 95]。

非 EGC 算法具有以下优点：

- 对算法的设计和分析没有限制。
- 代表了更大类的问题和算法。

非 EGC 算法的缺点包括：

- 没有标准化的算法。
- 对于算术的交换不灵活。
- 退化和鲁棒性问题必须在内部解决。
- 可能的组合结构和计算没有分开。

EGC 算法具有以下优点：

- 以谓词驱动的算法。
- 算法可以实现标准化。
- 可以通过定义解决鲁棒性和退化问题。
- 灵活的算术交换。
- 标准化库和软件包。
- 问题可以划分为组合部分和计算部分。

EGC 算法的缺点包括：

- 仅限于问题和算法的子类。
- 组合和计算部分可以人为分开。
- 将问题转移到算术软件包。
- 不支持退化问题的直接解决方案。

### 9.7.3　软件包和库

EGC 的精确算法可以通过许多方法实现。开发人员可以区分多精度算术和限制精度算术。如果输入和输出都很小，则限制精度算术或自适应限制精度算术就已经足够并且速度很快。否则，必须选择多精度软件包，但是这将增加运行时间。

计算机代数系统有效地解决了许多算术问题。但它们是为更通用的目的而设计的，并带有通用性的数据结构。另外，计算机代数系统可用于解释器模式，而对于编译的解决方案则速度很慢。最后，开发人员还必须付钱购买。

通用性的大数字软件包有很多是免费的，它们也更高效。但糟糕的是，它们并非仅仅针对几何问题而设计。因此，没有实现诸如惰性评估算术或浮点过滤器之类的加速技术。

特别设计的计算几何算术软件包更有效。免费的 Core Library、免费的 Real/Expr 库和商业 LEDA 版本均可以通过几何谓词的设计支持 EGC 范例。这 3 个系统也支持对行列式的有效评估。通过采用惰性评估算术、浮点过滤器和分离界限技术，可使得 LEDA 的数据类型 leda real 速度更快，详见第 9.3.3 节。Core Library 核心库也包含了若干个分离界限。此外，在参考文献[Li 01]中也有介绍，LiDIA 和 LEDA 还包含一些几何数据结构，并且在 LEDA 中还实现了一些高效的几何算法。LEA 是一个惰性评估算术浮点库。所有计算几何算术库都是用 C ++实现的。

### 1. 针对 EGC 的算术方法

限制精度算术包括以下类型。

- 非自适应算术：编程语言的标准算法（整数/有理数）。
- 自适应算术：$p$ 位浮点扩展，详见第 9.3.3 节。
- 大量多精度算术支持的多精度算术的自适应使用。

多精度算术包括以下类型。

- 计算机代数系统。
  - Maple。
  - Mathematica。
  - Scratchpad。
  - Macsyma。
- 通用算术 C ++库。
  - BigNum（详见参考文献[Serpette et al. 89]）。
  - GMP，http://www.swox.com/gmp/（详见参考文献[Granlund 96]）。
  - PARI/GP，http://pari.math.u-bordeaux.fr/（详见参考文献[Batut et al. 00]）。
  - 在 http://cliodhna.cop.uop.edu/~hetrick/c-sources.html 上还列出了一些其他免费的数值计算资源。
- 计算几何算术库。
  - Real/Expr，http://www.cs.nyu.edu/exact/realexpr/（详见参考文献[Ouchi 97]）。
  - LEA（详见参考文献[Benouamer et al. 93]、[Michelucci 和 Moreau 97]）。
  - LEDA，http://www.algorithmic-solutions.com（详见参考文献[Mehlhorn 和 Näher00]）。
  - LiDIA，http://www.informatik.tu-darmstadt.de/TI/LiDIA/。

- Core Library，http://www.cs.nyu.edu/exact/core/（详见参考文献[Karamcheti et al. 99a]和[Karamcheti et al. 99b]）。

## 2. 软件包

最后，本节将提供一些包含数据结构和算法的特殊软件包的简要介绍。它们还在某种程度上支持结果的可视化和动画。

计算几何数据结构和算法库包括：

- 计算几何算法库（Computational Geometry Algorithm Library，CGAL）。
  - 详见参考文献[Fabri et al. 00]。
  - http://www.cgal.org/。
  - 用 C ++实现。
  - 支持 EGC。
  - 包含许多算法和数据结构。
  - 免费软件。
  - 3.1 版包含 GMP 和 CORE Library。
  - 可以使用外部可视化组件。
  - 由研究人员和开发人员实现和支持。
  - 最新的软件。
- Java 数据结构库（Java Data Structure Library，JDSL）。
  - 详见参考文献 [Tamassia et al. 97]、[Gelfand et al. 98]、[Goodrich 和 Tamassia 98]和[Baker et al. 99]。
  - http://www.cs.brown.edu/cgc/jdsl/。
  - 包含 GeomLib，一个用于几何应用程序的库。
  - 用 Java 实现。
  - 由研究人员和开发人员实现和支持。
  - 主要是图形算法实现。
  - 重点放在可视化上。
  - 免费软件。
  - 最新的软件。
- XYZ Geombench。
  - 详见参考文献[Nievergelt et al. 91]和[Schorn 90]。
  - http://www.schorn.ch/geobench/XYZGeoBench.html。
  - 在 Object Pascal 中实现。

  - 由研究人员和开发人员实现和支持。
  - 实现了一些经典的计算几何算法。
  - 旨在支持动画。
  - 免费软件。
  - 不再提供支持。
- GeoLab。
  - 详见参考文献[de Rezende 和 Jacometti 93a]、[de Rezende 和 Jacometti 93b]。
  - http://www.cs.sunysb.edu/algorith/implement/geolab/implement.shtml。
  - 用 C++实现。
  - 由研究人员和开发人员实现和支持。
  - 实现了一些经典的计算几何算法。
  - 旨在支持动画。
  - 免费软件。
  - 利用 XView 图形库。

总之，本书强烈建议开发人员使用 EGC 范例和 CGAL 库来设计几何算法。CGAL 库可以得到很好的支持，并且包含许多几何算法。开发人员可以轻松扩展 CGAL 的给定框架以用于他们自己的实现。此外，开发人员仍然需要为 CGAL 选择合适的支持算术软件包。LEDA 本身包含额外的几何数据结构和算法，并且能与 CGAL 结合在一起良好运行。但遗憾的是，LEDA 不是免费提供的。因此，建议使用支持 EGC 的 Core Library 或其他通用的多精度算术包，例如 GNU MP。幸运的是，在 CGAL 的 V3.1 版中，GNU MP 和 Core Library 都已经包含在其中。

# 第 10 章　几何数据结构的动态化

本章将提出一种对任意静态（Static）几何数据结构进行动态化（Dynamization）的通用方法。当所表示的几何对象集随时间推移仅出现很少的变化时，简单的静态数据结构可能就已经足够了。静态意味着已经分配固定数量的空间。一旦创建完成，则静态结构主要按其设计的几何目的而处理数据查询。如果对象集随时间的推移而出现非常大的变化，则需要使用更复杂的动态数据结构，以便有效地插入和删除对象。一般来说，静态数据结构很容易实现，而相应结构的动态版本则会更复杂一些。本章提出了一些方法，可以通过将一般性转换应用于简单静态数据结构来实现动态化。

高效的数据查询是几何数据结构的主要特征。许多几何数据结构支持范围查询。其输出是查询区域 $Q$ 内的所有对象的集合。从更普遍的意义上来说，开发人员还可以考虑搜索查询，也就是说，可以搜索与查询结构 $Q$ 相关的满足特定属性的所有对象。本章所提出的动态化技术要求搜索查询是可分解的，也就是说，如果将对象集拆分为子集，则应该能够将子集的搜索查询结果与整体答案相结合。例如，关于一组给定对象的查询点的最近邻搜索即表示可分解的搜索查询。在本书第 2 章中可以找到可分解搜索查询的其他示例。

如果对象集随时间推移而出现变化，则会产生需要动态化的问题。例如，如果存在固定的一组对象 $M$ 的一维排序数组，那么对于简单的查询 $M$ 中的元素 $x$ 来说，它已经够用了。但是，如果集合 $M$ 随着时间的推移会有很多变化，那么动态平衡的 AVL 树会更有效。反过来，动态 AVL 树的实现有点复杂，因为必须考虑树的旋转以插入新对象和删除旧对象。此外，AVL 树动态化是针对一维搜索的特殊情况而发明的，可以更轻松地实现对树的简单插入和删除。

本章想要证明，在简单的一般性设置中，可以间接但有效地对静态数据结构进行动态化。一旦实现了这种简单的通用方法，它就可以用于更多的静态数据结构。许多常见的范围查询数据结构就满足了这种必要的需求。显然，这种通用方法与适用于单个数据结构的直接动态化方法相比虽然不是最佳的，但它们在许多应用中都易于实现，并且是有效的。

在参考文献[Bentley 79]和[Saxe 和 Bentley 79]中，首次介绍了几何数据结构的通用动态化技术。后来，在参考文献[Mehlhorn 和 Overmars 81]中以最佳的方式解决了插入问题。在参考文献[Maurer 和 Ottmann 79]、[van Leeuwen 和 Maurer 80]、[van Leeuwen 和 Wood 80]以及[Overmars 和 van Leeuwen 81c]中，考虑了删除和插入的通用动态化方法。在参考文献[Overmars 和 van Leeuwen 81a]中，提出了最坏情况敏感方法，主要成果收集在参考文献[van Leeuwen 和 Overmars 81]中。有关更多信息，详见参考文献[Overmars 83]。在参考文献[van Kreveld 92]中可以找到更多的成果展示。在参考文献[Klein 05]中还给出了德语的综合概述。本章将使用该参考文献所提供的模型。

在第 10.1 节中，将从静态 kd 树的实现示例开始，清晰讨论通用动态化的方法。在第 10.2 节中，将对给定问题进行格式化整理并定义一些一般性要求。在第 10.3 节中，将提出允许在分摊的有效时间内进行插入和删除的正式方法。对于许多应用来说，给定的动态化技术已经足够有效。本节详细解释了动态化技术，并证明了新动态操作的分摊成本的复杂度。第 10.4 节概述了最坏情况敏感方法的类似思路。

动态化技术本身的工作量会随着时间的推移而分摊。在第 10.5 节中提供了一些其他可分解搜索查询的示例，并将提出的结果应用于其已知的静态实现。许多搜索结构已经在 CGAL 库（详见参考文献[Overmars 96]）中实现。有关实用性建议，另请参见本书第 9.7 节。

## 10.1　动态化示例

现在来考虑本书第 2.4 节中介绍的平衡 kd 树。对于有 $n$ 个点的静态集合，可以通过为具有 $2^k$ 个叶子的二进制树（也叫二叉树）分配空间来容易地构建平衡的 kd 树，其中 $2^k-1<n\leqslant 2^k$。例如，在图 10.1 中，给出了一个包含 11 个点的点集的平衡 kd 树。该平衡 kd 树支持矩形范围 $Q$ 的高效的范围查询。

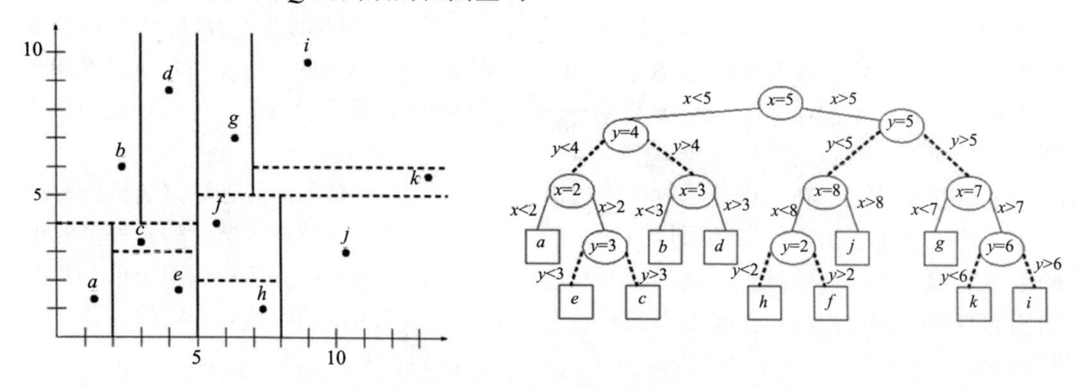


图 10.1　单一的静态 kd 树

本节将应用通用的动态化技术。也就是说，这里将仅实现给定数据结构的动态插入和删除操作，而完全不必了解其内部表示方式，从而避免了复杂的特殊重新平衡操作。此外，查询操作的成本不应受到显著影响。该方法的主要思想是充分地转换给定的问题，并对整个静态结构使用有效的算法。

### 10.1.1　随着时间的推移分摊 kd 树插入操作

首先，本节将讨论插入操作通用的动态化技术，并将尝试证明，随着时间的推移展开工作是一个很好的范例。假设必须将新点 $l = (5.5, 8.5)$插入图 10.2 所示的 kd 树中，则可以通过跟随 $k$ 的相应矩形区域的路径来简单地插入 $l$。该区域将相应地进行拆分并分配新结点，然后将其追加到树上，如图 10.3 所示。经过这样一些简单的插入之后，该树不再平衡，但它仍然是接近平衡的。在一段时间之内，这种简单的插入操作应该不会对查询和插入操作产生显著的负担。

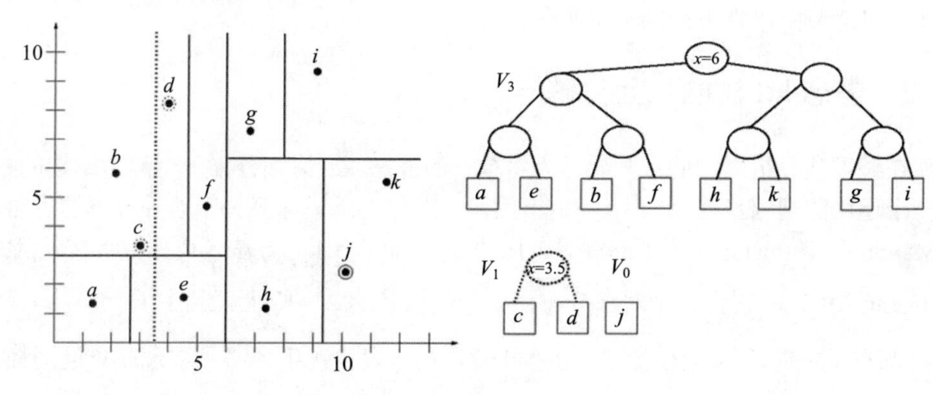


图 10.2　静态 kd 树的点集

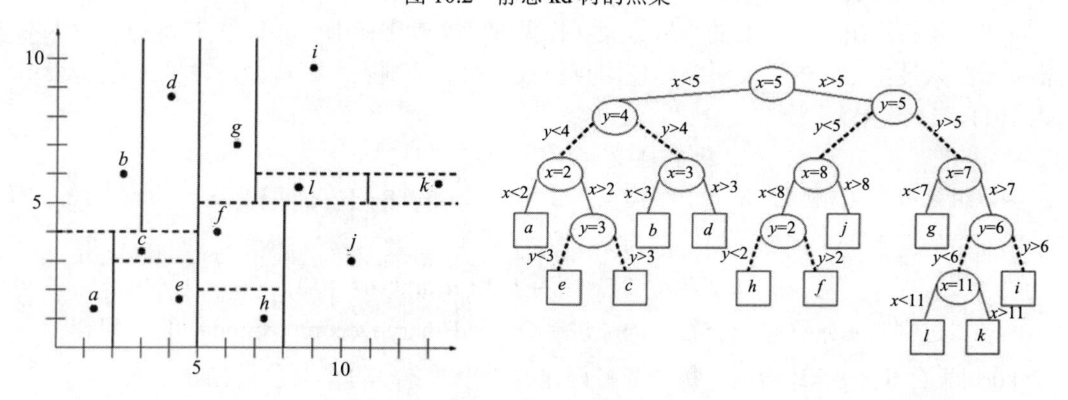


图 10.3　将单个对象插入静态 kd 树中

另一方面，如果有许多这样的简单插入，则可能会使树明显失衡。在这种情况下，插入和查询操作将需要更大的工作量。因此，如果开发人员仍然想要执行高效的插入操作和搜索查询，则应该在一段时间后重新组织并重新平衡树。在此可以应用分摊成本模型（Amortized Cost Model）。重新组织的成本很高，但并不经常发生。可以按两次重组之间发生的所有操作的顺序分摊成本。在第 10.2 节中将对分摊成本模型做出详细的解释。

如果重新平衡操作的成本很小，那么按照操作的顺序分摊成本是最有可能的。由于本节仅限于使用数据结构的静态构造算法，所以应尽量避免重构整个数据结构。因此，可以将静态结构转换为一个平衡的静态结构集合，并将偶然性的重建仅应用于这些结构的子集。例如，在图 10.1 中，给出了单一的包含 11 个点的点集的平衡 kd 树，而在图 10.2 中，则对相同的点集考虑使用了不同的静态平衡 kd 树的集合。

简单的插入操作可能只影响很小的子集。例如，如果必须将新点 $l = (5.5, 8.5)$插入 kd 树集合中，则开发人员会希望将 $l$ 插入一个较小的结构中。

在 10.1.2 节中，将更精确地说明分解操作。

## 10.1.2　静态 kd 树的二元分解

现在假设从一组固定的点开始。为将单一的静态 kd 树细分为一个静态结构的集合，需要一个通用的规则。在 20 世纪 80 年代初，人们提出了许多关于这种分解的思路。例如，Maurer 和 Ottmann 介绍了一种等分区块（Equal Block）方法（详见参考文献[Maurer 和 Ottmann 79]），它将 $n$ 个对象分布在 $k$ 个结构 $V_1, V_2, \ldots, V_k$ 上，其中 $|V_j| \leqslant \frac{2n}{k}$。因此，每个 $V_j$ 都有一些简单插入的空间。这意味着，在一般情况下，必须实现简单的弱插入技术（Weak Insertion Technique）。

本节还将提出一个高效的分解方案（详见参考文献[Bentley 79]）。在这种方案中不需要弱插入技术。它的主要思路是使用点的数量的二进制表示。例如，11 的二进制表示为 1011，它表示以下线性组合：

$$11 = 1 \cdot 2^3 + 0 \cdot 2^2 + 1 \cdot 2^1 + 1 \cdot 2^0$$

该组合产生了相应的 3 个子结构 $|V_0| = 1$, $|V_1| = 2$, $|V_2| = 8$（见图 10.2）。一般来说，对于平面中的 $n$ 个点，其二进制表示为：

$$n = a_l 2^l + a_{l-1} 2^{l-1} + \cdots + a_1 2 + a_0 \text{ mit } a_i \in \{0,1\}$$

该二进制表示始终有一个唯一的二进制分解（Binary Decomposition）$W_n$，可作为一个 kd 树集合 $\{V_i : a_i = 1\}$ 给出。每个 $V_i$ 恰好包含 $2^i$ 个对象，每个对象只包含一个 $V_i$。

如前文所述，开发人员希望在较小的结构中插入新元素。其主要优点是，由于采用了二进制分解，具有 $2^i$ 个元素的 kd 树 $V_i$ 保持有效，直到较低阶结构 $V_0, V_1, V_2, \ldots, V_{i-1}$ 的对象数量的总和刚好为 $2^i - 1$，并且必须插入 1 个附加元素 $p$，即在 $V_i$ 以下有 $2^i - 1$ 个元素的空间。如果此时要插入 $p$，则必须在 $V_0, V_1, V_2, \ldots, V_{i-1}$ 和 $p$ 之外构造 $V_{i+1}$。为了更清晰地说明问题，可以进一步对二进制分解进行假设，即假设结构 $V_0,V_1,V_2,\ldots,V_{i-1}$ 和 $V_{i+1}$ 都是空的。那么，在这种情况下，开发人员可以插入 $\sum_{j=1}^{i-1}2^i=2^i-1$ 个元素而不影响 $V_i$。

例如，如果要插入 $l=(5.5,8.5)$，则低于 $V_2$ 的元素数量将上升到 $|V_1|+|V_0|+1=2^2$（见图 10.4），可以将 $V_1$，$V_0$ 和 $l$ 重建为 $V_2$（见图 10.5）。请注意，当前元素数量的二进制表示 $12=1\cdot2^3+1\cdot2^2+0\cdot2^1+0\cdot2^0$ 刚好表示了 kd 树 $V_2$ 和 $V_3$ 中点的分布。

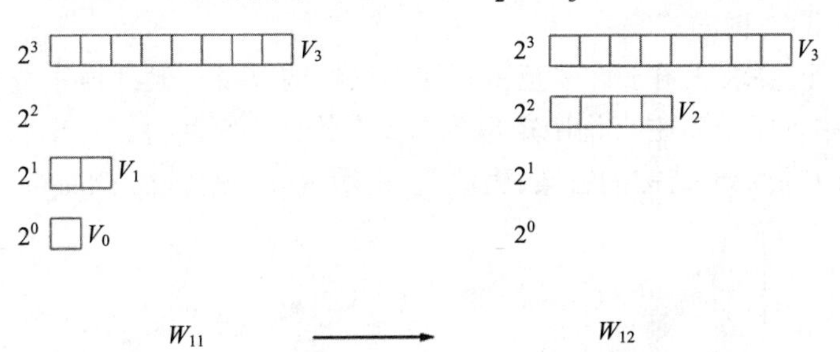


图 10.4　从 $W_{11}$ 到 $W_{12}$ 的二进制分解的变化

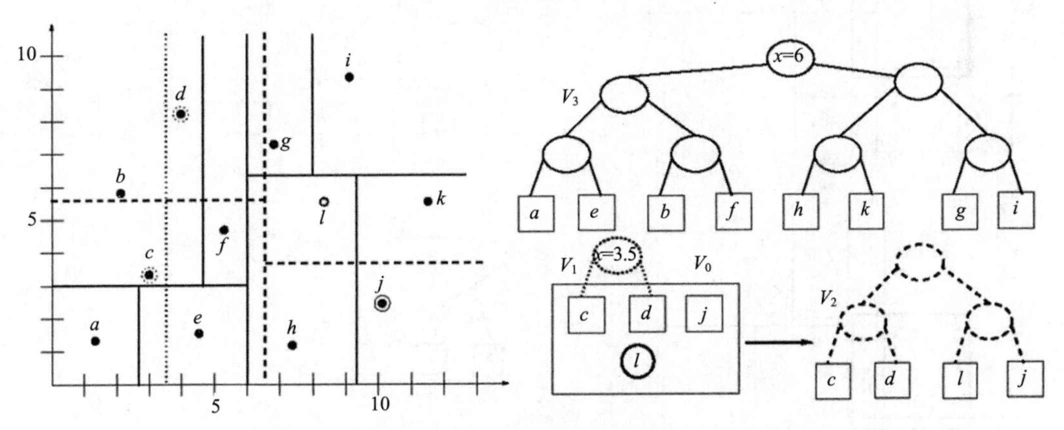


图 10.5　在插入 $l$ 后，即已经将 $V_1$，$V_0$ 和 $l$ 重建为 $V_2$

根据刚刚提出的分摊思路，如果刚好完成了 $2^i$ 插入操作，则会发生 $V_i$ 的重建操作。另外，用于从 $V_0,V_1,V_2,\ldots,V_{i-1}$ 和 $V_i$ 构造 $V_{i+1}$ 的对象的数量也在 $O(2^i)$ 中。因此，可以通过 $O(2^i)$ 插入操作来分摊 $V_{i+1}$ 的重建成本。可以将建造 $V_{i+1}$ 的成本除以 $2^i$。有关详细信息，请参见第 10.3.1 节。在参考文献[Bentley 79]中，二进制分解也表示为对数方法（Logarithmic Method）。

原则上，开发人员永远不会将对象直接插入其中的一个子结构 $V_j$ 中。假设插入了一个元素 $p$。如果 $V_0$ 是空的，那就不需要做什么，元素本身代表 $V_0$。反之，如果 $V_0$ 不是空的，则 $V_0$ 和 $p$ 可以组合到 $V_2$。如果 $V_2$ 不是空的，则可以将 $V_0$ 和 $p$ 以及 $V_2$ 组合到 $V_3$，以此类推。从技术上讲，该方案只有重建而根本没有插入。

## 10.1.3　在 kd 树二进制表示中的查询操作

开发人员必须保证 kd 树的二进制分解支持有效的数据查询。这里要求查询是可分解的（Decomposable）。也就是说，对 kd 树集合中的任何 kd 树的查询所产生的答案集合可用于构造单个静态树的答案。

幸运的是，该要求适用于许多范围查询数据结构以及一般性搜索查询数据结构。例如，在图 10.6 中，矩形范围查询由矩形范围查询的并集来回答。对于二进制分解，开发人员必须结合 $O(\log n)$子结构的答案。因此，查询的运行时间将在 $O(\log n)$的因子内上升。

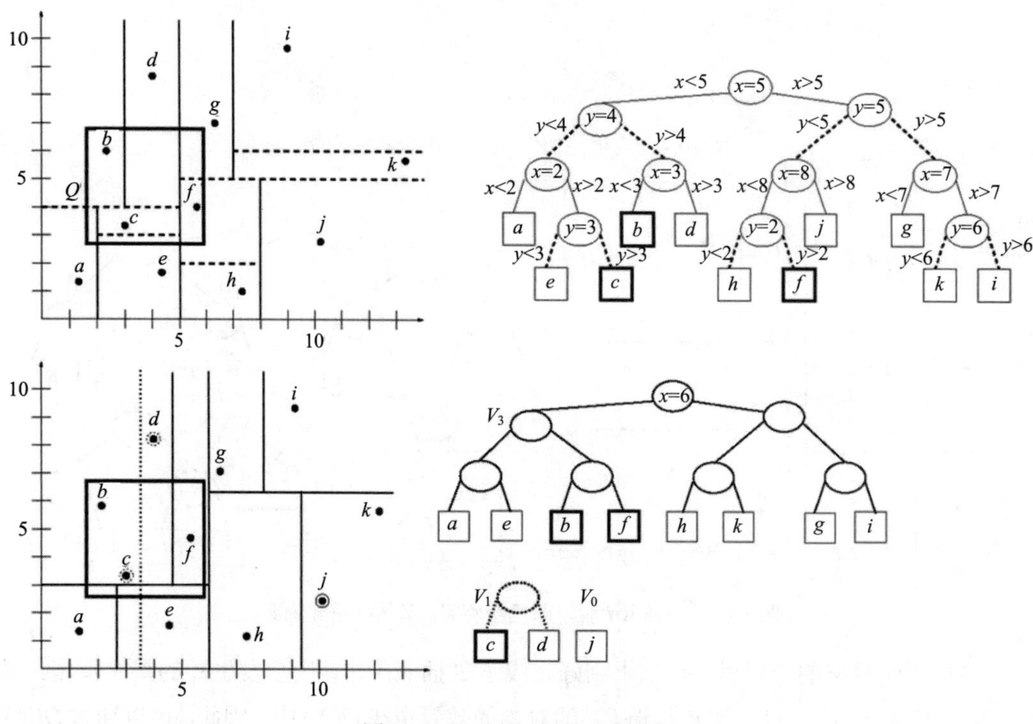


图 10.6　kd 树查询是可分解的

## 10.1.4　通过半大小规则对 kd 树执行通用删除操作

开发人员可能还需要因为删除操作而在完整动态 kd 树中重建和重新平衡。对于删除操作的通用实现，可以遵循与 10.1.3 节中介绍的方法类似的思路。接下来讨论的方法可以在参考文献[van Leeuwen 和 Maurer 80]中找到。在一段时间内，开发人员可以执行简单的删除操作，也就是说，并不会在物理上删除元素，而只是将元素标记为已删除。这种弱删除操作（Weak Delete Operation）表示为 WeakDelete，并且在一段时间内，树中的死元素（Dead Element）的数量不会影响查询操作或新的删除操作的效率。有关一系列 WeakDelete 操作的应用，请参见图 10.7。

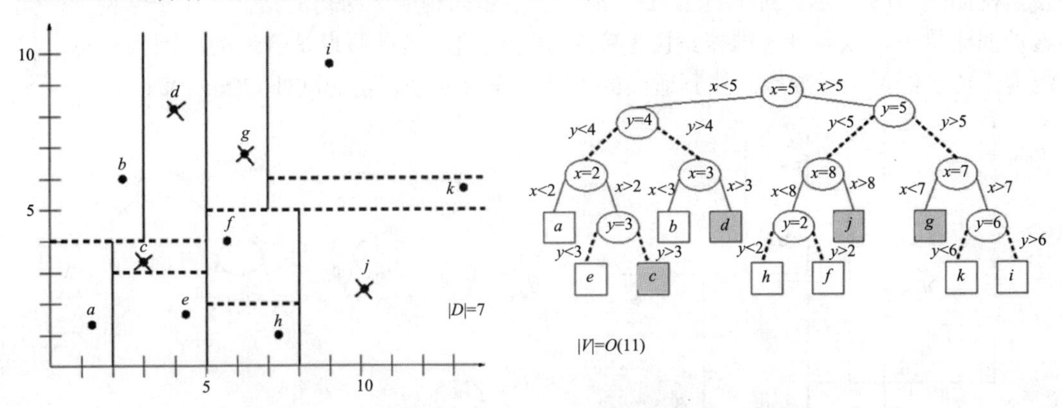


图 10.7　以弱删除方式从静态 kd 树中删除了一组对象

如果实际的对象数和对象总数（实际数量加上弱删除对象的数量）的差异太大，则开发人员会希望重建数据结构。这里有一个非常好的经验，即实际数字的集合应该至少与弱删除对象的集合一样大。因此，如果弱删除对象的数量等于或超过实际对象的数量，则需要重建静态数据结构。该方法可以表示为半大小规则（Half-Size Rule）。显然，查询操作可以轻松过滤掉所需的对象。

开发人员可以通过 $\frac{1}{2}|V|$ WeakDelete 操作分摊重建 $V$ 的成本。另外，WeakDelete 操作本身也是必须要考虑的。有关详细信息，请参见第 10.3.2 节。

到目前为止，本节已经单独考虑了插入和删除操作。显然，一系列操作将同时包含插入和删除操作（以及查询操作）。在这种情况下，使用二进制分解方法来处理插入操作并对一组 WeakDelete 操作应用半大小规则的思路必须相互配合。在参考文献[Overmars 和 van Leeuwen 81c]中已经证明，对于一些特殊类型的可分解搜索查询，开发人员可以直接在二进制分解中处理删除操作。

## 10.1.5　kd 树的半大小规则和二进制分解

最后，开发人员应该能够结合前面各节的方法。在单个 kd 树中执行元素 $p$ 的 WeakDelcte 操作并不困难。开发人员必须查找并标记弱删除的对象。

在二进制分解中，首先必须找到对应的结构 $V_j$，其中 $p \in V_j$。该搜索问题可以通过标准的一维平衡搜索树来解决（见图 2.7）。每个对象都由唯一的 ID 表示，以便可以高效地比较两个对象。搜索树中的每个元素都有一个指向其当前子结构的指针。例如，假设图 10.8 中的元素可以通过 ID($a$) = 1, ID($b$) = 2, ..., ID($k$) = 11 来标识。相应的平衡二进制搜索树如图 10.9 所示。对于每个 ID，都有一个指向相应子结构的指针。在子结构中，元素被弱删除。可以假设一维搜索树是完全动态化的。这种假设是合理的，因为动态二进制搜索树已经属于标准库。找到适当的子结构需要 $n$ 个元素的额外 $O(\log n)$时间。

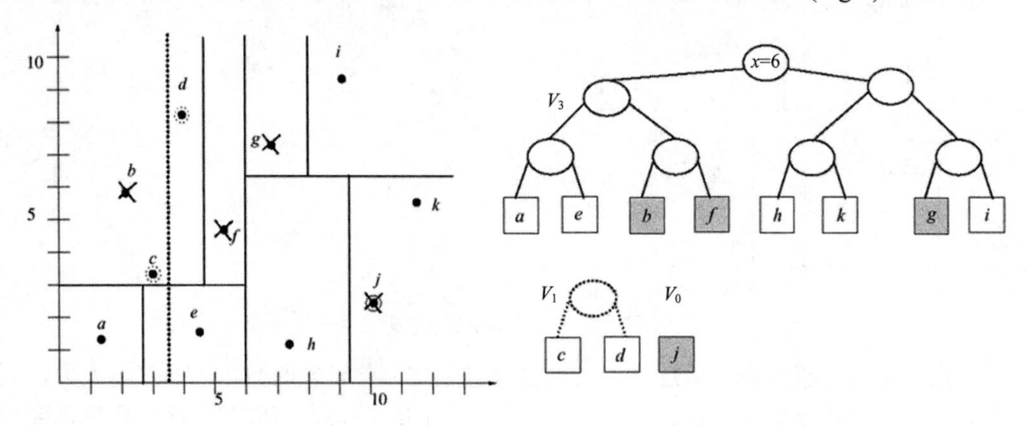


图 10.8　静态 kd 树的二进制分解中的一些 WeakDelete 操作

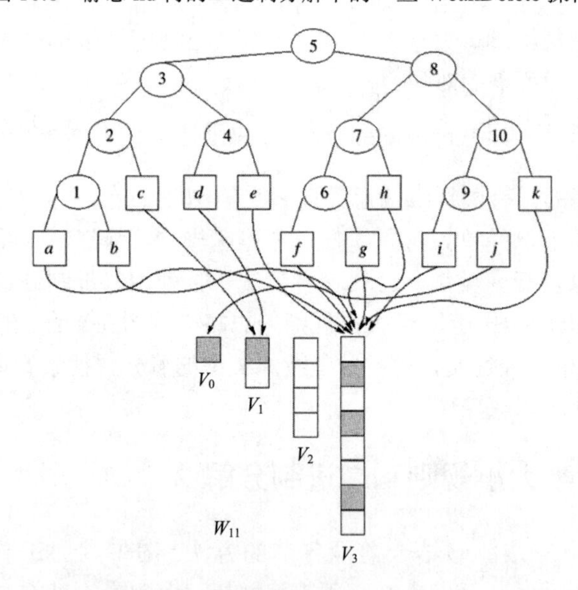


图 10.9　包含 11 个元素的平衡二进制搜索树。各个元素都具有指向相应子结构的指针

到目前为止，本节已经指定了如何有效地完成 WeakDelete 操作。现在，可以对整个结构应用半大小规则。如果弱删除对象的数量等于真实对象的数量，则需要重建二进制表示。可以将整个 $V$ 的重建成本通过 $\frac{1}{2}|V|$ WeakDelete 操作分摊，并且这种分摊方式也可以应用于 WeakDelete 操作本身。二进制树的使用给出了一个 $O(\log n)$的加数。有关详细信息，请参见第 10.3.3 节。

## 10.2　动态化的模型

本节将在一般性的环境中对所提出的思路进行正式化处理。因此，需要一个独立于特殊问题的数据结构描述。在此将使用抽象（几何）数据类型的概念。抽象数据类型 Static 将按以下方式定义：

- 一组对象。
- 给定对象的一组操作。
- 对操作的语义解释。

抽象数据类型不会指定给定对象在内部的表示方式或操作必须实现的方式。反过来，该描述将不依赖于特定的编程语言。例如，假设对于栈（Stack）的标准描述是：对一组对象 $X$ 具有众所周知的出栈（Pop）、入栈（Push）、栈顶（Top）和新建（New）等操作，那么像这样的 Stack 即为抽象数据类型。

现在假设 Static 是静态抽象（几何）数据类型。开发人员希望通过一个模块定义通用的动态化，该模块从 Static 导入一组操作并导出一组新的动态操作。如前一节中的 kd 树示例所示，开发人员需要一种方法来为一组输入对象构建单一的静态结构。另外，还必须能够从静态结构中收集所有元素，以便从一组静态结构的输入中构造单一的静态数据结构，如图 10.10 所示。这也意味着开发人员需要一种删除给定静态结构的方法。此外，由于开发人员已经拥有几何数据结构，则可以假设在 Static 类型中存在对于已存储的几何对象集合 D 的查询操作。也就是说，对于查询对象 $q$，答案是 D 的子集。值得注意的是，该答案可能为空。

总而言之，可以假设给出了以下操作。

- $V$ = D.Build：使用集合 D 中的所有数据对象构建 Static 类型的结构 $V$。
- $A := V$.Query($q$)：将查询的答案 $A$（D 的对象）返回到包含查询对象 $q$ 的结构 $V$。
- $C := V$.Collect：收集 $C$ 中 $V$ 的所有数据对象（在 $V$ 中表示的 D 的对象）。
- $V$. Destroy：从存储中删除完整的数据结构 $V$。

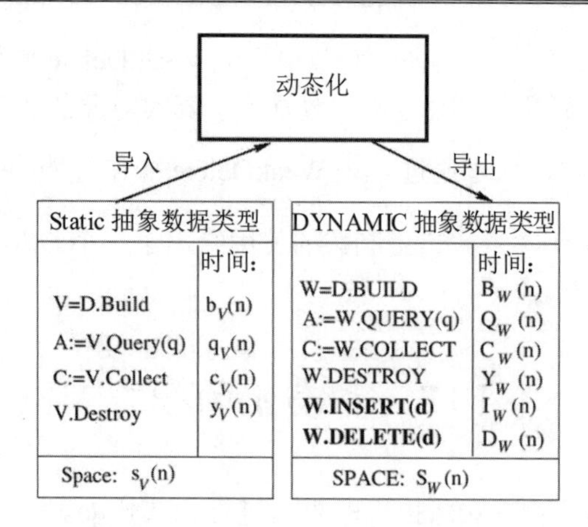


图 10.10　一般意义上的动态化（重绘并改编自 Rolf Klein）

动态化模块应该使用相同的操作集合导出动态抽象（几何）数据类型 DYNAMIC。由于开发人员导出了动态数据结构，因此可以使用插入和删除的附加操作。

- $W := \mathrm{D}.\mathrm{BUILD}$：使用集合 D 的数据对象构建 DYNAMIC 类型的结构 $W$。
- $A := W.\mathrm{QUERY}(q)$：将查询的答案 $A$（D 的对象）返回到包含查询对象 $q$ 的结构 $W$。
- $C := W.\mathrm{COLLECT}$：收集 $C$ 中 $W$ 的所有数据对象（在 $W$ 中表示的 D 的对象）。
- $W.\mathrm{DESTROY}$：从存储中删除完整的数据结构 $W$。
- $W.\mathrm{INSERT(d)}$：插入对象 d 到 $W$ 中。
- $W.\mathrm{DELETE(d)}$：从 $W$ 中删除 d。

请注意，新的操作 DELETE 和 INSERT 都是必需的，因为现在有了一个动态数据类型。

另外，可以为抽象动态和抽象静态数据类型的操作引入一些成本函数。例如，令 $\mathrm{b}_V(n)$ 表示 Static 数据类型的操作 $V := \mathrm{D}.\mathrm{Build}$ 的时间函数，其中 $|\mathrm{D}| = n$。这些表示法完全如图 10.10 所示。成本函数取决于数据类型 Static 的实现。DYNAMIC 的成本函数将取决于 Static 的成本函数以及通用动态化的效率。

为了保证对 DYNAMIC 相应成本函数的某些限制，Static 的成本函数必须表现良好并在一定范围内运行。另外，对于时间限制的证明，开发人员需要成本函数的某种单调表现。这些函数不应该出现波动。总而言之，可以为静态数据结构及其成本函数定义以下简单要求。

（1）如果对象集不断增长，则 Query 和 Destroy 操作会变得更加耗时。这意味着函数 $\mathrm{q}_V(n)$和 $\mathrm{y}_V(n)$在 $n$ 中是非递减的。示例函数：1，$\log n$，$\sqrt{n}$，$n$，$n\log n$，$n^2$，$2^n$。

（2）构建操作和 $n$ 个对象所需的空间位于 $\Omega(n)$。这意味着函数 $\mathrm{b}_V(n)$和 $\mathrm{s}_V(n)$在 $n$ 中

至少是线性的。示例函数：$n$，$n\log n$，$n^2$，$2^n$。

（3）如果对象集仅以常数因子增长，则所有操作都不会显著改变其表现。这意味着所有函数 $f\in\{q_V, b_V, c_V, s_V, y_V\}$ 在某种程度上都是平滑的。也就是说，对于常数 $c>1$，有一个常数 $K$，使得 $f(cn)\leqslant K f(n)$。示例函数：1，$\sqrt{n}$，$n$，$n^2$，以及 $n>1$ 条件下的 $\log n$，此外还有这些函数的乘积。值得注意的是，$2^n$ 并不属于该类函数。

（4）收集所有元素所需的时间最多为重建时间的两倍。这意味着需要 $c_V(n)\leqslant 2\cdot b_V(n)$。

（5）此外，开发人员还可以假设 Query 操作是可分解的。即，对于数据集 $V$ 的分解 $V=V_1\cup V_2\cup\cdots\cup V_j$，单一操作 $V_i$. Query($q$)的结果将产生 $V$. Query(d)的解。这对于许多类型的搜索查询都是成立的。

现在来考虑分摊成本模型。令 Work 成为具有成本函数 h 的任意操作。对于一系列 $t$ 个不同的操作，令 Work 被应用 $k$ 次。也就是说，在 $t$ 个操作中，只有 $k$ 个 Work 操作。如果对于成本函数 $\overline{\mathrm{h}}$ 而言下式成立，则可以说操作 Work 是在分摊时间（Amortized Time）$\overline{\mathrm{h}}(t)$ 内执行的。

$$\frac{k\text{ 个 Work 操作的总成本}}{k}\leqslant\overline{\mathrm{h}}(t)$$

请注意，这不是期望值，并且 $\overline{\mathrm{h}}$ 是 $t$ 的函数，而 $t$ 则是操作序列的长度。当前数据集可以具有 $n$ 个元素，$n\leqslant t$。所有操作的最坏情况下的成本应由 $n$ 中的函数给出。

## 10.3 分摊插入和删除

### 10.3.1 分摊插入：二进制结构

开发人员希望能高效地实现操作 $W$. INSERT(d)。首先，必须计算 $W$，因此，可以在若干个结构 $V_i$ 中分配静态结构 $V$ 的 $n$ 个数据对象。如果必须插入新元素，则开发人员希望仅与单个结构 $V_i$ 有关。令

$$n=a_l 2^l+a_{l-1}2^{l-1}+\cdots+a_1 2+a_0 \text{ mit } a_i\in\{0,1\}$$

然后 $a_l a_{l-1}\ldots a_1 a_0$ 是 $n$ 的二进制表示（Binary Representation）。针对每个 $a_i=1$，可以构建一个具有 $2^i$ 个元素的结构 $V_i$。这些结构的集合是 $W$ 的表现形式，称为二进制分解（Binary Decomposition）（见图 10.4）。为了构建二进制分解 $W$，可以进行如下操作。在算法 10.1 中，使用了数组元素 $V[i]$来表示 $V_i$。

以下是 BUILD(D)的概要。

- ❑ 计算 $n=|\mathrm{D}|$ 的二进制表示。

- 将 D 分解成集合 $D_i$，其中 $|D_i| = 2^i$ 并且与 $n$ 的表示相关。
- 为每一个 $D_i$ 计算 $V_i := D_i.\text{Build}$。
- 返回指向 $V_i$ 的指针数组的指针。

请注意，在算法 10.1 中，集合 *Bin* 表示按一组有序索引生成的 $n$ 的二进制分解，并提供对填充了数组 $V$[]的分量的 $O(\log\ n)$的访问。例如，对于 $n$ = 1010011，将有 *Bin* = {0,1,4,6}。在这种情况下，可以有 *Bin*.Last = 6。此外，如前文所述，可以使用自解释列表和数组操作。例如，*L*.First($n$)将收集列表 *L* 的前 $n$ 个元素，而 *L*.Delete First($n$)则可以删除前 $n$ 个元素。

**算法 10.1**：计算对象集合 D 的二进制分解

```
W   D.BinDecomp（D 是对象的集合）
    n := |D|
    Bin := n.BinRep
    V := new array(Bin.Last)
    BinCopy := Bin.BinCopy
    while BinCopy ≠ ∅ do
        i := BinCopy.First
        BinCopy.DeleteFirst
        Subset := D.First(2^i)
        V[i] := Subset.Build
        D := D.DeleteFirst(Subset)
    end while
    return W = (V[], Bin)
```

原则上，二进制分解 $W$ 可以与相应的结构 $V$ 一样快速地构造。

**引理 10.1**

$$\mathrm{B}_W(n) \in O(\mathrm{b}_V(n))$$

**证明**：计算 $n$ 的二进制表示，并在线性时间 $O(n)$内完成分解到 $D_i$ 中。

操作 $D_i$. Build 需要$(\mathrm{b}_V(2^i)$时间。因为有 $i \leqslant l = \lfloor \log n \rfloor$，所以可以得出结论：

$$\sum_{i=0}^{\lfloor \log n \rfloor} \mathrm{b}_V(2^i) = \sum_{i=0}^{\lfloor \log n \rfloor} 2^i \frac{\mathrm{b}_V(2^i)}{2^i} \leqslant \sum_{i=0}^{\lfloor \log n \rfloor} 2^i \frac{\mathrm{b}_V(n)}{n} \leqslant 2^{\log n} \frac{\mathrm{b}_V(n)}{n} \in O(\mathrm{b}_V(n))$$

这里使用了一个事实：$\dfrac{\mathrm{b}_V(n)}{n}$会以单调方式增加。

总而言之，因为 $\mathrm{b}_V(n)$ 至少是线性的，所以可以有：

$$\mathrm{b}_W(n) \in O(n + \mathrm{b}_V(n)) = O(\mathrm{b}_V(n))$$

**算法 10.2：收集 *W* 的所有元素**

*A W*. COLLECT(*W*)（*W* = (*V* [], *Bin*)表示二进制分解）

```
V [] := W. DataArray
Bin := W. BinRep
A := new list
while Bin ≠ ∅ do
        i := Bin.First
        A. ListAdd(V [i]. Collect)
        Bin.DeleteFirst
end while
return A
```

**算法 10.3：计算二进制分解 *W* 的查询**

*A W*. QUERY(*q*)（*W* = (*V* [], *Bin*) 表示二进制分解，*q* 是查询）

```
V [] := W. DataArray
Bin := W. BinRep
A := new list
while Bin ≠ ∅ do
        i := Bin . First
        A. ListAdd(V [i]. Query(q))
        Bin . DeleteFirst
end while
return A
```

**算法 10.4：删除结构 *W***

*W*. DESTROY（*W* = (*V* [], *Bin*)表示二进制分解）

```
V [] := W. DataArray
Bin := W. BinRep
while Bin ≠ ∅ do
        i := Bin . First
        V [i]. Destroy
        Bin . DeleteFirst
end while
V []. Deallocate
Bin . Deallocate
W. Deallocate
```

对于其他一些操作，类似的结果也是成立的。这些操作均以简单的方式设计，所以在这里省略了概要。算法 10.2、算法 10.3 和算法 10.4 都是可以自解释的。现在将更详细地解释插入操作及其分析。

首先，可以通过对绝大多数 log $n$ 结构 $V_i$ 应用 $V_i$. Collect 来简单地证明

$$\mathrm{C}_W(n) \leqslant \log n\, \mathrm{c}_V(n)$$

详见算法 10.2。

按同样的论证方式，可以有：

$$\mathrm{Y}_W(n) \leqslant \log n\, \mathrm{y}_V(n)$$

另外，如果假设查询是可分解的，那么下式也是成立的。

$$\mathrm{Q}_W(n) \leqslant \log n\, \mathrm{q}_V(n)$$

详见算法 10.3。

现在很容易看出来

$$\mathrm{S}_W(n) \leqslant \sum_{i=0}^{\lfloor \log n \rfloor} \mathrm{s}_V(2^i) \in O(\mathrm{s}_V(n)$$

这意味着开发人员不需要更多空间。最后，还必须对分摊成本模型中的插入操作 $\mathrm{I}_W(n)$ 进行分析。

正如图 10.4 所示，当必须建立 $W_{n+1}$ 时，$W_n$ 的整个结构有可能会被破坏。在图 10.4 所示的情况下，开发人员需要执行以下构造步骤：

$$\mathrm{D}_0 := V_0.\mathrm{Collect};\ \mathrm{D}_1 := V_1.\mathrm{Collect};\ \mathrm{D} := \mathrm{D}_0 \cup \mathrm{D}_1 \cup \{\mathrm{d}\};$$
$$V_2 := \mathrm{D.Build};$$

一般来说，只有当 $a_i = 1$（$i = 0, 1, ..., j-1$）成立并且 $a_j = 0$ 也成立（对于当前 $n$ 的二进制分解）时，开发人员才必须建立 $V_j$ 并提取和删除 $V_{j-1}, V_{j-2}, \ldots, V_0$。算法 10.5 还必须适当更新索引集 *Bin*。例如，对于 $n = 1010011$，可以有 *Bin* $\{0,1,4,6\}$。插入新元素会使 *Bin* = $\{2,4,6\}$。

在这种特殊情况下，可以证明：

$$\begin{aligned}\mathrm{I}_W(n) &\leqslant \left(\sum_{i=0}^{j-1} \mathrm{c}_V(2^i)\right) + K \cdot j + \mathrm{b}_V(2^j)\\ &\leqslant \mathrm{c}_V(2^i) + K \cdot j + \mathrm{b}_V(2^j)\\ &\in O(\mathrm{b}_V(2^j))\end{aligned}$$

其中 $K$ 是常数。$K \cdot j$ 的结果代表组合所收集的元素。其余部分源于成本函数的属性。有关详细信息，请参阅第 10.2 节中列出的第 3 个函数的属性。

**算法 10.5：将元素插入二进制分解中**

$W$. INSERT($d$)（$W$ = ($V$[], $Bin$)表示二进制分解，$d$ 是元素）

```
W [] := W.DataArray
Bin := W.BinRep
j := 0
D = new list
while Bin ≠ ∅ and j = First(Bin) do
        D.ListAdd(V [j].Collect)
        V [j] := Nil
        Bin . DeleteFirst
        j := j + 1
end while
D.ListAdd({d})
V [j] := D.Build
Bin.AddFirst(j)
```

对于长序列插入，许多插入操作都可以在无须极端重建的情况下执行。所有 $W$.INSERT(d)的工作量都会随着时间的推移而分摊。对于 $W$. INSERT(d)操作，可以证明：

$$\overline{\mathrm{I}_W}(t) \in O\left(\frac{\log t}{t}\mathrm{b}_V(t)\right)$$

该结果源自于将所有 $V_i$ 结构的重建成本相加的总和。在每次插入后重建 $V_0$，在每第二次插入后重建 $V_1$，并且通常在每 $2^i$ 次插入后即重建 $V_i$。对于 $n$ 次插入的序列，其总插入成本可计算如下：

$$\sum_{i=1}^{n}\mathrm{I}_W(n) = \sum_{j=0}^{\log n}\frac{n}{2^j}\mathrm{b}_V(2^j) \in O(\log n \cdot \mathrm{b}_V(n))$$

$n$ 的平均值给出了上面的结果。请注意，除了插入之外，在 $t$ 中只有查询。查询不会改变数据集的大小，因此可以将 $t$ 替换为此处的插入数量 $n$。

总而言之，结果可以在以下定理中给出。

**定理 10.2**　如图 10.10 所示的静态抽象数据类型 Static 可以通过动态抽象数据类型 DYNAMIC 中的二进制分解来动态化，以便操作 $W$.INSERT(d)可以按以下分摊的时间执行。

$$\overline{\mathrm{I}_W}(t) \in O\left(\frac{\log t}{t}\mathrm{b}_V(t)\right)$$

其中 $t$ 表示操作序列的长度。

设 $n$ 是数据集的大小，则对于其余的 BUILD、QUERY、DESTROY 和 COLLECT 操作以及所需的存储，可以实现：

$$\mathrm{S}_W(n) \in O(\log n\ \mathrm{s}_V(n))$$
$$\mathrm{C}_W(n) \in O(\log n\ \mathrm{c}_V(n))$$
$$\mathrm{Y}_W(n) \in O(\log n\ \mathrm{y}_V(n))$$
$$\mathrm{B}_W(n) \in O(\mathrm{b}_V(n))$$
$$\mathrm{Q}_W(n) \in O(\log n\ \mathrm{q}_V(n))$$

## 10.3.2　分摊删除：半大小规则

假设开发人员还没有实现 INSERT 操作。在这种情况下，如果必须删除某个对象，则无法预知它在结构 $V$ 中的位置。另外，删除操作也可能导致从根本上的重建，而这要比简单的插入操作困难得多。

对于许多数据结构来说，将对象标记为已删除则更容易。在物理上，对象保留在结构中，但不再属于数据集 $D$。这种弱删除的对象可能对所有操作的运行时间有一些影响。因此，开发人员时不时地会想要重建实际数据集 $D$ 的数据结构。

首先，对于 Static 数据类型而言，可以引入额外的操作 $V$. WeakDelete(d)，它的成本函数是 $\mathrm{wd}_V(n)$。此外还可以构造一个强（Strong）删除函数 DELETE，它对于 DYNAMIC 数据类型而言具有可接受的分摊时间限制。WeakDelete 操作强烈依赖于相应的数据结构。

开发人员可以一直使用 $V$. WeakDelete(d)弱删除方式，直到 $D$ 只有 $V$ 的一半大小。然后即可删除 $V$ 并从 $D$ 构建一个新的结构 $V$。实际上，可以使用两个计数器：ActElements 和 WeakDeleteElements。在每次执行 WeakDelete 操作之后，即可减少 ActElements 的计数而增加 WeakDeleteElements 的计数。如果两个计数器的值相同，则收集所有实际（Real）元素并从头开始重建数据结构。由于该算法很简单，所以未将其呈现在伪代码中。此外，在 10.3.3 节会将 DELETE 操作加入算法 10.6 中。

半大小规则的成本将按前面的 WeakDelete 操作分摊，具体如下所述。开发人员可以将 $V$ 的重建成本分摊到 $\frac{1}{2}|V|$ WeakDelete 操作。此外，还必须考虑 WeakDelete 操作本身。这意味着对于一系列 $t$ 操作来说，DELETE 操作的分摊成本最多由 $\frac{\mathrm{b}_V(t)}{t} + \mathrm{wd}_V(t)$ 给出。由于所有数据对象的数量最多是实际数据的两倍，因此可以应用第 10.2 节中列出的第 3 个函数属性： $f(2n) \in O(f(n))$。所以，所有其他操作不受影响，并且可以考虑实际数据集的运行时间。这给出了以下一般性的结果。

**定理 10.3**　在第 10.2 节中给出的静态抽象数据类型 Static 带有附加操作 $V$. WeakDelete(d)和附加成本函数 $WD_V(n)$，它可以通过动态抽象数据类型 $T\,Dyn$ 中的偶然重建来实现动态化，使得下式成立：

$$\mathrm{B}_W(r) \in O(b_V(r))$$
$$\mathrm{C}_W(r) \in O(\mathrm{e}_V(r))$$
$$\mathrm{Q}_W(r) \in O(\mathrm{q}_V(r))$$
$$\mathrm{S}_W(r) \in O(\mathrm{s}_V(r))$$
$$\overline{D_W}(t) \in O\left(\mathrm{wd}_V(t) + \frac{b_V(t)}{t}\right)$$

实际数据集的大小用 $r$ 表示，而 $t$ 则表示操作序列的长度。

## 10.3.3　分摊插入和分摊删除

在前面的小节中，分别讨论了分摊插入和分摊删除操作。本节将要展示如何将这两种方法结合起来。

假设已经给出了具有 WeakDelete 实现的静态抽象数据类型。如第 10.3.1 节所述，可以使用二进制分解进行插入操作。WeakDelete 操作仅适用于结构 $V_i$，开发人员必须将其扩展为 $W$ 以应用第 10.3.2 节的结果。如果应用 $W$. DELETE(d)，则应在 $W$ 中将 $d$ 标记为已删除，而不是从存储中物理删除。但是，开发人员并不知道元素 $d$ 处在结构 $V_i$ 的哪一个条目中。因此，除了二进制分解之外，还需要构建一个存储该信息的平衡搜索树（Search Tree）$T$。对于每个 $d \in W$，都有一个指向结构 $V_i$ 的指针，其中 $d \in V_i$，在图 10.9 中即显示了这样一个示例。

可以假设 $W$ 包含数组 $V$[]、索引集 $Bin$ 和搜索树 $T$。搜索树 $T$ 的附加成本所涵盖的问题如下所述。

- 不涉及 QUERY 操作，查询操作的处理详见第 10.3.1 节的说明。
- 类似地，$T$ 对收集所有元素的操作没有影响。请注意，这里仅收集实际元素。
- 必须扩展用于 DESTROY 操作的算法 10.4，这样才能销毁 $T$。由于 $T$ 具有线性大小，因此不必关心 Y($W$)的运行时间。
- 对于 BUILD 操作，还需要构建搜索树。该操作需要 $O(r)$时间，因为搜索树 $T$ 中元素的顺序是无效的。幸运的是，成本 $O(r)$包含在 $O(\mathrm{b}_V(r))$中，因为数据对象的数量是 $\mathrm{b}_V(r)$的下限。

DESTROY、BUILD、QUERY 和 COLLECT 等操作的相应算法可以很容易地扩展，所以这里省略了简单的伪代码扩展，转为讨论扩展的 INSERT 和 DELETE 操作。

对于 $W$. DELETE(d)，还有一个额外的 $O(\log n)$用于搜索相应的 $V_i$ 并将 $V_i$ 中的 $d$ 标记为已删除，见算法 10.6。

INSERT 操作需要额外的 $O(\log 2r)$时间来将新元素 $d$ 插入树 $T$ 中。创建到其子结构 $V_j$ 的链接是在恒定时间内完成的。这些操作的成本包含在插入操作的摊销成本中。此外，必须擦除 $V_0,\ldots,V_{j-1}$，之后相应的对象应指向 $V_j$。这可以通过收集 $V_0,\ldots,V_{j-1},\{d\}$ 中所有元素的指针来有效地实现。假设指针属于元素，也就是说，信息将存储在元素中，见算法 10.7。可以收集指针并将它们更改为 $V_j$。用于构造 $V_j$ 的时间 $O(b_V(2^j))$已经涵盖了该操作。另外，INSERT 操作必须更新计数器 $W$. ActElements。扩展的 INSERT 操作将在算法 10.7 中实现。

**算法 10.6：扩展的 DELETE 操作包含半大小规则和 WeakDelete 操作**

---

*W*. DELETE(*d*) （$W=(V[], Bin, T)$ 表示具有搜索树 $T$ 的二进制分解，$d$ 是一个元素）

---

```
V [] := W. DataArray
Bin := W. BinRep
T := W. SearchTree
if W. ActElements < W. WeakDeleteElements +1 then
        D := W. COLLECT
        W . DESTROY
        W := BUILD(D)
else
        W. WeakDeleteElements := W. WeakDeleteElements +1
        V [i] := T. SearchTreeQuery(d)
        V [i]. WeakDelete(d)
end if
```

---

**算法 10.7：扩展的 INSERT 操作**

---

*W*. INSERT(*d*)（$W=(V[], Bin, T)$ 表示具有搜索树 $T$ 的二进制分解，$d$ 是一个元素）

---

```
V [] := W. DataArray
Bin := W. BinRep
T := W. SearchTree
j := 0
D := new list
P := new list
while Bin ≠ ∅ and j = First(Bin) do
        D . ListAdd(V [j]. Collect)
        V [j] := Nil
        Bin . DeleteFirst
        j := j + 1
end while
D . Pointer(V [j])
```

---

```
D . ListAdd({d})
V [j]:= D . Build
Bin . AddFirst(j)
T. Insert(d)
W. ActElements := W. ActElements +1
```

总之，可以得出以下结论。

**定理 10.4**　静态抽象数据类型 Static 如图 10.10 所示，它带有附加操作 $V$. WeakDelete(d) 和附加成本函数 $\mathrm{wd}_V(n)$，并且可以通过二进制分解、搜索树 $T$ 和动态抽象数据类型 DYNAMIC 中的半大小规则来动态化，使得插入操作的分摊时间为：

$$\overline{I_W}(t) \in O\left(\log t \frac{\mathrm{b}_V(t)}{t}\right)$$

而删除操作的分摊时间则为：

$$\overline{D_W}(t) \in O\left(\log t + \mathrm{wd}_V(t) + \frac{\mathrm{b}_V(t)}{t}\right)$$

对于其他的操作和存储，可以获得以下时间函数：

$$\mathrm{B}_W(r) \in O(\mathrm{b}_V(r))$$
$$\mathrm{C}_W(r) \in O(\log r\ \mathrm{c}_V(r))$$
$$\mathrm{Y}_W(r) \in O(\log r\ \mathrm{y}_V(r))$$
$$\mathrm{Q}_W(r) \in O(\log r\ \mathrm{q}_V(r))$$
$$\mathrm{S}_W(r) \in O(\mathrm{s}_V(r))$$

实际数据集的大小用 $r$ 表示，而 $t$ 则表示操作序列的长度。

## 10.4　最坏情况下的动态化

在 10.3 节中可以看到，随着时间的推移，分析性地分摊插入和删除操作的成本是很容易的。构建动态数据结构的主要思路是由 $W$ 的二进制分解给出的，其不时有根本性的变化，但相应的成本则是分摊的。现在需要来寻找插入和删除操作的最坏情况下的成本。其思路是随着时间的推移分配 $V_j$ 本身的构造，即如果必须删除 $V_{j-1}, V_{j-2}, \cdots, V_0$，则应该完成结构 $V_j$。

更准确地说，开发人员想要证明给定的思路也适应在成本模型下运行，该成本模型可以测量在最坏情况下的每一项操作。这个主要思路源于参考文献[Overmars 和 van Leeuwen 81a] 和[Overmars 和 van Leeuwen 81d]。

为方便起见，可以首先考虑插入操作。在一系列插入操作之后，必须重建二进制分解。显然，如果发生这种情况，则相应的插入操作需要进行大量的工作。因此，开发人员将尝试逐步构建新结构，直到在最后一次插入操作的情况下结构重建也已经完成。

本方案的主要思路是将每个$V_i$最多拆分为 4 个结构：$V_{i1},V_{i2},V_{i3}$和$V_i^*$，它们分别有$2^i$个对象。$V_i^*$正在构建中。一般规则如下：如果$V_{i1}$已满并且第一次插入时将对象插入$V_{i2}$中，则开始将$V_{i1}$和$V_{i2}$的对象插入$V_{i+1}^*$中，这是一个大小为$2^{i+1}$的结构。这将会把下一个$2^{i+1}$插入操作分布到$V_{i2}$和$V_{i3}$中。然后，$V_{i+1}^*$已满并在下一个插入步骤中替换$V_{i+1_1}$。第二个规则是，如果$V_i^*$已满，则使用$V_i^*$先后替换$V_{i_1}$、$V_{i_2}$或$V_{i_3}$。这种替换需要的时间是恒定的。

为方便起见，可以考虑将一系列插入操作分配到空结构中。步骤如图 10.11 所示。

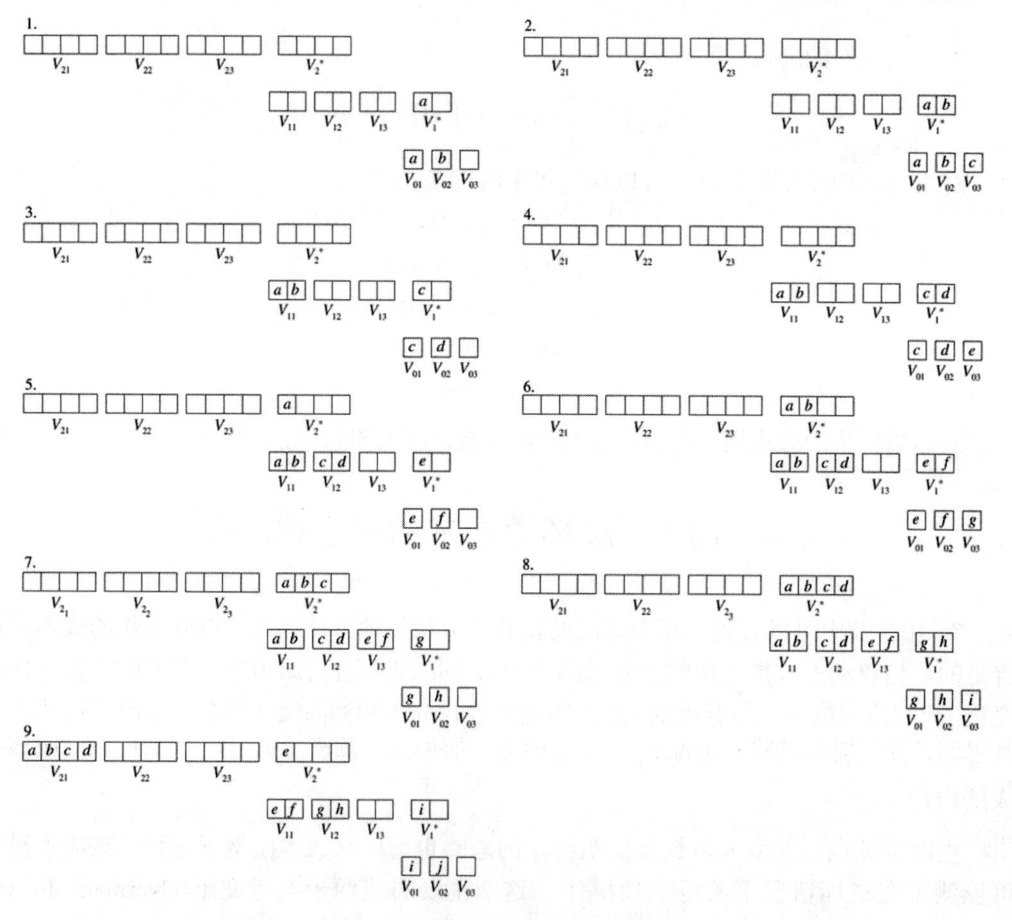


图 10.11　随时间推移分配重建任务

（1）第一个对象 $a$ 插入 $V_{01}$ 中。将下一个对象 $b$ 插入 $V_{02}$ 中。同时，应用上述简单规则，要求将第一个元素 $V_{01}=a$ 插入 $V_1^*$ 中。

（2）将 $c$ 插入 $V_{03}$ 中。同时，$V_{02}=b$ 插入 $V_1^*$ 中，$V_1^*$ 首次完成。也就是说，在两次插入后，来自 $V_{01}$ 和 $V_{02}$ 的元素连续构建 $V_1^*$。

（3）如果必须插入下一个元素 $d$，则 $V_{01}$，$V_{02}$ 和 $V_{03}$ 都已经满了。现在，$V_{11}$ 被 $V_1^*$ 代替，$V_{01}$ 被 $V_{03}$ 代替，新元素 $d$ 被插入 $V_{03}$。这再次意味着开始构建具有 $V_{01}$ 和 $V_{02}$ 元素的新 $V_1^*$，并且将 $c$ 插入 $V_1^*$ 中。

（4）将下一个元素 $e$ 插入 $V_{03}$ 中，同时将 $d$ 插入 $V_1^*$ 中，使得 $V_1^*$ 完成。

（5）如果插入下一个元素 $f$，则 $V_{12}$ 被替换为 $V_1^*$。根据上述规则，$V_2^*$ 的第一部分由 $V_{11}$ 的第一个元素（也就是 $a$）构成。

（6）元素 $g$ 插入 $V_{03}$，$V_1^*$ 完成，$V_2^*$ 具有半大小。

（7）如果插入 $h$，则 $V_1^*$ 将替换 $V_{13}$。同样，通过插入 $V_{01}=g$ 可以重新开始构造 $V_1^*$。

（8）如果 $i$ 插入 $V_{03}$，则结构 $V_2^*$ 在 $2^2$ 次插入之后已经完成，即 $f$，$g$，$h$ 和 $i$。同样，$V_1^*$ 也已经完成。

（9）在下一步中，$V_2^*$ 替换了 $V_{21}$。此外，$V_{13}$ 替换了 $V_{11}$，$V_1^*$ 移至 $V_{12}$。因此，又可以再次从 $V_{11}$ 和 $V_{12}$ 开始构建 $V_1^*$。

结构 $V_{i+1}^*$ 在 $2^{i+1}$ 次插入操作之后完成。总而言之，对于每一次插入操作，都需要投入以下时间以构建 $V_{i+1}^*$：

$$\frac{\mathrm{b}_V(2^{i+1})}{2^{i+1}}$$

当然，开发人员仍需要汇总所有结构 $V_i^*$ 的成本。该成本可以采用与第 10.3.1 节中的分摊成本类似的方式进行分析。它与分摊成本模型的唯一区别是，如果发生插入操作，则该工作必须部分完成。

结构 $V_{i1}, V_{i2}$ 和 $V_{i3}$ 要么是满的，要么是空的。对于查询操作，所有完整结构的 $V_{i1}, V_{i2}$ 和 $V_{i3}$ 都需要使用。

必须注意 BUILD 和 COLLECT 操作可以分成很小的步骤。否则将无法充分地分配工作。

用于二进制分解的最坏情况敏感（Worst-Case-Sensitive）的删除操作可以按如下方式实现。如果 $V$ 中所有（包括实际数据和弱删除元素）对象 $n$ 的数量等于 $V$ 中实际数据对象的数量的大约 $\frac{3}{2}$ 倍，即可开始重建每个单一结构 $V$ 的更好的副本 $\overline{V}$。如果所有（包括实际数据和弱删除元素）对象的数量 $n$ 上升到实际数据对象数量的大约两倍，则 $\overline{V}$ 应该准备好替换 $V$。

结构 $V_{i1},V_{i2}$ 和 $V_{i3}$ 可以具有弱删除的元素。对于单个弱删除，将通过平衡搜索树找到相应的子结构，如 10.3 节所示。如前所述，如果结构 $V_{ij}$ 的 $\frac{1}{4}$ 都不是实际的，则开始在副本 $\overline{V_{ij}}$ 中重建 $V_{ij}$。如果结构 $V_{ij}$ 的一半大小都已经不是实际的，则使用 $\overline{V_{ij}}$ 替换 $V_{ij}$。如果已经达到半大小限制，则必须注意 $\overline{V_{ij}}$ 已完全完成。最坏的情况是，在开始构建 $\overline{V_{ij}}$ 之后，只发生弱删除操作。在任何情况下，至少 $\frac{1}{4}\left|V_{ij}\right|$ 的弱删除操作可用于构建 $\overline{V_{ij}}$。因此，成本 $\mathrm{b}_V(V_{ij})$ 被分布在 $\frac{1}{4}\left|V_{ij}\right|$ 的弱删除操作上，每项操作都要付出以下成本：

$$4\frac{\mathrm{b}_V(V_{ij})}{\left|V_{ij}\right|}$$

它与分摊成本模型的主要区别在于，如果发生弱删除操作，则该工作必须部分完成。

这里有一个特殊问题。已经插入副本 $\overline{V_{ij}}$ 中的 $V_{ij}$ 的一些真实对象可能会在 $\overline{V_{ij}}$ 准备好之前就被弱删除。在 $\overline{V_{ij}}$ 中重建 $V_{ij}$ 期间，无法在 $\overline{V_{ij}}$ 上执行弱删除操作。因此，需要将 $V_{ij}$ 上的弱删除操作存储在队列中，随后再将它们应用于 $\overline{V_{ij}}$。因此，如果 $V_{ij}$ 被 $\overline{V_{ij}}$ 替换，则它可能会有一些弱删除的对象。但是，通过简单的算术就可以保证，只有不到 25%的新结构不是实际的。$V_i^*$ 也有一个特殊问题。不能从 $V_i^*$ 中弱删除元素，因为仍然需要构建它。因此，对于 $V_i^*$ 来说，也可以将 $V_{i-1_1}$ 和 $V_{i-1_2}$ 上的弱删除操作存储在队列中，随后再将它们应用于 $V_i^*$。

对此方案感兴趣的读者可以参见参考文献[Klein 05]和[Overmars 83]以获取更多信息。

**定理 10.5** 在图10.10中提供的静态抽象数据类型Static带有附加操作 $V$. WeakDelete($d$) 和附加成本函数 $\mathrm{wd}_V(n)$，它可以在动态抽象数据类型 DYNAMIC 中动态化，以便：

$$\begin{aligned}
&\text{BUILD(D)} && \in O(\mathrm{b}_V(n))\\
&W.\text{QUERY}(q) && \in O(\log n\cdot \mathrm{q}_V(n))\\
&W.\text{INSERT(d)} && \in O\left(\frac{\log n}{n}\mathrm{b}_V(n)\right)\\
&W.\text{DELETE(d)} && \in O\left(\log n+\mathrm{wd}_V(n)+\frac{\mathrm{b}_V(n)}{n}\right)\\
&\text{SPACE} && O(\mathrm{s}_V(n))
\end{aligned}$$

在这里，$n$ 表示实际数据对象的数量。

## 10.5　搜索查询数据结构的应用

为方便起见，本节从第 2 章中选取了一些简单的示例并应用定理 10.4，从而为一些静态数据结构实现了分摊插入和删除操作。

现在来考虑正交范围查询（即截窗查询和穿刺查询）的数据结构。在第 10.1 节中的 kd 树示例属于在 2D 中使用矩形框范围查询的点集的截窗问题。为方便起见，可以专注于 BUILD、QUERY、INSERT、DELETE 操作和存储空间等。在下文中，实际数据集的大小用 $n$ 表示，而 $t$ 则表示操作序列的长度。

### 1．截窗搜索查询

本小节提供了点集的截窗查询和 2D 截窗查询示例。

以下是 $d$ 维（点/轴平行框）截窗查询。

- 输入：维度 $d$ 中的点集 $S$。
- 查询：维度 $d$ 中的轴平行框 $B$。
- 输出：在 $B$ 中 $S$ 的所有点。
- 数据结构：$d$ 维范围树。
- $\mathrm{b}_V(n) \in O(n\log^{(d-1)} n)$
- $\mathrm{s}_V(n) \in O(n\log^{(d-1)} n)$
- $\mathrm{q}_V(n) \in O(k+\log^{d} n)$
- $\mathrm{wd}_v(n) \in O(\log^{(d-1)} n)$
- $\mathrm{B}_W(n) \in O(n\log^{(d-1)} n)$
- $\mathrm{S}_W(n) \in O(n\log^{(d-1)} n)$
- $\mathrm{Q}_V(n) \in O(n\log^{(d+1)} n)$
- $\overline{I_W}(t) \in O(\log^{d} t)$
- $\overline{D_W}(t) \in O(\log^{d} t)$

以下是 2D（轴平行框/轴平行框）截窗查询。

- 输入：2D 中的轴平行框的集合 $S$。
- 查询：2D 中的轴平行框 $B$。
- 输出：$S$ 中的所有框，$B$ 中的元素。

- 3 种不同的搜索查询数据结构（见图 2.9）。
  - 查询框 $B$ 内：2D 线段树。
  - $B$ 内的顶点：2D 范围树。
  - 交叉段：具有 2D 范围树的区间树（见第 2.6 节）。
  - $\mathrm{b}_V(n) \in O(n\log n)$
  - $\mathrm{s}_V(n) \in O(n\log n)$
  - $\mathrm{q}_V(n) \in O(\log^2 n + k)$
  - $\mathrm{wd}_v(n) \in O(\log^2 n)$
  - $\mathrm{B}_W(n) \in O(n\log n)$
  - $\mathrm{S}_W(n) \in O(n\log n)$
  - $\mathrm{Q}_V(n) \in O(\log^3 n + k)$
  - $\overline{I_W}(t) \in O(\log^2 t)$
  - $\overline{D_W}(t) \in O(\log^2 t)$

### 2．穿刺搜索查询

本小节提供了几个穿刺搜索查询示例。

以下是 2D（线段/线）穿刺查询。

- 输入：2D 中的线段集合 $S$。
- 查询：垂直线 $l$。
- 输出：所有和 $l$ 交叉的 $S$ 的线段。
- 数据结构：分段树。
- $\mathrm{b}_V(n) \in O(n\log n)$
- $\mathrm{s}_V(n) \in O(n\log n)$
- $\mathrm{q}_V(n) \in O(k + \log n)$
- $\mathrm{wd}_v(n) \in O(\log n)$
- $\mathrm{B}_W(n) \in O(n\log n)$
- $\mathrm{S}_W(n) \in O(n\log n)$
- $\mathrm{Q}_V(n) \in O(\log^2 n + k)$
- $\overline{I_W}(t) \in O(\log^2 t)$
- $\overline{D_W}(t) \in O(\log^2 t)$

以下是 $d$ 维（轴平行框/点）穿刺查询。

- 输入：$d$ 维轴平行框的集合 $S$。

- 查询：维度 $d$ 中的点 $q$。
- 输出：所有包含 $q$ 的 $B$ 中的框。
- 数据结构：多层线段树。
- $\mathrm{b}_V(n) \in O(n\log^d n)$
- $\mathrm{s}_V(n) \in O(n\log^d n)$
- $\mathrm{q}_V(n) \in O(k + \log^d n)$
- $\mathrm{wd}_v(n) \in O(\log^d n)$
- $\mathrm{B}_W(n) \in O(n\log^d n)$
- $\mathrm{S}_W(n) \in O(n\log^d n)$
- $\mathrm{Q}_V(n) \in O(\log^{(d+1)} n + k)$
- $\overline{I_W}(t) \in O(\log^{d+1} t)$
- $\overline{D_W}(t) \in O(\log^{d+1} t)$

# 参 考 文 献

[Abellanas et al. 01a] Manuel Abellanas, Ferran Hurtado, Christian Icking, Rolf Klein, Elmar Langetepe, Lihong Ma, Belén Palop and Vera Sacristán. "The Farthest Color Voronoi Diagram and Related Problems." In *Abstracts 17th European Workshop Comput. Geom.*, pp. 113–116. Freie Universität Berlin, 2001.

[Abellanas et al. 01b] Manuel Abellanas, Ferran Hurtado, Christian Icking, Rolf Klein, Elmar Langetepe, Lihong Ma, Belén Palop and Vera Sacristán. "Smallest Color-Spanning Objects." In *Proc. 9th Annu. European Sympos. Algorithms*, Lecture Notes Comput. Sci., 2161, pp. 278–289. Springer-Verlag, 2001.

[Adamson and Alexa 03] Anders Adamson and Marc Alexa. "Approximating and Intersecting Surfaces from Points." In *Proc. Eurographics Symp. on Geometry Processing*, pp. 230–239, 2003.

[Adamson and Alexa 04] Anders Adamson and Marc Alexa. "Approximating Bounded, Non-orientable Surfaces from Points." In *Proc. Shape Modeling International*, pp. 243–252, 2004.

[Agarwal et al. 97] Pankaj K. Agarwal, Leonidas J. Guibas, T. M. Murali and Jeffrey Scott Vitter. "Cylindrical Static and Kinetic Binary Space Partitions." In *Proc. 13th Annu. ACM Sympos. Comput. Geom.*, pp. 39–48, 1997.

[Agarwal et al. 98] Pankaj K. Agarwal, Jeff Erickson and Leonidas J. Guibas. "Kinetic BSPs for Intersecting Segments and Disjoint Triangles." In *Proc. 9th ACM-SIAM Sympos. Discrete Algorithms*, pp. 107–116, 1998.

[Aho et al. 74] A. V. Aho, J. E. Hopcroft and J. D. Ullman. *The Design and Analysis of Computer Algorithms*. Reading, MA: Addison-Wesley, 1974.

[Alexa et al. 03] M. Alexa, J. Behr, Daniel Cohen-Or, S. Fleishman, D. Levin and C. T. Silva. "Computing and Rendering Point Set Surfaces." *IEEE Trans. on Visualization and Computer Graphics* 9:1 (2003), 3–15.

[Alt and Schwarzkopf 95] Helmut Alt and Otfried Schwarzkopf. "The Voronoi Diagram of Curved Objects." In Proc. *11th Annu. ACM Sympos. Comput. Geom.*, pp. 89–97, 1995.

[Ar et al. 00] Sigal Ar, Bernard Chazelle and Ayellet Tal. "Self-Customized BSP Trees for

Collision Detection." *Computational Geometry: Theory and Applications* 15:1– 3 (2000), 91–102.

[Ar et al. 02] Sigal Ar, Gil Montag and Ayellet Tal. "Deferred, Self-Organizing BSP Trees." In *Eurographics*, pp. 269–278, 2002.

[Arvo and Kirk 87] James Arvo and David B. Kirk. "Fast Ray Tracing by Ray Classification." In *Computer Graphics (SIGGRAPH '87 Proceedings)*, 21, edited by Maureen C. Stone, 21, pp. 55–64, 1987.

[Arvo and Kirk 89] J. Arvo and D. Kirk. "A Survey of Ray Tracing Acceleration Techniques." In *An Introduction to Ray Tracing*, edited by A. Glassner, pp. 201–262. San Diego, CA: Academic Press, 1989.

[Arya et al. 98] S. Arya, D. M. Mount, N. S. Netanyahu, R. Silverman and A. Wu. "An Optimal Algorithm for Approximate Nearest Neighbor Searching in Fixed Dimensions." *J.ACM* 45 (1998), 891–923.

[Aurenhammer and Klein 00] Franz Aurenhammer and Rolf Klein. "Voronoi Diagrams." In *Handbook of Computational Geometry*, edited by Jörg-Rüdiger Sack and Jorge Urrutia, pp. 201–290. Amsterdam: Elsevier Science Publishers B.V. North-Holland, 2000.

[Aurenhammer 91] F. Aurenhammer. "Voronoi Diagrams: A Survey of a Fundamental Geometric Data Structure." *ACM Comput. Surv*. 23:3 (1991), 345–405.

[Avis and Horton 85] David Avis and Joe Horton. "Remarks on the Sphere of Influence Graph." *Discrete Geometry and Convexity, Annals of the New York Academy of Sciences* 440 (1985), 323–327.

[Avnaim et al. 97] Francis Avnaim, Jean-Daniel Boissonnat, Olivier Devillers, Franco P. Preparata and Mariette Yvinec. "Evaluating Signs of Determinants using Single-Precision Arithmetic." *Algorithmica* 17:2 (1997), 111–132.

[Baker et al. 99] R. Baker, M. Boilen, M. T. Goodrich, R. Tamassia and B. A. Stibel. "Testers and Visualizers for Teaching Data Structures." In *Proc. of ACM SIGCSE '99*, 1999.

[Bala et al. 03] Kavita Bala, Bruce Walter and Donald P. Greenberg. "Combining Edges and Points for Interactive High-Quality Rendering." *ACM Transactions on Graphics (SIGGRAPH 2003)* 22:3 (2003), 631–640.

[Balmelli et al. 99] Laurent Balmelli, Jelena Kovacevic and Martin Vetterli. "Quadtrees for Embedded Surface Visualization: Constraints and Efficient Data Structures." In *Proc. of IEEE International Conference on Image Processing (ICIP)*, pp. 487–491, 1999.

[Balmelli et al. 01] Laurent Balmelli, Thmoas Liebling and Martin Vetterli. "Computational

Analysis of 4-8 Meshes with Application to Surface Simplification using global Error." In *Proc. of the 13th Canadian Conference on Computational Geometry (CCCG)*, 2001.

[Barequet et al. 96] Gill Barequet, Bernard Chazelle, Leonidas J. Guibas, Joseph S. B. Mitchell and Ayellet Tal. "BOXTREE: A Hierarchical Representation for Surfaces in 3D." *Computer Graphics Forum* 15:3 (1996), C387–C396, C484.

[Barzel et al. 96] Ronen Barzel, John Hughes and Daniel N. Wood. "Plausible Motion Simulation for Computer Graphics Animation." In *Proceedings of the Eurographics Workshop Computer Animation and Simulation*, edited by R. Boulic and G. Hégron, pp. 183–197. Springer, 1996.

[Basch et al. 97] J. Basch, L. J. Guibas, C. Silverstein and L. Zhang. "A Practical Evaluation of Kinetic Data Structures." In *Proc. 13th Annu. ACM Sympos. Comput. Geom.*, pp. 388–390, 1997.

[Batut et al. 00] C. Batut, D. Bernadi, H. Cohen and M. Olivier. "User's guide to PARI/GP." 2000. Available from World Wide Web (http://www.gn-50uma.de/ftp/pari-2.1/manuals/users.pdf).

[Beckmann et al. 90] N. Beckmann, H.-P. Kriegel, R. Schneider and B. Seeger. "The R*Tree: An Efficient and Robust Access Method for Points and Rectangles." In *Proc. ACM SIGMOD Conf. on Management of Data*, pp. 322–331, 1990.

[Benouamer et al. 93] M. Benouamer, P. Jaillon, D. Michelucci and J.-M. Moreau. "A Lazy Solution to Imprecision in Computational Geometry." In *Proc. 5th Canad. Conf. Comput. Geom.*, pp. 73–78, 1993.

[Bentley and Ottmann 79] J. L. Bentley and T. A. Ottmann. "Algorithms for Reporting and Counting Geometric Intersections." *Transactions on Computing* 28:9 (1979), 643–647.

[Bentley et al. 80] Jon Louis Bentley, Bruce W. Weide and Andrew C. Yao. "Optimal Expected-Time Algorithms for Closest Point Problems." *ACM Transactions on Mathematical Software* 6:4 (1980), 563–580.

[Bentley 77] J. L. Bentley. "Solutions to Klee's Rectangle Problems." Technical report, Carnegie-Mellon Univ., Pittsburgh, PA, 1977.

[Bentley 79] J. L. Bentley. "Decomposable Searching Problems." *Inform. Process. Lett.* 8 (1979), 244–251.

[Bernal 92] J. Bernal. "Bibliographic Notes on Voronoi Diagrams." Technical report, National Institute of Standards and Technology, Gaithersburg, MD 20899, 1992.

[Bhattacharya et al. 81] Binay K. Bhattacharya, Ronald S. Poulsen and Godfried T. Toussaint. "Application of Proximity Graphs to Editing Nearest Neighbor Decision Rule." In

*International Symposium on Information Theory*. Santa Monica, 1981.

[Boissonnat and Cazals 00] Jean-Daniel Boissonnat and Frédéric Cazals. "Smooth Surface Reconstruction via Natural Neighbour Interpolation of Distance Functions." In *Proc. 16th Annu. ACM Sympos. Comput. Geom.*, pp. 223–232, 2000.

[Boissonnat and Cazals 01] J.-D. Boissonnat and F. Cazals. "Natural Neighbor Coordinates of Points on a Surface." *Comput. Geom. Theory Appl.* 19 (2001), 155–173.

[Boissonnat and Teillaud 93] Jean-Daniel Boissonnat and Monique Teillaud. "On the Randomized Construction of the Delaunay Tree." *Theoret. Comput. Sci.* 112 (1993), 339–354.

[Borgefors 84] G. Borgefors. "Distance Transformations in Arbitrary Dimensions." In *Computer. Vision, Graphics, Image Processing*, 27, pp. 321–345, 1984.

[Boyer et al. 00] Elizabeth D. Boyer, L. Lister and B. Shader. "Sphere-of-Influence Graphs Using the Sup-Norm." *Mathematical and Computer Modelling* 32:10 (2000), 1071–1082.

[Bremer et al. 02] Peer-Timo Bremer, Serban D. Porumbescu, Falko Kuester, Bernd Hamann, Kenneth I. Joy and Kwan-Liu Ma. "Virtual Clay Modeling using Adaptive Distance Fields." In *Proceedings of the 2002 International Conference on Imaging Science, Systems and Technology (CISST 2002)*, edited by H. R. Arambnia et al. Athens, Georgia, 2002.

[Brown 79] K. Q. Brown. "Voronoi Diagrams from Convex Hulls." *Inform. Process. Lett.* 9:5 (1979), 223–228.

[Burnikel et al. 94] C. Burnikel, K. Mehlhorn and S. Schirra. "On Degeneracy in Geometric Computations." In *Proc. 5th ACM-SIAM Sympos. Discrete Algorithms*, pp. 16–23, 1994.

[Burnikel et al. 95] Christoph Burnikel, Jochen Könnemann, Kurt Mehlhorn, Stefan Näher, Stefan Schirra and Christian Uhrig. "Exact Geometric Computation in LEDA." In *Proc. 11th Annu. ACM Sympos. Comput. Geom.*, pp. C18–C19, 1995.

[Burnikel et al. 99] C. Burnikel, R. Fleischer, K. Mehlhorn and S. Schirra. "Efficient Exact Geometric Computation Made Easy." In *Proc. 15th Annu. ACM Sympos. Comput. Geom.*, pp. 341–350, 1999.

[Burnikel et al. 00] C. Burnikel, R. Fleischer, K. Mehlhorn and S. Schirra. "A Strong and Easily Computable Separation Bound for Arithmetic Expressions Involving Radicals." *Algorithmica* 27:1 (2000), 87–99.

[Burnikel et al. 01] C. Burnikel, S. Funke, K. Mehlhorn, S. Schirra and S. Schmitt. "A Separation Bound for Real Algebraic Expressions." In *Proc. 9th Annu. European Sympos. Algorithms*, Lecture Notes Comput. Sci., 2161, edited by Friedhelm Meyer auf der Heide, pp.

254–265. Springer-Verlag, 2001.

[Chew 89] L. P. Chew. "Constrained Delaunay Triangulations." *Algorithmica* 4 (1989), 97–108.

[Chew 93] L. P. Chew. "Guaranteed-Quality Mesh Generation for Curved Surfaces." In *Proc. 9th Annu. ACM Sympos. Comput. Geom.*, pp. 274–280, 1993.

[Chin 92] Norman Chin. "Partitioning a 3D Convex Polygon with an Arbitrary Plane." In *Graphics Gems III*, edited by David Kirk, chapter V.2, pp. 219–222. Academic Press, 1992.

[Clarkson 92] K. L. Clarkson. "Safe and Effective Determinant Evaluation." In *Proc. 33rd Annu. IEEE Sympos. Found. Comput. Sci.*, pp. 387–395, 1992.

[Cleveland and Loader 95] W. S. Cleveland and C. L. Loader. "Smoothing by Local Regression: Principles and Methods." In *Statistical Theory and Computational Aspects of Smoothing*, edited by W. Haerdle and M. G. Schimek, pp. 10–49. New York: Springer, 1995.

[Cohen-Or et al. 98] Daniel Cohen-Or, Amira Solomovici and David Levin. "Three-Dimensional Distance Field Metamorphosis." *ACM Transactions on Graphics* 17:2 (1998), 116–141.

[Cole 86] R. Cole. "Searching and Storing Similar Lists." *J. Algorithms* 7 (1986), 202– 220.

[Comba 99] João Luiz Dihl Comba. "Kinetic Vertical Decomposition Trees." PhD dissertation, Stanford University, 1999. Available from World Wide Web (http://graphics.stanford.edu/~comba/kvd/kvd.html).

[Coren and Girgus 78] S. Coren and J. S. Girgus. *Seeing is Deceiving: The Psychology of Visual Illusions*. Lawrence Erlbaum Associates, 1978.

[Cover and Hart 67] T.M. Cover and P.E. Hart. "Nearest Neighbor Pattern Classification." *IEEE Transactions on Information Theory* IT-13:1 (1967), 21–27.

[Dantzig 63] G. B. Dantzig. *Linear Programming and Extensions*. Princeton, NJ: Princeton University Press, 1963.

[Davenport et al. 88] J. H. Davenport, Y. Siret and E. Tournier. *Computer Algebra: Systems and Algorithms for Algebraic Computation*. Acacdemic Press, 1988.

[de Berg et al. 00] Mark de Berg, Marc van Kreveld, Mark Overmars and Otfried Schwarzkopf. *Computational Geometry: Algorithms and Applications*, Second edition. Berlin, Germany: Springer-Verlag, 2000.

[de Berg et al. 01] Mark de Berg, João Comba and L. J. Guibas. "A Segment-Tree Based Kinetic BSP." In *7th Annual Symposium on Computational Geometry (SOCG)*, 2001.

[de Berg 95] Mark de Berg. “Linear Size Binary Space Partitions for Fat Objects.” In *Proc. 3rd Annu. European Sympos. Algorithms*, Lecture Notes Comput. Sci., 979, pp. 252–263. Springer-Verlag, 1995.

[de Berg 00] Mark de Berg. “Linear Size Binary Space Partitions for Uncluttered Scenes.” *Algorithmica* 28 (2000), 353–366.

[de Rezende and Jacometti 93a] P. de Rezende and W. Jacometti. “GeoLab: An Environment for Development of Algorithms in Computational Geometry.” In *Proc. 5th Canad. Conf. Comput. Geom.*, pp. 175–180, 1993.

[de Rezende and Jacometti 93b] P. J. de Rezende and W. R. Jacometti. “Animation of Geometric Algorithms using GeoLab.” In *Proc. 9th Annu. ACM Sympos. Comput. Geom.*, pp. 401–402, 1993.

[Dehne and Noltemeier 85] F. Dehne and H. Noltemeier. “A Computational Geometry Approach to Clustering Problems.” In *Proc. 1st Annu. ACM Sympos. Comput. Geom.*, pp. 245–250, 1985.

[Dekker 71] T. J. Dekker. “A Floating-point Technique for Extending the Available Precision.” *Numerische Mathematik* 18 (1971), 224–242.

[Deussen et al. 00] Oliver Deussen, Stefan Hiller, Cornelius van Overveld and Thomas Strothotte. “Floating Points: A Method for Computing Stipple Drawings.” *Computer Graphics Forum* 19:3.

[Devillers 02] Olivier Devillers. “The Delaunay Hierarchy.” *Internat. J. Found. Comput. Sci.* 13 (2002), 163–180.

[Devroye et al. 98] Luc Devroye, Ernst Peter Mücke and Binhai Zhu. “A Note on Point Location in Delaunay Triangulations of Random Points.” *Algorithmica* 22 (1998), 477–482.

[Devroye et al. 04] L. Devroye, C. Lemaire and J. M. Moreau. “Expected Time Analysis for Delaunay Point Location.” *Comput. Geom. Theory Appl.* 22 (2004), 61–89.

[Dewdney and Vranch 77] A. K. Dewdney and J. K. Vranch. “A Convex Partition of R3 with Applications to Crum’s Problem and Knuth’s Post-Office Problem.” *Utilitas Math.* 12 (1977), 193–199.

[Djidjev and Lingas 91] H. Djidjev and A. Lingas. “On Computing the Voronoi Diagram for Restricted Planar Figures.” In *Proc. 2nd Workshop Algorithms Data Struct.*, Lecture Notes Comput. Sci., 519, pp. 54–64. Springer-Verlag, 1991.

[Dobkin and Laszlo 89] D. P. Dobkin and M. J. Laszlo. “Primitives for the Manipulation of Three-Dimensional Subdivisions." *Algorithmica* 4 (1989), 3–32.

[Dobkin and Lipton 76] D. P. Dobkin and R. J. Lipton. "Multidimensional Searching Problems." *SIAM J. Comput.* 5 (1976), 181–186.

[Du et al. 99] Q. Du, V. Faber and M. Gunzburger. "Centroidal Voronoi Ressellations: Applications and Algorithms." *SIAM Reviews* 41 (1999), 637–676.

[Dwyer 91] R. A. Dwyer. "Higher-Dimensional Voronoi Diagrams in Linear Expected Time." *Discrete Comput. Geom.* 6 (1991), 343–367.

[Dwyer 95] Rex A. Dwyer. "The Expected Size of the Sphere-of-Influence Graph." *Computational Geometry: Theory and Applications* 5:3 (1995), 155–164.

[Edelsbrunner and Maurer 81] H. Edelsbrunner and H. A. Maurer. "On the Intersection of Orthogonal Objects." *Inform. Process. Lett.* 13 (1981), 177–181.

[Edelsbrunner and Mücke 90] H. Edelsbrunner and E. P. Mücke. "Simulation of Simplicity: A Technique to Cope with Degenerate Cases in Geometric Algorithms." *ACM Trans. Graph.* 9:1 (1990), 66–104.

[Edelsbrunner and Shah 96] H. Edelsbrunner and N. R. Shah. "Incremental Topological Flipping Works for Regular Triangulations." *Algorithmica* 15 (1996), 223–241.

[Edelsbrunner and Waupotitsch 86] H. Edelsbrunner and R. Waupotitsch. "Computing a Ham-Sandwich Cut in Two Dimensions." *J. Symbolic Comput.* 2 (1986), 171–178.

[Edelsbrunner et al. 84] H. Edelsbrunner, Leonidas J. Guibas and J. Stolfi. "Optimal Point Location in Monotone Subdivisions." Technical Report 2, DEC/SRC, 1984.

[Edelsbrunner et al. 89] Herbert Edelsbrunner, Günter Rote and Emo Welzl. "Testing the Necklace Condition for Shortest Tours and Optimal Factors in the Plane." *Theoretical Computer Science* 66:2 (1989), 157–180.

[Edelsbrunner 80] H. Edelsbrunner. "Dynamic Data Structures for Orthogonal Intersection Queries." Report F59, Inst. Informationsverarb., Tech. Univ. Graz, Graz, Austria, 1980.

[Edelsbrunner 87] H. Edelsbrunner. *Algorithms in Combinatorial Geometry*, EATCS Monographs on Theoretical Computer Science, 10. Heidelberg, West Germany: Springer-Verlag, 1987.

[Ehmann and Lin 01] Stephan A. Ehmann and Ming C. Lin. "Accurate and Fast Proximity Queries Between Polyhedra Using Convex Surface Decomposition." In *Computer Graphics Forum*, 20, 20, pp. 500–510, 2001.

[Elassal and Caruso 84] Atef A. Elassal and Vincent M. Caruso. "USGS Digital

Cartographic Data Standards—Digital Elevation Models." Technical Report Geological Survey Circular 895-B, US Geological Survey, 1984.

[Emiris and Canny 92] I. Emiris and J. Canny. "An Efficient Approach to Removing Geometric Degeneracies." In *Proc. 8th Annu. ACM Sympos. Comput. Geom.*, pp. 74–82, 1992.

[Emiris et al. 97] I. Z. Emiris, J. F. Canny and R. Seidel. "Efficient Perturbations for Handling Geometric Degeneracies." *Algorithmica* 19:1–2 (1997), 219–242.

[Fabri et al. 00] A. Fabri, G.-J. Giezeman, L. Kettner, S. Schirra and S. Schönherr. "On the Design of CGAL a Computational Geometry Algorithms Library." *Softw. – Pract. Exp.* 30:11 (2000), 1167–1202.

[Field 86] D. A. Field. "Implementing Watson's Algorithm in Three Dimensions." In *Proc. 2nd Annu. ACM Sympos. Comput. Geom.*, pp. 246–259, 1986.

[Fortune and Milenkovic 91] S. Fortune and V. Milenkovic. "Numerical Stability of Algorithms for Line Arrangements." In *Proc. 7th Annu. ACM Sympos. Comput. Geom.*, pp. 334–341, 1991.

[Fortune and Van Wyk 93] S. Fortune and C. J. Van Wyk. "Efficient Exact Arithmetic for Computational Geometry." In *Proc. 9th Annu. ACM Sympos. Comput. Geom.*, pp. 163–172, 1993.

[Fortune 87] S. J. Fortune. "A Sweepline Algorithm for Voronoi Diagrams." *Algorithmica* 2 (1987), 153–174.

[Fortune 89] S. Fortune. "Stable Maintenance of Point Set Triangulations in Two Dimensions." In *Proc. 30th Annu. IEEE Sympos. Found. Comput. Sci.*, pp. 494–505, 1989.

[Fortune 92a] S. Fortune. "Numerical Stability of Algorithms for 2-D Delaunay Triangulations and Voronoi Diagrams." In *Proc. 8th Annu. ACM Sympos. Comput. Geom.*, pp. 83–92, 1992.

[Fortune 92b] S. Fortune. "Voronoi Diagrams and Delaunay Triangulations." In *Computing in Euclidean Geometry*, Lecture Notes Series on Computing, 1, edited by D.-Z. Du and F. K. Hwang, pp. 193–233. Singapore: World Scientific, 1992.

[Fortune 96] S. Fortune. "Robustness Issues in Geometric Algorithms." In *Applied Computational Geometry: Towards Geometric Engineering*, Lecture Notes Comput. Sci., 1148, edited by M. C. Lin and D. Manocha, pp. 9–14. Springer-Verlag, 1996.

[Frisken et al. 00] Sarah F. Frisken, Ronald N. Perry, Alyn P. Rockwood and Thouis R. Jones. "Adaptively Sampled Distance Fields: A General Representation of Shape for Computer

Graphics." In *Siggraph 2000, Computer Graphics Proceedings, Annual Conference Series*, edited by Kurt Akeley, pp. 249–254. ACM Press / ACM SIGGRAPH / Addison Wesley Longman, 2000.

[Fuchs et al. 80] H. Fuchs, Z. M. Kedem and B. F. Naylor. "On Visible Surface Generation by a Priori Tree Structures." In *Computer Graphics (SIGGRAPH '80 Proceedings)*, 14, 14, pp. 124–133, 1980.

[Fussell and Subramanian 88] Donald Fussell and K. R. Subramanian. "Fast Ray Tracing Using K-D Trees." Technical Report TR-88-07, U. of Texas, Austin, Dept. Of Computer Science, 1988.

[Gelfand et al. 98] Natasha Gelfand, Michael T. Goodrich and Roberto Tamassia. "Teaching Data Structure Design Patterns." In *Proc. ACM Symp. Computer Science Education*, 1998.

[Gibbons 85] A. Gibbons. *Algorithmic Graph Theory*. Cambridge: Cambridge University Press, 1985.

[Glassner 89] Andrew S. Glassner, editor. *An Introduction to Ray Tracing*. Academic Press, 1989.

[Goldberg 91] D. Goldberg. "What Every Computer Scientist Should Know About Floating-Point Arithmetic." *ACM Comput. Surv.* 23:1 (1991), 5–48.

[Goldsmith and Salmon 87] Jeffrey Goldsmith and John Salmon. "Automatic Creation of Object Hierarchies for Ray Tracing." *IEEE Computer Graphics and Applications* 7:5 (1987), 14–20.

[Gomez et al. 97] Francisco Gomez, Suneeta Ramaswami and Godfried T. Toussaint. "On Removing Non-degeneracy Assumptions in Computational Geometry." In *CIAC '97: Proceedings of the Third Italian Conference on Algorithms and Complexity*, pp. 86–99. London, UK: Springer-Verlag, 1997.

[Gomez et al. 01] Francisco Gomez, Ferran Hurtado, Toni Sellares and Godfried Toussaint. "On Degeneracies Removable by Perspective Projections." *International Journal of Mathematical Algorithms* 2 (2001), 227–248.

[Goodrich and Tamassia 98] Michael T. Goodrich and Roberto Tamassia. *Data Structures and Algorithms in Java*. New York, NY: John Wiley & Sons, 1998.

[Gottschalk et al. 96] Stefan Gottschalk, Ming Lin and Dinesh Manocha. "OBB-Tree: A Hierarchical Structure for Rapid Interference Detection." In *SIGGRAPH 96 Conference Proceedings*, edited by Holly Rushmeier, pp. 171–180. ACM SIGGRAPH, Addison Wesley,

1996.

[Gradshteyn and Ryzhik 00] I. S. Gradshteyn and I. M. Ryzhik. *Tables of Integrals, Series and Products*, Sixth Edition. San Diego, CA: Academic Press, 2000.

[Granlund 96] Torbjörn Granlund. *GMP, The GNU Multiple Precision Arithmetic Library*, Second edition, 1996. Available from World Wide Web (http://www.swox.com/gmp/).

[Guibas and Stolfi 85] Leonidas J. Guibas and J. Stolfi. "Primitives for the Manipulation of General Subdivisions and the Computation of Voronoi Diagrams." *ACM Trans. Graph.* 4:2 (1985), 74–123.

[Guibas et al. 89] Leonidas J. Guibas, D. Salesin and J. Stolfi. "Epsilon Geometry: Building Robust Algorithms from Imprecise Computations." In *Proc. 5th Annu. ACM Sympos. Comput. Geom.*, pp. 208–217, 1989.

[Guibas et al. 92a] L. Guibas, J. Pach and M. Sharir. "Generalized Sphere-of-Influence Graphs in Higher Dimensions." Manuscript, Tel-Aviv University, 1992.

[Guibas et al. 92b] Leonidas J. Guibas, D. E. Knuth and Micha Sharir. "Randomized Incremental Construction of Delaunay and Voronoi Diagrams." *Algorithmica* 7 (1992), 381–413.

[Guibas et al. 93] Leonidas J. Guibas, D. Salesin and J. Stolfi. "Constructing Strongly Convex Approximate Hulls with Inaccurate Primitives." *Algorithmica* 9 (1993), 534–560.

[Guibas 98] L. J. Guibas. "Kinetic Data Structures—A State of the Art Report." In *Proc. Workshop Algorithmic Found. Robot.*, edited by P. K. Agarwal, L. E. Kavraki and M. Mason, pp. 191–209. Wellesley, MA: A. K. Peters, 1998.

[Haeberli 90] Paul E. Haeberli. "Paint By Numbers: Abstract Image Representations." In *Computer Graphics (SIGGRAPH '90 Proceedings)*, edited by Forest Baskett, pp. 207–214, 1990.

[Hamacher 95] Horst W. Hamacher. *Mathematische Lösungsverfahren für planare Standortprobleme*. Wiesbaden: Verlag Vieweg, 1995.

[Härdle 90] W. Härdle. *Applied Nonparametric Regression*, Econometric Society Monograph, 19. New York: Cambridge University Press, 1990.

[Hausner 01] Alejo Hausner. "Simulating Decorative Mosaics." In *SIGGRAPH 2001, Computer Graphics Proceedings, Annual Conference Series*, edited by Eugene Fiume, pp. 573–578, 2001.

[Higham 90] Nicholas J. Higham. "Analysis of the Cholesky Decomposition of a

SemiDefinite Matrix." In *Reliable Numerical Computation*, edited by M. G. Cox and S. J. Hammarling, pp. 161–185. Oxford University Press, 1990.

[Hiyoshi and Sugihara 00] Hisamoto Hiyoshi and Kokichi Sugihara. "Voronoi-Based Interpolation with Higher Continuity." In *Proc. 16th Annu. ACM Sympos. Comput. Geom.*, pp. 242–250, 2000.

[Hoff III et al. 99] Kenneth E. Hoff III, Tim Culver, John Keyser, Ming Lin and Dinesh Manocha. "Fast Computation of Generalized Voronoi Diagrams Using Graphics Hardware." In *Proc. of the Conference on Computer Graphics (Siggraph99)*, pp. 277–286. LA, California, 1999.

[Hoppe et al. 92] Hugues Hoppe, Tony DeRose, Tom Duchamp, John McDonald and Werner Stuetzle. "Surface Reconstruction from Unorganized Points." In *Computer Graphics (SIGGRAPH '92 Proceedings)*, 26, edited by Edwin E. Catmull, 26, pp. 71–78, 1992.

[Huang et al. 01] Jian Huang, Yan Li, Roger Crawfis, Shao Chiung Lu and Shuh Yuan Liou. "A Complete Distance Field Representation." In *Proceedings of the conference on Visualization 2001*, pp. 247–254. IEEE Press, 2001.

[Hubbard 95] Philip M. Hubbard. "Real-Time Collision Detection and Time-Critical Computing." In *SIVE 95, The First Worjshop on Simulation and Interaction in Virtual Environments, 1*, pp. 92–96. University of Iowa, Iowa City, Iowa: Informal Proceedings, 1995.

[Hurtado et al. 04] Ferran Hurtado, Rolf Klein, Elmar Langetepe and Vera Sacristán. "The Weighted Farthest Color Voronoi Diagram on Trees and Graphs." *Computational Geometry: Theory and Applications* 27 (2004), 13–26.

[Hwang 79] F. K. Hwang. "An O (n log n ) Algorithm for Rectilinear Minimal Spanning Tree." *J. ACM* 26 (1979), 177–182.

[IEEE 85] *IEEE Standard for Binary Floating Point Arithmetic, ANSI/IEEE Std* 754–1985. New York, NY, 1985. Reprinted in SIGPLAN Notices, 22(2):9–25, 1987.

[Inagaki et al. 92] H. Inagaki, K. Sugihara and N. Sugie. "Numerically Robust Incremental Algorithm for Constructing Three-Dimensional Voronoi Diagrams." In *Proc. 4th Canad. Conf. Comput. Geom.*, pp. 334–339, 1992.

[Jaromczyk and Toussaint 92] J. W. Jaromczyk and Godfried T. Toussaint. "Relative Neighborhood Graphs and their Relatives." *Proc. of the IEEE* 80:9 (1992), 1502– 1571.

[Joe 89] B. Joe. "3-Dimensional Triangulations from Local Transformations." *SIAM J. Sci. Statist. Comput.* 10:4 (1989), 718–741.

[Joe 91a] B. Joe. "Construction of Three-Dimensional Delaunay Triangulations Using Local Transformations." *Comput. Aided Geom. Design* 8:2 (1991), 123–142.

[Joe 91b] B. Joe. "Geompack. A Software Package For The Generation Of Meshes Using Geometric Algorithms." *Advances in Engineering Software and Workstations* 13:5– 6 (1991), 325–331.

[Jones and Satherley 01] M. W. Jones and R. A. Satherley. "Shape Representation using Space Filled Sub-Voxel Distance Fields." In *Proc. of the Int'l Conf. on Shape Modeling and Applications (SMI)*, edited by Bob Werner, pp. 316–325. Genova, Italy: IEEE, 2001.

[Ju et al. 02] Lili Ju, Qiang Du and Max Gunzburger. "Probabilistic Methods for Centroidal Voronoi Tessellations and Their Parallel Implementations." *Parallel Computing* 28:10 (2002), 1477–1500.

[Kaltofen and Villard 04] Erich Kaltofen and Gilles Villard. "Computing the Sign or the Value of the Determinant of an Integer Matrix—A Complexity Survey." *J. Comput. Appl. Math.* 162:1 (2004), 133–146.

[Kamphans and Langetepe 03] Tom Kamphans and Elmar Langetepe. "The Pledge Algorithm Reconsidered under Errors in Sensors and Motion." In *Proc. of the 1th Workshop on Approximation and Online Algorithms*, Lecture Notes Comput. Sci., 2909, pp. 165–178. Berlin: Springer, 2003.

[Kamphans and Langetepe 05] Tom Kamphans and Elmar Langetepe. "Optimal Competitive Online Ray Search with an Error-Prone Robot." In *Proc. of the 4th International Workshop on Efficient and Experimental Algorithms*, 2005.

[Kao and Mount 92] T. C. Kao and D. M. Mount. "Incremental Construction and Dynamic Maintenance of Constrained Delaunay Triangulations." In *Proc. 4th Canad. Conf. Comput. Geom.*, pp. 170–175, 1992.

[Karamcheti et al. 99a] Vijay Karamcheti, Chen Li, Igor Pechtchanski and Chee Yap. "A Core Library for Robust Numeric and Geometric Computation." In *Proc. 15th Annu. ACM Sympos. Comput. Geom.*, pp. 351–359, 1999.

[Karamcheti et al. 99b] Vijay Karamcheti, Chen Li, Igor Pechtchanski and Chee Yap. *The CORE Library Project*, First edition, 1999. Available from World Wide Web (http://www.cs.nyu.edu/exact/core/).

[Karasick et al. 89] M. Karasick, D. Lieber and L. R. Nackman. "Efficient Delaunay Triangulations using Rational Arithmetic." Report RC 14455, IBM T. J. Watson Res. Center,

Yorktown Heights, NY, 1989.

[Katayama and Satoh 97] Norio Katayama and Shin'ichi Satoh. "The SR-Tree: An Index Structure for High-Dimensional Nearest Neighbor Queries." In *Proc. ACM SIGMOD Conf. on Management of Data*, pp. 369–380, 1997.

[Kay and Kajiya 86] Timothy L. Kay and James T. Kajiya. "Ray Tracing Complex Scenes." In *Computer Graphics (SIGGRAPH '86 Proceedings)*, edited by David C. Evans and Russell J. Athay, pp. 269–278, 1986.

[Keil and Gutwin 89] J. M. Keil and C. A. Gutwin. "The Delaunay triangulation closely approximates the complete Euclidean graph." In *Proc. 1st Workshop Algorithms Data Struct.*, Lecture Notes Comput. Sci., 382, pp. 47–56. Springer-Verlag, 1989.

[Keller-Gehrig 85] W. Keller-Gehrig. "Fast Algorithms for the Characteristic Polynomial." *Theoret. Comput. Sci*. 36 (1985), 309–317.

[Kimmel et al. 98] Ron Kimmel, Nahum Kiryati and Alfred M. Bruckstein. "MultiValued Distance Maps for Motion Planning on Surfaces with Moving Obstacles." *IEEE Transactions on Robotics and Automation* 14:3 (1998), 427–436.

[Klein and Zachmann 03] Jan Klein and Gabriel Zachmann. "ADB-Trees: Controlling the Error of Time-Critical Collision Detection." In *8th International Fall Workshop Vision, Modeling and Visualization (VMV)*, pp. 37–45. University München, Germany, 2003.

[Klein and Zachmann 04a] Jan Klein and Gabriel Zachmann. "Point Cloud Collision Detection." In *Computer Graphics forum (Proc. EUROGRAPHICS)*, 23, edited by M.-P. Cani and M. Slater, pp. 567–576. Grenoble, France, 2004.

[Klein and Zachmann 04b] Jan Klein and Gabriel Zachmann. "Point Cloud Surfaces using Geometric Proximity Graphs." *Computers & Graphics* 28:6 (2004), 839–850.

[Klein and Zachmann 05] Jan Klein and Gabriel Zachmann. "Interpolation Search for Point Cloud Intersection." In *Proc. of WSCG 2005*, pp. 163–170. University of West Bohemia, Plzen, Czech Republic, 2005.

[Klein et al. 93] Rolf Klein, Kurt Mehlhorn and Stefan Meiser. "Randomized Incremental Construction of Abstract Voronoi Diagrams." *Comput. Geom. Theory Appl.* 3:3 (1993), 157–184.

[Klein et al. 99] Reinhard Klein and reas Schilling and Wolfgang Straßer. "Reconstruction and Simplification of Surfaces from Contours." In *Pacific Graphics*, pp. 198– 207. IEEE Computer Society, 1999.

[Klein 05] Rolf Klein. *Algorithmische Geometrie*. Bonn: Springer, 2005.

[Klosowski et al. 98] James T. Klosowski, Martin Held, Jospeh S. B. Mitchell, Henry Sowrizal and Karel Zikan. "Efficient Collision Detection Using Bounding Volume Hierarchies of k-DOPs." *IEEE Transactions on Visualization and Computer Graphics* 4:1 (1998), 21–36.

[Knuth 81] D. E. Knuth. *Seminumerical Algorithms*, The Art of Computer Programming, 2, Second edition. Reading, MA: Addison-Wesley, 1981.

[Kruskal, Jr. 56] J. B. Kruskal, Jr. "On the shortest spanning subtree of a graph and the traveling salesman problem." *Proc. Amer. Math. Soc.* 7 (1956), 48–50.

[Larsson and Akenine-Möller 01] Thomas Larsson and Tomas Akenine-Möller. "Collision Detection for Continuously Deforming Bodies." In *Eurographics*, pp. 325–333, 2001. Short presentation.

[Larsson and Akenine-Möller 03] Thomas Larsson and Tomas Akenine-Möller. "Efficient Collision Detection for Models Deformed by Morphing." *The Visual Computer* 19:2 (2003), 164–174.

[Latombe 91] J.-C. Latombe. *Robot Motion Planning*. Boston: Kluwer Academic Publishers, 1991.

[Lawson 77] C. L. Lawson. "Software for C1 Surface Interpolation." In *Math. Software III*, edited by J. R. Rice, pp. 161–194. New York, NY: Academic Press, 1977.

[Lee and Lin 86] D. T. Lee and A. K. Lin. "Generalized Delaunay Triangulation for Planar Graphs." *Discrete Comput. Geom.* 1 (1986), 201–217.

[Lee and Wong 80] D. T. Lee and C. K. Wong. "Voronoi Diagrams in $L_1$ ($L_\infty$) Metrics with 2-Dimensional Storage Applications." *SIAM J. Comput.* 9:1 (1980), 200 – 211.

[Lee 80] D. T. Lee. "Two-Dimensional Voronoi Diagrams in the $L_p$ -Metric." *J. ACM* 27:4 (1980), 604–618.

[Lee 00] I.-K. Lee. "Curve Reconstruction from Unorganized Points." *Computer Aided Geometric Design* 17:2 (2000), 161–177.

[Leutenegger et al. 97] S. Leutenegger, J. Edgington and M. Lopez. "STR : A Simple and Efficient Algorithm for R-Tree Packing." In *Proceedings of the 13th International Conference on Data Engineering (ICDE'97)*, pp. 497–507. Washington - Brussels Tokyo: IEEE, 1997.

[Levin 03] David Levin. "Mesh-Independent Surface Interpolation." In *Geometric Modeling for Scientific Visualization*, edited by Hamann Brunnett and Mueller, pp. 37–49. Springer, 2003.

[Li and Chen 98] Tsai-Yen Li and Jin-Shin Chen. "Incremental 3D Collision Detection with Hierarchical Data Structures." In *Proc. VRST '98*, pp. 139–144. Taipei, Taiwan: ACM, 1998.

[Li and Yap 01a] C. Li and C. Yap. "A New Constructive Root Bound for Algebraic Expressions." In *Proc. 12th ACM-SIAM Sympos. Discrete Algorithms*, pp. 496–505, 2001.

[Li and Yap 01b] Chen Li and Chee Yap. "Recent Progress in Exact Geometric Computation." Technical Report, Dept. Comput. Sci., New York University, 2001.

[Li 01] Chen Li. "Exact Geometric Computation: Theory and Application." Ph.D. dissertation, Department of Computer Science, New York University, New York, 2001.

[Lindstrom and Pascucci 01] Peter Lindstrom and Valerio Pascucci. "Visualization of Large Terrains Made Easy." In Proc. *IEEE Visualization.* San Diego, 2001.

[Lindstrom et al. 96] Peter Lindstrom, David Koller, William Ribarsky, Larry F. Hughes, Nick Faust and Gregory Turner. "Real-Time, Continuous Level of Detail Rendering of Height Fields." In *SIGGRAPH 96 Conference Proceedings*, edited by Holly Rushmeier, pp. 109–118. ACM SIGGRAPH, Addison Wesley, 1996.

[Liotta et al. 96] Giuseppe Liotta, Franco P. Preparata and Roberto Tamassia. "Robust Proximity Queries in Implicit Voronoi Diagrams." Technical Report CS-96-16, Center for Geometric Computing, Comput. Sci. Dept., Brown Univ., Providence, RI, 1996.

[Lorensen and Cline 87] William E. Lorensen and Harvey E. Cline. "Marching Cubes: A High Resolution 3D Surface Construction Algorithm." In *Computer Graphics (SIGGRAPH '87 Proceedings)*, 21, edited by Maureen C. Stone, 21, pp. 163–169, 1987.

[Maurer and Ottmann 79] H. A. Maurer and T. A. Ottmann. "Dynamic Solutions of Decomposable Searching Problems." In *Discrete Structures and Algorithms*, edited by U. Pape, pp. 17–24. München, Germany: Carl Hanser Verlag, 1979.

[McCreight 80] E. M. McCreight. "Efficient Algorithms for Enumerating Intersecting Intervals and Rectangles." Report CSL-80-9, Xerox Palo Alto Res. Center, Palo Alto, CA, 1980.

[Mehlhorn and Näher 94] Kurt Mehlhorn and Stefan Näaher. "The Implementation of Geometric Algorithms." In *Proc. 13th World Computer Congress IFIP94*, pp. 223–231, 1994.

[Mehlhorn and Näher 00] Kurt Mehlhorn and Stefan Näher. *LEDA: A Platform for Combinatorial and Geometric Computing*. Cambridge, UK: Cambridge University Press, 2000.

[Mehlhorn and Overmars 81] K. Mehlhorn and M. H. Overmars. "Optimal Dynamization of Decomposable Searching Problems." *Inform. Process. Lett.* 12 (1981), 93–98.

[Michael and Quint 03] T. S. Michael and Thomas Quint. "Sphere of Influence Graphs and the L∞-Metric." *Discrete Applied Mathematics* 127:3 (2003), 447–460.

[Michelucci and Moreau 97] D. Michelucci and J.-M. Moreau. "Lazy Arithmetic." *IEEE Transactions on Computers* 46:9 (1997), 961–975.

[Michelucci 96] D. Michelucci. "Arithmetic Isuues in Geometric Computations." In *Proc. 2nd Real Numbers and Computer Conf.*, pp. 43–69, 1996.

[Michelucci 97] D. Michelucci. "The Robustness Issue." 1997. Available from World Wide Web (http://citeseer.ist.psu.edu/361993.html).

[Mosaic a] "Mosic from a Roman bath in Bath, UK." Available from World Wide Web (http://www2.sjsu.edu/depts/jwss/bath2004/baths.html).

[Mosaic b] "Mosaic floor from a Late Roman bath, with main theme two peacocks enframing a vessel of kantharos shape." Available from World Wide Web (http://www.culture.gr/2/21/211/21110m/e211jm04.html).

[Müller et al. 00] Gordon Müller, Stephan Schäfer and W. Dieter Fellner. "Automatic Creation of Object Hierarchies for Radiosity Clustering." *Computer Graphics Forum* 19:4.

[Naylor et al. 90] Bruce Naylor, John Amanatides and William Thibault. "Merging BSP Trees Yields Polyhedral Set Operations." In *Computer Graphics (SIGGRAPH'90 Proceedings)*, 24, edited by Forest Baskett, 24, pp. 115–124, 1990.

[Naylor 96] Bruve F. Naylor. "A Tutorial on Binary Space Partitioning Trees." *ACM SIGGRAPH '96 Course Notes 29.*

[Nievergelt and Hinrichs 93] J. Nievergelt and K. H. Hinrichs. *Algorithms and Data Structures: With Applications to Graphics and Geometry*. Englewood Cliffs, NJ: Prentice Hall, 1993.

[Nievergelt and Schorn 88] J. Nievergelt and P. Schorn. "Das Räatsel der verzopften Geraden." *Informatik Spektrum* 11 (1988), 163–165.

[Nievergelt et al. 91] J. Nievergelt, P. Schorn, M. de Lorenzi, C. Ammann and A. Brüngger. "XYZ: Software for Geometric Computation." Report 163, Institut füur Theorische Informatik, ETH, Z üurich, Switzerland, 1991.

[Novotni and Klein 01] M. Novotni and R. Klein. "A Geometric Approach to 3D Object Comparison." In *International Conference on Shape Modeling and Applications*, pp. 167–175, 2001.

[Okabe and Suzuki 97] A. Okabe and A. Suzuki. "Locational Optimization Problems Solved Through Voronoi Diagrams." *European J. Oper. Res.* 98:3 (1997), 445–456.

[Okabe et al. 92] Atsuyuki Okabe, Barry Boots and Kokichi Sugihara. *Spatial Tessellations: Concepts and Applications of Voronoi Diagrams*. Chichester, UK: John Wiley & Sons, 1992.

[Osada et al. 01] R. Osada, T. Funkhouser, B. Chazelle and D. Dobkin. "Matching 3D Models with Shape Distributions." In *Proceedings of the International Conference on Shape Modeling and Applications (SMI-01)*, edited by Bob Werner, pp. 154–166. Los Alamitos, CA: IEEE Computer Society, 2001.

[Ouchi 97] K. Ouchi. "Real/Expr: Implementation of Exact Computation." 1997. Available from World Wide Web (http://cs.nyu.edu/exact/realexpr).

[Overmars and van Leeuwen 81a] M. H. Overmars and J. van Leeuwen. "Dynamization of Decomposable Searching Problems Yielding Good Worst-Case Bounds." In *Proc. 5th GI Conf. Theoret. Comput. Sci., Lecture Notes Comput. Sci.*, 104, pp. 224–233. Springer-Verlag, 1981.

[Overmars and van Leeuwen 81b] M. H. Overmars and J. van Leeuwen. "Some Principles for Dynamizing Decomposable Searching problems." *Inform. Process. Lett.* 12 (1981), 49–54.

[Overmars and van Leeuwen 81c] M. H. Overmars and J. van Leeuwen. "Two General Methods for Dynamizing Decomposable Searching problems." *Computing* 26 (1981), 155–166.

[Overmars and van Leeuwen 81d] M. H. Overmars and J. van Leeuwen. "Worst-Case Optimal Insertion and Deletion Methods for Decomposable Searching Problems." *Inform. Process. Lett.* 12 (1981), 168–173.

[Overmars 83] M. H. Overmars. *The Design of Dynamic Data Structures*, Lecture Notes Comput. Sci., 156. Heidelberg, West Germany: Springer-Verlag, 1983.

[Overmars 96] Mark H. Overmars. "Designing the Computational Geometry Algorithms Library CGAL." In *Proc. 1st ACM Workshop on Appl. Comput. Geom.*, Lecture Notes Comput. Sci., 1148, pp. 53–58. Springer-Verlag, 1996.

[Paglieroni 92] David W. Paglieroni. "Distance Transforms: Properties and Machine Vision Applications." *CVGIP: Graphical Models and Image Processing* 54:1 (1992), 56–74.

[Palmer and Grimsdale 95] I. J. Palmer and R. L. Grimsdale. "Collision Detection for Animation using Sphere-Trees." *Computer Graphics Forum* 14:2 (1995), 105–116.

[Paterson and Yao 90] M. S. Paterson and F. F. Yao. "Efficient Binary Space Partitions for Hidden-Surface Removal and Solid Modeling." *Discrete Comput. Geom.* 5 (1990), 485–503.

[Pauly et al. 02] Mark Pauly, Markus H. Gross and Leif Kobbelt. "Efficient Simplification of Point-Sampled Surfaces." In *IEEE Visualization 2002*, pp. 163–170, 2002.

[Pauly et al. 03] Mark Pauly, Richard Keiser, Leif P. Kobbelt and Markus Gross. "Shape Modeling with Point-Sampled Geometry." *ACM Transactions on Graphics (SIGGRAPH 2003)* 22:3 (2003), 641–650.

[Payne and Toga 92] Bradley A. Payne and Arthur W. Toga. "Distance Field Manipulation of Surface Models." *IEEE Computer Graphics and Applications* 12:1 (1992), 65– 71.

[Perry and Frisken 03] Ronald N. Perry and Sarah F. Frisken. "Method for Generating a Two-Dimensional Distance Field within a Cell Associated with a Corner of a Two-Dimensional Object." Patent application 10/396,267, Mitsubishi Electric Research Laboratories - MERL, 2003.

[Pfister et al. 00] Hanspeter Pfister, Jeroen van Baar, Matthias Zwicker and Markus Gross. "Surfels: Surface Elements as Rendering Primitives." *ACM Transactions on Graphics (SIGGRAPH 2000)* 19:3 (2000), 335–342.

[Piper 93] B. Piper. "Properties of Local Coordinates Based on Dirichlet Tesselations." In *Geometric modelling*, Computing. Supplementum, 8, edited by G. Farin, H. Hagen, H. Noltemeier and W. Knödel, pp. 227–240. Wien / New York: Springer, 1993.

[Preparata and Shamos 90] F. P. Preparata and M. I. Shamos. *Computational Geometry: An Introduction*, Third edition. Springer-Verlag, 1990.

[Press et al. 92] William H. Press, Saul A. Teukolsky, William T. Vetterling and Brian P. Flannery. *Numerical Recipes in C: The Art of Scientific Computing (2nd ed.)*. Cambridge: Cambridge University Press, 1992.

[Rajan 91] V. T. Rajan. "Optimality of the Delaunay triangulation in $R^d$." In *Proc. 7th Annu. ACM Sympos. Comput. Geom.*, pp. 357–363, 1991.

[RAS] "Cassiopeia constellation from Uranometreia." Available from World Wide Web (http://www.ras.org.uk/html/library/rare.html).

[Revelles et al. 00] J. Revelles, C. Urena and M. Lastra. "An Efficient Parametric Algorithm for Octree Traversal." In *WSCG 2000 Conference Proceedings*. University of West Bohemia, Plzen, Czech Republic, 2000.

[Rogers 63] C.A. Rogers. "Covering a Sphere with Spheres." *Mathematika* 10 (1963), 157–164.

[Roussopoulos and Leifker 85] Nick Roussopoulos and Daniel Leifker. "Direct Spatial Search on Pictorial Databases using Packed R-Trees." In *Proceedings of ACM-SIGMOD 1985 International Conference on Management of Data*, edited by Sham Navathe, pp. 17–31. New York: ACM Press, 1985.

[Rusinkiewicz and Levoy 00] Szymon Rusinkiewicz and Marc Levoy. "QSplat: A Multiresolution Point Rendering System for Large Meshes." *ACM Transactions on Graphics (SIGGRAPH 2000)* 19:3 (2000), 343–352.

[Sanchez et al. 97] J.S. Sanchez, F. Pla and F.J. Ferri. "Prototype Selection for the Nearest Neighbour Rule through Proximity Graphs." *Pattern Recognition Letters* 18:6 (1997), 507–513.

[Santisteve 99] Francisco J. Santisteve. "Robust Geometric Computation (RGC), State of the Art." 1999. Available from World Wide Web (http://citeseer.ist.psu.edu/santisteve99robust.html).

[Sarnak and Tarjan 86] N. Sarnak and R. E. Tarjan. "Planar Point Location using Persistent Search Trees." *Commun. ACM* 29:7 (1986), 669–679.

[Sattar 04] Junaed Sattar. "The Spheres-of-Influence Graph." 2004. Available from World Wide Web (http://www.cs.mcgill.ca/~jsatta/pr507/about.html).

[Saxe and Bentley 79] J. B. Saxe and J. L. Bentley. "Transforming Static Data Structures to Dynamic Structures." In *Proc. 20th Annu. IEEE Sympos. Found. Comput. Sci.*, pp. 148–168, 1979.

[Schirra 00] Stefan Schirra. "Robustness and Precision Issues in Geometric Computation." In *Handbook of Computational Geometry*, edited by Jörg-Rüdiger Sack and Jorge Urrutia, Chapter 14, pp. 597–632. Amsterdam: Elsevier Science Publishers B.V. North-Holland, 2000.

[Schorn 90] P. Schorn. "An Object-Oriented Workbench for Experimental Geometric Computation." In *Proc. 2nd Canad. Conf. Comput. Geom.*, pp. 172–175, 1990.

[Schorn 91] P. Schorn. *Robust Algorithms in a Program Library for Geometric Computation*, Informatik-Dissertationen ETH Zürich, 32. Zürich: Verlag der Fachvereine, 1991.

[Schwarz 89] H. R. Schwarz. *Numerical Analysis: A Comprehensive Introduction*. Stuttgart: B. G. Teubner, 1989.

[Sedgewick 89] Robert Sedgewick. *Algorithms*, Second edition. Reading: Addison-Wesley, 1989.

[Seidel 88] R. Seidel. “Constrained Delaunay Triangulations and Voronoi Diagrams with Obstacles.” Technical Report 260, IIG-TU Graz, Austria, 1988.

[Serpette et al. 89] B. Serpette, J. Vuillemin and J. C. Herv‘e. “BigNum: A Portable and Efficient Package for Arbitrary-Precision Arithmetic.” Technical report, INRIA, 1989.

[Sethian 82] J. A. Sethian. “An Analysis of Flame Propagation.” PhD diss., Dept. of Mathematics, University of California, Berkeley, 1982.

[Sethian 96] J. A. Sethian. *Level Set Methods*. Cambridge University Press, 1996.

[Sethian 99] J. A. Sethian. *Level Set Methods and Fast Marching Methods*. Cambridge University Press, 1999.

[Shamos 78] M. I. Shamos. “Computational Geometry.” Ph.D. thesis, Dept. Comput. Sci., Yale Univ., New Haven, CT, 1978.

[Sharir and Agarwal 95] Micha Sharir and P. K. Agarwal. *Davenport-Schinzel Sequences and Their Geometric Applications*. New York: Cambridge University Press, 1995.

[Shewchuk 96] Jonathan R. Shewchuk. “Robust Adaptive Floating-Point Geometric Predicates.” In *Proc. 12th Annu. ACM Sympos. Comput. Geom.*, pp. 141–150, 1996.

[Shewchuk 97] Jonathan Richard Shewchuk. “Adaptive Precision Floating-Point Arithmetic and Fast Robust Geometric Predicates.” *Discrete Comput. Geom.* 18:3 (1997), 305–363.

[Shewchuk 99] J. Shewchuk. “Lecture Notes on Geometric Robustness.” Technical report, University of California at Berkeley, Berkeley, CA, 1999.

[Sibson 80] R. Sibson. “A Vector Identity for the Dirichlet Tesselation.” *Math. Proc. Camb. Phil. Soc.* 87 (1980), 151–155.

[Sibson 81] R. Sibson. “A Brief Description of Natural Neighbour Interpolation.” In *Interpreting Multivariate Data*, edited by Vic Barnet, pp. 21–36. Chichester: John Wiley & Sons, 1981.

[Sugihara and Iri 89] K. Sugihara and M. Iri. “Two Design Principles of Geometric Algorithms in Finite-Precision Arithmetic.” *Appl. Math. Lett.* 2:2 (1989), 203–206.

[Sugihara et al. 00] K. Sugihara, M. Iri, H. Inagaki and T. Imai. “Topology-Oriented Implementation - An Approach to Robust Geometric Algorithms.” *Algorithmica* 27:1 (2000), 5–20.

[Sugihara 94] Kokichi Sugihara. “Robust Gift-Wrapping for the Three-Dimensional Convex Hull.” *J. Comput. Syst. Sci.* 49:2 (1994), 391–407.

[Sugihara 00] Kokichi Sugihara. “How to Make Geometric Algorithms Robust.” *IEICE*

*Transactions on Information and Systems* E83-D:3 (2000), 447–454.

[Tamassia and Vitter 96] R. Tamassia and J. S. Vitter. "Optimal Cooperative Search in Fractional Cascaded Data Structures." *Algorithmica* 15:2.

[Tamassia et al. 97] Roberto Tamassia, Luca Vismara and James E. Baker. "A Case Study in Algorithm Engineering for Geometric Computing." In *Proc. Workshop on Algorithm Engineering*, pp. 136–145, 1997.

[Tanemura et al. 83] M. Tanemura, T. Ogawa and W. Ogita. "A New Algorithm for Three-Dimensional Voronoi Tesselation." *J. Comput. Phys*. 51 (1983), 191–207.

[Torres 90] Enric Torres. "Optimization of the Binary Space Partition Algorithm (BSP) for the Visualization of Dynamic Scenes." In *Eurographics '90*, edited by C. E. Vandoni and D. A. Duce, pp. 507–518. North-Holland, 1990.

[Toussaint 88] Godfried T. Toussaint. "A Graph-Theoretical Primal Sketch." In *Computational Morphology*, edited by Godfried T. Toussaint, pp. 229–260, 1988.

[Uno and Slater 97] S. Uno and M. Slater. "The Sensitivity of Presence to Collision Response." In *Proc. of IEEE Virtual Reality Annual International Symposium (VRAIS)*, p. 95. Albuquerque, New Mexico, 1997.

[V. Barnett 94] T. Lewis V. Barnett. *Outliers in Statistical Data*. New York: John Wiley and Sons, 1994.

[Vaishnavi and Wood 80] V. K. Vaishnavi and D. Wood. "Data Structures for the Rectangle Containment and Enclosure Problems." *Comput. Graph. Image Process*. 13 (1980), 372–384.

[Vaishnavi and Wood 82] V. K. Vaishnavi and D. Wood. "Rectilinear Line Segment Intersection, Layered Segment Trees and Dynamization." *J. Algorithms* 3 (1982), 160–176.

[Vaishnavi et al. 80] V. K. Vaishnavi, H. P. Kriegel and D. Wood. "Space and Time Optimal Algorithms for a Class of Rectangle Intersection Problems." *Inform. Sci*. 21 (1980), 59–67.

[van den Bergen 97] Gino van den Bergen. "Efficient Collision Detection of Complex Deformable Models using AABB Trees." *Journal of Graphics Tools* 2:4 (1997), 1–14.

[van Kreveld 92] M. J. van Kreveld. "New Results on Data Structures in Computational Geometry." Ph.D. dissertation, Dept. Comput. Sci., Utrecht Univ., Utrecht, Netherlands, 1992.

[van Leeuwen and Maurer 80] J. van Leeuwen and H. A. Maurer. "Dynamic Systems of Static Data-Structures." Report F42, Inst. Informationsverarb., Tech. Univ. Graz, Graz, Austria, 1980.

[van Leeuwen and Overmars 81] J. van Leeuwen and M. H. Overmars. “The Art of Dynamizing.” In *Proc. 10th Internat. Sympos. Math. Found. Comput. Sci.*, Lecture Notes Comput. Sci., 118, pp. 121–131. Springer-Verlag, 1981.

[van Leeuwen and Wood 80] J. van Leeuwen and D. Wood. “Dynamization of Decomposable Searching Problems.” *Inform. Process. Lett.* 10 (1980), 51–56.

[Wahl et al. 04] R. Wahl, M. Massing, P. Degener, M. Guthe and R. Klein. “Scalable Compression and Rendering of Textured Terrain Data.” In *Journal of 12th WSCG*, 12, edited by V. Skala and R. Scopigno, 12, pp. 521–528. UNION Agency - Science Press, 2004.

[Wan et al. 01] Ming Wan, Frank Dachille and Arie Kaufman. “Distance-Field Based Skeletons for Virtual Navigation.” In *Proceedings of the conference on Visualization 2001*, pp. 239–246. IEEE Press, 2001.

[Wang and Schubert 87] C. A. Wang and L. Schubert. “An Optimal Algorithm for Constructing the Delaunay Triangulation of a Set of Line Segments.” In *Proc. 3rd Annu. ACM Sympos. Comput. Geom.*, pp. 223–232, 1987.

[Wang 93] C. A. Wang. “Efficiently Updating the Constrained Delaunay Triangulations.” *BIT* 33 (1993), 238–252.

[Watson 81] D. F. Watson. “Computing the n-Dimensional Delaunay Tesselation with Applications to Voronoi Polytopes.” *Comput. J.* 24:2 (1981), 167–172.

[Weghorst et al. 84] Hank Weghorst, Gary Hooper and Donald P. Greenberg. “Improved Computational Methods for Ray Tracing.” *ACM Transactions on Graphics* 3:1 (1984), 52–69.

[Wei and Levoy 00] Li-Yi Wei and Marc Levoy. “Fast Texture Synthesis Using Tree-Structured Vector Quantization.” In *Siggraph 2000, Computer Graphics Proceedings, Annual Conference Series*, edited by Kurt Akeley, pp. 479–488. ACM Press / ACM SIGGRAPH / Addison Wesley Longman, 2000.

[Wendland 95] Holger Wendland. “Piecewise Polynomial, Positive Definite and Compactly Supported Radial Basis Functions of Minimal Degree.” *Advances in Computational Mathematics* 4 (1995), 389–396.

[Wilhelms and Gelder 90] Jane Wilhelms and Allen Van Gelder. “Octrees for Faster Isosurface Generation Extended Abstract.” In *Computer Graphics (San Diego Workshop on Volume Visualization)*, 24, 24, pp. 57–62, 1990.

[Yap and Dubé 95] C.-K. Yap and T. Dubé. “The exact computation paradigm.” In *Computing in Euclidean Geometry*, Lecture Notes Series on Computing, 4, edited by D.-Z. Du and F. K. Hwang, pp. 452–492. Singapore: World Scientific, 1995.

[Yap 87a] C.-K. Yap. "An O(n log n) Algorithm for the Voronoi Diagram of a Set of Simple Curve Segments." *Discrete Comput. Geom*. 2 (1987), 365–393.

[Yap 87b] C.-K. Yap. "Symbolic Treatment of Geometric Degeneracies." In *Proc. 13th IFIP Conf. System Modelling and Optimization*, pp. 348–358, 1987.

[Yap 93] C.-K. Yap. "Towards Exact Geometric Computation." In *Proc. 5th Canad. Conf. Comput. Geom.*, pp. 405–419, 1993.

[Yap 97a] C.-K. Yap. "Towards Exact Geometric Computation." *Comput. Geom. Theory Appl*. 7:1 (1997), 3–23.

[Yap 97b] C.-K. Yap. "Robust Geometric Computation." In *Handbook of Discrete and Computational Geometry*, edited by Jacob E. Goodman and Joseph O'Rourke, Chapter 35, pp. 653–668. Boca Raton, FL: CRC Press LLC, 1997.

[Youngblut et al. 02] Christine Youngblut, Rob E. Johnson, Sarah H. Nash, Ruth A. Wienclaw and Craig A. Will. "Different Applications of Two-Dimensional Potential Fields for Volume Modeling." Technical Report UCAM-CL-TR-541, University of Cambridge, Computer Laboratory, 15 JJ Thomson Avenue, Cambridge CB3 0FD, United Kingdom, 2002.

[Yu 92] Jiaxun Yu. "Exact Arithmetic Solid Modeling." Technical Report CSD-TR-92-037, Comput. Sci. Dept., Purdue University, 1992.

[Zachmann 97] Gabriel Zachmann. "Real-time and Exact Collision Detection for Interactive Virtual Prototyping." In *Proc. of the 1997 ASME Design Engineering Technical Conferences*. Sacramento, California, 1997. Paper no. CIE-4306.

[Zachmann 98] Gabriel Zachmann. "Rapid Collision Detection by Dynamically Aligned DOP-Trees." In *Proc. of IEEE Virtual Reality Annual International Symposium; VRAIS '98*, pp. 90–97. Atlanta, Georgia, 1998.

[Zachmann 02] Gabriel Zachmann. "Minimal Hierarchical Collision Detection." In *Proc. ACM Symposium on Virtual Reality Software and Technology (VRST)*, pp. 121–128. Hong Kong, China, 2002.

[Zhu and Mirzaian 91] B. Zhu and A. Mirzaian. "Sorting Does Not Always Help in Computational Geometry." In *Proc. 3rd Canad. Conf. Comput. Geom.*, pp. 239–242, 1991.

[Zwicker et al. 02] Matthias Zwicker, Hanspeter Pfister, Jeroen van Baar and Markus Gross. "EWA Splatting." *IEEE Trans. on Visualization and Computer Graphics* 8:3 (2002), 223–238.